Essential Linux
Device Drivers

精通 Linux
设备驱动程序开发

[印] Sreekrishnan Venkateswaran 著
宋宝华 何昭然 史海滨 吴国成 译

人民邮电出版社
北京

图书在版编目（CIP）数据

精通Linux设备驱动程序开发 /（印）温卡特斯瓦兰
(Venkateswaran, S.) 著；宋宝华等译. -- 北京：人民
邮电出版社，2016.4（2023.5重印）
 ISBN 978-7-115-40251-6

Ⅰ. ①精… Ⅱ. ①温… ②宋… Ⅲ. ①Linux操作系统
－驱动程序－程序设计 Ⅳ. ①TP316.89

中国版本图书馆CIP数据核字(2016)第061559号

版权声明

Authorized translation from the English language edition, entitled Essential Linux Device Drivers, 9780132396554 by Sreekrishnan Venkateswaran, published by Pearson Education, Inc., publishing as Prentice Hall, Copyright © 2008 by Pearson Education, Inc.

All rights reserved. No part of this book may be reproduced or transmitted in any form or by any means, electronic or mechanical, including photocopying, recording or by any information storage retrieval system, without permission from Pearson Education, Inc.

CHINESE SIMPLIFIED language edition published by PEARSON EDUCATION ASIA LTD. and POSTS & TELECOM PRESS Copyright © 2016.

本书中文简体字版由Pearson Education Asia Ltd.授权人民邮电出版社独家出版。未经出版者书面许可，不得以任何方式复制或抄袭本书内容。

本书封面贴有Pearson Education（培生教育出版集团）激光防伪标签，无标签者不得销售。

版权所有，侵权必究。

◆ 著　　　［印］Sreekrishnan Venkateswaran
　译　　　宋宝华　何昭然　史海滨　吴国成
　责任编辑　傅道坤
　责任印制　张佳莹　焦志炜

◆ 人民邮电出版社出版发行　北京市丰台区成寿寺路11号
　邮编　100164　电子邮件　315@ptpress.com.cn
　网址　http://www.ptpress.com.cn
　北京天宇星印刷厂印刷

◆ 开本：800×1000　1/16
　印张：30.25　　　　　　　　2016年4月第1版
　字数：753千字　　　　　　　2023年5月北京第11次印刷
著作权合同登记号　图字：01-2008-5466号

定价：99.80元
读者服务热线：(010)81055410　印装质量热线：(010)81055316
反盗版热线：(010)81055315

内 容 提 要

本书是Linux设备驱动程序开发领域的权威著作。全书基于2.6内核,不仅透彻讲解了基本概念和技术,更深入探讨了其他书没有涵盖或浅尝辄止的许多重要主题和关键难点,如PCMCIA、I^2C和USB等外部总线以及视频、音频、无线连网和闪存等驱动程序的开发,并讲解了相关的内核源码文件,给出了完整的开发实例。

本书适合中高级 Linux 开发人员阅读。

序

拿到这本书，你也许会问：为什么还要写一本Linux设备驱动程序的书呢？这样的书不是已经有一堆了吗？

答案是：相对于其他同类书，本书实现了一个巨大的突破。

首先，本书与时俱进，基于最新的2.6内核进行讲解。其次，也是更重要的，本书对驱动程序的讲解非常透彻。大多数设备驱动程序的图书仅仅讲解与标准Unix内核或操作系统相关的主题，譬如串口、磁盘驱动和文件系统等，如果你运气好，可能也会碰到讲解网络协议栈的内容。

本书前进了一大步，它没有避重就轻，而是知难而上，探讨了在现代PC和嵌入式系统中必须面对的难点，比如PCMCIA、USB、I^2C、视频、音频、闪存、无线通信等。你可以这样定位本书：Linux内核包含了什么，本书就会告诉你什么。

它毫无遗漏，应有尽有。

何况，作者早就取得了不凡的成就：仅仅是看到他在20世纪90年代末将Linux移植到了手表中的相关介绍就让人激动不已。

本书能成为Prentice Hall开源软件开发系列丛书中的一本，我感到非常激动和欣慰。开源领域从来不乏振奋人心的事件，但本书的面世无疑更加引人瞩目。我希望你能从本书中找到你在进行内核开发时需要的东西，并且也能享受这一过程。

Arnold Robbins
资深Linux技术专家，gawk维护者，Prentice Hall开源软件开发系列丛书编者

前 言

20世纪90年代末,我们IBM的一群同事将Linux内核移植到了一种智能手表上。目标设备虽然微不足道,但是移植Linux的任务却相当艰巨。在当时,内核中还不存在MTD(Memory Technology Device,内存技术设备)子系统,这意味着为了让文件系统能够运行在这种手表的闪存中,我们不得不从头开发必要的存储驱动程序。由于当时内核的输入事件驱动程序接口尚未诞生,因此手表的触摸屏与用户应用程序的接口非常复杂。让X Windows运行在手表的LCD上十分困难,因为X Windows和帧缓冲设备驱动程序搭配得并不好。如果你戴着一块防水的Linux智能手表,却不能躺在浴缸里实时获得股票行情,那么这块手表还有什么用呢?Linux几年前就已集成了蓝牙技术,而当时我们却花费了数月的时间将一种专有的蓝牙协议栈移植到手表上,从而使得这种手表可以联上因特网。电源管理系统虽然只能从手表的电池中多"榨出"短短几个小时时间,但也算够意思了;实际上,为了解决这个棘手的问题,我们也没少花心思。那时候,Linux红外项目Linux-Infrared还不稳定,而为了使用红外键盘输入数据,我们不得不与其协议栈小心翼翼地周旋。最后,由于当时还没有能应用于消费类电子产品的成型的编译器发行版,我们也只能自己编个编译器,并交叉编译出一个紧凑的应用程序集。

时光飞逝,当年的小企鹅已经成长为一名健壮的少年。过去我们编写了成千上万行代码并耗时一年完成的任务,若采用现在的内核,只需要几天就可以完成。但是,要成为一名能巧妙地解决多种问题的高级内核工程师,就必须理解今天的Linux内核提供的各种功能和设施。

关于本书

在Linux内核源代码树提供的各个子系统中,drivers/目录是其中最大的一个分支,它比其他子系统大数倍。随着各种新技术的广泛应用,内核中新的设备驱动程序的开发工作正在稳步加速。最新的Linux内核支持多达70余种设备驱动程序。

本书主要讲解如何编写Linux设备驱动程序,介绍了目前内核所支持的主要设备类型的设计与开发,其中包括当年我在将Linux移植到手表中时未遇到的设备。本书在讲解每类设备驱动程序的时候,都会先介绍与该驱动程序相关的技术,接着给出一个实际的开发例子,最后列出相关的内核源代码文件。在介绍Linux设备驱动程序之前,本书先介绍了内核以及Linux 2.6的重要特性,重点介绍了设备驱动程序编写者感兴趣的内核知识。

读者对象

本书面向渴望在Linux内核上开发新设备驱动程序的中级程序员。要阅读本书，读者需要具备与操作系统相关的基本概念。比如，要知道什么是系统调用，理解为什么在内核开发中需要关注并发问题。本书假定读者已经下载了Linux，浏览过Linux内核源代码，并至少浏览过一些相关的文档。另外，读者必须能非常熟练地使用C语言。

各章概述

前4章为阅读本书其他部分打下了基础，接下来的16章讨论了不同类型的Linux设备驱动程序，之后的第21章描述了设备驱动程序的调试技术，第22章讲解了维护和交付设备驱动程序的相关事宜，最后一章给出了当接到一个新设备驱动程序开发任务的时候，要首先查验的项目清单。

第1章是引言，简单介绍了Linux系统，讲解了下载内核源代码、进行小的代码修改以及建立可启动的Linux内核映像。

第2章引导读者轻松地进入Linux内核的内部结构，讲解了一些必要的内核概念。首先讲述了内核的启动进程，接下来描述了与驱动程序开发相关的内核API，譬如内核定时器、并发管理以及内存分配等。

第3章讲解了对驱动程序开发有用的一系列内核API。首先介绍了内核线程（它提供了一种在内核空间运行后台任务的能力），接下来讲解了一系列的辅助API（如链表、工作队列、完成函数、通知链等）。这些辅助API能简化代码，剔除内核中的冗余，有助于内核的长期维护。

第4章为掌握Linux设备驱动程序开发艺术打基础。这一章首先呈现一般的PC兼容系统和嵌入式设备的体系结构的鸟瞰图，介绍了设备和驱动程序，并讲解了中断处理和内核设备模型等基本的驱动程序概念。

第5章介绍了Linux字符设备驱动程序的体系架构，引入了几个新概念，譬如轮询、异步通知和I/O控制等。由于本书后面介绍的大多数设备都可以看作"超级"字符设备，所以这些概念也与后续章节密切相关。

第6章讲解了内核串行设备驱动程序的层次结构。

第7章讨论了内核中为键盘、鼠标和触摸屏控制器等输入设备服务的输入子系统。

第8章讲解了通过I^2C总线或SMBus总线与系统连接的设备（如EEPROM）的驱动程序，同时也介绍了SPI总线和1-wire总线等其他串行接口。

第9章分析了PCMCIA子系统，讲授了如何编写含PCMCIA或CF组件的设备的驱动程序。

第10章描述了内核对PCI及其衍生总线设备的支持。

第11章探讨了USB的体系架构，并讲解了如何利用Linux内核USB子系统的API来开发USB设备驱动程序。

第12章讲解了Linux视频子系统，分析了内核提供的帧缓冲结构的优点，并给出了帧缓冲设备驱动程序的编写方法。

第13章描述了Linux音频子系统的架构，并给出了音频设备驱动程序的实现方法。

第14章集中描述存储设备（如硬盘）的驱动程序，并介绍Linux块子系统所支持的几种不同的I/O调度策略。

第15章分析了网络设备驱动程序，介绍内核中与网络相关的数据结构以及网络设备驱动程序与协议层接口的实现方法。

第16章描述了各种无线网络设备的驱动程序，如蓝牙、红外、无线局域网WiFi和蜂窝通信等。

第17章讲解了如何让闪存在嵌入式设备上运行起来，这一章最后讲解了PC上的FWH（FirmWare Hub，固件集线器）的驱动程序。

第18章介绍了嵌入式Linux，包括嵌入式设备中的引导装入程序、内核以及设备驱动程序等主要的固件组成。由于Linux在嵌入式领域越来越受欢迎，本书中介绍的Linux驱动程序开发技能极有可能应用于嵌入式领域。

第19章讲解了如何在用户空间驱动各种设备。一些设备驱动程序（尤其是那些重策略、轻性能的设备）更适合在用户空间被驱动。这一章也分析了Linux进程调度对用户空间设备驱动程序响应时间的影响。

第20章描述了之前尚未论及的设备驱动程序系统，如错误侦测和校验（EDAC）、火线接口以及ACPI等。

第21章讲解了用来调试Linux内核代码的各种调试工具，包括跟踪工具、内核探测器、崩溃转储和性能剖析器的使用方法。在开发Linux驱动程序的时候就可用到本章所学的驱动调试技能。

第22章给出了设备驱动程序软件开发生命周期的概况。

第23章给出了当开始进行一个新设备驱动程序开发工作时，应该查验的工作项目清单。本书最后是对"下一步该做什么"的思考。

设备驱动程序中有时候需要以汇编语言实现一些代码片段，因此，附录A介绍了Linux汇编编程的一些内容。x86系统上的一些设备驱动程序直接或间接地依赖于BIOS，因此，附录B讲解了Linux如何与BIOS交互。附录C描述了2.6内核提供的seq文件，它是用于监控和追踪数据点的辅助接口。

本书大体上根据设备和总线的复杂度进行组织，同时也结合了章与章之间互相关联的客观情况。我们从讲解基本的设备类型开始（如字符设备、串口和输入设备），紧接着介绍简单的串行总线（如I^2C和SMBus），之后介绍PCMCIA、PCI和USB等外部I/O总线。由于视频、音频、块和网络设备通常通过这些I/O总线与处理器连接，因此在介绍完这些总线之后，还讲解了这些设备的驱动程序。之后面向嵌入式Linux，讲述了无线连网和闪存等技术。最后讨论了用户空间的设备驱动程序。

内核版本

本书总体上紧跟2.6.23/2.6.24内核版本，书中列出的大部分代码都在2.6.23上测试过。如果读者使用的是更新的版本，请通过类似lwn.net的Linux网站了解内核自2.6.23/2.6.24后进行了哪些更改。

本书网站

我特意建立了elinuxdd.com网站,提供与本书相关的更新和勘误等信息。

本书约定

源代码、函数名和shell命令使用代码体。shell提示符为bash>。新名词使用楷体表示。

为了实现代码示例,一些章节修改了原始的内核源代码。为标识出这些修改,新添加的代码前添加了+,删除的代码前则添加了-。

为简单起见,本书有时使用了通用的路径名。因此,当遇到arch/your-arch/目录时,应该根据当前的编译情况进行转换。例如,如果你正在为x86体系结构编译内核,它应该转换为arch/x86/。类似地,如果你正在为ARM体系结构编译内核,include/asm-your-arch/就应该转换为include/asm-arm/。本书偶尔在文件名中使用*和X作为通配符。因此,如果书中要求查看include/linux/time*.h文件,读者就应该查看include/linux/下的time.h、timer.h、times.h和timex.h所有这些头文件。同样地,如果书中包含类似/dev/input/eventX或/sys/devices/platform/i8042/serioX这样的文件名,要知道其中的X是指在当前系统配置情况下内核分配给设备的接口号。

→符号有时候会插入在命令或内核的输出之间,目的是附加注释。

为了紧凑地列出函数原型,本书偶尔使用了一些简单的正则表达式。例如,在10.4节中就用pci_[map|unmap|dma_sync]_single()替代了pci_map_single()、pci_unmap_single()和pci_dma_sync_single()。

有几章提到了用户空间的配置文件。例如,第2章打开了/etc/rc.sysinit文件,第16章引用了/etc/bluetooth/pin文件。这些文件的确切名称和位置都有可能因Linux发行版本的不同而有所变化。

致　谢

首先感谢Prentice Hall出版社负责本书的编辑们：Debra Williams Cauley、Anne Goebel和Keith Cline。没有她们的支持，本书就不可能完成。感谢Mark Taub，他最早对本书的主题产生兴趣并策划了这本书。

过去的10年里，很多人和事对我的研究帮助巨大：在各个Linux项目里一起共事的同事们、强健的内核源代码、邮件列表和互联网。这些都对我完成本书起了重大作用。

*Linux Magazine*的Martin Streicher邀请我参与该杂志的"超级发烧友"内核栏目，从而把我从一名全职程序员变成了一名兼职作者。我从他身上学习到了许多技术写作技巧，在此表示感谢！

我要特别感谢我的技术审稿人。Vamsi Krishna耐心地读完了初稿的每一章，提出了很多建设性的建议，令本书增色不少。Jim Lieb对书中的几章提供了有价值的反馈意见。Arnold Robbins浏览了开始的几章并且提供了富有见地的意见。

最后，我要感谢我的父母和妻子，感谢他们的爱与支持。我还要感谢我幼小的乖女儿，正是她不断地提醒我把时间投入到这本书上来：她摇摇晃晃地走来走去，那离奇的步伐极似企鹅。

目 录

第1章 引言 ··· 1
- 1.1 演进 ·· 1
- 1.2 GNU Copyleft ······································ 2
- 1.3 kernel.org ·· 2
- 1.4 邮件列表和论坛 ·································· 3
- 1.5 Linux 发行版 ······································ 3
- 1.6 查看源代码 ··· 4
- 1.7 编译内核 ·· 7
- 1.8 可加载的模块 ····································· 8
- 1.9 整装待发 ·· 9

第2章 内核 ·· 11
- 2.1 启动过程 ·· 11
  - 2.1.1 BIOS-provided physical RAM map ···· 12
  - 2.1.2 758MB LOWMEM available ········ 14
  - 2.1.3 Kernel command line: ro root=/dev/hda1 ··········· 14
  - 2.1.4 Calibrating delay...1197.46 BogoMIPS (lpj=2394935) ········ 15
  - 2.1.5 Checking HLT instruction ············· 16
  - 2.1.6 NET: Registered protocol family 2 ···· 17
  - 2.1.7 Freeing initrd memory: 387k freed ··· 17
  - 2.1.8 io scheduler anticipatory registered (default) ······· 18
  - 2.1.9 Setting up standard PCI resources ··· 18
  - 2.1.10 EXT3-fs: mounted filesystem ······· 19
  - 2.1.11 INIT: version 2.85 booting ········· 19
- 2.2 内核模式和用户模式 ···························· 20
- 2.3 进程上下文和中断上下文 ······················ 20
- 2.4 内核定时器 ······································· 21
  - 2.4.1 HZ 和 Jiffies ····························· 21
  - 2.4.2 长延时 ···································· 22
  - 2.4.3 短延时 ···································· 24
  - 2.4.4 Pentium 时间戳计数器 ················ 24
  - 2.4.5 实时钟 ···································· 25
- 2.5 内核中的并发 ····································· 26
  - 2.5.1 自旋锁和互斥体 ························· 26
  - 2.5.2 原子操作 ································· 30
  - 2.5.3 读—写锁 ································· 31
  - 2.5.4 调试 ······································· 32
- 2.6 proc 文件系统 ···································· 32
- 2.7 内存分配 ·· 33
- 2.8 查看源代码 ······································· 34

第3章 内核组件 ····································· 37
- 3.1 内核线程 ·· 37
  - 3.1.1 创建内核线程 ··························· 37
  - 3.1.2 进程状态和等待队列 ··················· 41
  - 3.1.3 用户模式辅助程序 ····················· 42
- 3.2 辅助接口 ·· 43
  - 3.2.1 链表 ······································· 44
  - 3.2.2 散列链表 ································· 49
  - 3.2.3 工作队列 ································· 49
  - 3.2.4 通知链 ···································· 51
  - 3.2.5 完成接口 ································· 54
  - 3.2.6 kthread 辅助接口 ······················· 56
  - 3.2.7 错误处理助手 ··························· 57
- 3.3 查看源代码 ······································· 58

第4章 基本概念 ····································· 61
- 4.1 设备和驱动程序介绍 ···························· 61
- 4.2 中断处理 ·· 63
  - 4.2.1 中断上下文 ······························ 63
  - 4.2.2 分配 IRQ 号 ····························· 64

  4.2.3 设备实例：导航杆 ·············· 65
  4.2.4 softirq 和 tasklet ············· 68
 4.3 Linux 设备模型 ···················· 71
  4.3.1 udev ···························· 71
  4.3.2 sysfs、kobject 和设备类 ····· 73
  4.3.3 热插拔和冷插拔 ··············· 76
  4.3.4 微码下载 ······················· 76
  4.3.5 模块自动加载 ·················· 77
 4.4 内存屏障 ····························· 78
 4.5 电源管理 ····························· 79
 4.6 查看源代码 ·························· 79

第 5 章　字符设备驱动程序 ··········· 81
 5.1 字符设备驱动程序基础 ········· 81
 5.2 设备实例：系统 CMOS ········· 82
  5.2.1 驱动程序初始化 ··············· 83
  5.2.2 打开与释放 ···················· 86
  5.2.3 数据交换 ······················· 88
  5.2.4 查找 ····························· 92
  5.2.5 控制 ····························· 94
 5.3 检测数据可用性 ··················· 95
  5.3.1 轮询 ····························· 95
  5.3.2 Fasync ··························· 98
 5.4 和并行端口交互 ··················· 99
 5.5 RTC 子系统 ······················· 108
 5.6 伪字符驱动程序 ················· 109
 5.7 混杂驱动程序 ····················· 110
 5.8 字符设备驱动程序注意事项 ·· 115
 5.9 查看源代码 ························ 115

第 6 章　串行设备驱动程序 ········· 118
 6.1 层次架构 ···························· 119
 6.2 UART 驱动程序 ················· 121
  6.2.1 设备实例：手机 ············· 122
  6.2.2 RS-485 ························ 132
 6.3 TTY 驱动程序 ···················· 132
 6.4 线路规程 ··························· 134
 6.5 查看源代码 ························ 141

第 7 章　输入设备驱动程序 ········· 143
 7.1 输入事件驱动程序 ·············· 144
 7.2 输入设备驱动程序 ·············· 150

  7.2.1 serio ··························· 150
  7.2.2 键盘 ··························· 150
  7.2.3 鼠标 ··························· 152
  7.2.4 触摸控制器 ·················· 157
  7.2.5 加速度传感器 ··············· 158
  7.2.6 输出事件 ····················· 158
 7.3 调试 ·································· 159
 7.4 查看源代码 ························ 160

第 8 章　I^{2}C 协议 ························ 161
 8.1 I^{2}C/SMBus 是什么 ············· 161
 8.2 I^{2}C 核心 ··························· 162
 8.3 总线事务 ··························· 164
 8.4 设备实例：EEPROM ·········· 164
  8.4.1 初始化 ························ 165
  8.4.2 探测设备 ····················· 167
  8.4.3 检查适配器的功能 ········· 169
  8.4.4 访问设备 ····················· 169
  8.4.5 其他函数 ····················· 170
 8.5 设备实例：实时时钟 ··········· 171
 8.6 i2c-dev ······························ 174
 8.7 使用 LM-Sensors 监控硬件 ··· 174
 8.8 SPI 总线 ···························· 174
 8.9 1-Wire 总线 ······················· 176
 8.10 调试 ································ 176
 8.11 查看源代码 ······················ 176

第 9 章　PCMCIA 和 CF ············· 179
 9.1 PCMCIA/CF 是什么 ··········· 179
 9.2 Linux-PCMCIA 子系统 ········ 181
 9.3 主机控制器驱动程序 ··········· 183
 9.4 PCMCIA 核心 ···················· 183
 9.5 驱动程序服务 ····················· 183
 9.6 客户驱动程序 ····················· 183
  9.6.1 数据结构 ····················· 184
  9.6.2 设备实例：PCMCIA 卡 ··· 185
 9.7 将零件组装在一起 ·············· 188
 9.8 PCMCIA 存储 ···················· 189
 9.9 串行 PCMCIA ···················· 189
 9.10 调试 ································ 191
 9.11 查看源代码 ······················ 191

第 10 章　PCI ··················193
- 10.1　PCI 系列 ··················193
- 10.2　寻址和识别 ··················195
- 10.3　访问 PCI ··················198
  - 10.3.1　配置区 ··················198
  - 10.3.2　I/O 和内存 ··················199
- 10.4　DMA ··················200
- 10.5　设备实例：以太网-调制解调器卡 ··················203
  - 10.5.1　初始化和探测 ··················203
  - 10.5.2　数据传输 ··················209
- 10.6　调试 ··················214
- 10.7　查看源代码 ··················214

第 11 章　USB ··················216
- 11.1　USB 体系架构 ··················216
  - 11.1.1　总线速度 ··················218
  - 11.1.2　主机控制器 ··················218
  - 11.1.3　传输模式 ··················219
  - 11.1.4　寻址 ··················219
- 11.2　Linux-USB 子系统 ··················220
- 11.3　驱动程序的数据结构 ··················221
  - 11.3.1　usb_device 结构体 ··················221
  - 11.3.2　URB ··················222
  - 11.3.3　管道 ··················223
  - 11.3.4　描述符结构 ··················223
- 11.4　枚举 ··················225
- 11.5　设备实例：遥测卡 ··················225
  - 11.5.1　初始化和探测过程 ··················226
  - 11.5.2　卡寄存器的访问 ··················230
  - 11.5.3　数据传输 ··················233
- 11.6　类驱动程序 ··················236
  - 11.6.1　大容量存储设备 ··················236
  - 11.6.2　USB-串行端口转换器 ··················241
  - 11.6.3　人机接口设备 ··················243
  - 11.6.4　蓝牙 ··················243
- 11.7　gadget 驱动程序 ··················243
- 11.8　调试 ··················244
- 11.9　查看源代码 ··················245

第 12 章　视频驱动程序 ··················247
- 12.1　显示架构 ··················247
- 12.2　Linux 视频子系统 ··················249
- 12.3　显示参数 ··················251
- 12.4　帧缓冲 API ··················252
- 12.5　帧缓冲驱动程序 ··················254
- 12.6　控制台驱动程序 ··················265
  - 12.6.1　设备实例：手机 ··················266
  - 12.6.2　启动 logo ··················270
- 12.7　调试 ··················270
- 12.8　查看源代码 ··················271

第 13 章　音频驱动程序 ··················273
- 13.1　音频架构 ··················273
- 13.2　Linux 声音子系统 ··················275
- 13.3　设备实例：MP3 播放器 ··················277
  - 13.3.1　驱动程序函数和结构体 ··················278
  - 13.3.2　ALSA 编程 ··················287
- 13.4　调试 ··················288
- 13.5　查看源代码 ··················289

第 14 章　块设备驱动程序 ··················291
- 14.1　存储技术 ··················291
- 14.2　Linux 块 I/O 层 ··················295
- 14.3　I/O 调度器 ··················295
- 14.4　块驱动程序数据结构和方法 ··················296
- 14.5　设备实例：简单存储控制器 ··················298
  - 14.5.1　初始化 ··················299
  - 14.5.2　块设备操作 ··················301
  - 14.5.3　磁盘访问 ··················302
- 14.6　高级主题 ··················304
- 14.7　调试 ··················306
- 14.8　查看源代码 ··················306

第 15 章　网络接口卡 ··················308
- 15.1　驱动程序数据结构 ··················308
  - 15.1.1　套接字缓冲区 ··················309
  - 15.1.2　网络设备接口 ··················310
  - 15.1.3　激活 ··················311
  - 15.1.4　数据传输 ··················311
  - 15.1.5　看门狗 ··················311
  - 15.1.6　统计 ··················312
  - 15.1.7　配置 ··················313

15.1.8	总线相关内容	314
15.2	与协议层会话	314
	15.2.1 接收路径	314
	15.2.2 发送路径	315
	15.2.3 流量控制	315
15.3	缓冲区管理和并发控制	315
15.4	设备实例：以太网 NIC	316
15.5	ISA 网络驱动程序	321
15.6	ATM	321
15.7	网络吞吐量	322
	15.7.1 驱动程序性能	322
	15.7.2 协议性能	323
15.8	查看源代码	324

第 16 章 Linux 无线设备驱动 ... 326

16.1	蓝牙	327
	16.1.1 BlueZ	328
	16.1.2 设备实例：CF 卡	329
	16.1.3 设备实例：USB 适配器	330
	16.1.4 RFCOMM	331
	16.1.5 网络	332
	16.1.6 HID	334
	16.1.7 音频	334
	16.1.8 调试	334
	16.1.9 关于源代码	334
16.2	红外	335
	16.2.1 Linux-IrDA	335
	16.2.2 设备实例：超级 I/O 芯片	337
	16.2.3 设备实例：IR Dongle	338
	16.2.4 IrCOMM	340
	16.2.5 联网	340
	16.2.6 IrDA 套接字	341
	16.2.7 LIRC	341
	16.2.8 查看源代码	342
16.3	WiFi	343
	16.3.1 配置	343
	16.3.2 设备驱动程序	346
	16.3.3 查看源代码	347
16.4	蜂窝网络	347
	16.4.1 GPRS	347
	16.4.2 CDMA	349

16.5	当前趋势	350

第 17 章 存储技术设备 ... 352

17.1	什么是闪存	352
17.2	Linux-MTD 子系统	353
17.3	映射驱动程序	353
17.4	NOR 芯片驱动程序	358
17.5	NAND 芯片驱动程序	359
17.6	用户模块	361
	17.6.1 块设备模拟	361
	17.6.2 字符设备模拟	361
	17.6.3 JFFS2	362
	17.6.4 YAFFS2	363
17.7	MTD 工具	363
17.8	配置 MTD	363
17.9	XIP	364
17.10	FWH	364
17.11	调试	367
17.12	查看源代码	367

第 18 章 嵌入式 Linux ... 369

18.1	挑战	369
18.2	元器件选择	370
18.3	工具链	371
18.4	Bootloader	372
18.5	内存布局	374
18.6	内核移植	375
18.7	嵌入式驱动程序	376
	18.7.1 闪存	377
	18.7.2 UART	377
	18.7.3 按钮和滚轮	378
	18.7.4 PCMCIA/CF	378
	18.7.5 SD/MMC	378
	18.7.6 USB	378
	18.7.7 RTC	378
	18.7.8 音频	378
	18.7.9 触摸屏	379
	18.7.10 视频	379
	18.7.11 CPLD/FPGA	379
	18.7.12 连接性	379
	18.7.13 专用领域电子器件	380

| | 18.7.14   更多驱动程序 ·················380
| | 18.8   根文件系统 ··························380
| | 18.8.1   NFS 挂载的根文件系统 ········381
| | 18.8.2   紧凑型中间件 ················382
| | 18.9   测试基础设施 ······················383
| | 18.10 调试 ·······························383
| | 18.10.1 电路板返工 ··················384
| | 18.10.2 调试器 ·······················385
| 第 19 章 | 用户空间的驱动程序 ················386
| | 19.1   进程调度和响应时间 ···············387
| | 19.1.1   原先的调度器 ················387
| | 19.1.2   O(1)调度器 ··················387
| | 19.1.3   CFS ···························388
| | 19.1.4   响应时间 ·····················388
| | 19.2   访问 I/O 区域 ······················390
| | 19.3   访问内存区域 ······················393
| | 19.4   用户模式 SCSI ····················395
| | 19.5   用户模式 USB ····················397
| | 19.6   用户模式 I²C ·····················400
| | 19.7   UIO ··································401
| | 19.8   查看源代码 ·························402
| 第 20 章 | 其他设备和驱动程序 ················403
| | 20.1   ECC 报告 ····························403
| | 20.2   频率调整 ···························407
| | 20.3   嵌入式控制器 ······················408
| | 20.4   ACPI ·································408
| | 20.5   ISA 与 MCA ·······················410
| | 20.6   火线 ··································410
| | 20.7   智能输入/输出 ·····················411
| | 20.8   业余无线电 ·························411
| | 20.9   VoIP ·································411
| | 20.10 高速互联 ···························412
| | 20.10.1 InfiniBand ····················413
| | 20.10.2 RapidIO ······················413
| | 20.10.3 光纤通道 ·····················413
| | 20.10.4 iSCSI ·························413
| 第 21 章 | 调试设备驱动程序 ···················414
| | 21.1   kdb ···································414
| | 21.1.1   进入调试器 ··················415

21.1.2   kdb ·································415
21.1.3   kgdb ·······························417
21.1.4   gdb ································420
21.1.5   JTAG 调试器 ·····················421
21.1.6   下载 ································423
21.2 内核探测器 ·····························423
      21.2.1   kprobe ····························423
      21.2.2   jprobe ·····························427
      21.2.3   返回探针 ···························429
      21.2.4   局限性 ·····························431
      21.2.5   查看源代码 ······················431
21.3 kexec 与 kdump ·························431
      21.3.1   kexec ·······························432
      21.3.2   kdump 与 kexec 协同工作 ······432
      21.3.3   kdump ······························433
      21.3.4   查看源代码 ······················437
21.4 性能剖析 ·································437
      21.4.1   利用 OProfile 剖析内核性能 ·····438
      21.4.2   利用 gprof 剖析应用程序性能···440
21.5 跟踪 ·····································441
21.6 LTP ······································444
21.7 UML ····································444
21.8 诊断工具 ·································444
21.9 内核修改配置选项 ······················444
21.10 测试设备 ·································445

第 22 章   维护与发布 ··························446
22.1 代码风格 ·································446
22.2 修改标记 ·································446
22.3 版本控制 ·································447
22.4 一致性检查 ·····························447
22.5 构建脚本 ·································448
22.6 可移植代码 ·····························450

第 23 章   结束语 ································451
23.1 流程一览表 ·····························451
23.2 下一步该做什么 ·······················452

附录 A   Linux 汇编 ···························453
附录 B   Linux 与 BIOS ·······················457
附录 C   seq 文件 ······························461

第 1 章 引言

本章内容
- 演进
- GNU Copyleft
- kernel.org
- 邮件列表和论坛
- Linux发行版
- 查看源代码
- 编译内核
- 可加载的模块
- 整装待发

Linux具有诱人的魅力，它是一个由全世界不同民族、不同信仰、不同性别的人共同参与和协作的国际性项目。Linux免费提供源代码，并且具有与Unix类似的为人们所熟悉的应用程序编程环境，这一切造就了它今天的巨大成功。通过互联网从专家处即时获得的高质量的免费支持也发挥了重要作用，它促成了一个庞大的Linux社区。

在技术方面，开发人员可以获得所有源码，并由此得出一些创新方案，他们因此感到无比振奋。譬如，你可以修改（hack）[①] Linux的源码，并做定制，让设备在几秒钟之内启动，而使用一个有专利的商业操作系统则很难完成这样的壮举。

1.1 演进

1991年，一位名为Linus Torvalds的芬兰大学生开发了Linux操作系统。起初这只是他个人的爱好，但它很快就发展成为在全世界范围内广受欢迎的先进的操作系统。Linux第一次发布时仅支持Intel 386处理器，但是后来，它的内核复杂性逐步增加，可以支持众多的体系架构、多处理器硬件和高性能集群。Linux所支持的体系结构非常多，主要支持的一些硬件架构是x86、IA64、ARM、PowerPC、Alpha、s390、MIPS和SPARC。Linux已经被移植到成千上万的基于这些处理器的硬件平台之上。与此同时，其内核还在不断完善，系统性能也在飞速提升。

[①] 意指对源码进行一些有针对性的修改。——译者注

虽然开始的时候Linux只是一个桌面操作系统，但目前它已经进入嵌入式和企业级计算领域，并融入了我们的日常生活。当你按动掌上电脑的按键，用遥控器把电视切换到天气频道，或者在医院接受体检的时候，很有可能就在享受某些Linux代码提供的服务。技术优势和开源特性促进了Linux的演进。无论是试图开发不到100美元的计算机以改善世界贫困地区的教育状况，还是要降低消费类电子产品的价格，Linux如今都已成为一个绝好的选择，因为商业操作系统的价格有时候比计算机本身的价格更贵。

1.2 GNU Copyleft

GNU工程比Linux更早诞生，发起它的目标是定制一个免费的类Unix操作系统（GNU是GNU's Not Unix的递归缩写，意为"GNU不是Unix"。一个完整的GNU操作系统基于Linux内核构建，但也包含一些其他组件，如库、编译器和实用程序（utility）。因此，基于Linux的计算机的更准确称呼应该是GNU/Linux系统。GNU/Linux系统的所有组成部分都建立在免费软件之上。

免费软件有许多种，其中的一种是公共领域（public domain）软件。公共领域发布的软件没有版权，对于它的使用也不会强加任何限制。你可以免费使用它，随意修改它，甚至限制别人发布你修改后的代码。发现了吗？所谓"没有限制"条款居然暗含了对下游施加限制的权力。

GNU工程的主要发起者——自由软件基金会——创造了GNU公共许可证（GPL），它也被称为"版权左派"（copyleft）[①]，以防止有人中途将免费软件转化为商业软件。谁修改了copyleft的软件，就必须以copyleft的方式分享他的软件。GNU系统中Linux内核以及大部分组件（如GNU编译器GCC）都以GPL发布。因此，如果你修改了内核，你就必须在社区分享此修改。实际上，你必须以copyleft的形式将授予你的权利传递出去。

> Linux内核基于GPL第2版。在内核社区，人们一直在争论是否应该采用GPL的最新版本GPLv3。目前的趋势似乎是反对采用GPLv3。

通过系统调用访问内核服务的Linux应用程序没有被看作衍生的工作，因此并不受限于GPL。而库则采用GNU轻量级通用公共许可证（LGPL），其限制要少于GPL。商业软件也允许与LGPL下的库动态链接。

1.3 kernel.org

Linux内核源代码主要存放在www.kernel.org。该网站包含所有已经发布的内核版本，世界各地有大量的kernel.org镜像网站。

除了已经发布的内核以外，kernel.org还包含了由一线开发人员提供的补丁，这些补丁可以作为未来稳定版本的试验平台。补丁是一种文本文件，包含了新开发版本和开发之初制订的原始版本之间的源码差异。由Linux内核第一维护人Andrew Morton定期提供的-mm补丁是一种很受欢迎的补丁。在该补丁中，我们可以找到在主线源代码树中尚未提供的实验性的功能。另一个会定期

[①] 版权为copyright，这里故意用copyleft。但是，copyleft作品是有版权的，只是加入了法律上的分发条款。——译者注

公布的补丁是由Ingo Molnar维护的-rt（realtime，实时）补丁。-rt补丁的数个功能已经被纳入Linux主线内核。

1.4 邮件列表和论坛

LKML（Linux Kernel Mailing List，内核邮件列表）是开发人员就开发问题进行辩论并决定Linux未来要包含哪些功能的论坛。你可以在www.lkml.org看到实时的邮件列表。Linux内核目前包含世界各地的成千上万的开发人员贡献的数百万行代码，正是LKML将这些开发人员联结在一起。

LKML的定位不在于解答一般的Linux问题，其基本规则是只能张贴以前没有被回答过并且在众所周知的文档中没有提及的内核问题。如果你编译Linux应用程序的时候C编译器崩溃了，你应该去其他地方张贴这样的问题。

LKML中的一些讨论甚至比某些《纽约时报》畅销书更有意思，花几个小时浏览LKML的压缩包有助于洞察Linux内核背后的理念。

内核的大部分子项目都拥有自己的邮件列表。因此，如果你正在开发闪存设备的驱动程序，就可以订阅linux-mtd邮件列表；如果你发现了Linux USB存储设备驱动程序的bug，就可以在linux-usb-devel邮件列表发起一个讨论。本书一些章的末尾介绍了相关的邮件列表。

在各种论坛上，来自世界各地的内核专家会聚集在同一个屋檐下共同商讨Linux技术。加拿大渥太华每年举行一次的Linux Symposium就是这样的一个会议。其他的还包括在德国举行的Linux Kongress，在澳大利亚组织举行的linux.conf.au。也有一些商业化的Linux论坛，例如每年在北美举行的LinuxWorld Conference and Expo，众多的商界领袖在该论坛上聚会并分享真知灼见。

在http://lwn.net/上可以获得Linux开发社区的最新消息。如果你只是想简单地了解内核的最新发布版，不想阅读太多的资料，http://lwn.net/可能是一个好地方。另一个网络社区http://kerneltrap.org/则讨论当前的内核议题。

在每个主要的Linux内核版本中，都会有重大的改进，如内核抢占、无锁（lock-free）的读操作、分担中断处理程序工作的新服务或者对新体系结构的支持。因此，要不断学习最新的Linux技术，就要一直跟踪邮件列表、网站和论坛。

1.5 Linux发行版

一个GNU/Linux系统除了内核以外，还包括大量的实用程序、程序、库和工具，因此，获得和正确安装所有的组件是一项艰巨的任务。而Linux发行版有序地将这些组件进行了分类，并捆绑成相应的包，从而分担了这一艰巨任务。一个常见的发行版包含数以千计的捆绑好的包。这使得用户无需担心下载不到正确版本的程序，也无需关心程序间的依赖问题。

因为打包是GNU许可证范围内的一种有效的赚钱方式，因此，目前的市场上诞生了数个Linux发行版。其中，Red Hat/Fedora、Debian、SuSE、Slackware、Gentoo、Ubuntu和Mandriva这些发行版面向桌面用户，而MontaVista、TimeSys和Wind River发行版则面向嵌入式系统开发。嵌入式Linux的发行版还包括一套可动态配置的紧凑的应用程序集，以便针对资源的限制为系统进行量体裁衣。

除了打包以外，发行版还为内核的开发提供了增值服务。因此，许多项目都开始于发行版提供的内核而非kernel.org发布的官方内核，这样做的理由如下。

- 遵守设备行业领域标准的Linux发行版更适合作为开发的起点。特殊兴趣组（SIG）已经成立，其目的是促进Linux在各个领域的应用。消费电子产品Linux论坛（CELF，网址为www.celinuxforum.org）主要讨论消费类电子领域的Linux应用。CELF标准定义了一些功能的支持等级，如可扩展性、快速启动、片上执行以及电源管理等。开源开发实验室（OSDL，网址为www.osdl.org）则致力于讨论电信级设备。OSDL的电信级Linux（CGL）标准包含了对可靠性、高可用性、运行时补丁、增强的错误恢复能力的诠释，这些问题在电信领域非常重要。
- 主线内核版本可能并未包含对用户所选择的嵌入式控制器的充分支持，即使用户的系统建立在内核所支持的CPU核心之上。但是，一个Linux的发行版则可能包含了控制器内所有外围设备模块的设备驱动程序。
- 在内核开发过程中你计划使用的调试工具可能不包含在主线内核中。例如，内核并不包含内嵌的调试器支持。如果想在内核开发过程中使用内嵌的调试器，用户必须下载并打上相应的补丁。如果针对用户内核版本的补丁并不齐备，用户将必须忍受更多的麻烦。而发行版则包装了很多有用的调试功能，所以你可以立即开始使用它们。
- 一些发行版提供了法律保护，让你的公司无须为任何由于内核bug所引发的诉讼承担责任。
- 发行版往往会对它们发布的内核进行较多的测试[①]。
- 用户可以从内核发行版的供应商处购买它们提供的服务以及软件包支持。

1.6 查看源代码

在研究内核源代码之前，让我们先下载Linux源代码，学会打补丁，并查看内核源码树的布局。

首先，请到www.kernel.org下载最新的稳定的源代码［源代码以gzip（.zip）和bzip2 （.bz2）两种压缩格式提供］，之后请进行解压缩。在下列命令中，请用最新的内核版本号（譬如2.6.23）代替X.Y.Z：

```
bash> cd /usr/src
bash> wget www.kernel.org/pub/linux/kernel/vX.Y/linux-X.Y.Z.tar.bz2
...
bash> tar xvfj linux-X.Y.Z.tar.bz2
```

现在，你已经拥有位于/usr/src/linux-X.Y.Z/目录的源代码树，下面通过打-mm补丁（Andrew Morton）启动一些实验性测试特性。运行如下命令：

[①] 因为需要将内核冻结在一个版本上进行测试（而这个版本不是最新的），所以发行版内核经常会引入比其版本更新的官方内核的一些功能。

```
bash> cd /usr/src
bash> wget www.kernel.org/pub/linux/kernel/people/akpm/patches/X.Y/X.Y.Z/X.Y.Z-
mm2/X.Y.Z-mm2.bz2
```

打上这个补丁:

```
bash> cd /usr/src/linux-X.Y.Z/
bash> bzip2 -dc ../X.Y.Z-mm2.bz2 | patch -p1
```

命令中的-dc选项意味着让bzip2将指定的文件解压缩到标准输出。它被以管道方式输送到补丁实用程序,补丁程序会将补丁中的代码修改应用到源码树中的每个需要修改的文件。

如果你需要打多个补丁,请注意要采取正确的顺序。为了生成一个包含X.Y.Z-aa-bb补丁的内核,应首先下载X.Y.Z内核的完整源代码,再打上X.Y.Z-aa补丁,最后打上X.Y.Z-aa-bb补丁。

补丁提交

使用diff命令可以为你更改的内核产生补丁:

```
bash> diff -Nur /path/to/original/kernel /path/to/your/kernel > changes.patch
```

要注意的是,在diff命令中,原始内核的路径应该放在修改后内核路径的前面。基于2.6内核补丁提交的公约,你需要在补丁的最后加上这样的一行:

```
Signed-off-by: Name <Email>
```

这一行阐明了这些代码是由你编写的,你拥有贡献它的权利。

你现在就可以在相关的邮件列表(如LKML)中张贴你的补丁了。

文档Documentation/SubmittingPatches包含了一个创建和提交补丁的向导,而Documentation/applying-patches.txt是一个教你如何打补丁的教程。

现在,你打好补丁后的/usr/src/linux-X.Y.Z/已经准备好投入使用了。接下来,我们花一些时间来查看内核源代码树的结构。进入内核源代码树的根目录并列出它的子目录。

(1) arch。该目录包含了与体系结构相关的文件。可以在arch/目录下看到针对ARM、Motorola 68K、s390、MIPS、Alpha、SPARC和IA64等处理器的子目录。

(2) block。该目录主要包含块存储设备I/O调度算法的实现。

(3) crypto。该目录实现了密码操作以及与加密相关的API,它们可被应用于WiFi设备驱动的加密算法等场合。

(4) Documentation。该目录包含了内核中各个子系统的简要描述,它是你探究内核方面问题的第一站。

(5) drivers。这个目录包含了大量设备类和外设控制器的驱动,包括字符、串口、内置集成电路(I^2C)、个人计算机存储卡国际联盟(PCMCIA)、外围组件互连(PCI)、通用串行总线(USB)、视频、音频、块、集成驱动电子设备(IDE)、小型计算机系统接口(SCSI)、CD-ROM、网络适配器、异步传输模式(ATM)、蓝牙和内存技术设备(MTD)等。每一类设备对应drivers/下面的一个子目录,譬如PCMCIA驱动程序的源代码位于drivers/pcmcia/目录,MTD驱动程序位于drivers/mtd/目录。drivers/下的这些子目录是本书的主要议题。

(6) fs。这个目录包含了EXT3、EXT4、reiserfs、FAT、VFAT、sysfs、procfs、isofs、JFFS2、XFS、NTFS和NFS等文件系统的实现。

(7) include。内核头文件位于此目录。该目录下以asm开头的子目录包含了与体系结构相关的头文件，比如include/asm-x86/子目录包含了x86体系架构的头文件，include/asm-arm/包含了ARM体系架构的头文件。

(8) init。这个目录包含了高级别初始化和启动代码。

(9) ipc。这个目录包含了对消息队列、信号、共享内存等进程间通信（IPC）机制的支持。

(10) kernel。基本内核中与体系架构无关的部分。

(11) lib。通用内核对象（kobject）处理程序、循环冗余码校验（CRC）计算函数等库函数例程位于此目录。

(12) mm。这个目录包含了内存管理的实现。

(13) net。该目录实现了网络协议，包括Internet协议第4版（IPv4）、IPv6、网际互联交换协议（IPX）、蓝牙、ATM、红外、链路访问过程平衡（LAPB）以及逻辑链路控制（LLC）。

(14) scripts。内核编译过程中要使用的脚本位于此目录。

(15) security。这个目录包含了针对安全的框架。

(16) sound。Linux音频子系统位于此目录。

(17) usr。此目录包含了initramfs的实现。

统一的x86架构源码树

从2.6.24内核版本开始，i386和x86_64（与32位的i386系统对应的64位系统）架构源码树已被统一纳入公共的arch/x86/目录。如果你使用的是比2.6.24老的内核，请用arch/i386/代替本书中所说的arch/x86/目录。同样地，也请将include/asm-x86/替换为include/asm-i386/。此外，这些目录中的一些文件名也会有所不同。

在这么庞大的目录树中查找符号和代码是一项艰巨的任务，表1-1中的一些工具可以帮助你更方便地浏览内核源码树。

表1-1 源码树浏览工具

工 具	描 述
lxr	Linux cross-referencer（Linux交叉引用程序），可从http://lxr.sourceforge.net/下载。它可以让你通过网页浏览器遍历内核源码树，因为它为内核符号的定义和使用提供了超链接
cscope	cscope（网址为http://cscope.sourceforge.net/）为内核源码树内的所有文件建立一个符号数据库，通过它可以快速地搜索声明、定义以及正则表达式等。cscope可能不如lxr那般多才多艺，但是它很灵活，允许你使用最喜欢的文本编辑器而不是浏览器的搜索功能。在内核源码树的根目录，运行cscope-qkRv命令就可建立交叉引用数据库。-q选项将产生更多的索引信息以加快搜索速度，但是初始启动会消耗更多的时间。-k要求cscope调整它的行为以使用内核源代码，-R选项意味着递归遍历子目录。在手册页面可以找到详细的调用规则
ctags/etags	ctags（网址为http://ctags.sourceforge.net/）可用于为许多语言产生交叉引用的标签。通过它，你可以在vi等编辑器中找到源码树中的符号和函数定义。从内核源码树的根目录运行make tags可以为所有文件建立标签。etags为emacs编辑器产生相似的索引信息。运行make TAGS可以采用etags为内核源文件创建标签

（续）

工具	描述
实用程序	grep、find、sdiff、strace、od、dd、make、tar、file和objdump等工具

GCC选项	使用-E选项可以让GCC产生预处理源代码。预处理代码包含头文件的扩展，并减少了为扩展多层宏定义在多个嵌套的头文件间进行跳跃的需要。下面的例子预处理drivers/char/mydrv.c并产生扩展后的输出文件mydrv.i：
	`bash> gcc -E drivers/char/mydrv.c -D__KERNEL__ -Iinclude -Iinclude/asm-x86/mach-default > mydrv.i`
	使用-I选项可以指定你的代码所依赖的include的路径
	使用-S选项可以让GCC产生汇编列表。下面的命令可以为drivers/char/mydrv.c产生汇编文件mydrv.s：
	`bash> gcc -S drivers/char/mydrv.c -D__KERNEL__ -Iinclude -Ianother/include/path`

1.7 编译内核

了解了内核源码树布局后，现在我们来对代码稍做修改，并编译和运行它。进入位于顶层的init/目录，对初始化文件main.c做一项小的修改，即在start_kernel()函数的开头加上一行打印信息，宣布你对北极熊的喜爱：

```
asmlinkage void __init start_kernel(void)
{
    char *command_line;
    extern struct kernel_param __start___param[],
            __stop___param[];

+   printk("Penguins are cute, but so are polar bears\n");

    /* ... */

    rest_init();
}
```

编译内核准备工作已经就绪，进入内核源码树并运行清除命令：

```
bash> cd /usr/src/linux-X.Y.Z/
bash> make clean
```

接下来进行内核配置工作。这一步的主要工作是选择要编译的组件，你可以指定需要的组件以静态还是动态链接的方式编译进内核：

```
bash> make menuconfig
```

menuconfig是内核配置菜单的文本界面，使用make xconfig可以产生一个图形界面。所选择的配置信息被存放在内核源码树根目录的.config文件中。如果不想从头开始进行配置，可以使用arch/your-arch/defconfig作为起点或者若你的体系架构支持多个平台，也可以用）arch/your-arch/configs/your-machine_defconfig文件作为起点。因此，如果正在为32位x86体系架构编译内核，运行如下命令：

```
bash> cp arch/x86/configs/i386_defconfig .config
```

编译内核并产生一个压缩的启动映像：

```
bash> make bzImage
```

现在，内核映像将位于arch/x86/boot/bzImage，更新启动分区：

```
bash> cp arch/x86/boot/bzImage /boot/vmlinuz
```

也许需要根据新的启动映像更新引导程序。如果正在使用GRUB这个引导程序，它将自动完成配置；如果正在使用LILO，请增加一个标记：

```
bash> /sbin/lilo
Added linux *
```

最后，重新启动Linux并启动到新内核：

```
bash> reboot
```

启动后的第一条信息显示了你添加的喜爱北极熊的那句话。

1.8 可加载的模块

由于Linux可运行于各种各样的体系架构中，并且支持无数的I/O设备，把所有要支持的设备都直接编译进内核并不合适。发行版通常包含一个最小的内核映像，而以内核模块的形式提供其他的功能。在运行的时候，可以动态地按需加载模块。

为了生成模块，进入内核源码树根目录并运行：

```
bash> cd /usr/src/linux-X.Y.Z/
bash> make modules
```

运行如下命令安装编译生成的模块：

```
bash> make modules_install
```

此命令将在/lib/modules/X.Y.Z/kernel/目录下构造一个内核源代码目录结构，并将可加载的模块放入其中。它也将激活depmod实用程序，以便生成模块依赖文件/lib/modules/X.Y.Z/modules.dep。

如下工具可用于操纵模块：insmod、rmmod、lsmod、modprobe、modinfo和depmod。前两个工具用于加载和移除模块，lsmod用于列出目前已经加载的模块，modprobe是insmod的一个更智能的版本，它先分析/lib/modules/X.Y.Z/modules.dep文件再加载它所依赖的模块。例如，假定你需要挂载一个USB笔式驱动器上的VFAT（Virtual File Allocation Table，虚拟文件分配表）分区，可使用modprobe加载VFAT文件系统驱动程序[①]：

```
bash> modprobe vfat
bash> lsmod
Module              Size      Used by
vfat                14208     0
```

[①] 这个例子假定这个模块没有被内核自动加载。如果你在配置过程中启用了自动内核模块加载（CONFIG_KMOD）选项，当侦测到缺失的子系统时，内核将自动以相应的参数运行modprobe。第4章将介绍模块自动加载的知识。

```
fat                49052     1 vfat
nls_base            9728     2 vfat, fat
```

从lsmod命令的输出可以看出，modprobe加载了3个而不仅仅是1个模块。modprobe首先发现它不得不加载/lib/modules/X.Y.Z/kernel/fs/vfat/vfat.ko，当查看/lib/modules/X.Y.Z/modules.dep模块依赖文件的时候，它发现了如下代码并由此意识到自己必须首先加载另外2个模块：

```
/lib/modules/X.Y.Z/kernel/fs/vfat/vfat.ko:
/lib/modules/X.Y.Z/kernel/fs/fat/fat.ko
/lib/modules/X.Y.Z/kernel/fs/nls/nls_base.ko
```

于是它首先加载了fat.ko和nls_base.ko这2个模块，之后加载vfat.ko，这样，所有挂载VFAT分区时所需要的模块都被自动加载了。

使用modinfo程序可以提取刚加载的模块的详细信息：

```
bash> modinfo vfat
filename:       /lib/modules/X.Y.Z/kernel/fs/vfat/vfat.ko
license:        GPL
description:    VFAT filesystem support
...
depends:        fat, nls_base
```

为了将内核驱动程序编译为模块，在配置内核的时候，请将相应的菜单选择按钮置为<M>。本书中的大部分设备驱动程序例子都以内核模块的形式实现。为了从mymodule.c源文件构造mymodule.o模块，可以创建一个一行的Makefile文件，并且以如下方式执行它：

```
bash> cd /path/to/module-source/
bash> echo "obj-m += mymodule.ko" > Makefile
bash> make -C /path/to/kernel-sources/ M=`pwd` modules
make: Entering directory '/path/to/kernel-sources'
  Building modules, stage 2.
  MODPOST
  CC /path/to/module-sources/mymodule.mod.o
  LD [M] /path/to/module-sources/mymodule.ko
make: Leaving directory '/path/to/kernel-sources'
bash> insmod ./mymodule.ko
```

内核模块减小了内核的大小，并缩短了开发—编译—测试的周期。为了让一次修改生效，你仅仅需要重新编译特定的模块并重新加载它。在第21章中，我们将学习模块调试技术。

将驱动程序设计为内核模块也有一些缺陷。与内建的驱动程序不同，模块无法在系统启动时预留资源，因为首要的是必须保证启动成功。

1.9　整装待发

Linux已经涉及的领域十分广泛，代表着最新的技术水平，所以可以基于它来学习操作系统的概念、处理器体系架构，甚至了解各种行业领域。在学习某一设备驱动程序子系统用到的技术时，不妨在更深层次上探索其背后的设计动机。

在没有明确指明的情况下，本书默认的都是32位x86架构。但是，本书也考虑到你更有可能要为嵌入式设备而非传统的PC兼容的系统编写驱动程序。因此，第6章讲解了两种设备：一个PC衍生器件上的触摸控制器和一个手机上的UART。第8章则讲解了PC系统中的EEPROM和嵌入式设备中的实时钟。本书也介绍了内核为大多数设备驱动程序类所提供的基础设施，它们隐藏了设备驱动程序与体系架构的相关性。

在本书接近尾声的第21章讨论了设备驱动程序的调试技术，开发驱动程序的时候，提前阅读该章会很有用。

本书基于2.6内核，它包含了对2.4内核的大量更新，覆盖了所有主要的子系统。因此，希望你已经在系统中安装了基于2.6的内核并开始研究内核源代码。基于以下两个主要的原因，本书的每一章都反复要求读者去阅读相关的内核源文件。

(1) 因为内核中的每个驱动程序子系统都包含数万行源代码，以本书的篇幅只能列出相对简单的部分内容，对照查看源代码中与书中例子相关的真实驱动程序会让你豁然开朗。

(2) 在开发驱动程序之前，先参考一个drivers目录中与你的要求相似的现成的驱动程序，把它作为起点是一个好方法。

因此，为了能更好地消化本书内容，请频繁地浏览源码树并仔细研究代码来熟悉内核。在探索代码的过程中，也请跟踪邮件列表的进展。

第 2 章 内核

本章内容
- 启动过程
- 内核模式和用户模式
- 进程上下文和中断上下文
- 内核定时器
- 内核中的并发
- proc文件系统
- 内存分配
- 查看源代码

在开始步入Linux设备驱动程序的神秘世界之前，让我们从驱动程序开发人员的角度看几个内核构成要素，熟悉一些基本的内核概念。我们将学习内核定时器、同步机制以及内存分配方法。不过，我们还是得从头开始这次探索之旅。因此，本章要先浏览一下内核发出的启动信息，然后再逐个讲解一些有意思的点。

2.1 启动过程

图2-1显示了基于x86计算机Linux系统的启动顺序。第一步是BIOS从启动设备中导入主引导记录（MBR），接下来MBR中的代码查看分区表并从活动分区读取GRUB、LILO或SYSLINUX等引导装入程序（Bootloader），之后引导装入程序会加载压缩后的内核映像并将控制权传递给它。内核取得控制权后，会将自身解压缩并投入运转。

基于x86的处理器有两种操作模式：实模式和保护模式。在实模式下，用户仅可以使用1 MB内存，并且没有任何保护。保护模式要复杂得多，用户可以使用更多的高级功能（如分页）。CPU必须中途将实模式切换为保护模式。但是，这种切换是单向的，即不能从保护模式再切换回实模式。

内核初始化的第一步是执行实模式下的汇编代码，之后执行保护模式下init/main.c文件（上一章修改的源文件）中的start_kernel()函数。start_kernel()函数首先会初始化CPU子系统，之后让内存和进程管理系统就位，接下来启动外部总线和I/O设备，最后一步是激活init进程，它是所有

Linux进程的父进程。init进程执行启动必要的内核服务的用户空间脚本,并且最终派生控制台终端程序以及显示登录(login)提示。

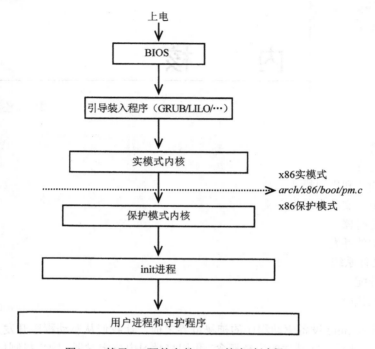

图2-1 基于x86硬件上的Linux的启动过程

本节内的3级标题都是图2-2中的一条打印信息,这些信息来源于基于x86的笔记本电脑的Linux启动过程。如果在其他体系架构上启动内核,消息以及语义可能会有所不同。如果感觉本节中的一些内容非常晦涩,请不要担心。当前的目的仅是让你有一个大概的印象,让你先品尝内核甜点的味道。接下来要提到的许多概念都会在以后的章节中进行更深入的论述。

2.1.1 BIOS-provided physical RAM map

内核会解析从BIOS中读取到的系统内存映射,并率先将以下信息打印出来:

```
BIOS-provided physical RAM map:
BIOS-e820: 0000000000000000 - 000000000009f000 (usable)
...
BIOS-e820: 00000000ff800000 - 0000000100000000 (reserved)
```

实模式下的初始化代码通过使用BIOS的int 0x15服务并执行0xe820号函数(即上面的BIOS-e820字符串)来获得系统的内存映射信息。内存映射信息中包含了预留的和可用的内存,内核将随后使用这些信息创建其可用的内存池。在附录B的B.1节,我们会对BIOS提供的内存映射问题进行更深入的讲解。

```
Linux version 2.6.23.1y (root@localhost.localdomain) (gcc version 4.1.1 20061011 (Red
Hat 4.1.1-30)) #7 SMP PREEMPT Thu Nov 1 11:39:30 IST 2007
BIOS-provided physical RAM map:
 BIOS-e820: 0000000000000000 - 000000000009f000 (usable)
 BIOS-e820: 000000000009f000 - 00000000000a0000 (reserved)
...
758MB LOWMEM available.
...
Kernel command line: ro root=/dev/hda1
...
Console: colour VGA+ 80x25
...
Calibrating delay using timer specific routine.. 1197.46 BogoMIPS (lpj=2394935)
...
CPU: L1 I cache: 32K, L1 D cache: 32K
CPU: L2 cache: 1024K
...
Checking 'hlt' instruction... OK.
...
Setting up standard PCI resources
...
NET: Registered protocol family 2
IP route cache hash table entries: 32768 (order: 5, 131072 bytes)
TCP established hash table entries: 131072 (order: 9, 2097152 bytes)
...
checking if image is initramfs... it is
Freeing initrd memory: 387k freed
...
io scheduler noop registered
io scheduler anticipatory registered (default)
...
00:0a: ttyS0 at I/O 0x3f8 (irq = 4) is a NS16550A
...
Uniform Multi-Platform E-IDE driver Revision: 7.00alpha2
ide: Assuming 33MHz system bus speed for PIO modes; override with idebus=xx
ICH4: IDE controller at PCI slot 0000:00:1f.1
Probing IDE interface ide0...
hda: HTS541010G9AT00, ATA DISK drive
hdc: HL-DT-STCD-RW/DVD DRIVE GCC-4241N, ATAPI CD/DVD-ROM drive
...
serio: i8042 KBD port at 0x60,0x64 irq 1
mice: PS/2 mouse device common for all mice
...
Synaptics Touchpad, model: 1, fw: 5.9, id: 0x2c6ab1, caps: 0x884793/0x0
...
agpgart: Detected an Intel 855GM Chipset.
...
Intel(R) PRO/1000 Network Driver - version 7.3.20-k2
...
ehci_hcd 0000:00:1d.7: EHCI Host Controller
...
Yenta: CardBus bridge found at 0000:02:00.0 [1014:0560]
...
Non-volatile memory driver v1.2
...
kjournald starting. Commit interval 5 seconds
EXT3 FS on hda2, internal journal
EXT3-fs: mounted filesystem with ordered data mode.
...
INIT: version 2.85 booting
...
```

图2-2 内核启动信息

2.1.2　758MB LOWMEM available

896 MB以内的常规的可被寻址的内存区域被称作低端内存。内存分配函数kmalloc()就是从该区域分配内存的。高于896 MB的内存区域被称为高端内存，只有在采用特殊的方式进行映射后才能被访问。

在启动过程中，内核会计算并显示这些内存区内总的页数，本章稍后会对这些内存区进行更深入的分析。

2.1.3　Kernel command line: ro root=/dev/hda1

Linux的引导装入程序通常会给内核传递一个命令行。命令行中的参数类似于传递给C程序中`main()`函数的`argv[]`列表，唯一的不同在于它们是传递给内核的。可以在引导装入程序的配置文件中增加命令行参数，当然，也可以在运行过程中通过引导装入程序修改Linux的命令行[1]。如果使用的是GRUB这个引导装入程序，由于发行版本的不同，其配置文件可能是/boot/grub/grub.conf或者是/boot/grub/menu.lst。如果使用的是LILO，配置文件为/etc/lilo.conf。下面给出了一个grub.conf文件的例子（增加了一些注释），看了紧接着`title kernel 2.6.23`的那行代码之后，你会明白前述打印信息的由来。

```
default 0     #Boot the 2.6.23 kernel by default
timeout 5     #5 second to alter boot order or parameters

title kernel 2.6.23      #Boot Option 1
  #The boot image resides in the first partition of the first disk
  #under the /boot/ directory and is named vmlinuz-2.6.23. 'ro'
  #indicates that the root partition should be mounted read-only.
  kernel (hd0,0)/boot/vmlinuz-2.6.23 ro root=/dev/hda1

  #Look under section "Freeing initrd memory:387k freed"
  initrd (hd0,0)/boot/initrd

#...
```

命令行参数将影响启动过程中的代码执行路径。举一个例子，假设某命令行参数为`bootmode`，如果该参数被设置为1，意味着你希望在启动过程中打印一些调试信息并在启动结束时切换到`runlevel`的第3级（初始化进程的启动信息打印后就会了解`runlevel`的含义）；如果`bootmode`参数被设置为0，意味着你希望启动过程相对简洁，并且设置`runlevel`为2。既然已经熟悉了init/main.c文件，下面就在该文件中增加如下修改：

```
static unsigned int bootmode = 1;
static int __init
is_bootmode_setup(char *str)
{
  get_option(&str, &bootmode);
```

---

[1] 嵌入式设备上的引导装入程序通常经过了"瘦身"，并不支持配置文件或类似机制。因此，许多非x86体系架构提供了`CONFIG_CMDLINE`这个内核配置选项，通过它，用户可以在编译内核时提供内核命令行。

```
      return 1;
    }
    /* Handle parameter "bootmode=" */
    __setup("bootmode=", is_bootmode_setup);

    if (bootmode) {
      /* Print verbose output */
      /* ... */
    }

    /* ... */

    /* If bootmode is 1, choose an init runlevel of 3, else
       switch to a run level of 2 */
    if (bootmode) {
      argv_init[++args] = "3";
    } else {
      argv_init[++args] = "2";
    }

    /* ... */
```

请重新编译内核并尝试运行新的修改。另外，本书18.5节也将对内核命令行参数进行更详细的讲解。

2.1.4 Calibrating delay...1197.46 BogoMIPS (lpj=2394935)

在启动过程中，内核会计算处理器在一个jiffy时间内运行一个内部的延迟循环的次数。jiffy的含义是系统定时器2个连续的节拍之间的间隔。正如所料，该计算必须被校准到所用CPU的处理速度。校准的结果被存储在称为`loops_per_jiffy`的内核变量中。使用`loops_per_jiffy`的一种情况是某设备驱动程序希望进行小的微秒级别的延迟的时候。

为了理解延迟-循环校准代码，让我们看一下定义在init/calibrate.c文件中的`calibrate_delay()`函数。该函数灵活地使用整型运算得到了浮点的精度。如下的代码片段（有一些注释）显示了该函数的开始部分，这部分用于得到一个`loops_per_jiffy`的粗略值：

```
loops_per_jiffy = (1 << 12); /* Initial approximation = 4096 */
printk(KERN_DEBUG "Calibrating delay loop...");
while ((loops_per_jiffy <<= 1) != 0) {
  ticks = jiffies;  /* As you will find out in the section, "Kernel
                       Timers," the jiffies variable contains the
                       number of timer ticks since the kernel
                       started, and is incremented in the timer
                       interrupt handler */

  while (ticks == jiffies); /* Wait until the start of the next jiffy */
  ticks = jiffies;
  /* Delay */
  __delay(loops_per_jiffy);
  /* Did the wait outlast the current jiffy? Continue if it didn't */
  ticks = jiffies - ticks;
```

```
    if (ticks) break;
}

loops_per_jiffy >>= 1; /* This fixes the most significant bit and is
                          the lower-bound of loops_per_jiffy */
```

上述代码首先假定loops_per_jiffy大于4096，这可以转化为处理器速度大约为每秒100万条指令，即1 MIPS。接下来，它等待jiffy被刷新（1个新的节拍的开始），并开始运行延迟循环__delay(loops_per_jiffy)。如果这个延迟循环持续了1个jiffy以上，将使用以前的loops_per_jiffy值（将当前值右移1位）修复当前loops_per_jiffy的最高位；否则，该函数继续通过左移loops_per_jiffy值来探测出其最高位。在内核计算出最高位后，它开始计算低位并微调其精度：

```
loopbit = loops_per_jiffy;

/* Gradually work on the lower-order bits */
while (lps_precision-- && (loopbit >>= 1)) {
  loops_per_jiffy |= loopbit;
  ticks = jiffies;
  while (ticks == jiffies); /* Wait until the start of the next jiffy */
  ticks = jiffies;

  /* Delay */
  __delay(loops_per_jiffy);

  if (jiffies != ticks)      /* longer than 1 tick */
    loops_per_jiffy &= ~loopbit;
}
```

上述代码计算出了延迟循环跨越jiffy边界时loops_per_jiffy的低位值。这个被校准的值可被用于获取BogoMIPS（其实它是一个并非科学的处理器速度指标）。可以使用BogoMIPS作为衡量处理器运行速度的相对尺度。在1.6GHz基于Pentium M的笔记本电脑上，根据前述启动过程的打印信息，循环校准的结果是：loops_per_jiffy的值为2394935。获得BogoMIPS的方式如下：

BogoMIPS = loops_per_jiffy * 1秒内的jiffy数 * 延迟循环消耗的指令
数（以百万为单位）
= (2394935 * HZ * 2) / (1000000)
= (2394935 * 250 * 2) / (1000000)
= 1197.46（与启动过程打印信息中的值一致）

在2.4节将更深入阐述jiffy、HZ和loops_per_jiffy。

2.1.5 Checking HLT instruction

由于Linux内核支持多种硬件平台，启动代码会检查体系架构相关的bug。其中一项工作就是验证停机（HLT）指令。

x86处理器的HLT指令会将CPU置入一种低功耗睡眠模式，直到下一次硬件中断发生之前维持不变。当内核想让CPU进入空闲状态时（查看arch/x86/kernel/process_32.c文件中定义的

cpu_idle()函数),它会使用HLT指令。对于有问题的CPU而言,命令行参数no-hlt可以禁止HLT指令。如果no-hlt被设置,在空闲的时候,内核会进行忙等待而不是通过HLT给CPU降温。

当init/main.c中的启动代码调用include/asm-your-arch/bugs.h中定义的check_bugs()时,会打印上述信息。

2.1.6 NET: Registered protocol family 2

Linux套接字(socket)层是用户空间应用程序访问各种网络协议的统一接口。每个协议通过include/linux/socket.h文件中定义的分配给它的独一无二的系列号注册。上述打印信息中的Family 2代表af_inet(互联网协议)。

启动过程中另一个常见的注册协议系列是AF_NETLINK(Family 16)。网络链接套接字提供了用户进程和内核通信的方法。通过网络链接套接字可完成的功能还包括存取路由表和地址解析协议(ARP)表(include/linux/netlink.h文件给出了完整的用法列表)。对于此类任务而言,网络链接套接字比系统调用更合适,因为前者具有采用异步机制、更易于实现和可动态链接的优点。

内核中经常使能的另一个协议系列是AF_Unix或Unix-domain套接字。X Windows等程序使用它们在同一个系统上进行进程间通信。

2.1.7 Freeing initrd memory: 387k freed

initrd是一种由引导装入程序加载的常驻内存的虚拟磁盘映像。在内核启动后,会将其挂载为初始根文件系统,这个初始根文件系统中存放着挂载实际根文件系统磁盘分区时所依赖的可动态连接的模块。由于内核可运行于各种各样的存储控制器硬件平台上,把所有可能的磁盘驱动程序都直接放进基本的内核映像中并不可行。你所使用的系统的存储设备的驱动程序被打包放入了initrd中,在内核启动后、实际的根文件系统被挂载之前,这些驱动程序才被加载。使用mkinitrd命令可以创建一个initrd映像。

2.6内核提供了一种称为initramfs的新功能,它在几个方面较initrd更为优秀。后者模拟了一个磁盘(因而被称为initramdisk或initrd),会带来Linux块I/O子系统的开销(如缓冲);前者基本上如同一个被挂载的文件系统一样,由自身获取缓冲(因此被称作initramfs)。

不同于initrd,基于页缓冲建立的initramfs如同页缓冲一样会动态地变大或缩小,从而减少了其内存消耗。另外,initrd要求你的内核映像包含initrd所使用的文件系统(例如,如果initrd为EXT2文件系统,内核必须包含EXT2驱动程序),然而initramfs不需要文件系统支持。再者,由于initramfs只是页缓冲之上的一小层,因此它的代码量很小。

用户可以将初始根文件系统打包为一个cpio压缩包[①],并通过initrd=命令行参数传递给内核。当然,也可以在内核配置过程中通过INITRAMFS_SOURCE选项直接编译进内核。对于后一种方式而言,用户可以提供cpio压缩包的文件名或者包含initramfs的目录树。在启动过程中,内核会将文件解压缩为一个initramfs根文件系统,如果它找到了/init,它就会执行该顶层的程序。这种获取初始根文件系统的方法对于嵌入式系统而言特别有用,因为在嵌入式系统中系统资源非常

---

① cpio是一种Unix文件压缩格式,从www.gnu.org/software/cpio可以下载。

宝贵。使用mkinitramfs可以创建一个initramfs映像，查看文档Documentation/filesystems/ramfs-rootfs-initramfs.txt可获得更多信息。

在本例中，我们使用的是通过initrd=命令行参数向内核传递初始根文件系统cpio压缩包的方式。在将压缩包中的内容解压为根文件系统后，内核将释放该压缩包所占据的内存（本例中为387 KB）并打印上述信息。释放后的页面会被分发给内核中的其他部分以便被申请。

在第18章中我们会发现，在嵌入式系统开发过程中，initrd和initramfs有时候也可被用作嵌入式设备上实际的根文件系统。

2.1.8　io scheduler anticipatory registered (default)

I/O调度器的主要目标是通过减少磁盘的定位次数来增加系统的吞吐率。在磁盘定位过程中，磁头需要从当前的位置移动到感兴趣的目标位置，这会带来一定的延迟。2.6内核提供了4种不同的I/O调度器：Deadline、Anticipatory、Complete Fair Queuing以及NOOP。从上述内核打印信息可以看出，本例将Anticipatory设置为了默认的I/O调度器。在第14章中，我们将学习I/O调度的知识。

2.1.9　Setting up standard PCI resources

启动过程的下一阶段会初始化I/O总线和外围控制器。内核会通过遍历PCI总线来探测PCI硬件，接下来再初始化其他的I/O子系统。从图2-3中我们会看到SCSI子系统、USB控制器、视频芯片（855北桥芯片组信息中的一部分）、串行端口（本例中为8250 UART）、PS/2键盘和鼠标、软驱、ramdisk、loopback设备、IDE控制器（本例中为ICH4南桥芯片组中的一部分）、触控板、以太网控制器（本例中为e1000）以及PCMCIA控制器初始化的启动信息。图2-3中➜符号指向的为I/O设备的标识（ID）。

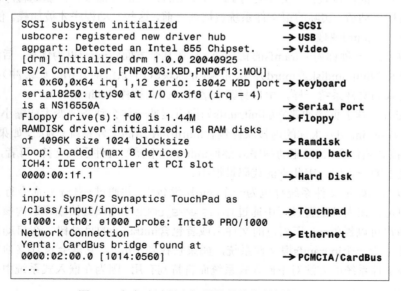

图2-3　在启动过程中初始化总线和外围控制器

本书会以单独的章节讨论大部分上述驱动程序子系统,请注意如果驱动程序以模块的形式被动态链接到内核,其中的一些消息也许只有在内核启动后才会被显示。

2.1.10　EXT3-fs: mounted filesystem

EXT3文件系统已经成为Linux事实上的文件系统。EXT3在退役的EXT2文件系统基础上增添了日志层,该层可用于崩溃后文件系统的快速恢复。它的目标是不经由耗时的文件系统检查(fsck)操作即可获得一个一致的文件系统。EXT2仍然是新文件系统的工作引擎,但是EXT3层会在进行实际的磁盘改变之前记录文件交互的日志。EXT3向后兼容于EXT2,因此,你可以在你现存的EXT2文件系统上加上EXT3或者由EXT3返回到EXT2文件系统。

EXT4

EXT文件系统的最新版本是EXT4,自2.6.19内核以来,EXT4已经被增加到了主线Linux内核中,但是被注明为"试验中",名称为ext4dev。EXT4很大程度上向后兼容于EXT3,其主页为www.bullopensource.org/ext4。

EXT3会启动一个称为kjournald的内核辅助线程(在接下来的一章中将深入讨论内核线程)来完成日志功能。在EXT3投入运转以后,内核挂载根文件系统并做好"业务"上的准备:

```
EXT3-fs: mounted filesystem with ordered data mode
kjournald starting. Commit interval 5 seconds
VFS: Mounted root (ext3 filesystem).
```

2.1.11　INIT: version 2.85 booting

所有Linux进程的父进程init是内核完成启动序列后运行的第1个程序。在init/main.c的最后几行,内核会搜索一个不同的位置以定位到init:

```
if (ramdisk_execute_command) { /* Look for /init in initramfs */
  run_init_process(ramdisk_execute_command);
}

if (execute_command) { /* You may override init and ask the kernel
                         to execute a custom program using the
                         "init=" kernel command-line argument. If
                         you do that, execute_command points to the
                         specified program */
  run_init_process(execute_command);
}

/* Else search for init or sh in the usual places .. */
run_init_process("/sbin/init");
run_init_process("/etc/init");
run_init_process("/bin/init");
run_init_process("/bin/sh");
panic("No init found. Try passing init= option to kernel.");
```

init会接受/etc/inittab的指引。它首先执行/etc/rc.sysinit中的系统初始化脚本,该脚本的一项最重要的职责就是激活对换（swap）分区，这会导致如下启动信息被打印：

```
Adding 1552384k swap on /dev/hda6
```

让我们来仔细看看上述这段话的意思。Linux用户进程拥有3 GB的虚拟地址空间（见2.7节），构成"工作集"的页被保存在RAM中。但是，如果有太多程序需要内存资源，内核会释放一些被使用了的RAM页面并将其存储到称为对换空间（swap space）的磁盘分区中。根据经验法则，对换分区的大小应该是RAM的2倍。在本例中，对换空间位于/dev/hda6这个磁盘分区，其大小为1 552 384 KB。

接下来，init开始运行/etc/rc.d/rcX.d/目录中的脚本，其中X是inittab中定义的运行级别。runlevel是根据预期的工作模式所进入的执行状态。例如，多用户文本模式意味着runlevel为3，X Windows则意味着runlevel为5。因此，当你看到INIT: Entering runlevel 3这条信息的时候，init就已经开始执行/etc/rc.d/rc3.d/目录中的脚本了。这些脚本会启动动态设备命名子系统（第4章中将讨论udev），并加载网络、音频、存储设备等驱动程序所对应的内核模块：

```
Starting udev: [ OK ]
Initializing hardware... network audio storage [Done]
...
```

最后，init发起虚拟控制台终端，你现在就可以登录了。

2.2 内核模式和用户模式

MS-DOS等操作系统在单一的CPU模式下运行，但是一些类Unix的操作系统则使用了双模式，可以有效地实现时间共享。在Linux机器上，CPU要么处于受信任的内核模式，要么处于受限制的用户模式。除了内核本身处于内核模式以外，所有的用户进程都运行在用户模式之中。

内核模式的代码可以无限制地访问所有处理器指令集以及全部内存和I/O空间。如果用户模式的进程要享有此特权，它必须通过系统调用向设备驱动程序或其他内核模式的代码发出请求。另外，用户模式的代码允许发生缺页，而内核模式的代码则不允许。

在2.4和更早的内核中，仅仅用户模式的进程可以被上下文切换出局，由其他进程抢占。除非发生以下两种情况，否则内核模式代码可以一直独占CPU：

(1) 它自愿放弃CPU；
(2) 发生中断或异常。

2.6内核引入了内核抢占，大多数内核模式的代码也可以被抢占。

2.3 进程上下文和中断上下文

内核可以处于两种上下文：进程上下文和中断上下文。在系统调用之后，用户应用程序进入内核空间，此后内核空间针对用户空间相应进程的代表就运行于进程上下文。异步发生的中断会引发中断处理程序被调用，中断处理程序就运行于中断上下文。中断上下文和进程上下文不可能同时发生。

运行于进程上下文的内核代码是可抢占的,但进程上下文则会一直运行至结束,不会被抢占。因此,内核会限制中断上下文的工作,不允许其执行如下操作:

(1) 进入睡眠状态或主动放弃CPU;
(2) 占用互斥体;
(3) 执行耗时的任务;
(4) 访问用户空间虚拟内存。

本书4.2节会对中断上下文进行更深入的讨论。

2.4 内核定时器

内核中许多部分的工作都高度依赖于时间信息。Linux内核利用硬件提供的不同的定时器以支持忙等待或睡眠等待等时间相关的服务。忙等待时,CPU会不断运转。但是睡眠等待时,进程将放弃CPU。因此,只有在后者不可行的情况下,才考虑使用前者。内核也提供了某些便利,可以在特定的时间之后调度某函数运行。

我们首先来讨论一些重要的内核定时器变量(jiffies、HZ和xtime)的含义。接下来,我们会使用Pentium时间戳计数器(TSC)测量基于Pentium的系统的运行次数。之后,我们也分析一下Linux怎么使用实时钟(RTC)。

2.4.1 `HZ 和 Jiffies`

系统定时器能以可编程的频率中断处理器。此频率即为每秒的定时器节拍数,对应着内核变量HZ。选择合适的HZ值需要权衡。HZ值大,定时器间隔时间就小,因此进程调度的准确性会更高。但是,HZ值越大也会导致开销和电源消耗更多,因为更多的处理器周期将被耗费在定时器中断上下文中。

> HZ的值取决于体系架构。在x86系统上,在2.4内核中,该值默认设置为100;在2.6内核中,该值变为1000;而在2.6.13中,它又被降低到了250。在基于ARM的平台上,2.6内核将HZ设置为100。在目前的内核中,可以在编译内核时通过配置菜单选择一个HZ值。该选项的默认值取决于体系架构的版本。
>
> 2.6.21内核支持无节拍的内核(CONFIG_NO_HZ),它会根据系统的负载动态触发定时器中断。无节拍系统的实现超出了本章的讨论范围,不再详述。

jiffies变量记录了系统启动以来,系统定时器已经触发的次数。内核每秒钟将jiffies变量增加HZ次。因此,对于HZ值为100的系统,1个jiffy等于10ms,而对于HZ为1000的系统,1个jiffy仅为1ms。

为了更好地理解HZ和jiffies变量,请看下面的取自IDE驱动程序(drivers/ide/ide.c)的代码片段。该段代码会一直轮询磁盘驱动器的忙状态:

```
unsigned long timeout = jiffies + (3*HZ);
while (hwgroup->busy) {
```

```
    /* ... */
    if (time_after(jiffies, timeout)) {
      return -EBUSY;
    }
    /* ... */
}
return SUCCESS;
```

如果忙条件在3s内被清除，上述代码将返回SUCCESS，否则，返回-EBUSY。3*HZ是3s内的jiffies数量。计算出来的超时jiffies + 3*HZ将是3s超时发生后新的jiffies值。time_after()的功能是将目前的jiffies值与请求的超时时间对比，检测溢出。类似函数还包括time_before()、time_before_eq()和time_after_eq()。

jiffies被定义为volatile类型，它会告诉编译器不要优化该变量的存取代码。这样就确保了每个节拍发生的定时器中断处理程序都能更新jiffies值，并且循环中的每一步都会重新读取jiffies值。

对于jiffies向秒转换，可以查看USB主机控制器驱动程序drivers/usb/host/ehci-sched.c中的如下代码片段：

```
if (stream->rescheduled) {
  ehci_info(ehci, "ep%ds-iso rescheduled " "%lu times in %lu
            seconds\n", stream->bEndpointAddress, is_in? "in":
            "out", stream->rescheduled,
            ((jiffies - stream->start)/HZ));
}
```

上述调试语句计算出USB端点流（见第11章）被重新调度stream->rescheduled次所耗费的秒数。jiffies-stream->start是从开始到现在消耗的jiffies数量，将其除以HZ就得到了秒数值。

假定jiffies值为1000，32位的jiffies会在大约50天的时间内溢出。由于系统的运行时间可以比该时间长许多倍，因此，内核提供了另一个变量jiffies_64以存放64位(u64)的jiffies。链接器将jiffies_64的低32位与32位的jiffies指向同一个地址。在32位的机器上，为了将一个u64变量赋值给另一个，编译器需要2条指令，因此，读jiffies_64的操作不具备原子性。可以将drivers/cpufreq/cpufreq_stats.c文件中定义的cpufreq_stats_update()作为实例来学习。

2.4.2 长延时

在内核中，以jiffies为单位进行的延迟通常被认为是长延时。一种可能但非最佳的实现长延时的方法是忙等待。实现忙等待的函数有"占着茅坑不拉屎"之嫌，它本身不利用CPU进行有用的工作，同时还不让其他程序使用CPU。如下代码将占用CPU 1秒：

```
unsigned long timeout = jiffies + HZ;
while (time_before(jiffies, timeout)) continue;
```

实现长延时的更好方法是睡眠等待而不是忙等待，在这种方式中，本进程会在等待时将处理器出让给其他进程。schedule_timeout()完成此功能：

```
unsigned long timeout = HZ;
schedule_timeout(timeout);   /* Allow other parts of the kernel to run */
```

这种延时仅仅确保超时较低时的精度。由于只有在时钟节拍引发的内核调度才会更新 `jiffies`，所以无论是在内核空间还是在用户空间，都很难使超时的精度比HZ更大了。另外，即使你的进程已经超时并可被调度，但是调度器仍然可能基于优先级策略选择运行队列的其他进程[1]。

用于睡眠等待的另2个函数是 `wait_event_timeout()` 和 `msleep()`，它们的实现都基于 `schedule_timeout()`。`wait_event_timeout()` 的使用场合是：在一个特定的条件满足或者超时发生后，希望代码继续运行。`msleep()` 表示睡眠指定的时间（以毫秒为单位）。

这种长延时技术仅仅适用于进程上下文。睡眠等待不能用于中断上下文，因为中断上下文不允许执行 `schedule()` 或睡眠（4.2节给出了中断上下文可以做和不能做的事情）。在中断中进行短时间的忙等待是可行的，但是进行长时间的忙等则被认为不可赦免的罪行。在中断禁止时，进行长时间的忙等待也被看作禁忌。

为了支持在将来的某时刻进行某项工作，内核也提供了定时器API。可以通过 `init_timer()` 动态定义一个定时器，也可以通过 `DEFINE_TIMER()` 静态创建定时器。然后，将处理函数的地址和参数绑定给一个 `timer_list`，并使用 `add_timer()` 注册它即可：

```
#include <linux/timer.h>

struct timer_list my_timer;

init_timer(&my_timer);                  /* Also see setup_timer() */
my_timer.expire = jiffies + n*HZ;       /* n is the timeout in number of seconds */
my_timer.function = timer_func;         /* Function to execute after n seconds */
my_timer.data = func_parameter;         /* Parameter to be passed to timer_func */
add_timer(&my_timer);                   /* Start the timer */
```

上述代码只会让定时器运行一次。如果想让 `timer_func()` 函数周期性地执行，需要在 `timer_func()` 加上相关代码，指定其在下次超时后调度自身：

```
static void timer_func(unsigned long func_parameter)
{
  /* Do work to be done periodically */
  /* ... */

  init_timer(&my_timer);
  my_timer.expire   = jiffies + n*HZ;
  my_timer.data     = func_parameter;
  my_timer.function = timer_func;
  add_timer(&my_timer);
}
```

---

[1] 在2.6.23内核中，随着CFS调度器的出现，调度性质发生了改变。第19章会讨论进程调度。

你可以使用mod_timer()修改my_timer的到期时间,使用del_timer()取消定时器,或使用timer_pending()以查看my_timer当前是否处于等待状态。查看kernel/timer.c源代码,会发现schedule_timeout()内部就使用了这些API。

clock_settime()和clock_gettime()等用户空间函数可用于获得内核定时器服务。用户应用程序可以使用setitimer()和getitimer()来控制一个报警信号在特定的超时后发生。

2.4.3 短延时

在内核中,小于jiffy的延时被认为是短延时。这种延时在进程或中断上下文都可能发生。由于不可能使用基于jiffy的方法实现短延时,之前讨论的睡眠等待将不再能用于短的超时。这种情况下,唯一的解决途径就是忙等待。

实现短延时的内核API包括mdelay()、udelay()和ndelay(),分别支持毫秒、微秒和纳秒级的延时。这些函数的实际实现取决于体系架构,而且也并非在所有平台上都被完整实现。

忙等待的实现方法是测量处理器执行一条指令的时间,为了延时,执行一定数量的指令。从前文可知,内核会在启动过程中进行测量并将该值存储在loops_per_jiffy变量中。短延时API就使用了loops_per_jiffy值来决定它们需要进行循环的数量。为了实现握手进程中1微秒的延时,USB主机控制器驱动程序(drivers/usb/host/ehci-hcd.c)会调用udelay(),而udelay()会内部调用loops_per_jiffy:

```
do {
  result = ehci_readl(ehci, ptr);
  /* ... */
  if (result == done) return 0;
  udelay(1);           /* Internally uses loops_per_jiffy */
  usec--;
} while (usec > 0);
```

2.4.4 Pentium 时间戳计数器

时间戳计数器(TSC)是Pentium兼容处理器中的一个计数器,它记录自启动以来处理器消耗的时钟周期数。由于TSC随着处理器周期速率的比例的变化而变化,因此提供了非常高的精确度。TSC通常被用于剖析和监测代码。使用rdtsc指令可测量某段代码的执行时间,其精度达到微秒级。TSC的节拍可以被转化为秒,方法是将其除以CPU时钟速率(可从内核变量cpu_khz读取)。

在如下代码片段中,low_tsc_ticks和high_tsc_ticks分别包含了TSC的低32位和高32位。低32位可能在数秒内溢出(具体时间取决于处理器速度),但是这已经用于许多代码的剖析了:

```
unsigned long low_tsc_ticks0, high_tsc_ticks0;
unsigned long low_tsc_ticks1, high_tsc_ticks1;
unsigned long exec_time;
rdtsc(low_tsc_ticks0, high_tsc_ticks0); /* Timestamp before */
printk("Hello World\n");                /* Code to be profiled */
```

```
rdtsc(low_tsc_ticks1, high_tsc_ticks1); /* Timestamp after */
exec_time = low_tsc_ticks1 - low_tsc_ticks0;
```

在1.8 GHz Pentium处理器上，exec_time的结果为871（或半微秒）。

> 在2.6.21内核中，针对高精度定时器的支持（CONFIG_HIGH_RES_TIMERS）已经被融入了内核。它使用了硬件特定的高速定时器来提供对nanosleep()等API高精度的支持。在基于Pentium的机器上，内核借助TSC实现这一功能。

2.4.5 实时钟

RTC在非易失性存储器上记录绝对时间。在x86 PC上，RTC位于由电池供电[①]的互补金属氧化物半导体（CMOS）存储器的顶部。从第5章的图5-1可以看出传统PC体系架构中CMOS的位置。在嵌入式系统中，RTC可能被集成到处理器中，也可能通过I^2C或SPI总线在外部连接，见第8章。

使用RTC可以完成如下工作：

(1) 读取、设置绝对时间，在时钟更新时产生中断；
(2) 产生频率为2～8192 Hz之间的周期性中断；
(3) 设置报警信号。

许多应用程序需要使用绝对时间［或称墙上时间（wall time）］。jiffies是相对于系统启动后的时间，它不包含墙上时间。内核将墙上时间记录在xtime变量中，在启动过程中，会根据从RTC读取到的目前的墙上时间初始化xtime，在系统停机后，墙上时间会被写回RTC。你可以使用do_gettimeofday()读取墙上时间，其最高精度由硬件决定：

```
#include <linux/time.h>
static struct timeval curr_time;
do_gettimeofday(&curr_time);
my_timestamp = cpu_to_le32(curr_time.tv_sec); /* Record timestamp */
```

用户空间也包含一系列可以访问墙上时间的函数，包括：

(1) time()，该函数返回日历时间，或从新纪元（1970年1月1日00:00:00）以来经历的秒数；
(2) localtime()，以分散的形式返回日历时间；
(3) mktime()，进行localtime()函数的反向工作；
(4) gettimeofday()，如果你的平台支持，该函数将以微秒精度返回日历时间。

用户空间使用RTC的另一种途径是通过字符设备/dev/rtc来进行，同一时刻只有一个进程允许返回该字符设备。

在第5章和第8章，本书将更深入讨论RTC驱动程序。另外，在第19章给出了一个使用/dev/rtc以微秒级精度执行周期性工作的应用程序示例。

[①] RTC的电池能够持续使用很多年，通常会超过电脑的使用寿命，因此永远都不需要替换它。

2.5 内核中的并发

随着多核笔记本电脑时代的到来，对称多处理器（SMP）的使用不再被限于高科技用户。SMP和内核抢占是多线程执行的两种场景。多个线程能够同时操作共享的内核数据结构，因此，对这些数据结构的访问必须被串行化。

接下来，我们会讨论并发访问情况下保护共享内核资源的基本概念。我们以一个简单的例子开始，并逐步引入中断、内核抢占和SMP等复杂概念。

2.5.1 自旋锁和互斥体

访问共享资源的代码区域称作临界区。自旋锁（spinlock）和互斥体（mutex，mutual exclusion 的缩写）是保护内核临界区的两种基本机制。我们逐个分析。

自旋锁可以确保在同时只有一个线程进入临界区。其他想进入临界区的线程必须不停地原地打转，直到第1个线程释放自旋锁。注意：这里所说的线程不是内核线程，而是执行的线程。

下面的例子演示了自旋锁的基本用法：

```
#include <linux/spinlock.h>
spinlock_t mylock = SPIN_LOCK_UNLOCKED; /* Initialize */

/* Acquire the spinlock. This is inexpensive if there
 * is no one inside the critical section. In the face of
 * contention, spinlock() has to busy-wait.
 */
spin_lock(&mylock);

/* ... Critical Section code ... */

spin_unlock(&mylock); /* Release the lock */
```

与自旋锁不同的是，互斥体在进入一个被占用的临界区之前不会原地打转，而是使当前线程进入睡眠状态。如果要等待的时间较长，互斥体比自旋锁更合适，因为自旋锁会消耗CPU资源。在使用互斥体的场合，多于2次进程切换时间都可被认为是长时间，因此一个互斥体会引起本线程睡眠，而当其被唤醒时，它需要被切换回来。

因此，在很多情况下，决定使用自旋锁还是互斥体相对来说很容易：

(1) 如果临界区需要睡眠，只能使用互斥体，因为在获得自旋锁后进行调度、抢占以及在等待队列上睡眠都是非法的；

(2) 由于互斥体会在面临竞争的情况下将当前线程置于睡眠状态，因此，在中断处理函数中，只能使用自旋锁。（第4章将介绍更多的关于中断上下文的限制。）

下面的例子演示了互斥体使用的基本方法：

```
#include <linux/mutex.h>

/* Statically declare a mutex. To dynamically
   create a mutex, use mutex_init() */
static DEFINE_MUTEX(mymutex);
```

```
/* Acquire the mutex. This is inexpensive if there
 * is no one inside the critical section. In the face of
 * contention, mutex_lock() puts the calling thread to sleep.
 */
mutex_lock(&mymutex);

/* ... Critical Section code ... */

mutex_unlock(&mymutex);       /* Release the mutex */
```

为了论证并发保护的用法,我们首先从一个仅存在于进程上下文的临界区开始,并以下面的顺序逐步增加复杂性:

(1) 非抢占内核,单CPU情况下存在于进程上下文的临界区;
(2) 非抢占内核,单CPU情况下存在于进程和中断上下文的临界区;
(3) 可抢占内核,单CPU情况下存在于进程和中断上下文的临界区;
(4) 可抢占内核,SMP情况下存在于进程和中断上下文的临界区。

旧的信号量接口

互斥体接口代替了旧的信号量接口(semaphore)。互斥体接口是从-rt树演化而来的,在2.6.16内核中被融入主线内核。

尽管如此,但是旧的信号量仍然在内核和驱动程序中广泛使用。信号量接口的基本用法如下:

```
#include <asm/semaphore.h>  /* Architecture dependent header */

/* Statically declare a semaphore. To dynamically
   create a semaphore, use init_MUTEX() */
static DECLARE_MUTEX(mysem);

down(&mysem);     /* Acquire the semaphore */

/* ... Critical Section code ... */

up(&mysem);       /* Release the semaphore */
```

信号量可以被配置为允许多个预定数量的线程同时进入临界区,但是,这种用法非常罕见。

---

1. 案例1:进程上下文,单CPU,非抢占内核

这种情况最为简单,不需要加锁,因此不再赘述。

2. 案例2:进程和中断上下文,单CPU,非抢占内核

在这种情况下,为了保护临界区,仅仅需要禁止中断。如图2-4所示,假定进程上下文的执行单元A、B以及中断上下文的执行单元C都企图进入相同的临界区。

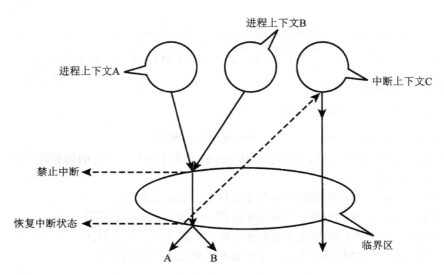

图2-4　进程和中断上下文进入临界区

由于执行单元C总是在中断上下文执行，它会优先于执行单元A和B，因此，它不用担心保护的问题。执行单元A和B也不必关心彼此会被互相打断，因为内核是非抢占的。因此，执行单元A和B仅仅需要担心C会在它们进入临界区的时候强行进入。为了实现此目的，它们会在进入临界区之前禁止中断：

```
Point A:
  local_irq_disable();  /* Disable Interrupts in local CPU */
  /* ... Critical Section ...  */
  local_irq_enable();   /* Enable Interrupts in local CPU */
```

但是，如果当执行到Point A的时候已经被禁止，`local_irq_enable()`将产生副作用，它会重新使能中断，而不是恢复之前的中断状态。可以这样修复它：

```
unsigned long flags;

Point A:
  local_irq_save(flags);    /* Disable Interrupts */
  /* ... Critical Section ... */
  local_irq_restore(flags); /* Restore state to what it was at Point A */
```

不论Point A的中断处于什么状态，上述代码都将正确执行。

3. 案例3：进程和中断上下文，单CPU，抢占内核

如果内核使能了抢占，仅仅禁止中断将无法确保对临界区的保护，因为另一个处于进程上下文的执行单元可能会进入临界区。重新回到图2-4，现在，除了C以外，执行单元A和B必须提防彼此。显而易见，解决该问题的方法是在进入临界区之前禁止内核抢占、中断，并在退出临界区的时候恢复内核抢占和中断。因此，执行单元A和B使用了自旋锁API的irq变体：

```
unsigned long flags;

Point A:
  /* Save interrupt state.
   * Disable interrupts - this implicitly disables preemption */
  spin_lock_irqsave(&mylock, flags);

  /* ... Critical Section ... */

  /* Restore interrupt state to what it was at Point A */
  spin_unlock_irqrestore(&mylock, flags);
```

我们不需要在最后显示地恢复Point A的抢占状态,因为内核自身会通过一个名叫抢占计数器的变量维护它。在抢占被禁止时(通过调用`preempt_disable()`),计数器值会增加;在抢占被使能时(通过调用`preempt_enable()`),计数器值会减少。只有在计数器值为0的时候,抢占才发挥作用。

4. 案例4:进程和中断上下文,SMP机器,抢占内核

现在假设临界区执行于SMP机器上,而且你的内核配置了CONFIG_SMP和CONFIG_PREEMPT。

到目前为止讨论的场景中,自旋锁原语发挥的作用仅限于使能和禁止抢占和中断,时间的锁功能并未被完全编译进来。在SMP机器内,锁逻辑被编译进来,而且自旋锁原语确保了SMP安全性。SMP使能的含义如下:

```
unsigned long flags;

Point A:
  /*
   - Save interrupt state on the local CPU
   - Disable interrupts on the local CPU. This implicitly disables preemption.
   - Lock the section to regulate access by other CPUs
   */
  spin_lock_irqsave(&mylock, flags);

  /* ... Critical Section ... */

  /*
   - Restore interrupt state and preemption to what it
     was at Point A for the local CPU
   - Release the lock
   */
  spin_unlock_irqrestore(&mylock, flags);
```

在SMP系统上,获取自旋锁时,仅仅本CPU上的中断被禁止。因此,一个进程上下文的执行单元(图2-4中的执行单元A)在一个CPU上运行的同时,一个中断处理函数(图2-4中的执行单元C)可能运行在另一个CPU上。非本CPU上的中断处理函数必须自旋等待本CPU上的进程上下文代码退出临界区。中断上下文需要调用`spin_lock()/spin_unlock()`:

```
spin_lock(&mylock);
```

```
/* ... Critical Section ... */
spin_unlock(&mylock);
```

除了有irq变体以外，自旋锁也有底半部（BH）变体。在锁被获取的时候，`spin_lock_bh()`会禁止底半部，而`spin_unlock_bh()`则会在锁被释放时重新使能底半部。我们将在第4章讨论底半部。

-rt树

实时（-rt）树，也被称作CONFIG_PREEMPT_RT补丁集，实现了内核中一些针对低延时的修改。该补丁集可以从www.kernel.org/pub/linux/kernel/projects/rt下载，它允许内核的大部分位置可被抢占，但是用互斥体代替了一些自旋锁。它也合并了一些高精度的定时器。数个-rt功能已经被融入了主线内核。详细的文档见http://rt.wiki.kernel.org/。

为了提高性能，内核也定义了一些针对特定环境的特定的锁原语。使能适用于代码执行场景的互斥机制将使代码更高效。下面来看一下这些特定的互斥机制。

2.5.2 原子操作

原子操作用于执行轻量级的、仅执行一次的操作，例如修改计数器、有条件的增加值、设置位等。原子操作可以确保操作的串行化，不再需要锁进行并发访问保护。原子操作的具体实现取决于体系架构。

为了在释放内核网络缓冲区（称为skbuff）之前检查是否还有余留的数据引用，定义于net/core/skbuff.c文件中的`skb_release_data()`函数将进行如下操作：

```
if (!skb->cloned ||
  /* Atomically decrement and check if the returned value is zero */
    !atomic_sub_return(skb->nohdr ? (1 << SKB_DATAREF_SHIFT) + 1 :
                       1,&skb_shinfo(skb)->dataref)) {
  /* ... */
  kfree(skb->head);
}
```

当`skb_release_data()`执行的时候，另一个调用`skbuff_clone()`（也在net/core/skbuff.c文件中定义）的执行单元也许在同步地增加数据引用计数值：

```
/* ... */
/* Atomically bump up the data reference count */
atomic_inc(&(skb_shinfo(skb)->dataref));
/* ... */
```

原子操作的使用将确保数据引用计数不会被这两个执行单元"蹂躏"。它也消除了使用锁去保护单一整型变量的争论。

内核也支持`set_bit()`、`clear_bit()`和`test_and_set_bit()`操作，它们可用于原子地进行位修改。查看include/asm-your-arch/atomic.h文件可以看出你所在体系架构所支持的原子操作。

2.5.3 读—写锁

另一个特定的并发保护机制是自旋锁的读—写锁变体。如果每个执行单元在访问临界区的时候要么是读要么是写共享的数据结构,但是它们都不会同时进行读和写操作,那么这种锁是最好的选择。允许多个读线程同时进入临界区。读自旋锁可以这样定义:

```
rwlock_t myrwlock = RW_LOCK_UNLOCKED;

read_lock(&myrwlock);      /* Acquire reader lock */
/* ... Critical Region ... */
read_unlock(&myrwlock);    /* Release lock */
```

但是,如果一个写线程进入了临界区,那么其他的读和写都不允许进入。写锁的用法如下:

```
rwlock_t myrwlock = RW_LOCK_UNLOCKED;

write_lock(&myrwlock);     /* Acquire writer lock */
/* ... Critical Region ... */
write_unlock(&myrwlock);   /* Release lock */
```

net/ipx/ipx_route.c中的IPX路由代码是使用读—写锁的真实示例。一个称作ipx_routes_lock的读—写锁将保护IPX路由表的并发访问。要通过查找路由表实现包转发的执行单元需要请求读锁。需要添加和删除路由表中入口的执行单元必须获取写锁。由于通过读路由表的情况比更新路由表的情况多得多,使用读—写锁提高了性能。

和传统的自旋锁一样,读—写锁也有相应的irq变体:read_lock_irqsave()、read_unlock_irqrestore()、write_lock_irqsave()和write_unlock_irqrestore()。这些函数的含义与传统自旋锁相应的变体相似。

2.6内核引入的顺序锁(seqlock)是一种支持写多于读的读—写锁。在一个变量的写操作比读操作多得多的情况下,这种锁非常有用。前文讨论的jiffies_64变量就是使用顺序锁的一个例子。写线程不必等待一个已经进入临界区的读,因此,读线程也许会发现它们进入临界区的操作失败,因此需要重试:

```
u64 get_jiffies_64(void) /* Defined in kernel/time.c */
{
  unsigned long seq;
  u64 ret;
  do {
    seq = read_seqbegin(&xtime_lock);
    ret = jiffies_64;
  } while (read_seqretry(&xtime_lock, seq));
  return ret;
}
```

写者会使用write_seqlock()和write_sequnlock()保护临界区。

2.6内核还引入了另一种称为读—复制—更新(RCU)的机制。该机制用于提高读操作远多于写操作时的性能。其基本理念是读线程不需要加锁,但是写线程会变得更加复杂,它们会在数据结构的一份副本上执行更新操作,并代替读者看到的指针。为了确保所有正在进行的读操作的完成，原子副本会一直被保持到所有CPU上的下一次上下文切换。使用RCU的情况很复杂，因此，只有在确保你确实需要使用它而不是前文的其他原语的时候，才适宜选择它。include/linux/rcupdate.h文件中定义了RCU的数据结构和接口函数，Documentation/RCU/*提供了丰富的文档。

fs/dcache.c文件中包含一个RCU的使用示例。在Linux中，每个文件都与一个目录入口信息（dentry结构体）、元数据信息（存放在inode中）和实际的数据（存放在数据块中）关联。每次操作一个文件的时候，文件路径中的组件会被解析，相应的dentry会被获取。为了加速未来的操作，dentry结构体被缓存在称为dcache的数据结构中。任何时候，对dcache进行查找的数量都远多于dcache的更新操作，因此，对dcache的访问适宜用RCU原语进行保护。

2.5.4 调试

由于难于重现，并发相关的问题通常非常难调试。在编译和测试代码的时候使能SMP（`CONFIG_SMP`）和抢占（`CONFIG_PREEMPT`）是一种很好的理念，即便你的产品将运行在单CPU、禁止抢占的情况下。在Kernel hacking下有一个称为Spinlock and rw-lock debugging的配置选项（`CONFIG_DEBUG_SPINLOCK`），它能帮助你找到一些常见的自旋锁错误。Lockmeter（http://oss.sgi.com/projects/lockmeter/）等工具可用于收集锁相关的统计信息。

在访问共享资源之前忘记加锁就会出现常见的并发问题。这会导致一些不同的执行单元杂乱地"竞争"。这种问题（被称作"竞态"）可能会导致一些其他的行为。

在某些代码路径里忘记了释放锁也会出现并发问题，这会导致死锁。为了理解这个问题，让我们分析如下代码：

```
spin_lock(&mylock);       /* Acquire lock */
/* ... Critical Section ... */
if (error) {              /* This error condition occurs rarely */
   return -EIO; /* Forgot to release the lock! */
}

spin_unlock(&mylock);     /* Release lock */
```

if (error)语句成立的话，任何要获取mylock的线程都会死锁，内核也可能因此而冻结。

如果在写完代码的数月或数年以后首次出现了问题，回过头来调试它将变得更为棘手。（在21.3.3节有一个相关的调试例子。）因此，为了避免遭遇这种不快，在设计软件架构的时候，就应该考虑并发逻辑。

2.6 proc 文件系统

proc文件系统（procfs）是一种虚拟的文件系统，它创建内核内部的视窗。浏览procfs时看到的数据是在内核运行过程中产生的。procfs中的文件可被用于配置内核参数、查看内核结构体、从设备驱动程序中收集统计信息或者获取通用的系统信息。

procfs是一种虚拟的文件系统，这意味着驻留于procfs中的文件并不与物理存储设备如硬盘等关联。相反，这些文件中的数据由内核中相应的入口点按需动态创建。因此，procfs中的文件大小都显示为0。procfs通常在启动过程中挂载在/proc目录，通过运行mount命令可以看出这一点。

为了了解procfs的能力，请查看/proc/cpuinfo、/proc/meminfo、/proc/interrupts、/proc/tty/driver/serial、/proc/bus/usb/devices和/proc/stat的内容。通过写/proc/sys/目录中的文件可以在运行时修改某些内核参数。例如，通过向/proc/sys/kernel/printk文件回送一个新的值，可以改变内核printk日志的级别。许多实用程序（如ps）和系统性能监视工具（如sysstat）就是通过驻留于/proc中的文件来获取信息的。

2.6内核引入的seq文件简化了大的procfs操作。附录C对此进行了描述。

2.7 内存分配

一些设备驱动程序必须意识到内存区（ZONE）的存在，另外，许多驱动程序需要内存分配函数的服务。本节我们将简要地讨论这两点。

内核会以分页形式组织物理内存，而页大小则取决于具体的体系架构。在基于x86的机器上，其大小为4096B。物理内存中的每一页都有一个与之对应的struct page（定义在include/linux/mm_types.h文件中）：

```
struct page {
  unsigned long flags;  /* Page status */
  atomic_t _count;      /* Reference count */
  /* ... */
  void * virtual;       /* Explained later on */
};
```

在32位x86系统上，默认的内核配置会将4 GB的地址空间分成给用户空间的3 GB的虚拟内存空间和给内核空间的1 GB的空间（如图2-5所示）。这导致内核能处理的处理内存有1 GB的限制。现实情况是，限制为896 MB，因为地址空间的128 MB已经被内核数据结构占据[①]。通过改变3 GB/1 GB的分割线，可以放宽这个限制，但是由于减少了用户进程虚拟地址空间的大小，在内存密集型的应用程序中可能会出现一些问题。

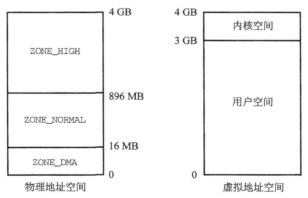

图2-5　32位PC系统上默认的地址空间分布

---

① 此处原书有误，地址空间的128MB并不是被占用了。——译者注

内核中用于映射低于896 MB物理内存的地址与物理地址之间存在线性偏移；这种内核地址被称作逻辑地址。在支持"高端内存"的情况下，在通过特定的方式映射这些区域产生对应的虚拟地址后，内核将能访问超过896 MB的内存。所有的逻辑地址都是内核虚拟地址，而所有的虚拟地址并非一定是逻辑地址。

因此，存在如下的内存区。

(1) ZONE_DMA（小于16 MB），该区用于直接内存访问（DMA）。由于传统的ISA设备有24条地址线，只能访问开始的16 MB，因此，内核将该区献给了这些设备。

(2) ZONE_NORMAL（16～896 MB），常规地址区域，也被称作低端内存。用于低端内存页的 `struct page` 结构中的 `virtual` 字段包含了对应的逻辑地址。

(3) ZONE_HIGH（大于896 MB），仅仅在通过 `kmap()` 映射页为虚拟地址后才能访问。（通过 `kunmap()` 可去除映射。）相应的内核地址为虚拟地址而非逻辑地址。如果相应的页未被映射，用于高端内存页的 `struct page` 结构体的 `virtual` 字段将指向NULL。

`kmalloc()` 是一个用于从ZONE_NORMAL区域返回连续内存的内存分配函数，其原型如下：

```
void *kmalloc(int count, int flags);
```

`count` 是要分配的字节数，`flags` 是一个模式说明符。支持的所有标志列在include/linux./gfp.h文件中（gfp是get free page的缩写），如下为常用标志。

(1) GFP_KERNEL，被进程上下文用来分配内存。如果指定了该标志，`kmalloc()` 将被允许睡眠，以等待其他页被释放。

(2) GFP_ATOMIC，被中断上下文用来获取内存。在这种模式下，`kmalloc()` 不允许进行睡眠等待，以获得空闲页，因此GFP_ATOMIC分配成功的可能性比GFP_KERNEL低。

由于 `kmalloc()` 返回的内存保留了以前的内容，将它暴露给用户空间可到会导致安全问题，因此我们可以使用 `kzalloc()` 获得被填充为0的内存。

如果需要分配大的内存缓冲区，而且也不要求内存在物理上有联系，可以用 `vmalloc()` 代替 `kmalloc()`：

```
void *vmalloc(unsigned long count);
```

`count` 是要请求分配的内存大小。该函数返回内核虚拟地址。

`vmalloc()` 需要比 `kmalloc()` 更大的分配空间，但是它更慢，而且不能从中断上下文调用。另外，不能用 `vmalloc()` 返回的物理上不连续的内存执行DMA。在设备打开时，高性能的网络驱动程序通常会使用 `vmalloc()` 来分配较大的描述符环行缓冲区。

内核还提供了一些更复杂的内存分配技术，包括后备缓冲区（look aside buffer）、slab和mempool；这些概念超出了本章的讨论范围，不再细述。

2.8 查看源代码

内存启动始于执行arch/x86/boot/目录中的实模式汇编代码。查看arch/x86/kernel/setup_32.c文件可以看出保护模式的内核怎样获取实模式内核收集的信息。

第一条信息来自于init/main.c中的代码，深入挖掘init/calibrate.c可以对BogoMIPS校准理解得更清楚，而include/asm-your-arch/bugs.h则包含体系架构相关的检查。

内核中的时间服务由驻留于arch/your-arch/kernel/中的体系架构相关的部分和实现于kernel/timer.c中的通用部分组成。从include/linux/time*.h头文件中可以获取相关的定义。

`jiffies`定义于linux/jiffies.h文件中。HZ的值与处理器相关，可以从include/asm-your-arch/param.h找到。

内存管理源代码存放在顶层mm/目录中。

表2-1给出了本章中主要的数据结构以及其在源代码树中定义的位置。表2-2则列出了本章中主要内核编程接口及其定义的位置。

表2-1　数据结构小结

数据结构	位　　置	描　　述
`HZ`	include/asm-your-arch/param.h	每秒钟的系统时钟节拍数
`loops_per_jiffy`	init/main.c	处理器在1个`jiffy`时间内执行内部延迟循环的次数
`timer_list`	include/linux/timer.h	用于存放未来将会执行的函数的入口地址
`timeval`	include/linux/time.h	时间戳
`spinlock_t`	include/linux/spinlock_types.h	用于确保仅有单一线程进入某临界区的忙等待锁
`semaphore`	include/asm-your-arch/semaphore.h	一种允许指定数量的执行线索进入临界区的可睡眠的锁机制
`mutex`	include/linux/mutex.h	替代信号量的新接口
`rwlock_t`	include/linux/spinlock_types.h	读—写自旋锁
`page`	include/linux/mm_types.h	物理内存页在内核的表示

表2-2　内核编程接口小结

内核接口	位　　置	描　　述

`time_after()`
`time_after_eq()`
`time_before()`
`time_before_eq()`
	include/linux/jiffies.h	将目前的`jiffies`值与指定的将来的值进行对比

`schedule_timeout()`	kernel/timer.c	到指定的超时发生后调度进程执行
`wait_event_timeout()`	include/linux/wait.h	当特定条件为真或超时发生后恢复执行
`DEFINE_TIMER()`	include/linux/timer.h	静态定义一个定时器
`init_timer()`	kernel/timer.c	动态定义一个定时器
`add_timer()`	include/linux/timer.h	当超时时间到后调度定时器执行
`mod_timer()`	kernel/timer.c	修改定时器的到期时间
`timer_pending()`	include/linux/timer.h	检查当前是否有定时器等待执行
`udelay()`	include/asm-your-arch/delay.h arch/your-arch/lib/delay.c	忙等待指定的微秒数
`rdtsc()`	include/asm-x86/msr.h	获得奔腾兼容处理器上的TSC值
`do_gettimeofday()`	kernel/time.c	获得墙上时间
`local_irq_disable()`	include/asm-your-arch/system.h	禁止本CPU上的中断

(续)

内核接口	位置	描述
`local_irq_enable()`	include/asm-your-arch/system.h	启用本CPU上的中断
`local_irq_save()`	include/asm-your-arch/system.h	保存中断状态并禁止中断
`local_irq_restore()`	include/asm-your-arch/system.h	将中断状态恢复至对应的 `local_irq_save()` 被调用时的状态
`spin_lock()`	include/linux/spinlock.h kernel/spinlock.c	获取自旋锁
`spin_unlock()`	include/linux/spinlock.h	释放自旋锁
`spin_lock_irqsave()`	include/linux/spinlock.h kernel/spinlock.c	保存中断状态，禁止本CPU上的中断和抢占，锁住临界区以防止被其他CPU访问
`spin_unlock_irqrestore()`	include/linux/spinlock.h kernel/spinlock.c	恢复中断状态，允许抢占并释放锁
`DEFINE_MUTEX()`	include/linux/mutex.h	静态定义一个互斥体
`mutex_init()`	include/linux/mutex.h	动态定义一个互斥体
`mutex_lock()`	kernel/mutex.c	获取互斥体
`mutex_unlock()`	kernel/mutex.c	释放互斥体
`DECLARE_MUTEX()`	include/asm-your-arch/semaphore.h	静态定义一个信号量
`init_MUTEX()`	include/asm-your-arch/semaphore.h	动态定义一个信号量
`up()`	arch/your-arch/kernel/semaphore.c	获取信号量
`down()`	arch/your-arch/kernel/semaphore.c	释放信号量
`atomic_inc()` `atomic_inc_and_test()` `atomic_dec()` `atomic_dec_and_test()` `clear_bit()` `set_bit()` `test_bit()` `test_and_set_bit()`	include/asm-your-arch/atomic.h	执行轻量级操作的原子操作
`read_lock()` `read_unlock()` `read_lock_irqsave()` `read_unlock_irqrestore()` `write_lock()` `write_unlock()` `write_lock_irqsave()` `write_unlock_irqrestore()`	include/linux/spinlock.h kernel/spinlock.c	自旋锁的读-写变体
`down_read()` `up_read()` `down_write()` `up_write()`	kernel/rwsem.c	信号量的读-写变体
`read_seqbegin()` `read_seqretry()` `write_seqlock()` `write_sequnlock()`	include/linux/seqlock.h	seqlock操作
`kmalloc()`	include/linux/slab.h mm/slab.c	从`ZONE_NORMAL`申请物理连续的内存
`kzalloc()`	include/linux/slab.h mm/util.c	经由kmalloc申请内存，并将其清零
`kfree()`	mm/slab.c	释放由kmalloc申请的内存
`vmalloc()`	mm/vmalloc.c	分配虚拟连续但物理不一定连续的内存

第 3 章 内核组件

本章内容
- 内核线程
- 辅助接口
- 查看源代码

本章将介绍一些与驱动程序开发相关的内核组件。我们首先从内核线程开始。内核线程类似于用户进程，通常用于并发处理一些工作。

另外，内核还提供了一些接口，使用它们可以简化代码、消除冗余、增强代码可读性，并有利于代码的长期维护。本章还会介绍链表、散列表、工作队列、通知链（notifier chain）、完成函数以及错误处理辅助接口等。这些接口经过了优化，而且清除了bug，使用这些接口的驱动程序也可以由此获益。

3.1 内核线程

内核线程是一种在内核空间实现后台任务的方式。该任务可以进行繁忙的异步事务处理，也可以睡眠等待某事件的发生。内核线程与用户进程相似，唯一的不同是内核线程位于内核空间并且可以访问内核函数和数据结构。和用户进程相似，由于可抢占调度的存在，内核现在看起来也在独占CPU。很多设备驱动程序都使用了内核线程以完成辅助任务。例如，USB设备驱动程序核心khubd内核线程的作用就是监控USB集线器，并在USB被热插拔的时候配置USB设备。

3.1.1 创建内核线程

让我们用一个示例来学习内核线程的知识。在开发这个示例线程的时候，你也会学习到进程状态、等待队列的概念，并接触到用户模式辅助函数。当熟悉内核线程以后，就可以使用它们在内核中进行各种各样的实验。

假定我们的线程要完成这样的工作：一旦它检测到某一关键的内核数据结构开始恶化（譬如，网络接收缓冲区的空闲内存低于警戒线），就激活一个用户模式程序，给你发送一封电子邮件或发出一个呼机警告。

该任务比较适合用内核线程来实现，原因如下：

(1) 它是一个等待异步事件的后台任务；
(2) 由于实际的事件侦测由内核的其他部分完成，本任务也需要访问内核数据结构；
(3) 它必须激活一个用户模式的辅助程序，这比较耗费时间。

内建的内核线程

使用ps命令可以查看系统中正在运行的内核线程（也称为内核进程）。内核线程的名称被一个方括号括起来了：

```
bash> ps -ef
UID        PID    PPID   C  STIME  TTY        TIME  CMD
root         1       0   0  22:36  ?      00:00:00  init [3]
root         2       0   0  22:36  ?      00:00:00  [kthreadd]
root         3       2   0  22:36  ?      00:00:00  [ksoftirqd/0]
root         4       2   0  22:36  ?      00:00:00  [events/0]
root        38       2   0  22:36  ?      00:00:00  [pdflush]
root        39       2   0  22:36  ?      00:00:00  [pdflush]
root        29       2   0  22:36  ?      00:00:00  [khubd]
root       695       2   0  22:36  ?      00:00:00  [kjournald]
...
root      3914       2   0  22:37  ?      00:00:00  [nfsd]
root      3915       2   0  22:37  ?      00:00:00  [nfsd]
...
root      4015    3364   0  22:55  tty3   00:00:00  -bash
root      4066    4015   0  22:59  tty3   00:00:00  ps -ef
```

[ksoftirqd/0]内核线程是实现软中断（softirqs）的助手。软中断是由中断发起的可以被延后执行的底半部进程。在第4章将对底半部和软中断进行详细的分析，这里的基本思想是让中断处理程序中的代码越少越好。中断处理时间越小，系统屏蔽中断的时间会越短，时延越低。ksoftirqd的工作是确保高负荷情况下，软中断既不会空闲，又不至于压垮系统。在对称多处理器（SMP）上，多个线程实例可以并行地运行在不同的处理器上。为了提高吞吐率，系统为每个CPU都创建了一个ksoftirqd线程（ksoftirqd/n，其中n代表了CPU序号）。

events/n（其中n代表了CPU序号）线程实现了工作队列。它是另一种在内核中延后执行的手段。内核中期待延迟执行工作的程序可以创建自己的工作队列，或者使用默认的events/n工作者线程。第4章也深入分析了工作队列。

pdflush内核线程的任务是对页高速缓冲中的脏页进行写回（flush out）。页高速缓冲会对磁盘数据进行缓存。为了提高性能，实际的磁盘写操作会一直延迟到pdflush守护程序将脏数据写回磁盘才进行。当系统中可用的空闲内存低于阈值或者页变成脏页很长一段时间后才会执行这一步骤。在2.4内核中，这两个任务分配被bdflush和kupdated这两个单独的线程完成。你可能会注意到了ps的输出中有两个pdflush的实例。如果内核感觉到现存的实例已经在满负荷运转，它会创建一个新的实例以服务磁盘队列。当系统有多个磁盘而且要频繁访问它们的时候，这种方式会提高吞吐率。

在以前的章节中我们已经看到，kjournald是通用内核日志线程，由EXT3等文件系统使用。

Linux网络文件系统（NFS）由一组名为nfsd的内核线程组成。

在被内核中负责监控我们感兴趣的数据结构的任务唤醒之前,我们的示例线程一直会放弃CPU。在被唤醒后,它激活一个用户模式辅助程序,并将恰当的身份代码传递给它。

使用kernel_thread()可以创建内核线程:

```
ret = kernel_thread(mykthread, NULL,
            CLONE_FS | CLONE_FILES | CLONE_SIGHAND | SIGCHLD);
```

标记参数定义了父线程与子线程之间要共享的资源。CLONE_FILES意味着打开的文件要被共享,CLONE_SIGHAND意味着信号处理程序被共享。

代码清单3-1为示例的实现代码。由于内核线程通常对设备驱动程序起辅助作用,它们往往在驱动程序初始化的时候被创建。但是,本例的内核线程可以在任意合适的位置被创建,例如init/main.c。

这个线程开始的时候调用daemonize()。它会执行初始的家务工作,之后将本线程的父线程改为kthreadd。每个Linux线程都有一个父线程。如果某个父进程在没有等待其所有子进程都退出的时候就死掉了,它的所有子进程都会成为僵尸进程(zombie process),仍然消耗资源。将父线程重新定义为kthreadd可以避免这种情况,并且确保线程退出的时候能进行恰当的清理工作[①]。

由于daemonize()在默认情况下会阻止所有的信号,因此,线程如果想处理某个信号,应该调用allow_signal()来使能它。在内核中没有信号处理函数,因此我们使用signal_pending()来检查信号的存在并采取适当的行动。出于调试目的,代码清单3-1中的代码使能了SIGKILL的传递。在收到该信号后,本线程会寿终正寝。

如果有更高层次的kthread API(其目的在于超越kernel_thread()),kernel_thread()的地位就下降了。以后我们会分析kthread。

代码清单3-1　实现内核线程

```
static DECLARE_WAIT_QUEUE_HEAD(myevent_waitqueue);
rwlock_t myevent_lock;
extern unsigned int myevent_id;  /* Holds the identity of the
                                    troubled data structure.
                                    Populated later on */
static int mykthread(void *unused)
{
  unsigned int event_id = 0;
  DECLARE_WAITQUEUE(wait, current);
  /* Become a kernel thread without attached user resources */
  daemonize("mykthread");

  /* Request delivery of SIGKILL */
  allow_signal(SIGKILL);

  /* The thread sleeps on this wait queue until it's
     woken up by parts of the kernel in charge of sensing
     the health of data structures of interest */
  add_wait_queue(&myevent_waitqueue, &wait);
```

[①] 在2.6.21及更早的内核中,daemonize()会通过调用reparent_to_init()将本线程的父线程置为init任务。

```c
for (;;) {
  /* Relinquish the processor until the event occurs */
  set_current_state(TASK_INTERRUPTIBLE);
  schedule();  /* Allow other parts of the kernel to run */
  /* Die if I receive SIGKILL */
  if (signal_pending(current)) break;
  /* Control gets here when the thread is woken up */
  read_lock(&myevent_lock);         /* Critical section starts */
  if (myevent_id) { /* Guard against spurious wakeups */
    event_id = myevent_id;
    read_unlock(&myevent_lock); /* Critical section ends */
    /* Invoke the registered user mode helper and
       pass the identity code in its environment */
    run_umode_handler(event_id); /* Expanded later on */
  } else {
    read_unlock(&myevent_lock);
  }
}
set_current_state(TASK_RUNNING);
remove_wait_queue(&myevent_waitqueue, &wait);
return 0;
}
```

如果将其编译入内核并运行，那么在ps命令的输出中就会看到这个线程（mykthread）：

```
bash> ps -ef
   UID        PID  PPID  C STIME TTY         TIME CMD
   root         1     0  0 21:56 ?       00:00:00 init [3]
   root         2     1  0 22:36 ?       00:00:00 [ksoftirqd/0]
   ...
   root       111     1  0 21:56 ?       00:00:00 [mykthread]
   ...
```

在深入探究线程的实现之前，先写一段代码，让它监控我们感兴趣的数据结构的"健康状况"，一旦发生问题就唤醒mykthread。

```c
/* Executed by parts of the kernel that own the
   data structures whose health you want to monitor */
/* ... */

if (my_key_datastructure looks troubled) {
  write_lock(&myevent_lock);  /* Serialize */
  /* Fill in the identity of the data structure */
  myevent_id = datastructure_id;

  write_unlock(&myevent_lock);

  /* Wake up mykthread */
  wake_up_interruptible(&myevent_waitqueue);
}

/* ... */
```

代码清单3-1运行在进程上下文，而上面的代码既可以运行于进程上下文，又可以运行于中断上下文。进程和中断上下文通过内核数据结构通信。在我们的例子中用于通信的是myevent_id和myevent_waitqueue。myevent_id包含了有问题的数据结构的身份信息，对它的访问通过加锁进行了串行处理。

要注意的是只有在编译时配置了CONFIG_PREEMPT的情况下，内核线程才是可抢占的。如果CONFIG_PREEMPT被关闭，或者如果你运行在没有抢占补丁的2.4内核上，那么线程不进入睡眠状态的话，它将使系统冻结。如果将代码清单3-1中的schedule()注释去掉，并且在内核配置时关闭了CONFIG_PREEMPT选项，系统将被锁住。

在第19章讨论调度策略时将介绍怎样从内核线程获得软实时响应。

3.1.2 进程状态和等待队列

下面的语句摘自代码清单3-1，是在等待事件过程中将mykthread置于睡眠状态的代码片段：

```
add_wait_queue(&myevent_waitqueue, &wait);
for (;;) {
  /* ... */
  set_current_state(TASK_INTERRUPTIBLE);
  schedule();    /* Relinquish the processor */
  /* Point A */

  /* ... */
}
set_current_state(TASK_RUNNING);
remove_wait_queue(&myevent_waitqueue, &wait);
```

上面代码片段的操作基于两个概念：等待队列和进程状态。

等待队列用于存放需要等待事件和系统资源的线程。在被负责侦测事件的中断服务程序或另一个线程唤醒之前，位于等待队列的线程会处于睡眠状态。入列和出列的操作分别通过调用add_wait_queue()和remove_wait_queue()完成，而唤醒队列中的任务则通过wake_up_interruptible()完成。

一个内核线程（或一个常规的进程）可以处于如下状态中的一种：运行（running）、可被打断的睡眠（interruptible）、不可被打断的睡眠（uninterruptible）、僵死（zombie）、停止（stopped）、追踪（traced）和死亡（dead）。这些状态的定义位于include/linux/sched.h文件中。

(1) 处于**运行**状态（TASK_RUNNING）的进程位于调度器的运行队列（run queue）中，等待调度器将CPU时间分给它执行。

(2) 处于**可被打断的睡眠**状态（TASK_INTERRUPTIBLE）的进程正在等待一个事件的发生，不在调度器的运行队列之中。当它等待的事件发生后，或者如果它被信号打断，它将重新进入运行队列。

(3) 处于**不可被打断的睡眠**状态（TASK_INTERRUPTIBLE）的进程与处于**可被打断的睡眠**状态的进程的行为相似，唯一的区别是信号的发生不会导致该进程被重新放入运行队列。

(4) 处于**停止**状态（TASK_STOPPED）的进程由于收到了某些信号已经停止执行。

(5) 如果1个应用程序（如strace）正在使用内核的ptrace支持以拦截一个进程，该进程将处于**追踪**状态（TASK_TRACED）。

(6) 处于**僵死**状态（EXIT_ZOMBIE）的进程已经被终止，但是其父进程并未等待它完成。一个退出后的进程要么处于EXIT_ZOMBIE状态，要么处于EXIT_DEAD状态。

可以使用set_current_state()来设置内核线程的运行状态。

现在回到前面的代码片段，mykthread在等待队列myevent_waitqueue上睡眠，并将它的状态修改为TASK_INTERRUPTIBLE，表明了它不想进入调度器运行队列的愿望。对schedule()的调用将导致调度器从运行队列中选择一个新的任务投入运行。当负责健康状况检测的代码通过wake_up_interruptible(&myevent_waitqueue)唤醒mykthread后，该进程将重新回到调度器运行队列。而与此同时，进程的状态也改变为TASK_RUNNING，因此，既使是在任务状态设为TASK_INTERRUPTIBLE和调用schedule()过程中间唤醒mykthread，也不会出现竞态。另外，如果SIGKILL被传递给了该线程，它也会返回运行队列。之后，一旦调度器从运行队列中选择了mykthread线程，它将从Point A开始恢复执行。

3.1.3　用户模式辅助程序

代码清单3-1中的mykthread会通过调用run_umode_handler()向用户空间通告被侦测到的事件：

```
/* Called from Listing 3.1 */
static void
run_umode_handler(int event_id)
{
  int i = 0;
  char *argv[2], *envp[4], *buffer = NULL;
  int value;

  argv[i++] = myevent_handler; /* Defined in kernel/sysctl.c */

  /* Fill in the id corresponding to the data structure in trouble */
  if (!(buffer = kmalloc(32, GFP_KERNEL))) return;
  sprintf(buffer, "TROUBLED_DS=%d", event_id);

  /* If no user mode handlers are found, return */
  if (!argv[0]) return; argv[i] = 0;

  /* Prepare the environment for /path/to/helper */
  i = 0;
  envp[i++] = "HOME=/";
  envp[i++] = "PATH=/sbin:/usr/sbin:/bin:/usr/bin";
  envp[i++] = buffer; envp[i]   = 0;

  /* Execute the user mode program, /path/to/helper */
```

```
    value = call_usermodehelper(argv[0], argv, envp, 0);

    /* Check return values */
    kfree(buffer);
}
```

内核支持这种机制：向用户模式的程序发出请求，让其执行某些程序。run_umode_handler()通过调用call_usermodehelper()使用了这种机制。

必须通过/proc/sys/目录中的一个结点来注册run_umode_handler()要激活的用户模式程序。为了完成此项工作，必须确保CONFIG_SYSCTL（/proc/sys/目录中的部分文件被看作sysctl接口）配置选项在内核配置时已经使能，并且在kernel/sysctl.c的kern_table数组中添加一个入口：

```
{
    .ctl_name       = KERN_MYEVENT_HANDLER, /* Define in include/linux/sysctl.h */
    .procname       = "myevent_handler",
    .data           = &myevent_handler,
    .maxlen         = 256,
    .mode           = 0644,
    .proc_handler   = &proc_dostring,
    .strategy       = &sysctl_string,
},
```

上述代码会导致proc文件系统中产生新的/proc/sys/kernel/myevent_handler结点。为了注册用户模式辅助程序，运行如下命令：

bash> echo /path/to/helper > /proc/sys/kernel/myevent_handler

当mykthread调用run_umode_handler()时，/path/to/helper程序开始执行。

mykthread通过TROUBLED_DS环境变量将有问题的内核数据结构的身份信息传递给用户模式辅助程序。该辅助程序可以是一段简单的脚本，它发送给你一封包含了从环境变量搜集到的信息的邮件警报：

```
bash> cat /path/to/helper
#!/bin/bash
echo Kernel datastructure $TROUBLED_DS is in trouble | mail -s Alert root
```

对call_usermodehelper()的调用必须发生在进程上下文中，而且以root权限运行。它借用下文很快就要讨论的工作队列（work queue）得以实现。

3.2 辅助接口

内核中存在一些有用的辅助接口，这些接口可以有效地减轻驱动程序开发人员的负担。其中的一个例子就是双向链表库的实现。许多设备驱动程序需要维护和操作链表数据结构。有了内核的链表接口函数，就不必再管理链表指针，开发人员也无需调试与链表维护相关的繁琐问题。本节将介绍怎样使用链表（list）、散列链表（hlist）、工作队列（work queue）、完成函数（completion function）、通知块（notifier block）和kthreads等辅助接口。

我们可以用等效的方式去完成辅助接口提供的功能。譬如，你可以不使用链表库，而是使用自己实现的链表操作函数；你也可以不使用工作队列，而使用内核线程来进行延后的工作。但是，使用标准的内核辅助接口的好处是，它可以简化代码、消除冗余、增强代码的可读性，并且有利于长期维护。

> 由于内核非常庞大，你总是能找到没有利用这些辅助机制优点的代码，因此，更新这些代码也许是一种好的开始给内核贡献代码的方式。

3.2.1 链表

为了组成数据结构的双向链表，使用include/linux/list.h文件中提供的函数。首先，需要在数据结构中嵌套一个struct list_head：

```
#include <linux/list.h>

struct list_head {
  struct list_head *next, *prev;
};

struct mydatastructure {
  struct list_head mylist; /* Embed */
  /* ... */               /* Actual Fields */
};
```

mylist是用于链接mydatastructure多个实例的链表。如果在mydatastructure数据结构内嵌入了多个链表头，mydatastructure就可以被链接到多个链表中，每个list_head用于其中的一个链表。可以使用链表库函数在链表中增加和删除元素。

在深入讨论之前，我们先总结链表库所提供的链表操作接口，如表3-1所示。

表3-1 链表操作函数

函 数	作 用
INIT_LIST_HEAD()	初始化表头
list_add()	在表头后增加一个元素
list_add_tail()	在链表尾部增加一个元素
list_del()	从链表中删除一个元素
list_replace()	用另一个元素替代链表中的某一元素
list_entry()	遍历链表中的所有结点
list_for_each_entry()/ list_for_each_entry_safe()	简化的链表递归接口
list_empty()	检查链表是否为空
list_splice()	将两个链表联合起来

为了论证链表的用法，我们来实现一个实例。这个实例也可以为理解下一节要讨论的工作队列的概念打下基础。假设内核驱动程序需要从某个入口点开始执行一项艰巨的任务，譬如让当前

线程进入睡眠等待状态。在该任务完成之前，驱动程序不想被阻塞，因为这会降低依赖于它的应用程序的响应速度。因此，当驱动程序需要执行这种工作的时候，它将相应的函数加入一个工作函数的链表，并延后执行它。而实际的工作则在一个内核线程中执行，该线程会遍历链表，并在后台执行这些工作函数。驱动程序将工作函数放入链表的尾部，而内核则从链表的头部取元素，因此确保了这些放入队列的工作会以先进先完成的原则执行。当然，驱动程序的剩余部分需要被修改以适应这种延后执行的策略。在理解这个例子之前，你首先要意识到在代码清单3-5中，我们将使用工作队列接口来完成相同的工作，而且用工作队列的方式会更加简单。

首先看看本例中使用的关键的数据结构：

```c
static struct _mydrv_wq {
  struct list_head mydrv_worklist; /* Work List */
  spinlock_t lock;                 /* Protect the list */
  wait_queue_head_t todo;          /* Synchronize submitter and worker */
} mydrv_wq;

struct _mydrv_work {
  struct list_head mydrv_workitem; /* The work chain */
  void (*worker_func)(void *);     /* Work to perform */
  void *worker_data;               /* Argument to worker_func */
  /* ... */                        /* Other fields */
} mydrv_work;
```

mydrv_wq是一个针对所有工作发布者的全局变量，其成员包括一个指向工作链表头部的指针、一个用于在发起工作的驱动程序函数和执行该工作的线程之间进行通信的等待队列。链表辅助函数不会对链表成员的访问进行保护，因此，你需要使用并发机制以串行化同时发生的指针引用。mydrv_wq的另一个成员自旋锁用于此目的。代码清单3-2中的驱动程序初始化函数mydrv_init()会初始化自旋锁、链表头、等待队列，并启动工作者线程。

代码清单3-2 初始化数据结构

```c
static int __init
mydrv_init(void)
{
  /* Initialize the lock to protect against
     concurrent list access */
  spin_lock_init(&mydrv_wq.lock);

  /* Initialize the wait queue for communication
     between the submitter and the worker */
  init_waitqueue_head(&mydrv_wq.todo);

  /* Initialize the list head */
  INIT_LIST_HEAD(&mydrv_wq.mydrv_worklist);

  /* Start the worker thread. See Listing 3.4 */
  kernel_thread(mydrv_worker, NULL,
                CLONE_FS | CLONE_FILES | CLONE_SIGHAND | SIGCHLD);
```

```
    return 0;
}
```

在查看工作者线程（执行被提交的工作）之前，我们先看看提交者本身。代码清单3-3给出了一个函数，内核的其他部分可以利用它来提交工作。该函数调用list_add_tail()，将一个工作函数添加到链表的尾部，图3-1显示了工作队列的物理结构。

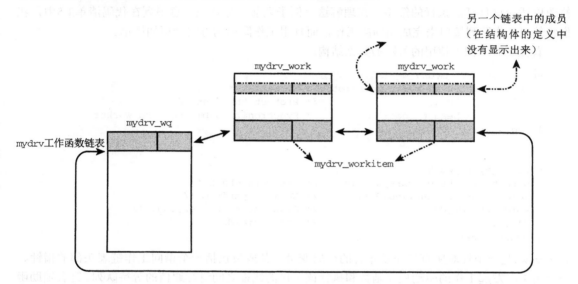

图3-1 工作函数链表

代码清单3-3　提交延后执行的工作

```
int
submit_work(void (*func)(void *data), void *data)
{
  struct _mydrv_work *mydrv_work;

  /* Allocate the work structure */
  mydrv_work = kmalloc(sizeof(struct _mydrv_work), GFP_ATOMIC);
  if (!mydrv_work) return -1;

  /* Populate the work structure */
  mydrv_work->worker_func = func; /* Work function */
  mydrv_work->worker_data = data; /* Argument to pass */
  spin_lock(&mydrv_wq.lock);       /* Protect the list */

  /* Add your work to the tail of the list */
  list_add_tail(&mydrv_work->mydrv_workitem,
                &mydrv_wq.mydrv_worklist);

  /* Wake up the worker thread */
```

```
    wake_up(&mydrv_wq.todo);

    spin_unlock(&mydrv_wq.lock);
    return 0;
}
```

下面的代码用于从一个驱动程序的入口点提交一个void job(void *)工作函数：

```
submit_work(job, NULL);
```

在提交这个工作函数之后，代码清单3-3将唤醒工作者线程。代码清单3-4中工作者线程的结构与上一节讨论的标准的内核线程结构相似。该线程调用list_entry()以遍历链表中的所有结点，list_entry()返回包含链表结点的容器的数据结构。仔细查看代码清单3-4中如下一行：

```
mydrv_work = list_entry(mydrv_wq.mydrv_worklist.next,
                        struct _mydrv_work, mydrv_workitem);
```

mydrv_workitem嵌入在mydrv_work之中，因此list_entry()返回相应的mydrv_work结构体的指针。传递给list_entry()的参数是被嵌入链表结点的地址、容器结构体的类型、嵌入的链表结点字段的名称。

在执行一个被提交的工作函数之后，工作者线程将通过list_del()删除链表中的相应结点。注意，在工作函数被执行之前，mydrv_wq.lock被释放，执行完后又被重新获得。这是因为如果新的被调度执行的代码试图获取相同的自旋锁，工作函数就可以进入睡眠状态，从而导致潜在的死锁问题。

代码清单3-4　工作者线程

```
static int
mydrv_worker(void *unused)
{

  DECLARE_WAITQUEUE(wait, current);
  void (*worker_func)(void *);
  void *worker_data;
  struct _mydrv_work *mydrv_work;

  set_current_state(TASK_INTERRUPTIBLE);

  /* Spin until asked to die */
  while (!asked_to_die()) {
    add_wait_queue(&mydrv_wq.todo, &wait);

    if (list_empty(&mydrv_wq.mydrv_worklist)) {
      schedule();
      /* Woken up by the submitter */
    } else {
      set_current_state(TASK_RUNNING);
    }
    remove_wait_queue(&mydrv_wq.todo, &wait);
```

```c
    /* Protect concurrent access to the list */
    spin_lock(&mydrv_wq.lock);

    /* Traverse the list and plough through the work functions
       present in each node */
    while (!list_empty(&mydrv_wq.mydrv_worklist)) {

      /* Get the first entry in the list */
      mydrv_work = list_entry(mydrv_wq.mydrv_worklist.next,
                              struct _mydrv_work, mydrv_workitem);
      worker_func = mydrv_work->worker_func;
      worker_data = mydrv_work->worker_data;

      /* This node has been processed. Throw it out of the list */
      list_del(mydrv_wq.mydrv_worklist.next);
      kfree(mydrv_work);    /* Free the node */

      /* Execute the work function in this node */
      spin_unlock(&mydrv_wq.lock);   /* Release lock */
      worker_func(worker_data);
      spin_lock(&mydrv_wq.lock);     /* Re-acquire lock */
    }
    spin_unlock(&mydrv_wq.lock);
    set_current_state(TASK_INTERRUPTIBLE);
  }

  set_current_state(TASK_RUNNING);
  return 0;
}
```

出于代码简洁的目的,上述示例子代码并不执行错误处理。例如,如果代码清单3-2调用的kernel_thread()执行失败,就需要释放相应的工作结构体的内存。另外,代码清单3-4中的asked_to_die()也没有完成。在侦测到了信号或收到了模块卸载时release()函数发出的信息后,它都会导致循环终止。

在本节结束之前,我们看一下另一个有用的链表库例程list_for_each_entry()。使用这个宏,遍历操作就变得更为简洁,可读性也会更好,因为我们不必在循环内部调用list_entry()。如果想在循环内部删除链表元素,需要调用list_for_each_entry_safe()。可以将代码清单3-4中的下列代码:

```c
while (!list_empty(&mydrv_wq.mydrv_worklist)) {
  mydrv_work = list_entry(mydrv_wq.mydrv_worklist.next,
                          struct _mydrv_work, mydrv_workitem);
  /* ... */
}
```

替换为:

```c
struct _mydrv_work *temp;
```

```
list_for_each_entry_safe(mydrv_work, temp, &mydrv_wq.mydrv_worklist, mydrv_workitem) {
  /* ... */
}
```

在本例中，不能使用`list_for_each_entry()`，因为需要在代码清单3-4的循环内部删除`mydrv_work`指向的入口。而`list_for_each_entry_safe()`则解决了这个问题，它使用作为第二个参数（`temp`）传递的临时变量保存链表中下一个入口的地址。

3.2.2 散列链表

如果需要实现散列表这样的链接数据结构，前文介绍的双向链表实现并非一种优化的方案。这是因为散列表仅仅需要一个包含单一指针的链表头。为了减少此类应用的内存开销，内核提供散列链表（hlist）——链表的变体。链表对链表头和结点使用了相同的结构体，但是散列链表则不一样，它对链表头和链表结点有不同的定义：

```
struct hlist_head {
  struct hlist_node *first;
};

struct hlist_node {
  struct hlist_node *next, **pprev;
};
```

为了适应单一的散列链表头指针这一策略，散列链表结点会维护其前一个结点的地址，而不是它本身的指针。

散列表的实现利用了`hlist_head`数组，每个`hlist_head`牵引着一个双向的`hlist_node`链表。而一个散列函数则被用来定位目标结点在`hlist_head`数组中的索引，此后，便可以使用hlist辅助函数（也定义在include/linux/list.h文件中）操作与选择的索引对应的`hlist_node`链表。fs/dcache.c文件中目录高速缓冲（dcache）的实现可以作为一个参考示例。

3.2.3 工作队列

工作队列是内核中用于进行延后工作的一种方式[①]。延后工作在无数场景下都有用，例如：
(1) 1个错误中断发生后，触发网络适配器重新启动；
(2) 同步磁盘缓冲区的文件系统任务；
(3) 给磁盘发送一个命令，并跟踪存储协议状态机。

工作队列的作用与代码清单3-2和代码清单3-4中的例子相似，但是，工作队列可以让你以更简洁的风格完成同样的工作。

工作队列辅助库向用户呈现了两个接口结构：`workqueue_struct`和`work_struct`，使用工作队列的步骤如下。
(1) 创建一个工作队列（或一个`workqueue_struct`），该工作队列与一个或多个内核线程关

[①] 软中断和tasklet是内核中用于延后工作的另外两种机制。第4章的表4-1对软中断、tasklet和工作队列进行了对比分析。

联。可以使用create_singlethread_workqueue()创建一个服务于workqueue_struct的内核线程。为了在系统中的每个CPU上创建一个工作者线程，可以使用create_workqueue()变体。另外，内核中也存在默认的针对每个CPU的工作者线程（events/n，n是CPU序号），可以分时共享这个线程，而不是创建一个单独的工作者线程。视具体应用而定，如果没有定义专用的工作者线程，可能会遭遇性能问题。

(2) 创建一个工作元素（或者一个work_struct）。使用INIT_WORK()可以初始化一个work_struct，填充它的工作函数的地址和参数。

(3) 将工作元素提交给工作队列。可以通过queue_work()将work_struct提交给一个专用的work_struct，或者通过schedule_work()提交给默认的内核工作者线程。

接下来我们重新编写代码清单3-2和代码清单3-4，以利用工作队列接口的优点，相关的代码见代码清单3-5。在使用工作队列接口后，原先的内核线程连同自旋锁、等待队列就不需要了。如果使用的是默认的工作者线程，甚至都不需要调用create_singlethread_workqueue()。

代码清单3-5　使用工作队列进行延后工作

```
#include <linux/workqueue.h>

struct workqueue_struct *wq;

/* Driver Initialization */
static int __init
mydrv_init(void)
{
  /* ... */
  wq = create_singlethread_workqueue("mydrv");
  return 0;
}
  /* Work Submission. The first argument is the work function, and
     the second argument is the argument to the work function */
  int
  submit_work(void (*func)(void *data), void *data)
  {
    struct work_struct *hardwork;

    hardwork = kmalloc(sizeof(struct work_struct), GFP_KERNEL);

    /* Init the work structure */
    INIT_WORK(hardwork, func, data);

    /* Enqueue Work */
    queue_work(wq, hardwork);
    return 0;
  }
```

> 如果使用了工作队列，你必须将对应模块设为GPL授权，否则会出现链接错误。这是因为，内核仅仅将这些函数导出给GPL授权的代码。如果查看内核工作队列的实现代码，会发现如下的限制表达式：
>
> ```
> EXPORT_SYMBOL_GPL(queue_work);
> ```
>
> 下列语句可用于宣布模块使用GPL授权：
>
> ```
> MODULE_LICENSE("GPL");
> ```

3.2.4 通知链

通知链（notifier chain）可用于将状态改变信息发送给请求这些改变的代码段。与硬编码不同，通知是一项在感兴趣的事件产生时获得警告的、使用范围很广泛的技术。最初使用通知的目的是将网络事件传递给内核中感兴趣的部分，但是现在它也可用于许多其他目的。内核已经为主要的事件预先定义了通知，如下所示。

(1) **死亡通知**。当内核触发了陷阱和错误（由oops、缺页或断点命中引发）时发送死亡通知。例如，如果为一个医疗等级卡编写设备驱动程序，可能需要注册自身接受死亡通知，这样的话，当内核发生错误时就可以关闭医疗电子设备。

(2) **网络设备通知**。当一个网络接口卡启动和关闭的时候发送该通知。

(3) **CPU频率通知**。当处理器的频率发生跳变的时候，会分发这一通知。

(4) **因特网地址通知**。当侦测到网络接口卡的IP地址发送改变的时候，会发送此通知。

通知的应用实例是drivers/net/wan/hdlc.c中的高级数据链路控制（HDLC）协议驱动程序，它会在网络设备通知链上注册，以侦测载波状态的改变。

为了将代码与某通知链关联，必须注册一个相关链的时间处理函数。当相应的事件发生时，事件ID和与通知相关的参数会传递给该处理函数。为了实现一个自定义的通知链，必须另外实现底层结构，以便当事件被侦测到时，链会被激活。

代码清单3-6给出了使用预定义的通知和用户自定义通知的例子，表3-2则对代码清单3-6中的通知链和它们传递的事件进行了简要的描述，因此，可以对照查看表3-2和代码清单3-6。

表3-2 通知链和它们传送的事件

通知链	描述

死亡通知链（die_chain）	使用`register_die_notifier()`将`my_die_event_handler()`同死亡通知链die_chain相关联。为了触发`my_die_event_handler()`，代码中引入了一个冗余的引用，例如
	`int *q = 0;`
	`*q = 1;`
	当执行这段代码的时候，`my_die_event_handler()`将被调用，你将看到这样的信息
	`my_die_event_handler: OOPs! at EIP=f00350e7`
	死亡事件通知将die_args结构体传给被注册的事件处理函数。该参数包括一个指向regs结构体的指针（在发生缺陷的时候，用于存放处理器的寄存器）。`my_die_event_handler()`复制了指令指针寄存器的内容

(续)

通知链	描述

网络设备通知
（netdev_chain）
	使用register_netdevice_notifier()将my_dev_event_handler()同网络设备通知链netdev_chain相关联。通过改变网络接口设备（如以太网ethx和回环设备lo）的状态可以产生此事件
	`bash> ifconfig eth0 up`
	它会导致my_dev_event_handler()的执行。net_device结构体的指针被传给该处理函数作为参数，它包含了网络接口的名称。my_dev_event_handler()利用该信息产生以下代码
	`my_dev_event_handler: Val=1, Interface=eth0`
	Val=1引发NETDEV_UP事件，该事件定义在include/linux/notifier.h文件中

用户定义的通知链	代码清单3-6也实现了一个用户自定义的通知链my_noti_chain。假如希望当用户读取proc文件系统中一个特定的文件的时候该事件产生，可以在相关的procfs read例程中加入如下代码：
	`blocking_notifier_call_chain(&my_noti_chain, 100, NULL);`
	当读取相应的/proc文件时，my_event_handler()将被调用，产生如下信息
	`my_event_handler: Val=100`
	Val包含了产生事件的ID，本例中为100。没有使用该函数的参数

当模块从内核释放时，我们必须从通知链中注销事件处理函数。例如，如果卸载代码清单3-6的代码后对网络接口执行up或down操作，而没有在模块的release()方法中执行unregister_netdevice_notifier(&my_dernotifier)，内核将抛出oops。这是因为，即便事件处理代码已经从内核中释放，通知链依然认为它是有效的。

代码清单3-6 通知事件处理函数

```c
#include <linux/notifier.h>
#include <asm/kdebug.h>
#include <linux/netdevice.h>
#include <linux/inetdevice.h>

/* Die Notifier Definition */
static struct notifier_block my_die_notifier = {
  .notifier_call = my_die_event_handler,
};
/* Die notification event handler */
int
my_die_event_handler(struct notifier_block *self,
                     unsigned long val, void *data)
{
  struct die_args *args = (struct die_args *)data;

  if (val == 1) { /* '1' corresponds to an "oops" */
    printk("my_die_event: OOPs! at EIP=%lx\n", args->regs->eip);
  } /* else ignore */
  return 0;
}
```

```c
/* Net Device notifier definition */
static struct notifier_block my_dev_notifier = {
  .notifier_call = my_dev_event_handler,
};

/* Net Device notification event handler */
int my_dev_event_handler(struct notifier_block *self,
                         unsigned long val, void *data)
{
  printk("my_dev_event: Val=%ld, Interface=%s\n", val,
         ((struct net_device *) data)->name);
  return 0;
}


/* User-defined notifier chain implementation */
static BLOCKING_NOTIFIER_HEAD(my_noti_chain);

static struct notifier_block my_notifier = {
  .notifier_call = my_event_handler,
};

/* User-defined notification event handler */
int my_event_handler(struct notifier_block *self,
                     unsigned long val, void *data)
{
  printk("my_event: Val=%ld\n", val);
  return 0;
}
/* Driver Initialization */
static int __init
my_init(void)
{
  /* ... */

  /* Register Die Notifier */
  register_die_notifier(&my_die_notifier);

  /* Register Net Device Notifier */
  register_netdevice_notifier(&my_dev_notifier);

  /* Register a user-defined Notifier */
  blocking_notifier_chain_register(&my_noti_chain, &my_notifier);

  /* ... */
}
```

使用BLOCKING_NOTIFIER_HEAD()可将代码清单3-6中的my_noti_chain声明为一个阻塞通知，并通过调用blocking_notifier_chain_register()函数注册它。这意味着该通知事件处理函数总是在进程上下文被调用，因此可以进入睡眠状态。如果通知处理函数允许从中断上下文调用，应该使用ATOMIC_NOTIFIER_HEAD()定义该通知链，并使用atomic_notifier_chain_ register()注册它。

旧的通知接口

早于2.6.17的内核版本仅支持一个通用目的的通知链。通知链注册函数notifier_chain_register()内部使用自旋锁保护,但游走于通知链以分发事件给通知处理函数的函数notifier_call_chain()却是无锁的。不加锁的原因是事件处理函数可能会睡眠、在运行中注销自己或在中断上下文中被调用。但是无锁的实现却引入了竞态,而新的通知API则建立于旧的接口之上,其设计中包含了克服此限制的意图。

3.2.5 完成接口

内核中的许多地方会激发某些单独的执行线程,之后等待它们完成。完成接口是一个充分的、简单的此类编码的实现模式。

使用完成接口的示例如下。

(1) 驱动程序模块中包含一个辅助内核线程,当卸载这个模块时,在模块的代码从内核空间被移除之前,release()函数将被调用。释放例程要求内核线程退出,并且在线程退出前一直保持阻塞状态。代码清单3-7实现了这个示例。

(2) 假设编写块设备驱动程序(第14章讨论)中将设备读请求排队的部分。这激活了以单独线程或工作队列方式实现的一个状态机的变更,而驱动程序本身想一直等到该操作完成后再执行下一次操作。drivers/block/floppy.c就是这样的一个例子。

(3) 一个应用程序请求模拟/数字转换器(ADC)驱动程序完成一次数据采样。该驱动程序初始化一个转换请求,接下来一直等待转换完成的中断产生,并返回转换后的数据。

代码清单3-7 使用完成接口进行同步

```
static DECLARE_COMPLETION(my_thread_exit);        /* Completion */
static DECLARE_WAIT_QUEUE_HEAD(my_thread_wait);   /* Wait Queue */
int pink_slip = 0;                                /* Exit Flag */

/* Helper thread */
static int
my_thread(void *unused)
{
  DECLARE_WAITQUEUE(wait, current);

  daemonize("my_thread");
  add_wait_queue(&my_thread_wait, &wait);

  while (1) {
    /* Relinquish processor until event occurs */
    set_current_state(TASK_INTERRUPTIBLE);
    schedule();
    /* Control gets here when the thread is woken
       up from the my_thread_wait wait queue */
```

```c
    /* Quit if let go */
    if (pink_slip) {
      break;
    }
    /* Do the real work */
    /* ... */

  }

  /* Bail out of the wait queue */
  __set_current_state(TASK_RUNNING);
  remove_wait_queue(&my_thread_wait, &wait);

  /* Atomically signal completion and exit */
  complete_and_exit(&my_thread_exit, 0);
}

/* Module Initialization */
static int __init
my_init(void)
{
  /* ... */

  /* Kick start the thread */
  kernel_thread(my_thread, NULL,
                CLONE_FS | CLONE_FILES | CLONE_SIGHAND | SIGCHLD);

  /* ... */
}

/* Module Release */
static void __exit
my_release(void)
{
  /* ... */
  pink_slip = 1;                          /* my_thread must go */
  wake_up(&my_thread_wait);               /* Activate my_thread */
  wait_for_completion(&my_thread_exit);   /* Wait until my_thread quits */
  /* ... */
}
```

可以使用DECLARE_COMPLETION()静态定义一个完成实例，或者使用init_completion()动态创建完成实例。而线程可以使用complete()或complete_all()表明运行结果。调用者自身则通过wait_for_completion()等待完成。

在代码清单3-7中，在唤醒my_thread()之前，my_release()函数通过pink_slip设置了一个退出请求标志。接下来，它调用wait_for_completion()使其处于等待状态，直到my_thread()完成并退出。my_thread()函数被唤醒后发现pink_slip被设置，因此进行如下工作：

(1) 向my_release()函数发出完成通知；

(2) 退出。

my_thread()使用complete_and_exit()函数原子性地完成了这两个步骤。如果使用complete()和exit()函数2步操作的话，模块退出和线程退出之间可能会被中断；而complete_and_exit()则确保了不被中断。

在第11章中开发一个遥测设备驱动程序的时候，我们会使用完成接口。

3.2.6 kthread 辅助接口

kthread为原始的线程创建例程添加了一层"外衣"，由此简化了线程管理的任务。

代码清单3-8使用kthread接口重写了代码清单3-7。my_init()现在调用kthread_create()而不是kernel_thread()。可以将线程的名称传入kthread_create()，而不再需要明确地在线程内调用daemonize()。

kthread允许自由地调用内建的、由完成接口所实现的退出同步机制。因此，如代码清单3-8中my_release()函数所为，可以直接调用kthread_stop()，而不必再设置pink_slip、唤醒my_thread()并使用wait_for_completion()等待它的完成。类似地，my_thread()可以进行一个简洁的对kthread_should_stop()的调用，确认其是否应该退出。

代码清单3-8　使用kthread辅助接口完成同步

```
  /* '+' and '-' show the differences from Listing 3.7 */

  #include <linux/kthread.h>

  /* Assistant Thread */
  static int
  my_thread(void *unused)
  {
     DECLARE_WAITQUEUE(wait, current);
-    daemonize("my_thread");

-    while (1) {
+    /* Continue work if no other thread has
+     * invoked kthread_stop() */
+    while (!kthread_should_stop()) {
     /* ... */
-    /* Quit if let go */
-    if (pink_slip) {
-      break;
-    }
     /* ... */
     }
     __set_current_state(TASK_RUNNING);
     remove_wait_queue(&my_thread_wait, &wait);

-    complete_and_exit(&my_thread_exit, 0);
+    return 0;
  }
```

```
+     struct task_struct *my_task;

  /* Module Initialization */
  static int __init
  my_init(void)
  {
      /* ... */
-     kernel_thread(my_thread, NULL,
-                   CLONE_FS | CLONE_FILES | CLONE_SIGHAND |
-                   SIGCHLD);
+     my_task = kthread_create(my_thread, NULL, "%s", "my_thread");
+     if (my_task) wake_up_process(my_task);

      /* ... */
  }

  /* Module Release */
  static void __exit
  my_release(void)
  {
      /* ... */
-     pink_slip = 1;
-     wake_up(&my_thread_wait);
-     wait_for_completion(&my_thread_exit);
+     kthread_stop(my_task);

      /* ... */
  }
```

可以不使用kthread_create()创建线程、wake_up_process()激活线程的繁琐步骤，而是使用下面的一次调用达到目的：

```
kthread_run(my_thread, NULL, "%s", "my_thread");
```

3.2.7 错误处理助手

数个内核函数返回指针值。调用者通常将返回值与NULL对比以检查是否失败，但是它们很可能需要更多的信息以分析出确切的错误发生原因。由于内核地址有冗余位，可以覆盖它以包含错误语义信息。一套辅助例程即可完成此功能。代码清单3-9给出了一个简单的示例。

代码清单3-9 简单的示例

```
#include <linux/err.h>

char *
collect_data(char *userbuffer)
{
    char *buffer;
```

```
    /* ... */
    buffer = kmalloc(100, GFP_KERNEL);
    if (!buffer) { /* Out of memory */
      return ERR_PTR(-ENOMEM);
    }

    /* ... */
    if (copy_from_user(buffer, userbuffer, 100)) {
      return ERR_PTR(-EFAULT);
    }
    /* ... */

    return(buffer);
}

int
my_function(char *userbuffer)
{
    char *buf;

    /* ... */
    buf = collect_data(userbuffer);
    if (IS_ERR(buf)) {
      printk("Error returned is %d!\n", PTR_ERR(buf));
    }
    /* ... */

}
```

在代码清单3-9中,如果collect_data()中的kmalloc()失败,就会获得如下信息:

```
Error returned is -12!
```

但是,如果collect_data()执行成功,它将返回一个数据缓冲区的指针。

再来一个例子,我们给代码清单3-8中的线程创建代码添加错误处理能力(使用IS_ERR()和PTR_ERR()):

```
  my_task = kthread_create(my_thread, NULL, "%s", "mydrv");
+ if (!IS_ERR(my_task)) {
+   /* Success */
    wake_up_process(my_task);
+ } else {
+   /* Failure */
+   printk("Error value returned=%d\n", PTR_ERR(my_task));
+ }
```

3.3 查看源代码

ksoftirqd、pdflush和khubd内核线程代码分别位于kernel/softirq.c、mm/pdflush.c和drivers/usb/core/hub.c文件中。

在kernel/exit.c文件中可以找到daemonize()。以用户模式助手实现的代码见kernel/kmod.c文件。

list和hlist库函数位于include/linux/list.h文件中。在整个内核中都有对它们的使用，因此在大多数子目录中都能找到示例。其中的一个示例是include/linux/blkdev.h文件中定义的request_queue结构体，它存放磁盘I/O请求的链表。在第14章中我们会分析此数据结构。

查看www.ussg.iu.edu/hypermail/linux/kernel/0007.3/0805.html可以看到Torvalds和Andi Kleen之间关于使用hlist实现list库的利弊的争论。

内核工作队列的实现代码见kernel/workqueue.c文件。为了理解工作队列的用法，可以查看drivers/net/wireless/ipw2200.c中PRO/Wireless 2200网卡驱动程序。

内核通知链的实现代码见kernel/sys.c和include/linux/notifier.h文件。查看kernel/sched.c和include/linux/completion.h文件可以挖掘完成接口的实现机理。kernel/kthread.c文件中有kthread辅助接口的源代码，include/linux/err.h文件中有错误处理接口的定义。

表3-3给出了本章中所使用的主要的数据结构及其源代码路径的总结。表3-4列出了本章中使用的主要内核编程接口及其源代码路径。

表3-3 数据结构小结

数据结构	路径	描述
wait_queue_t	include/linux/wait.h	内核线程欲等待某事件或系统资源时使用
list_head	include/linux/list.h	用于构造双向链表数据结构的内核结构体
hlist_head	include/linux/list.h	用于实现散列表的内核结构体
work_struct	include/linux/workqueue.h	实现工作队列，它是一种在内核中进行延后工作的方式
notifier_block	include/linux/notifier.h	实现通知链，用于将状态变更信息发送给请求此变更的代码段
completion	include/linux/completion.h	用于开始某线程活动并等待它们完成

表3-4 内核编程接口小结

内核接口	路径	描述
DECLARE_WAITQUEUE()	include/linux/wait.h	定义等待队列
add_wait_queue()	kernel/wait.c	将一个任务加入一个等待队列。该任务进入睡眠状态，直到它被另一个线程或中断处理函数唤醒
remove_wait_queue()	kernel/wait.c	从等待队列中删除任务
wake_up_interruptible()	include/linux/wait.h kernel/sched.c	唤醒一个正在等待队列中睡眠的任务，将其返回调度器的运行队列
schedule()	kernel/sched.c	放弃CPU，让内核的其他部分运行
set_current_state()	include/linux/sched.h	设置一个进程的运行状态，可以是如下状态中的一种：TASK_RUNNING、TASK_INTERRUPTIBLE、TASK_UNINTERRUPTIBLE、TASK_STOPPED、TASK_TRACED、EXIT_ZOMBIE或EXIT_DEAD
kernel_thread()	arch/your-arch/kernel/process.c	创建内核线程

（续）

内核接口	路径	描述
daemonize()	kernel/exit.c	激活内核线程（未依附于用户资源），并将调用线程的父线程改为kthreadd
allow_signal()	kernel/exit.c	使能某指定信号的分发
signal_pending()	include/linux/sched.h	检查是否有信号已经被传输。在内核中没有信号处理函数，因此不得不显示地检查信号是否已分发
call_usermodehelper()	include/linux/kmod.h kernel/kmod.c	执行用户模式的程序
链表库函数	include/linux/list.h	见表3-1
register_die_notifier()	arch/your-arch/kernel/traps.c	注册死亡通知
register_netdevice_notifier()	net/core/dev.c	注册网络设备通知
register_inetaddr_notifier()	net/ipv4/devinet.c	注册inetaddr通知
BLOCKING_NOTIFIER_HEAD()	include/linux/notifier.h	创建用户自定义的阻塞性的通知
blocking_notifier_chain_register()	kernel/sys.c	注册阻塞性的通知
blocking_notifier_call_chain()	kernel/sys.c	将事件分发给阻塞性的通知链
ATOMIC_NOTIFIER_HEAD()	include/linux/notifier.h	创建原子性的通知
atomic_notifier_chain_register()	kernel/sys.c	注册原子性的通知
DECLARE_COMPLETION()	include/linux/completion.h	静态定义完成实例
init_completion()	include/linux/completion.h	动态定义完成实例
complete()	kernel/sched.c	宣布完成
wait_for_completion()	kernel/sched.c	一直等待完成实例的完成
complete_and_exit()	kernel/exit.c	原子性地通知完成并退出
kthread_create()	kernel/kthread.c	创建内核线程
kthread_stop()	kernel/kthread.c	让一个内核线程停止
kthread_should_stop()	kernel/kthread.c	内核线程可以使用该函数轮询是否其他的执行单元已经调用kthread_stop()让其停止
IS_ERR()	include/linux/err.h	查看返回值是否是一个出错码

第 4 章 基本概念

本章内容
- 设备和驱动程序介绍
- 中断处理
- Linux设备模型
- 内存屏障
- 电源管理
- 查看源代码

我们马上就要编写设备驱动程序了。但在此之前,让我们先了解一些驱动程序的相关概念。本章首先介绍本书的两个核心概念,即PC兼容的系统和嵌入式计算机中常见的设备和I/O接口。中断处理在大多数驱动程序中都存在,因此,本章还讨论了中断处理程序。之后,我们介绍2.6内核中新引入的设备模型。该新模型建立于sysfs、kobject、设备类和udev等抽象概念上,这些概念是所有设备驱动程序的共性。新的设备模型也会淘汰一些内核空间策略,将其推到用户空间。这导致了/dev结点管理、热插拔、冷插拔、模块自动加载、固件下载等功能的彻底改变。

4.1 设备和驱动程序介绍

由于硬件操作要求拥有执行特殊指令和处理中断等处理的特权,所以用户应用程序一般不能直接和硬件通信。设备驱动程序则承担了硬件交互的工作,它也为应用程序和内核中其他的部分访问这些设备提供接口。应用程序通过/dev目录中的设备结点操作设备,通过/sys目录中的结点收集设备信息[①]。

图4-1是一个典型的PC兼容的系统的硬件框图。从图中可以看出,系统支持各种各样的设备和接口,如内存、视频、音频、USB、PCI、WiFi、I^2C、IDE、以太网、串行端口、键盘、鼠标、软驱、并行端口和红外等。内存控制器和图形控制器在PC体系架构中位于北桥芯片组中,而外围设备总线则源自南桥芯片组。

---

① 网络应用程序通过不同的机制将请求发给底层驱动程序,这将在后文中介绍。

62　第4章　基本概念

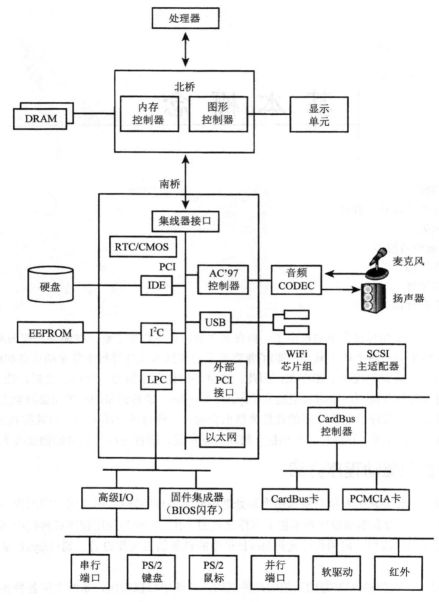

图4-1　PC兼容的系统的硬件框图

图4-2给出了一个假想的嵌入式设备的类似于图4-1的框图。该图中包含了数个PC中通常不存在的接口，如闪存、LCD、触摸屏和无线调制解调器。

显然，访问外围设备的能力是系统性能的关键。设备驱动程序则决定了访问外围设备的能力。本章将会详细介绍设备接口，告诉读者怎样编写相应的设备驱动程序。

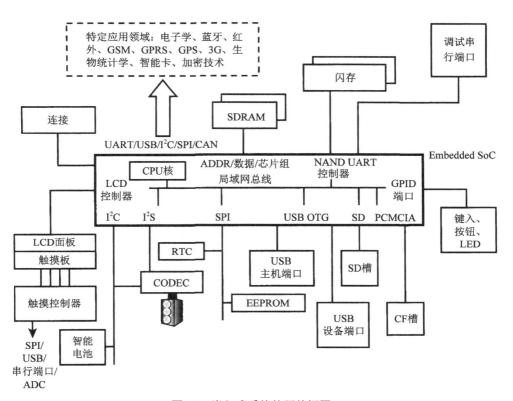

图4-2 嵌入式系统的硬件框图

4.2 中断处理

由于I/O操作的不确定因素以及处理器和I/O设备之间速度的不匹配,设备往往通过某种硬件信号异步地唤起处理器的注意。这些硬件信号就是中断。每个中断设备都被分配了一个相关的标识符,被称为中断请求(IRQ)号。当处理器检测到某一IRQ号对应的中断产生时,它将停止现在的工作,并启动该IRQ所对应的中断服务例程(ISR)。中断处理函数在中断上下文执行。

4.2.1 中断上下文

ISR是直接与硬件交互的非常重要的代码片段。它们拥有立即执行的特权,以提高系统的性能。不过,如果ISR执行慢、负载重,就不能叫ISR了。贵宾都被给予了优惠待遇,但是,尽量减少由此造成的对公众的不便也是他们的义务。为了对粗暴打断当前执行线程的行为进行补偿,ISR不得不礼貌地执行于受限制的环境下,即所谓的中断上下文(或原子上下文)。

下面是中断上下文中的注意事项。

(1) 中断上下文代码绝不可以停止运行。中断处理函数不能通过调用schedule_timeout()等睡眠函数放弃处理器,在从中断处理函数中调用一个内核API之前,应该仔细分析它,以确保其内部不会触发阻塞等待。例如，`input_register_device()`表面上看起来没有问题，但是它内部以`GFP_KERNEL`为参数调用了`kmalloc()`。从第2章可知，用这种方式调用`kmalloc()`的话，如果系统的空闲内存低于某警戒线，`kmalloc()`将睡眠，等待对换程序释放内存。

(2) 为了在中断处理函数中保护临界区，不能使用互斥体，因为它们也许导致睡眠。应该使用自旋锁代替互斥体，但是一定要记住的是，只有不得不用的时候才采用。

(3) 中断处理函数不能与用户空间直接交互数据，因为它们经由进程上下文与用户空间建立连接。这也是为什么中断处理函数不能睡眠的第2个理由：调度器工作于进程之间，如果中断处理函数睡眠并被调度出去，它们怎么返回到运行队列呢？

(4) 中断处理函数一方面需要快速地为其他进程让位，另一方面又需要完成它的工作。为了规避这种冲突，中断处理函数通常将工作分成两个部分。顶半部设一个标志以宣称它已经服务了该中断，而重大的工作负载都被丢给了底半部。底半部的执行被延后，在其执行环境中，所有的中断都是使能的。在讨论softirq和tasklet的时候，将介绍如何开发底半部。

(5) 中断处理函数不必是可重用的。当某中断函数运行的时候，在它返回之前，相应的IRQ都被禁止了。因此，与进程上下文代码不同，同一中断处理函数的不同实例不可能同时运行在多个处理器上。

(6) 中断处理函数可以被更高优先级IRQ的中断处理函数打断。如果请求内核将你的中断处理函数作为快中断处理，此类中断嵌套将被禁止。快中断服务函数运行的时候，本处理器上的所有中断都会被禁止。在禁止中断或将中断标识为快中断之前，请意识中断屏蔽对系统性能的不利影响。中断屏蔽的时间越长，中断延迟就会越长，或者说已经被产生的中断得到服务的延迟就会越久。中断延迟与系统真实的响应时间成反比。

函数可以检查`in_interrupt()`的返回值，以查看自身是否位于中断上下文。

与外部硬件产生的异步中断不一样，也存在同步到达的中断。同步中断意味着它们不会不期而遇：它们由处理器本身执行某指令而产生。外部中断和同步中断在内核中使用相同的确认机制处理。

同步中断的例子包括：

(1) 异常，被用于报告严重的运行时错误；

(2) 软中断，如用于实现x86体系架构上的系统调用的`int 0x80`指令。

4.2.2 分配 IRQ 号

设备驱动程序必须将它们的IRQ号与一个中断处理函数连接。因此，它们需要知道它们正在驱动的设备的IRQ号。IRQ的分配可以很直接，也可能需要复杂的探测过程。例如，在PC体系架构中，定时器中断响应IRQ 0，RTC中断响应IRQ 8。现代的中断技术（如PCI）足够强大，它能够响应对IRQ的查询（系统启动过程中由BIOS分配），PCI驱动程序能够访问设备配置空间的相应区域并获得IRQ。对于较老的设备，如基于工业标准体系架构（ISA）的卡，驱动程序也许不得不利用特定硬件的知识来探测和解析IRQ。

/proc/interrupts文件中有系统中活动的IRQ的列表。

4.2.3 设备实例：导航杆

学习了中断处理的基本知识后，我们来实现一个导航杆设备实例的中断处理。在一些手机和PDA上装有导航杆，它支持3种动作（顺时针旋转，逆时针旋转和按键），可方便菜单导航。本例中的导航杆是有线的，任何动作都会向处理器发出IRQ 7中断。系统中通用目的I/O（GPIO）端口D的低3位与导航杆连接。这些引脚上产生的波形与图4-3中不同的导航运动一致。中断处理函数的工作是通过查看端口D的GPIO数据寄存器解析出导航杆的运动。

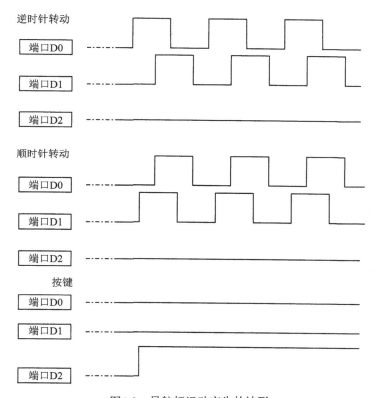

图4-3 导航杆运动产生的波形

驱动程序必须首先请求IRQ并将一个中断处理函数与其绑定：

```
#define ROLLER_IRQ   7
static irqreturn_t roller_interrupt(int irq, void *dev_id);


if (request_irq(ROLLER_IRQ, roller_interrupt, IRQF_DISABLED |
                IRQF_TRIGGER_RISING, "roll", NULL)) {
  printk(KERN_ERR "Roll: Can't register IRQ %d\n", ROLLER_IRQ);
  return -EIO;
}
```

我们看一下传递给request_irq()的参数。本例中没有查询或探测IRQ号，而是直接硬编码为ROLLER_IRQ。第2个参数roller_interrupt()是中断处理函数。中断处理函数的原型的返回值类型为irqreturn_t。如果中断处理成功，则返回IRQ_HANDLED，否则，返回IRQ_NONE。对于PCI等I/O而言，该返回值的意义更重要，因为多个设备可能共享同一IRQ。

IRQF_DISABLED标志意味着这个中断处理为快中断，因此，在调用该处理函数的时候，内核将禁用所有的中断。IRQF_TRIGGER_RISING暗示导航杆将在中断线上产生一个上升沿以发出中断。换句话说，导航杆是一个边沿触发的设备。有一些设备是电平触发的，在CPU处理其中断之前，它一直将中断线保持在一个电平上。使用IRQF_TRIGGER_HIGH或IRQF_TRIGGER_LOW可以标识一个中断为高或低电平触发。该参数其他的可能值包括IRQF_SAMPLE_RANDOM见5.6节和IRQF_SHARED（定义这个IRQ被多个设备共享）。

下一个参数"roll"用于标识这个设备，标识数据由/proc/interrupts等文件产生。最后一个参数（本例中为NULL）仅在共享中断的时候有用，用于区分共享同一IRQ线的每个设备。

> 从2.6.19内核开始，中断处理接口发生了一些变化。以前的中断处理函数的第3个参数为struct pt_regs *，它指向存放CPU寄存器的地址，在2.6.19中已经移除。另外，IRQF_xxx系列中断标志取代了SA_xxx系列中断标志。例如，在较早的内核中，应该使用SA_INTERRUPT而不是IRQF_DISABLED来将中断处理标识为快中断处理。

驱动程序初始化的时候不适合申请IRQ，因为这样会导致甚至在设备未被使用的时候有价值的资源就被占用了。因此，设备驱动程序通常在应用程序打开设备的时候申请IRQ。类似地，IRQ也是在应用程序关闭设备的时候释放IRQ的，而不是在退出驱动程序模块的时候。使用下面的方法可以释放一个IRQ：

```
free_irq(int irq, void *dev_id);
```

代码清单4-1为导航杆中断处理的实现代码。roller_interrupt()有2个参数，IRQ和设备标识符（传递给request_irq()的最后一个参数）。请对照图4-3查看代码清单4-1。

代码清单4-1　导航杆中断处理函数

```
spinlock_t roller_lock = SPIN_LOCK_UNLOCKED;
static DECLARE_WAIT_QUEUE_HEAD(roller_poll);

static irqreturn_t
roller_interrupt(int irq, void *dev_id)
{
  int i, PA_t, PA_delta_t, movement = 0;

  /* Get the waveforms from bits 0, 1 and 2
     of Port D as shown in Figure 4.3 */
  PA_t = PA_delta_t = PORTD & 0x07;

  /* Wait until the state of the pins change.
     (Add some timeout to the loop) */
  for (i=0; (PA_t==PA_delta_t); i++){
```

```c
    PA_delta_t = PORTD & 0x07;
  }

  movement = determine_movement(PA_t, PA_delta_t); /* See below */

  spin_lock(&roller_lock);

  /* Store the wheel movement in a buffer for
     later access by the read()/poll() entry points */
  store_movements(movement);

  spin_unlock(&roller_lock);

  /* Wake up the poll entry point that might have
     gone to sleep, waiting for a wheel movement */
  wake_up_interruptible(&roller_poll);

  return IRQ_HANDLED;
}
int
determine_movement(int PA_t, int PA_delta_t)
{
  switch (PA_t){
    case 0:
      switch (PA_delta_t){
      case 1:
        movement = ANTICLOCKWISE;
        break;
      case 2:
        movement = CLOCKWISE;
        break;
      case 4:
        movement = KEYPRESSED;
        break;
      }
      break;
    case 1:
      switch (PA_delta_t){
      case 3:
        movement = ANTICLOCKWISE;
        break;
      case 0:
        movement = CLOCKWISE;
        break;
      }
      break;
    case 2:
      switch (PA_delta_t){
      case 0:
        movement = ANTICLOCKWISE;
        break;
      case 3:
        movement = CLOCKWISE;
```

```
        break;
    }
    break;
case 3:
    switch (PA_delta_t){
    case 2:
        movement = ANTICLOCKWISE;
        break;
    case 1:
        movement = CLOCKWISE;
        break;
    }
case 4:
    movement = KEYPRESSED;
    break;
    }
}
```

驱动程序入口点（如read()和poll()）尾随roller_interrupt()进行操作。例如，当中断处理函数解析完一个导航杆运动后，它唤醒正在等待的poll()线程（可能已经因为X Windows等应用发起的select()系统调用而睡眠）。请在学习完第5章后重新查看代码清单4-1并完成导航杆设备的完整驱动程序。

第7章的代码清单7-3利用了内核的输入接口，将导航杆转化为导航鼠标。

本小节最后介绍一下使能和禁用特定IRQ的函数。enable_irq(ROLLER_IRQ)用于使能导航杆运动的中断发生，disable_irq(ROLLER_IRQ)则进行相反的工作。disable_irq_nosync ROLLER_IRQ)禁用导航杆中断，并且不等待任何正在执行的roller_interrupt()实例的返回。disable_irq()的非同步变体执行得更快，但是可能导致潜在的竞态。只有在你确认没有竞争的情况下才可以这样使用。drivers/ide/ide-io.c使用的就是disable_irq_nosync()，在初始化过程中，它阻止了中断，因为一些系统中可能在此方面存在问题。

4.2.4 softirq 和 tasklet

以前讨论过，中断处理有2个矛盾的要求：它们需要完成大量的设备数据处理，但是又不得不尽可能快地退出。为了摆脱这一困境，中断处理过程被分成2部分：一个急切抢占并与硬件交互的顶半部，一个处理所有使能的中断的并不急切的底半部。同顶半部不一样，底半部是同步的，因为内核决定了它什么时候会执行中断。如下机制都可用于在内核中将工作解析到底半部执行：softirq、tasklet和工作队列（work queue）。

softirq是一种基本的底半部机制，有较强的加锁需求。仅仅在一些对性能敏感的子系统（如网络层、SCSI层和内核定时器）中才会使用softirq。tasklet建立在softirq之上，使用起来更简单。除非有严格的可扩展性和速度要求，都建议使用tasklet。softirq和tasklet的主要不同是前者是可重用的，而后者不是。softirq的不同实例可运行在不同的处理器上，而tasklet的则不允许。

为了论证softirq和tasklet的用法，假定前例中的导航杆由于存在运动部件（如旋轮偶尔被卡住）引起的固有的硬件问题，从而产生不同于方波的波形。一个被卡住的旋轮会不停地产生假的中断,并可能使系统冻结。为了解决这个问题,可以捕获波形,进行一些分析,并在发现卡住的情况下动态地从中断模式切换到轮询模式。如果旋轮恢复正常,软件也恢复到正常模式。我们在中断处理函数中捕获波形,并在底半部分析它。代码清单4-2和代码清单4-3分别用softirq和tasklet实现了这个过程。它们都是代码清单4-1的简化的变体,将中断处理简化为2个函数:从GPIO端口D捕获波形的roller_capture(),对波形进行算术分析并按需切换到轮询模式的roller_analyze()。

代码清单4-2 使用softirq分担中断处理函数的负载

```
void __init
roller_init()
{
  /* ... */

  /* Open the softirq. Add an entry for ROLLER_SOFT_IRQ in
     the enum list in include/linux/interrupt.h */
  open_softirq(ROLLER_SOFT_IRQ, roller_analyze, NULL);
}


/* The bottom half */
void
roller_analyze()
{
  /* Analyze the waveforms and switch to polled mode if required */
}
/* The interrupt handler */
static irqreturn_t
roller_interrupt(int irq, void *dev_id)
{
  /* Capture the wave stream */
  roller_capture();

  /* Mark softirq as pending */
  raise_softirq(ROLLER_SOFT_IRQ);

  return IRQ_HANDLED;
}
```

为了定义一个softirq,必须在include/linux/interrupt.h中静态添加一个入口。不能动态定义softirq。raise_softirq()用于宣布相应的softirq需要被执行。内核会在下一个可获得的机会里执行它;这可能发生在退出硬中断处理函数的时候,也可能在ksoftirqd内核线程中。

代码清单4-3 使用tasklet分担中断处理的负载

```
struct roller_device_struct { /* Device-specific structure */
  /* ... */
  struct tasklet_struct tsklt;
  /* ... */
};
```

```
void __init roller_init()
{
  struct roller_device_struct *dev_struct;
  /* ... */

  /* Initialize tasklet */
  tasklet_init(&dev_struct->tsklt, roller_analyze, dev);
}


/* The bottom half */
void
roller_analyze()
{
/* Analyze the waveforms and switch to
   polled mode if required */
}
/* The interrupt handler */
static irqreturn_t
roller_interrupt(int irq, void *dev_id)
{
  struct roller_device_struct *dev_struct;

  /* Capture the wave stream */
  roller_capture();

  /* Mark tasklet as pending */
  tasklet_schedule(&dev_struct->tsklt);

  return IRQ_HANDLED;
}
```

`tasklet_init()`用于动态初始化一个tasklet，该函数不会为`tasklet_struct`分配内存，相反，你必须将已经分配好的地址传递给它。`tasklet_schedule()`用于宣布相应的tasklet需要被执行。和中断类似，内核提供了一系列用于控制在多处理器系统中tasklet执行状态的函数：

(1) `tasklet_enable()`使能tasklet；

(2) `tasklet_disable()`禁用tasklet，并等待正在执行的tasklet退出；

(3) `tasklet_disable_nosync()`的语义和`disable_irq_nosync()`相似，它并不等待正在执行的tasklet退出。

你已经看到了中断处理函数和底半部的不同，但是，它们也有几个相似点。中断处理函数和tasklet都不需要可重用，而且，二者都不能睡眠。另外，中断处理函数、tasklet和softirq都不能被抢占。

工作队列是中断处理延后执行的第3种方式。它们在进程上下文执行，允许睡眠，因此可以使用互斥体这类可能导致睡眠的函数。在第3章分析内核辅助接口的时候，我们已经讨论了工作队列。表4-1对softirq、tasklet和工作队列进行了对比分析。

4.3 Linux 设备模型

表4-1 softirq、tasklet和工作队列对比

	softirq	tasklet	工作队列
执行上下文	延后的工作运行于中断上下文	延后的工作运行于中断上下文	延后的工作运行于进程上下文
可重用	可以在不同的CPU上同时运行	不能在不同的CPU上同时运行,但是不同的CPU可以运行不同的tasklet	可以在不同的CPU上同时运行
睡眠	不能睡眠	不能睡眠	可以睡眠
抢占	不能抢占/调度	不能抢占/调度	可以抢占/调度
易用性	不容易使用	容易使用	容易使用
何时使用	如果延后的工作不会睡眠,而且有严格的可扩展性或速度要求	如果延后的工作不会睡眠	如果延后的工作会睡眠

> 在LKML正在进行一项去除tasklet接口的可行性的讨论。tasklet比进程上下文的代码优先级更高,因此它们可能存在延迟问题。另外,我们已经介绍过,它们不允许睡眠,且只能在同一CPU上执行。因此,有人提议将现存的tasklet基于其场景随机应变地转换为softirq或工作队列。
>
> 第2章讨论的-rt补丁集将中断处理移到了内核线程执行,以实现更广泛的抢占支持。

4.3 Linux 设备模型

新的Linux设备模型引入了类似于C++的抽象机制,它总结出设备驱动程序的共性,并提取出了总线和核心层。接下来,我们分析一下构成设备模型的udev、sysfs、kobject和设备类(device class)等组件,以及这些组件对/dev结点管理、热插拔、固件下载和模块自动加载等关键内核子系统的影响。udev是分析设备模型优点的最佳入口点,我们先从它开始讲解。

4.3.1 udev

几年前,Linux操作系统还不成熟,管理设备节点的工作一点都不好玩。所有需要的结点(达到数千个)都不得不在/dev目录下静态创建。该问题实际起源于原始的Unix系统。在2.4内核中,引入了devfs,它支持设备结点的动态创建。devfs提供了在内存内的文件系统中创建设备结点的能力,而命名结点的任务还是落在了设备驱动程序头上。但是,设备命名策略是可管理的,不应与内核混在一起。策略可位于头文件、模块参数或用户空间中。而udev则将设备管理的任务推向了用户空间。

udev的工作取决于以下几项。

(1) 内核中的sysfs支持。sysfs是Linux设备模型的一个重要组成部分,位于内存中,在启动时被挂载在了/sys目录下(见/etc/fstab)。下一节我们会分析sysfs,现在就认为访问sysfs是理所当然的吧。

(2) 一套用户空间守护程序和实用工具,如udevd和udevinfo。

(3) 用户自定义的规则,位于/etc/udev/rules.d/目录中。可以根据对应设备的特点设置规则。

为了理解udev的用法，我们先看一个例子。假定你有一个USB DVD驱动器或一个USB CD-RW驱动器。根据热插拔设备顺序的不同，一个被命名为/dev/sr0，另一个被命名为/dev/sr1。在没有udev的情况下，必须执行区分这些名字对应的设备。但是，有了udev以后，不管以什么顺序热插拔它们，都能分辨出二者，如DVD命名为/dev/usbdvd，CD-RW命名为/dev/usbcdrw。

首先，从sysfs相应的文件中提取产品信息。假定Targus DVD驱动器被分配的设备结点为/dev/sr0，Addonics CD-RW驱动器的为/dev/sr1，使用udevinfo可收集设备信息：

```
bash> udevinfo -a -p /sys/block/sr0
...
looking at the device chain at
'/sys/devices/pci0000:00/0000:00:1d.7/usb1/1-4':
  BUS=="usb"
  ID=="1-4"
  SYSFS{bConfigurationValue}=="1"
  ...
  SYSFS{idProduct}=="0701"
  SYSFS{idVendor}=="05e3"
  SYSFS{manufacturer}=="Genesyslogic"
  SYSFS{maxchild}=="0"
  SYSFS{product}=="USB Mass Storage Device"
  ...

bash> udevinfo -a -p /sys/block/sr1
...
looking at the device chain at
'/sys/devices/pci0000:00/0000:00:1d.7/usb1/1-3':
  BUS=="usb"
  ID=="1-3"
  SYSFS{bConfigurationValue}=="2"
  ...
  SYSFS{idProduct}=="0302"
  SYSFS{idVendor}=="0dbf"
  SYSFS{manufacturer}=="Addonics"
  SYSFS{maxchild}=="0"
  SYSFS{product}=="USB to IDE Cable"
  ...
```

接下来，使用搜集到的产品信息标识设备并且添加udev命名规则。创建/etc/udev/rules.d/ 40-cdvd.rules文件并添加如下规则信息：

```
BUS="usb", SYSFS{idProduct}="0701", SYSFS{idVendor}="05e3",
KERNEL="sr[0-9]*", NAME="%k", SYMLINK="usbdvd"

BUS="usb", SYSFS{idProduct}="0302", SYSFS{idVendor}="0dbf",
KERNEL="sr[0-9]*", NAME="%k", SYMLINK="usbcdrw"
```

第1条规则告诉udev，一旦它发现一个USB设备的产品ID为0x0701，厂商ID为0x05e3，就增加一个以sr开始的名称，udev将在/dev目录下创建一个同名的结点并为之创建一个名为usbdvd的符号链接。类似地，第2条规则为CD-RW驱动器创建一个名为usbcdrw的符号链接。

为了测试新创建规则的语法错误，可以对/sys/block/sr*运行udevtest。为了打开/var/log/messages

中的相关提示信息，可以将/etc/udev/udev.conf文件中的udev_log设置为"yes"。为了在运行过程中对/dev目录应用新增规则，可以运行udevstart重启udev。此后，你的DVD驱动器在系统中将始终为/dev/usbdvd，而CD-RW驱动器将总是为/dev/usbcdrw。你肯定可以使用如下命令从shell脚本中挂载设备：

    mount /dev/usbdvd /mnt/dvd

设备结点（以及网络接口）的一致性命名并非udev的唯一功能。实际上，udev已经演变为Linux热插拔管理器，并且也承担了按需自动加载模块和为设备下载微码的任务。在挖掘这些能力之前，让我们首先对设备模型的内在机理有一个基本的认识。

4.3.2　sysfs、kobject和设备类

sysfs、kobject和设备类是设备模型的组成模块，但是它们羞于在公众面前露面，一直深藏于幕后。它们主要在总线和核心层的实现中使用，隐藏在为设备驱动程序提供服务的API中。

内核的结构化设备模型在用户空间就称为sysfs。它与procfs类似，二者都位于内存的文件系统中，而且包含内核数据结构的信息。但是，procfs是查看内核内部的一个通用视窗，而sysfs则特定地对应于设备模型。因而，sysfs并非procfs的替代品。进程描述符、sysctl参数等信息属于procfs而非sysfs。很快我们会发现，udev的大多数功能都取决于sysfs。

kobject封装了一些公用的对象属性，如引用计数。它们通常被嵌在更大的数据结构中。kobject的主要字段如下（定义于include/linux/kobject.h文件中）。

(1) kref对象，用于引用计数管理。`kref_init()`接口用于初始化kref接口，`kref_get()`用于增加kref相关的引用计数，而`kref_put()`则用于减少引用计数，当没有剩下的引用后，对象会被释放。例如，URB结构体（见第11章）就包含一个kref，用于记录对它的引用的数量[1]。

(2) kset的指针，表征kobject归属的对象集（object set）。

(3) kobj_type，用于描述kobject的对象类型。

kobject与sysfs紧密关联。内核中的每个对象实例都有一个sysfs的代表。

设备类概念是设备模型的另一个特点，在驱动程序中，我们更有可能用到此接口。类接口抽象了这一理念，即每个设备都属于某一个总括性的分类。例如，USB鼠标、PS/2键盘和操纵杆都属于输入设备类，都在/sys/class/input/目录下拥有入口。

图4-4显示了一个连接了外部USB鼠标的笔记本计算机的sysfs结构。顶层的bus、class和device目录被展开，以便显示sysfs是怎样基于设备类型和物理连接提供USB鼠标的视图的。鼠标是一个输入类设备，但是在物理上是一个USB设备，包含2个端点：1个控制端点ep00和一个中断端点ep81。上述USB端口位于BUS 2上的USB主机控制器，而USB主机控制器自身则通过PCI总线被桥接给CPU。如果到目前为止你还是理不清，不必担心。在学完讲解输入设备驱动程序的第7章、PCI驱动程序的第10章和USB驱动程序的第11章后，请回过头来阅读本节。

---

[1] `usb_alloc_urb()`接口调用`kref_init()`，`usb_submit_urb()`调用`kref_get()`，而`usb_free_urb()`则调用`kref_put()`。

```
[/sys]
    +[block]
    -[bus]-[usb]-[devices]-[usb2]-[2-2]-[2-2:1.0]-[usbendpoint:usbdev2.2-ep81]
    -[class]-[input]-[mouse2]-[device]-[bus]-[usbendpoint:usbdev2.2-ep81]
            -[usb_device]-[usbdev2.2]-[device]-[bus]
            -[usb_endpoint]-[usbdev2.2-ep00]-[device]
                          -[usbdev2.2-ep81]-[device]
    -[devices]-[pci0000:00]-[0000:00:1d:1]-[usb2]-[2-2]-[2-2:1.0]
    +[firmware]
    +[fs]
    +[kernel]
    +[module]
    +[power]
```

图4-4 USB鼠标的结构

读者可以浏览/sys并查看与其他设备关联的入口（如网卡），以便对sysfs的层次结构组织有更好的理解。10.2节论证了sysfs怎样为笔记本计算机上CardBus以太网调制解调器卡的物理连接建立镜像的例子。

类编程接口则建立在kobject和sysfs之上，因此它是深入理解设备模型中各种组件进行端到端交换的很好的着入点。我们以RTC驱动程序为例，它（drivers/char/rtc.c）是一个混杂设备（misc）驱动程序。在第5章分析字符设备驱动程序的时候，我们会讨论misc驱动程序。

加载RTC驱动程序模块，查看/sys和/dev目录下创建的结点：

```
bash> modprobe rtc
bash> ls -lR /sys/class/misc
drwxr-xr-x 2 root root 0 Jan 15 01:23 rtc
/sys/class/misc/rtc:
total 0
-r--r--r-- 1 root root 4096 Jan 15 01:23 dev
--w------- 1 root root 4096 Jan 15 01:23 uevent
bash> ls -l /dev/rtc
crw-r--r-- 1 root root 10, 135 Jan 15 01:23 /dev/rtc
```

/sys/class/misc/rtc/dev包含了分配给该设备的主次设备号（下一章讨论），/sys/class/misc/rtc/uevent用于冷插拔（下一节讨论），/dev/rtc是应用程序访问RTC驱动的入口。

下面分析一下设备模型的代码流。在初始化过程中，misc驱动程序利用了misc_register()服务，从中抽取的代码片段如下所示：

```
/* ... */
dev = MKDEV(MISC_MAJOR, misc->minor);

misc->class = class_device_create(misc_class, NULL, dev,
                                  misc->dev,
                                  "%s", misc->name);
if (IS_ERR(misc->class)) {
  err = PTR_ERR(misc->class);
  goto out;
}
/* ... */
```

图4-5继续剥离了更多层以便深入到设备模型的底层。它论证了class、kobject、sysfs以及udev

之间的交互，这些交互会产生前文所述的/sys和/dev文件。

并行端口LED驱动程序（代码清单5-6）和虚拟鼠标输入设备驱动程序（代码清单7-2）可以作为创建sysfs中设备控制文件的例子。

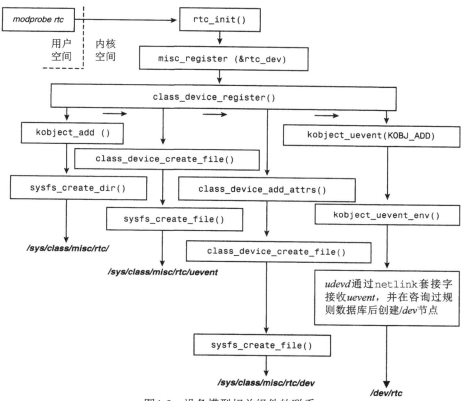

图4-5 设备模型相关组件的联系

总线—设备—驱动程序编程接口也是设备模型部分的另一个抽象。内核设备支持被清晰地结构化为总线、设备和驱动程序。这使得单独的驱动程序更容易实现，也更通用。例如，总线能用于寻找操作某一设备的驱动程序。

以内核的I^2C子系统（见第8章）为例。I^2C层包含一个核心基础设施、总线适配器的设备驱动程序以及客户设备驱动程序。I^2C核心层使用bus_register()注册每个被侦测到的I^2C总线适配器。当一个I^2C客户设备［例如，一个电可擦除的可编程只读存储（EEPROM）芯片］被探测到后，device_register()将记录它的存在。最后，I^2C EEPROM客户驱动程序通过driver_register()注册自身。实际上，这些注册是由I^2C核心提供的API间接执行的。

bus_register()会为/sys/bus/增加一个相应的入口，而device_register()会为/sys/devices/增加相应的入口。bus_type、device、device_driver这3个结构体分别是与总线、设备和驱动程序相对应的主要数据结构。include/linux/device.h中包含了它们的定义。

4.3.3 热插拔和冷插拔

在运行过程中往系统中插入设备称为热插拔，而在系统启动前就连接设备则称为冷插拔。以前，内核通过调用由/proc文件系统注册的辅助程序来向用户空间通知热插拔事件。而在当前的内核里，侦测到热插拔事件后，它们会通过netlink套接字向用户空间派生uevent。netlink套接字是一种在内核空间和用户空间透过套接字API进行通信的有效机制。用户空间的udevd（管理设备结点创建和移除的守护程序）会接收uevent并管理热插拔。

> 为了查看热插拔处理机制最新的进展，查看一下2.6内核各个不同版本中udev的逐步变迁。
>
> （1）在udev-039和2.6.9内核中，当内核侦测到一个热插拔事件后，它激活/proc/sys/kernel/hotplug中注册的用户空间辅助程序。用户空间辅助程序默认为/sbin/hotplug，它接收热插拔设备的属性信息。在执行完/etc/hotplug/目录中的其他脚本之后，/sbin/hotplug查看热插拔配置目录（通常为/etc/hotplug.d/default/）并且运行相应的程序（如/etc/hotplug.d/default/10-udev.hotplug）。
>
> ```
> bash> ls -l /etc/hotplug.d/default/
> ...
> lrwcrwxrwx 1 root root 14 May 11 2005 10-udev.hotplug -> /sbin/udevsend
> ...
> ```
>
> 当/sbin/udevsend执行后，它将热插拔设备的信息传递给udevd。
>
> （2）在udev-058和2.6.11内核中，情况发生了一些变化。udevsend程序代替了/sbin/hotplug：
>
> ```
> bash> cat /proc/sys/kernel/hotplug
> /sbin/udevsend
> ```
>
> （3）对于最新的udev和内核而言，udevd承担了管理热插拔的全部责任，不再依赖于udevsend。它现在通过netlink套接字直接从内核提取热插拔事件。/proc/sys/kernel/hotplug什么都不包含：
>
> ```
> bash> cat /proc/sys/kernel/hotplug
> bash>
> ```

udev也处理冷插拔。由于udev是用户空间的一部分，仅仅在内核启动后才开始运行，所以需要一种特殊的机制针对冷插拔设备模拟热插拔事件。启动时，内核为所有设备在sysfs下创建了一个名为uevent的文件，并将冷插拔事件记录于这些文件中。当udev开始运行后，它读取/sys下所有的uevent文件，并为每个冷插拔设备产生热插拔uevent。

4.3.4 微码下载

一些设备在开始运行前，必须下载微码。微码会在片上的微控制器中执行，过去，设备驱动程序通常将微码存放于头文件的静态数组中。但是，这种途径并不安全，因为微码通常是设备制造商的具有产权的映像文件，它们不宜进入GPL的内核。另一个不宜将二者混在一起的原因是，内核和固件发布的时间线不同。显而易见，更好的解决方法是在用户空间维护微码，并在内核需要的时候将其载入。sysfs和udev为此提供了基础设施。

以一些笔记本计算机上的Intel PRO/Wireless 2100无线迷你PCI卡为例，该卡建立在一个需要执行外部提供微码的微控制器之上。下面分析一下Linux驱动程序下载微码到该卡的步骤。假定用户已经从http://ipw2100.sourceforge.net/firmware.php拿到了微码映像（ipw2100-1.3.fw），并已将其存放到系统的/lib/firmware/目录，而且加载了驱动程序模块ipw2100.ko。

(1) 初始化过程中，驱动程序调用如下语句：

```
request_firmware(..,"ipw2100-1.3.fw",..);
```

(2) 步骤(1)将向用户空间分发一个热插拔uevent，并提供所请求微码映像的标识信息。

(3) udevd接收该uevent，并调用/sbin/firmware_helper进行响应。为此，它使用了/etc/udev/rules.d/目录下某一规则文件中与以下规则类似的规则进行处理：

```
ACTION=="add", SUBSYSTEM=="firmware", RUN="/sbin/firmware_helper"
```

(4) /sbin/firmware_helper在/lib/firmware/目录中找到对应的微码映像ipw2100-1.3.fw，并将该映像转存到/sys/class/0000:02:02.0/data。0000:02:02是本例中无线网卡的"总线:设备:功能"标识。

(5) 驱动程序接收微码并将其下载到设备中。下载完成后，它调用release_firmware()释放相应的数据结构。

(6) 驱动程序完成剩余的初始化工作，无线网卡进入工作状态。

4.3.5 模块自动加载

按需自动加载内核模块是Linux支持的一种方便特性。为了理解内核怎样发起"模块缺失"事件以及udev怎么处理它，下面以向笔记本计算机的PC卡插槽插入Xircom CardBus以太网适配器为例进行说明。

(1) 在编译的时候，驱动程序包含了一个它所支持的设备的标识列表。查看Xircom CardBus网卡的驱动程序（drivers/net/tulip/xircom_cb.c），可以发现如下的代码片段：

```
static struct pci_device_id xircom_pci_table[] = {
    {0x115D, 0x0003, PCI_ANY_ID, PCI_ANY_ID,},
    {0,},
};

/* Mark the device table */
MODULE_DEVICE_TABLE(pci, xircom_pci_table);
```

这表明该驱动程序支持PCI制造商ID为0x115D和设备ID（详见第10章）为0x0003的任何卡。当安装该驱动程序模块的时候，depmod将分析模块映像并提取其中的设备表以获得ID，并将如下的入口添加到/lib/modules/kernel-version/modules.alias：

```
alias pci:v0000115Dd00000003sv*sd*bc*sc*i* xircom_cb
```

其中，v代表制造商ID，d代表设备ID，sv代表子制造商ID，*为通配符。

(2) 当用户将该Xircom卡热插入CardBus插槽后,内核将产生一个uevent,在其中包含新插入设备的ID。可以使用udevmonitor查看产生的uevent:

```
bash> udevmonitor --env
    ...
    MODALIAS=pci:v0000115Dd00000003sv0000115Dsd00001181bc02sc00i00
    ...
```

(3) udevd通过netlink套接字接收uevent,并用内核传给它的上述别名调用modprobe:

```
modprobe pci:v0000115Dd00000003sv0000115Dsd00001181bc02sc00i00
```

(4) modprobe在第(1)步创建的/lib/modules/kernel-version/modules.alias文件中寻找匹配的入口,接着插入xircom_cb:

```
bash> lsmod
Module          Size    Used by
xircom_cb       10433   0
...
```

该卡现在就可以用于网上冲浪了。

在学完第10章以后,读者可以回过头来阅读本节。

嵌入式设备上的udev

有一种流派反对在嵌入式设备上使用udev,而支持静态创建设备结点,原因如下。

(1) udev在每次重启时创建/dev结点,而静态结点只是在软件安装的时候才创建。如果嵌入式设备使用Flash存储器,存放/dev结点的Flash页面在每次重启的时候都需要进行擦除—写操作,这会减少Flash的寿命。(第17章详细介绍Flash存储器。)当然,为了避免此问题,/dev可以挂载在基于RAM的文件系统中。

(2) udev增加了启动时间。

(3) udev提供了动态创建/dev结点和自动加载模块的能力,这对某些设备造成了一定程度的不确定性,一些特定目的的嵌入式设备(尤其是不通过可热插拔的总线与外界交互信息的设备)需要避免此一不确定性。基于此,静态创建结点并在运行时加载任何需要的模块意味着可以对系统进行更多的控制,而且也更易于测试。

4.4 内存屏障

为了优化执行速度,许多处理器和编译器都会重新排序指令。重新排序后,新的指令流和原始指令流在语义上等同。但是,如果正在写的是I/O设备上被映射的寄存器,指令重排序会产生无法预料的副作用。为了阻止处理器重新排序指令,可以在代码中添加一个屏障。wmb()函数可以阻止写操作的移动,rmb()则禁止了读操作的移动,mb()会设置读—写的屏障。

除了前文提到的CPU与硬件的交互以外,内存屏障也关系到SMP系统中CPU与CPU之间的交互。如果CPU的数据高速缓冲区正在使用写回模式(在该模式下,只有当数据确实需要被写进内存的时候，它才会被从高速缓冲区复制到内存），某些情况下，程序可能需要停止指令流以等待高速缓冲区写回内存的操作全部结束。这一点关系重大，到遇到需要获取和释放锁的指令序列时，使用屏障可以保证CPU获得一致的视图。

在讨论完第10章的PCI驱动程序和第17章的Flash映射驱动程序后，读者可以重新回顾内存屏障的知识。Documentation/memory-barriers.txt文件也解释了各种内存屏障。

4.5 电源管理

电源管理对于使用电池的设备（如笔记本计算机、手持设备）而言非常关键。Linux驱动程序需要意识到电源状态，并对待机、睡眠和电池电压低等事件做出反应，并在不同的状态间进行转换。在切换到低功耗模式的时候，驱动程序能够利用底层硬件支持的节能功能。例如，存储器驱动程序减速运行，视频驱动程序显示空白。

设备驱动程序中的具有"电源意识"的代码只是整个电源管理框架的一小部分。电源管理功能也牵涉到用户空间守护进程、实用工具、配置文件和启动固件。两种流行的电源管理机制是APM（在附录B中讨论）以及高级配置和电源接口（ACPI）。APM逐渐过气了，ACPI已经成为Linux系统中事实上的电源管理策略。第20章将详细介绍ACPI。

4.6 查看源代码

核心的中断处理代码是通用的，位于kernel/irq/目录，而体系架构相关的部分位于arch/your-arch/kernel/irq.c。该文件中定义的do_IRQ()函数是开始分析内核中断处理机制的一个不错起点。

内核软中断和tasklet的实现代码见kernel/softirq.c，该文件也包含了提供更细粒度对软中断和tasklet进行控制的函数。查看include/linux/interrupt.h可以获得软中断向量的枚举以及实现自己的中断处理函数的原型。drivers/net/lib8390.c可以作为编写中断处理函数和底半部的实例，读者可以查询其从中断处理到网络协议栈的过程。

kobject的实现和相关的编程接口位于lib/kobject.c和include/linux/kobject.h文件中。drivers/base/sys.c包含了sysfs的实现。drivers/base/class.c包含了设备类API。lib/kobject_uevent.c文件提供了通过netlink套接字分发热插拔uevent的代码。从如下网站可以下载udev的源代码和相关文档：www.kernel.org/pub/linux/utils/kernel/hotplug/udev.html。

为了更好地理解APM在基于x86体系架构Linux上的实现，可以查看内核中的arch/x86/kernel/apm_32.c、include/linux/apm_bios.h和include/asm-x86/mach-default/apm.h文件。如果读者对无BIOS体系架构（如ARM）的APM实现感兴趣，可以查看include/linux/apm-emulation.h和它的使用。内核的ACPI实现见文件drivers/acpi/。

表4-2给出了本章所涉及的主要数据结构以及其在源代码树中位置的总结。表4-3列出了本章中主要的内核编程接口以及其定义的位置。

表4-2 数据结构小结

数据结构	位置	描述
tasklet_struct	include/linux/interrupt.h	管理tasklet（实现底半部的一种方法）
kobject	include/linux/kobject.h	封装一个内核对象的公共属性
kset	include/linux/kobject.h	kobject所属于的对象集
kobj_type	include/linux/kobject.h	描述一个kobject的对象类型
class	include/linux/device.h	对驱动程序属于某泛类的理念的抽象
bus device device_driver	include/linux/device.h	构建Linux设备模型支柱的结构体

表4-3 内核编程接口小结

内核接口	位置	描述
request_irq()	kernel/irq/manage.c	请求IRQ，并为其分配一个中断处理函数
free_irq()	kernel/irq/manage.c	释放IRQ
disable_irq()	kernel/irq/manage.c	禁用与某IRQ关联的中断
disable_irq_nosync()	kernel/irq/manage.c	禁用与某IRQ关联的中断，并且不等待目前的中断处理实例返回
enable_irq()	kernel/irq/manage.c	重新使能已经被disable_irq()或disable_irq_nosync()禁止的中断
open_softirq()	kernel/softirq.c	打开软中断
raise_softirq()	kernel/softirq.c	标识软中断需要被执行
tasklet_init()	kernel/softirq.c	动态初始化tasklet
tasklet_schedule()	include/linux/interrupt.hkernel/softirq.c	标识tasklet需要被执行
tasklet_enable()	include/linux/interrupt.h	使能tasklet
tasklet_disable()	include/linux/interrupt.h	禁用tasklet
tasklet_disable_nosync()	include/linux/interrupt.h	禁用tasklet，并且不等待其运行的实例完成
class_device_register() kobject_add() sysfs_create_dir() class_device_create() class_device_destroy() class_create() class_destroy() class_device_create_file() sysfs_create_file() class_device_add_attrs() kobject_uevent()	drivers/base/class.c lib/kobject.c lib/kobject_uevent.c fs/sysfs/dir.c fs/sysfs/file.c	Linux设备模型中的一系列函数：创建/破坏类、设备类以及关联的kobject和sysfs文件

至此，设备驱动程序的一些重要概念就介绍完成了。在开发具体设备驱动程序的时候，读者可以返回本章进行深入挖掘。

第 5 章 字符设备驱动程序

本章内容
- 字符设备驱动程序基础
- 设备实例：系统CMOS
- 检测数据可用性
- 和并行端口交互
- RTC子系统
- 伪字符驱动程序
- 混杂驱动程序
- 字符设备驱动程序警告
- 查看源代码

现在，你已经准备就绪了，可以尝试编写一个简单但实用的设备驱动程序了。本章将深入探讨字符设备驱动程序：顺序存取设备数据的内核代码。字符设备驱动程序能从打印机、鼠标、看门狗、磁带、内存、实时时钟等几类设备获取原始数据，但它不适合管理硬盘、软盘和光盘等可随机访问的块设备中的数据。

5.1 字符设备驱动程序基础

我们以自顶向下的方式学习字符设备驱动程序。为访问一个字符设备，系统用户需要调用相应的应用程序。此应用程序负责和该设备交互，为了实现此目的，需要得到相应驱动程序的标识符。驱动程序通过/dev目录给用户提供接口：

```
bash> ls -l /dev
total 0
crw-------   1 root root    5,   1 Jul 16 10:02 console
...
lrwxrwxrwx   1 root root         3 Oct  6 10:02 cdrom -> hdc
...
brw-rw----   1 root disk    3,   0 Oct  6 2007  hda
brw-rw----   1 root disk    3,   1 Oct  6 2007  hda1
...
crw-------   1 root tty     4,   1 Oct  6 10:20 tty1
crw-------   1 root tty     4,   2 Oct  6 10:02 tty2
```

ls命令的输出结果的每一行第一个字符表示驱动程序的类型：c表示字符设备驱动程序，b表示块设备驱动程序，l表示符号链接。第5列的数字是主设备号，第6列是次设备号。主设备号通常标识设备对应的驱动程序，次设备号用于确定驱动程序所服务的设备。例如，IDE块存储设备驱动程序/dev/hda的主设备号为3，负责处理系统的硬盘；当进一步指明其次设备号为1(/dev/hda1)时，则更具体地指向了第一个硬盘分区。字符设备驱动程序与块设备驱动程序占用不同空间，因此可以将同一个主设备号同时分配给字符设备驱动程序和块设备驱动程序。

我们来进一步深入讨论字符设备驱动程序。从程序结构的角度看，字符设备驱动程序包括如下内容。

- 初始化例程init()，负责初始化设备并且将驱动程序和内核的其他部分通过注册函数实现无缝连接。
- 入口函数（或方法）集，如open()、read()、ioctl()、llseek()和write()，这些函数直接对应相应的I/O系统调用，由用户应用程序通过对应的/dev节点调用。
- 中断例程、底半部例程、定时器处理例程、内核辅助线程以及其他的组成部分。它们大部分对用户应用程序是透明的。

从数据流的角度看，字符设备驱动程序包括如下关键的数据结构。

(1) 与特定设备相关的数据结构。此结构保存着驱动程序使用的信息。

(2) struct cdev，针对字符设备驱动程序的内核抽象。这个结构通常嵌入在前面讨论的特定设备结构中。

(3) struct file_operations，包括所有设备驱动程序入口函数的地址。

(4) struct file，包括关联/dev节点的信息。

5.2 设备实例：系统 CMOS

我们来实现一个字符设备驱动程序以访问系统CMOS。在PC兼容的硬件（见图5-1）上的BIOS使用CMOS存储系统信息，如启动选项、引导顺序、系统数据等，我们可以通过BIOS设置菜单对其进行配置。借助CMOS设备驱动程序，你可以像访问普通文件一样访问两个PC CMOS存储体。应用程序可以在/dev/cmos/0和/dev/cmos/1上运行，使用I/O系统调用访问两个存储体中的数据。因为BIOS分配给CMOS域的存取粒度是比特级的，所以驱动程序能够进行比特级的访问。因此，read()可以获取指定数目的比特，并根据读取的比特数移动内部文件指针。

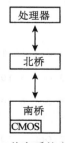

图5-1 PC兼容系统上的CMOS

5.2　设备实例：系统 CMOS

通过两个I/O地址（一个索引寄存器和一个数据寄存器）访问CMOS，如表5-1所示。必须在索引寄存器中指定准备访问的CMOS存储器的偏移，并通过数据寄存器来交换数据。

表5-1　CMOS中寄存器分布

寄存器名称	描述
CMOS_BANK0_INDEX_PORT	此寄存器中指定了待访问的CMOS存储体0的偏移
CMOS_BANK0_DATA_PORT	对CMOS_BANK0_INDEX_PORT指定的地址读取/写入数据
CMOS_BANK1_INDEX_PORT	此寄存器中指定了待访问的CMOS存储体1的偏移
CMOS_BANK1_DATA_PORT	对CMOS_BANK0_INDEX_PORT指定的地址读取/写入数据

因为每个驱动程序方法都有一个对应的由应用程序使用的系统调用，我们将看看系统调用和相应的驱动程序方法。

5.2.1　驱动程序初始化

`init()`函数是注册机制的基础。它负责完成如下工作。

(1) 申请分配主设备号。
(2) 为特定设备相关的数据结构分配内存。
(3) 将入口函数（`open()`、`read()`等）与字符驱动程序的cdev抽象相关联。
(4) 将主设备号与驱动程序的cdev相关联。
(5) 在/dev和/sys下创建节点。如在第4章中所讨论的，/dev管理从2.2版本内核中的静态设备节点，演变为2.4版本中的动态命名，最后又成为2.6版本中的用户空间的守护进程（udevd）。
(6) 初始化硬件。在本例的简单CMOS驱动程序中不涉及此部分。

代码清单5-1实现了CMOS驱动程序的`init()`函数。

代码清单5-1　CMOS驱动程序初始化

```c
#include <linux/fs.h>

#include <linux/cdev.h>

#include <linux/types.h>

#include <linux/slab.h>

#include <asm/uaccess.h>

#include <linux/pci.h>


#define NUM_CMOS_BANKS 2

/* Per-device (per-bank) structure */
struct cmos_dev {
    unsigned short current_pointer; /* Current pointer within the bank */
    unsigned int size;              /* Size of the bank */
    int bank_number;                /* CMOS bank number */
```

```c
    struct cdev cdev;                  /* The cdev structure */
    char name[10];                     /* Name of I/O region */
    /* ... */                          /* Mutexes, spinlocks, wait queues, .. */
} *cmos_devp[NUM_CMOS_BANKS];

/* File operations structure. Defined in linux/fs.h */
static struct file_operations cmos_fops = {
    .owner = THIS_MODULE,              /* Owner */
    .open = cmos_open,                 /* Open method */
    .release = cmos_release,           /* Release method */
    .read = cmos_read,                 /* Read method */
    .write = cmos_write,               /* Write method */
    .llseek = cmos_llseek,             /* Seek method */
    .ioctl = cmos_ioctl,               /* Ioctl method */
};

static dev_t cmos_dev_number;          /* Allotted device number */
struct class *cmos_class;              /* Tie with the device model */

#define CMOS_BANK_SIZE           (0xFF*8)

#define DEVICE_NAME              "cmos"

#define CMOS_BANK0_INDEX_PORT    0x70

#define CMOS_BANK0_DATA_PORT     0x71

#define CMOS_BANK1_INDEX_PORT    0x72

#define CMOS_BANK1_DATA_PORT     0x73

unsigned char addrports[NUM_CMOS_BANKS] = {CMOS_BANK0_INDEX_PORT,
                                           CMOS_BANK1_INDEX_PORT,};
unsigned char dataports[NUM_CMOS_BANKS] = {CMOS_BANK0_DATA_PORT,
                                           CMOS_BANK1_DATA_PORT,};
/*
 * Driver Initialization
 */
int __init
cmos_init(void)
{
    int i, ret;

    /* Request dynamic allocation of a device major number */
    if (alloc_chrdev_region(&cmos_dev_number, 0,
                      NUM_CMOS_BANKS, DEVICE_NAME) < 0) {
        printk(KERN_DEBUG "Can't register device\n"); return -1;
    }

    /* Populate sysfs entries */
    cmos_class = class_create(THIS_MODULE, DEVICE_NAME);

    for (i=0; i<NUM_CMOS_BANKS; i++) {
        /* Allocate memory for the per-device structure */
        cmos_devp[i] = kmalloc(sizeof(struct cmos_dev), GFP_KERNEL);
        if (!cmos_devp[i]) {
            printk("Bad Kmalloc\n"); return -ENOMEM;
```

```c
        }

        /* Request I/O region */
        sprintf(cmos_devp[i]->name, "cmos%d", i);
        if (!(request_region(addrports[i], 2, cmos_devp[i]->name))) {
            printk("cmos: I/O port 0x%x is not free.\n", addrports[i]);
            return -EIO;
        }

        /* Fill in the bank number to correlate this device
           with the corresponding CMOS bank */
        cmos_devp[i]->bank_number = i;

        /* Connect the file operations with the cdev */
        cdev_init(&cmos_devp[i]->cdev, &cmos_fops);
        cmos_devp[i]->cdev.owner = THIS_MODULE;

        /* Connect the major/minor number to the cdev */
        ret = cdev_add(&cmos_devp[i]->cdev, (cmos_dev_number + i), 1);
        if (ret) {
            printk("Bad cdev\n");
            return ret;
        }

        /* Send uevents to udev, so it'll create /dev nodes */
        device_create(cmos_class, NULL, MKDEV(MAJOR(cmos_dev_number), i),
                      "cmos%d", i);
    }

    printk("CMOS Driver Initialized.\n");
    return 0;
}

/* Driver Exit */
void __exit
cmos_cleanup(void)
{
    int i;

    /* Release the major number */
    unregister_chrdev_region((cmos_dev_number), NUM_CMOS_BANKS);

    /* Release I/O region */
    for (i=0; i<NUM_CMOS_BANKS; i++) {
        device_destroy (cmos_class, MKDEV(MAJOR(cmos_dev_number), i));
        release_region(addrports[i], 2);
        cdev_del(&cmos_devp[i]->cdev);
        kfree(cmos_devp[i]);
    }

    /* Destroy cmos_class */
    class_destroy(cmos_class);

    return();
}

module_init(cmos_init);
module_exit(cmos_cleanup);
```

cmos_init()完成的大部分工作是通用的,因此如果替换掉和CMOS数据结构相关的部分,你可以使用代码清单5-1作为模板开发其他的字符设备驱动程序。

首先,cmos_init()调用alloc_chrdev_region(),动态申请一个未用的主设备号。如果调用成功,dev_number将包含系统分配的主设备号。alloc_chrdev_region()的第二个参数是请求的起始次设备号,第三个参数是支持的次设备号数目。最后一个参数是和CMOS关联的设备名称,它将出现在/proc/devices中:

```
bash> cat /proc/devices | grep cmos
253 cmos
```

253是动态分配给CMOS设备的主设备号。在2.6内核以前,不支持动态设备节点分配,因此字符驱动程序使用register_chrdev()调用去静态申请指定的主设备号。

继续分析代码之前,让我们先快速浏览一下代码清单5-1中所使用的数据结构。cmos_dev就是和特定设备相关的数据结构。cmos_fops是file_operations类型的数据结构,它包含驱动程序入口地址。cmos_fops还包括一个owner域,其值被置为THIS_MODULE,也就是正讨论的驱动程序模块的地址。知晓结构拥有者的身份可以让内核帮助驱动程序减轻一些事务管理的负担,如在处理设备的打开和释放时跟踪使用计数。

正如你所看到的,内核用cdev结构来表示字符设备。字符驱动程序通常将cdev结构包含于字符设备特定的数据结构中。在我们的例子中,cdev定义于cmos_dev中。cmos_init()为本驱动程序服务的每一个设备(在本例子中是CMOS存储体)分配相关数据结构的内存:包括设备特定的数据结构及其cdev结构。cev_init()将文件操作(cmos_fops)和cdev关联,cdev_add()将通过alloc_chrdev_region()分配的主/次设备号和cdev连接在一起。

class_create()为此设备构建了sysfs入口点,device_create()导致了两个uevent的产生:cmos0和cmos1。正如第4章所介绍的,udevd监听uevent,在查阅规则数据库后创建设备节点。为了在接收到相应的uevent(cmos0和cmos1)后创建与两个CMOS存储体(/dev/cmos/0和/dev/cmos/1)对应的设备节点,需要将如下内容添加进udev规则目录中(/etc/udev/rules.d/):

```
KERNEL=="cmos[0-1]*", NAME="cmos/%n"
```

通过调用request_region()申请I/O地址后,设备驱动程序在申请的I/O地址中操作运行。此机制确保其他程序不能申请此区域,直至通过调用release_region()释放占用的区域。request_region()通常被I/O总线驱动程序调用,例如PCI和ISA,以指明对于处理器地址空间中板上内存的拥有权(更多细节请见第10章)。cmos_init()调用request_region()去申请每个CMOS存储体的I/O。request_region()的最后一个参数是一个被/proc/ioports使用的标识符,如果你查看文件/proc/ioports将会看到:

```
bash>   grep cmos /proc/ioports
0070-0071   :   cmos0
0072-0073   :   cmos1
```

完成注册过程后,cmos_init()打印一条信息,宣告一切顺利!

5.2.2 打开与释放

当应用程序打开设备节点时,内核调用相应驱动程序的open()函数。可以在shell中执行以下代码来触发cmos_open()的执行：
```
bash> cat /dev/cmos/0
```
当应用程序关闭一个已经打开的设备时，内核调用release()函数。因此当读取CMOS存储体0的内容后，cat关闭和/dev/cmos/0关联的文件描述符，内核调用cmos_release()。

代码清单5-2显示了cmos_open()和cmos_release()的具体实现。让我们仔细看看cmos_open。有两点值得关注。首先是cmos_dev的获取。cmos_open()的输入参数inode包含cdev结构在初始化过程中分配的地址。正如代码清单5-1中所显示的，cdev定义于cmos_dev中。为了获取容器结构coms_dev的地址，cmos_open()使用了内核的辅助函数container_of()。

cmos_open()中另外值得关注的是第二个输入参数——file结构中private_data域的使用。你可以使用此数据域（file->private_data）作为占位符，以便同其他驱动程序方法相关联。CMOS驱动程序中使用此数据域来存储cmos_dev的地址。阅读cmos_release()（以及其他函数）可以发现如何用private_data来直接获取属于相应CMOS存储体的cmos_dev结构体的处理程序。

代码清单5-2　打开与释放

```
/*
 * Open CMOS bank
 */
int
cmos_open(struct inode *inode, struct file *file)
{
  struct cmos_dev *cmos_devp;

  /* Get the per-device structure that contains this cdev */
  cmos_devp = container_of(inode->i_cdev, struct cmos_dev, cdev);

  /* Easy access to cmos_devp from rest of the entry points */
  file->private_data = cmos_devp;

  /* Initialize some fields */
  cmos_devp->size = CMOS_BANK_SIZE;
  cmos_devp->current_pointer = 0;

  return 0;
}

/*
 * Release CMOS bank
 */
int
cmos_release(struct inode *inode, struct file *file)
{
  struct cmos_dev *cmos_devp = file->private_data;

  /* Reset file pointer */
  cmos_devp->current_pointer = 0;

  return 0;
}
```

5.2.3 数据交换

read()和write()是负责在用户空间和设备之间交换数据的主要字符驱动函数。扩展的read()/write()函数系列包括其他的几个函数：fsync()、aio_read()、aio_write()和mmap()。

CMOS驱动程序在一个简单的存储设备上操作，不必处理其他一般的字符驱动程序必须面对的复杂问题。

CMOS数据访问例程不必"休眠——等待"设备I/O完成，其他字符驱动程序的read()和write()则必须支持阻塞和非阻塞操作模式。除非设备文件在非阻塞方式（O_NONBLOCK）下打开，否则read()和write()将会使调用进程休眠至I/O操作完成。

CMOS驱动程序操作基于同步方式，不必依赖中断。然而，很多驱动程序的数据访问函数依靠中断来获取数据，并且需要通过等待队列等数据结构和中断上下文代码来通信。

代码清单5-3展示了CMOS驱动程序的read()和write()函数。不能从内核中直接访问用户空间的缓冲区，反之亦然。因此为了将CMOS存储器数据复制到用户空间，cmos_read()需要调用copy_to_user()。cmos_write()通过调用copy_from_user()完成相反的工作。因为copy_to_user()和copy_from_user()可能会睡眠，所以在调用这两个函数的时候不能持有自旋锁。

如前文所述，通过操作一对I/O地址可以实现对CMOS内存的访问。为了从I/O地址中读取不同大小的数据，内核提供了一组和结构无关的函数：in[b|w|l|sb|sl]()。类似地，可以通过out[b|w|l|sb|sl]()去写I/O区域。代码清单5-3中port_data_in()和port_data_out()使用inb()和outb()进行数据传输。

代码清单5-3　读和写

```
/*
 * Read from a CMOS Bank at bit-level granularity
 */
ssize_t
cmos_read(struct file *file, char *buf, size_t count, loff_t *ppos)
{
  struct cmos_dev *cmos_devp = file->private_data;
  char data[CMOS_BANK_SIZE];
  unsigned char mask;
  int xferred = 0, i = 0, l, zero_out;
  int start_byte = cmos_devp->current_pointer/8;
  int start_bit  = cmos_devp->current_pointer%8;

  if (cmos_devp->current_pointer >= cmos_devp->size) {
    return 0; /*EOF*/
  }

  /* Adjust count if it edges past the end of the CMOS bank */
  if (cmos_devp->current_pointer + count > cmos_devp->size) {
    count = cmos_devp->size - cmos_devp->current_pointer;
```

5.2 设备实例：系统CMOS

```c
  }

  /* Get the specified number of bits from the CMOS */
  while (xferred < count) {
    data[i] = port_data_in(start_byte, cmos_devp->bank_number)
            >> start_bit;
    xferred += (8 - start_bit);
    if ((start_bit) && (count + start_bit > 8)) {
      data[i] |= (port_data_in (start_byte + 1,
                cmos_devp->bank_number) << (8 - start_bit));
      xferred += start_bit;
    }
    start_byte++;
    i++;
  }
  if (xferred > count) {
    /* Zero out (xferred-count) bits from the MSB of the last data byte */
    zero_out = xferred - count;
    mask = 1 << (8 - zero_out);
    for (l=0; l < zero_out; l++) {
      data[i-1] &= ~mask; mask <<= 1;
    }
    xferred = count;
  }

  if (!xferred) return -EIO;

  /* Copy the read bits to the user buffer */
  if (copy_to_user(buf, (void *)data, ((xferred/8)+1)) != 0) {
    return -EIO;
  }

  /* Increment the file pointer by the number of xferred bits */
  cmos_devp->current_pointer += xferred;
  return xferred; /* Number of bits read */
}

/*
 * Write to a CMOS bank at bit-level granularity. 'count' holds the
 * number of bits to be written.
 */
ssize_t
cmos_write(struct file *file, const char *buf,
           size_t count, loff_t *ppos)
{
  struct cmos_dev *cmos_devp = file->private_data;
  int xferred = 0, i = 0, l, end_l, start_l;
  char *kbuf, tmp_kbuf;
  unsigned char tmp_data = 0, mask;
  int start_byte = cmos_devp->current_pointer/8;
  int start_bit  = cmos_devp->current_pointer%8;
```

```
  if (cmos_devp->current_pointer >= cmos_devp->size) {
    return 0; /* EOF */
  }
  /* Adjust count if it edges past the end of the CMOS bank */
  if (cmos_devp->current_pointer + count > cmos_devp->size) {
    count = cmos_devp->size - cmos_devp->current_pointer;
  }

  kbuf = kmalloc((count/8)+1,GFP_KERNEL);
  if (kbuf==NULL)
    return -ENOMEM;

  /* Get the bits from the user buffer */
  if (copy_from_user(kbuf,buf,(count/8)+1)) {
    kfree(kbuf);
    return -EFAULT;
  }

  /* Write the specified number of bits to the CMOS bank */
  while (xferred < count) {
    tmp_data = port_data_in(start_byte, cmos_devp->bank_number);
    mask = 1 << start_bit;
    end_l = 8;
    if ((count-xferred) < (8 - start_bit)) {
      end_l = (count - xferred) + start_bit;
    }

    for (l = start_bit; l < end_l; l++) {
      tmp_data &= ~mask; mask <<= 1;
    }
    tmp_kbuf = kbuf[i];
    mask = 1 << end_l;
    for (l = end_l; l < 8; l++) {
      tmp_kbuf &= ~mask;
      mask <<= 1;
    }

    port_data_out(start_byte,
                  tmp_data |(tmp_kbuf << start_bit),
                  cmos_devp->bank_number);
    xferred += (end_l - start_bit);

    if ((xferred < count) && (start_bit) &&
        (count + start_bit > 8)) {
      tmp_data = port_data_in(start_byte+1, cmos_devp->bank_number);
      start_l = ((start_bit + count) % 8);
      mask = 1 << start_l;
      for (l=0; l < start_l; l++) {
        mask >>= 1;
        tmp_data &= ~mask;
      }
      port_data_out((start_byte+1),
                    tmp_data |(kbuf[i] >> (8 - start_bit)),
```

```c
                          cmos_devp->bank_number);
      xferred += start_1;
    }

    start_byte++;
    i++;
  }

  if (!xferred) return -EIO;

  /* Push the offset pointer forward */
  cmos_devp->current_pointer += xferred;
  return xferred; /* Return the number of written bits */
}


/*
 * Read data from specified CMOS bank
 */
unsigned char
port_data_in(unsigned char offset, int bank)
{
  unsigned char data;

  if (unlikely(bank >= NUM_CMOS_BANKS)) {
    printk("Unknown CMOS Bank\n");
    return 0;
  } else {
    outb(offset, addrports[bank]); /* Read a byte */
    data = inb(dataports[bank]);
  }
  return data;


}
/*
 * Write data to specified CMOS bank
 */
void
port_data_out(unsigned char offset, unsigned char data,
              int bank)
{
  if (unlikely(bank >= NUM_CMOS_BANKS)) {
    printk("Unknown CMOS Bank\n");
    return;
  } else {
    outb(offset, addrports[bank]); /* Output a byte */
    outb(data, dataports[bank]);
  }
  return;
}
```

如果一个字符驱动程序的write()成功返回,就表示驱动程序已经完成了将数据传送下去的任务。然而,这并不能保证数据已经被成功地写到了设备中。如果某个应用程序需要确保成功,可以调用fsync()。相应的fsync()驱动程序函数确保数据从驱动程序缓冲区中排出,并且写到设备。CMOS驱动程序不需要fsync(),因为在CMOS驱动程序中,驱动程序写出等同于设备写出。

如果用户程序有数据存储在多个缓冲区中并需要发送至设备,可以通过多个驱动程序写操作来完成。但是由于以下原因,这种做法不可行。

(1) 多个系统调用的开销和相应的上下文切换。

(2) 驱动程序和设备紧密相连,它应该能够以更合理的方式完成以上工作:从不同的缓冲区收集数据,并将其分发至设备。

由于以上原因,Linux和其他Unix版本支持read()和write()的向量版本。Linux字符设备驱动程序通常提供两个专门的函数以完成向量操作:readv()和writev()。从2.6.19版内核发布开始,这两个函数已经集成进Linux AIO(Asynchronous I/O,异步I/O)层。Linux AIO话题范围很广,超出了本章的讨论范围,我们只介绍AIO提供的同步向量能力。

向量驱动程序函数的原型如下:

```
ssize_t aio_read(struct kiocb *iocb, const struct iovec *vector,
                 unsigned long count, loff_t offset);
ssize_t aio_write(struct kiocb *iocb, const struct iovec *vector,
                  unsigned long count, loff_t offset);
```

aio_read()/aio_write()的第一个参数描述了AIO操作,第二个参数是一个iovec数组,这个参数是向量函数所使用的主要的数据结构,包含了数据缓冲区的地址和长度。实际上,此机制等同于第10章所讨论的分散/聚集式DMA在用户空间的实现。可以在include/linux/uio.h文件里找到iovec的定义,在drivers/net/tun.c[①]文件里有向量字符驱动程序函数的示例实现。

另一个数据访问函数是mmap(),它将设备内存和用户的虚拟内存关联在一起。应用程序可以调用相应的系统调用,也可以调用mmap(),直接在返回的内存区操作,以访问设备驻留的内存。很多驱动程序都没有实现mmap(),因此这里就不深入讨论了。在drivers/char/mem.c文件里可以看到mmap()的一个实现示例。19.3节演示了如何使用mmap()。我们的CMOS驱动程序示例没有实现mmap()。

你可能已经注意到port_data_in()和port_data_out()在宏unlikely()内进行了存储体序号的完整性检查。宏likely()和unlikely()负责将相关条件为真/假的可能性报告给GCC。然后,GCC根据这一信息决定要执行的代码分支。因为我们将存储体完整性检查失败标记为"不可能",GCC会将else{}中的代码插入代码流的当前执行位置。如果你使用的是likely()而不是unlikely(),结果正好相反。

5.2.4 查找

内核使用内部指针跟踪当前文件访问的位置。应用程序使用lseek()系统调用去申请内部文

---

① 在第15章中详述。

件指针的重定位。使用lseek()服务，你可以将文件指针重设至文件内的任意偏移位置。字符驱动程序相对应的lseek()是llseek()函数。cmos_llseek()实现了CMOS驱动程序中的lseek()函数。

如前文所述，CMOS的内部文件指针按比特移动而不是按字节移动。也就是说，如果从CMOS驱动程序中读1字节数据，文件指针移动8次，而应用程序根据此规律来进行查找。根据CMOS存储体的大小，cmos_llseek()也实现了针对文件结束标志的相关操作。

为了理解llseek()的功能，我们来看一看lseek()系统调用所支持的命令。

(1) SEEK_SET，设置文件指针至指定的偏移。

(2) SEEK_CUR，计算相对于当前位置的偏移。

(3) SEEK_END，计算相对于文件结尾的偏移。此命令可巧妙地将文件指针移出文件结尾，却并不改变文件的大小。读取超出文件结尾的数据时，如果之前没有显式写的数据，读到的数据将毫无意义。此技术经常用于创建大文件。CMOS驱动程序不支持SEEK_END。

我们可以联系前面的定义，阅读代码清单5-4中cmos_llseek()的代码。

代码清单5-4　查找

```
/*
 * Seek to a bit offset within a CMOS bank
 */
static loff_t
cmos_llseek(struct file *file, loff_t offset,
            int orig)
{
  struct cmos_dev *cmos_devp = file->private_data;

  switch (orig) {
    case 0: /* SEEK_SET */
      if (offset >= cmos_devp->size) {
        return -EINVAL;
      }
      cmos_devp->current_pointer = offset; /* Bit Offset */
      break;

    case 1: /* SEEK_CURR */
      if ((cmos_devp->current_pointer + offset) >=
          cmos_devp->size) {
        return -EINVAL;
      }
      cmos_devp->current_pointer = offset; /* Bit Offset */
      break;

    case 2: /* SEEK_END - Not supported */
      return -EINVAL;

    default:
      return -EINVAL;
  }
```

```
    return(cmos_devp->current_pointer);
}
```

5.2.5 控制

另一个常见的字符驱动程序函数被称作I/O控制（ioctl）。当应用程序需要请求某些设备特定的动作时，这个例程接收并实现应用程序的命令。因为CMOS内存被BIOS用来存储启动设备顺序之类的关键信息，所以通常用CRC（Cyclic Redundancy Check，循环冗余校验）算法保护CMOS内存。为了检测数据是否遭到破坏，CMOS驱动程序支持两个ioctl命令。

(1) 调整校验和，用于CMOS内容被修改后重新计算CRC。计算出的校验和被存储在CMOS存储体1预先指定的偏移上。

(2) 验证校验和，用于检查CMOS内容是否完好。通过比较针对当前内容的计算出的CRC和以前存储的CRC来完成。

当应用程序需要进行校验和相关操作时，通过ioctl()系统调用发送命令给驱动程序。代码清单5-5中cmos_ioctl()函数是CMOS驱动程序ioctl函数的具体实现。adjust_cmos_crc(int bank, unsigned short seed)实现了标准的CRC算法，未在清单中列出。

代码清单5-5　I/O控制

```
#define CMOS_ADJUST_CHECKSUM 1
#define CMOS_VERIFY_CHECKSUM 2

#define CMOS_BANK1_CRC_OFFSET 0x1E

/*
 * Ioctls to adjust and verify CRC16s.
 */
static int
cmos_ioctl(struct inode *inode, struct file *file,
           unsigned int cmd, unsigned long arg)
{
  unsigned short crc = 0;
  unsigned char buf;

  switch (cmd) {
    case CMOS_ADJUST_CHECKSUM:
      /* Calculate the CRC of bank0 using a seed of 0 */
      crc = adjust_cmos_crc(0, 0);

      /* Seed bank1 with CRC of bank0 */
      crc = adjust_cmos_crc(1, crc);

      /* Store calculated CRC */
      port_data_out(CMOS_BANK1_CRC_OFFSET,
                    (unsigned char)(crc & 0xFF), 1);
      port_data_out((CMOS_BANK1_CRC_OFFSET + 1),
                    (unsigned char) (crc >> 8), 1);
```

```
        break;

    case CMOS_VERIFY_CHECKSUM:
     /* Calculate the CRC of bank0 using a seed of 0 */
      crc = adjust_cmos_crc(0, 0);

     /* Seed bank1 with CRC of bank0 */
     crc = adjust_cmos_crc(1, crc);

     /* Compare the calculated CRC with the stored CRC */
     buf = port_data_in(CMOS_BANK1_CRC_OFFSET, 1);
     if (buf != (unsigned char) (crc & 0xFF)) return -EINVAL;

     buf = port_data_in((CMOS_BANK1_CRC_OFFSET+1), 1);
     if (buf != (unsigned char)(crc >> 8)) return -EINVAL;
     break;
     default:
        return -EIO;
    }
    return 0;
}
```

5.3 检测数据是否可获得

很多用户应用程序功能复杂，open()/read()/write()/close()这些系统调用不能满足其需求。对这些应用程序而言，当设备上有数据到来或者驱动程序准备好接收新数据时，系统最好能够采用同步或异步的方式通知它们。在本节，我们将介绍两个能够感知数据是否可获得的字符驱动程序方法：poll()和fasync()。前者是同步的，后者是异步的。因为这些机制属于相对高级的话题，在探究底层驱动程序如何实现之前，让我们首先理解如何应用这些特性。前面讨论的CMOS内存设备由于较为简单，所以不需要感知数据是否可用。因此让我们从流行的用户空间应用程序——X Window服务器——来开始一个新的应用情景。

5.3.1 轮询

考虑如下的从X Windows源代码树摘录的代码片段（从www.xfree86.org下载的），看它如何处理鼠标事件。

```
xc/programs/Xserver/hw/xfree86/input/mouse/mouse.c:
case PROT_THINKING:             /* ThinkingMouse */
  /* This mouse may send a PnP ID string, ignore it. */
  usleep(200000); xf86FlushInput(pInfo->fd);
  /* Send the command to initialize the beast. */
  for (s = "E5E5"; *s; ++s) {
    xf86WriteSerial(pInfo->fd, s, 1);
    if ((xf86WaitForInput(pInfo->fd, 1000000) <= 0))
    break;
    xf86ReadSerial(pInfo->fd, &c, 1);
```

```
        if (c != *s) break;
    }
    break;
```

实际上,这段代码首先给鼠标发送初始化命令,然后进入轮询,直至检测到输入数据,随后从设备读取响应。如果查看 Xf86WaitForInput() 函数的具体实现,将会看到对 select() 系统调用的调用:

```
xc/programs/Xserver/hw/xfree86/os-support/shared/posix_tty.c:
int
xf86WaitForInput(int fd, int timeout)
{
    fd_set readfds;
    struct timeval to;
    int r;

    FD_ZERO(&readfds);
    if (fd >= 0) {
        FD_SET(fd, &readfds);
    }

    to.tv_sec  = timeout / 1000000;
    to.tv_usec = timeout % 1000000;

    if (fd >= 0) {
        SYSCALL (r = select(FD_SETSIZE, &readfds, NULL, NULL, &to));
    } else {
        SYSCALL (r = select(FD_SETSIZE, NULL, NULL, NULL, &to));
    }

    if (xf86Verbose >= 9)
        ErrorF ("select returned %d\n", r);

    return (r);
}
```

可以给 select() 提供多个文件描述符,让它一直关注相应的数据状态是否发生改变。也可以设定一个超时值,在时间到达后不管数据是否可用都返回。如果设定的超时值为 NULL,select() 将永远阻塞等待而不会超时。详细文档可以参考 select() 的操作页面或信息提示页面。在前面的 X server 轮询等待鼠标数据的代码片段中,对 select() 的调用即设置了超时。

> Linux 支持另一个系统调用——poll(),其功能和 select() 类似。2.6 内核支持一个新的非 POSIX 系统调用 epoll(),它是 poll() 的扩展性更好的超集。所有这些系统调用都依赖相同的底层字符驱动程序方法: poll()。

大多数 I/O 系统都是和 POSIX 兼容的,而不是 Linux 所特有的(毕竟像 X Windows 这些程序也运行于各种 Unix 系统上,而不仅仅是 Linux 上),但是驱动程序的具体实现是和操作系统相关的。在 Linux 上,poll() 驱动程序方法是 select() 系统调用的支柱。在前面的 X server 的例子中,鼠标驱动程序的 poll() 方法如下所示:

```
static DECLARE_WAIT_QUEUE_HEAD(mouse_wait); /* Wait Queue */

static unsigned int
mouse_poll(struct file *file, poll_table *wait)
{
  poll_wait(file, &mouse_wait, wait);
  spin_lock_irq(&mouse_lock);

  /* See if data has arrived from the device or
     if the device is ready to accept more data */
  /* ... */
  spin_unlock_irq(&mouse_lock);

  /* Availability of data is detected from interrupt context */
  if (data_is_available()) return(POLLIN | POLLRDNORM);

  /* Data can be written. Not relevant for mice */
  if (data_can_be_written()) return(POLLOUT | POLLWRNORM);

  return 0;
}
```

当Xf86WaitForInput()调用select()时，通用内核的轮询实现（定义于fs/select.c文件中）调用mouse_poll()。mouse_poll()有两个参数，即常见的文件指针（struct file*）和一个指向内核数据结构poll_table的指针。poll_table是一个等待队列表，由被轮询等待数据的设备驱动程序所拥有。

mouse_poll()使用库函数poll_wait()为内核poll_table添加一个等待队列（mouse_wait）后休眠。正如第3章所述，设备驱动程序通常持有几个等待队列，这些队列阻塞直至检测到数据状态的变化。数据状态的改变可能是指设备上有新数据到来，驱动程序自动将新数据传送给应用程序，也可能是指设备（或者驱动程序）准备就绪可以接收新数据了。这些状态通常（但不是永远）被驱动的中断处理例程所检测。当鼠标驱动程序的中断处理例程检测到鼠标移动时，它调用wake_up_interruptible(&mouse_wait)唤醒处于休眠中的mouse_poll()。

如果数据状态没有变化，poll()方法返回0。如果驱动程序准备好发送至少一字节数据给应用程序，它返回POLLIN|POLLRDNORM。如果驱动程序已经准备好从应用程序接收至少一字节数据，它将返回POLLOUT|POLLWRNORM[1]。因此鼠标如果没有移动，mouse_poll()返回0，同时调用线程被设置成休眠状态。当鼠标中断处理例程检测到设备数据变化并唤醒mouse_wait队列之后，内核重新调用mouse_poll()。运行一定时间后，mouse_poll()返回POLLIN|POLLRDNORM，因此select()调用和Xf86WaitForInput()依次返回正值。X server的鼠标处理例程（xc/programs/Xserver/hw/xfree86/input/mouse/mouse.c）继续从鼠标读取数据。

> 对设备驱动程序进行轮询的用户应用程序通常更关注于驱动程序的特性而非设备的特性。譬如，由于使用了缓冲区，在设备可以接收数据之前，驱动程序可能已经可以从应用程序接收新数据了。

---

[1] 返回代码的完整清单见include/asm-generic/poll.h文件。其中部分代码仅用于网络协议栈。

5.3.2 Fasync

考虑到性能，一些应用程序需要以异步方式获得设备驱动程序的通知。假设起搏器设备上基于Linux的应用程序忙于处理复杂的计算，但希望当植入的起搏器有数据到达时能够通过遥测接口及时得到通知。在这种情况下，select()/poll()机制由于阻塞计算而不能使用。此时应用程序需要的是异步事件报告。如果心电遥测装置上的驱动程序检测到从起博器传来的数据后，能够马上异步分发一个信号（通常是SIGIO），应用程序就可以通过信号处理程序捕获它，同时相应地引导代码流。

作为实际的异步通知的例子，让我们看看当X server检测到输入设备有数据到来时的处理过程。以下片段来自于X server源代码。

```
xc/programs/Xserver/hw/xfree86/os-support/shared/sigio.c:
int xf86InstallSIGIOHandler(int fd, void (*f)(int, void *),
                            void *closure)
{
  struct sigaction sa;
  struct sigaction osa;

  if (fcntl(fd, F_SETOWN, getpid()) == -1) {
    blocked = xf86BlockSIGIO();

  /* O_ASYNC is defined as SIGIO elsewhere by the X server */
  if (fcntl(fd, F_SETFL, fcntl(fd, F_GETFL) | O_ASYNC) == -1) {
    xf86UnblockSIGIO(blocked); return 0;
  }
  sigemptyset(&sa.sa_mask);
  sigaddset(&sa.sa_mask, SIGIO);
  sa.sa_flags = 0;
  sa.sa_handler = xf86SIGIO;
  sigaction(SIGIO, &sa, &osa);
  /* ... */
  return 0;
}

static void
xf86SIGIO(int sig)
{
  /* Identify the device that triggered generation of this
     SIGIO and handle the data arriving from it */
  /* ... */
}
```

正如你从以上片段中所看到的，X server完成了如下任务。

- 调用fcntl(F_SETOWN)。fcntl()系统调用用于处理文件描述符的行为。F_SETOWN设置调用进程对描述符的拥有关系。由于内核需要知道在哪里发送异步信号，因此这一步是必需的。这一步对于设备驱动程序是透明的。
- 调用fcntl(F_SETFL)。只要有数据被读取，或者驱动程序准备好接收更多的用户程序数据，F_SETFL就请求驱动程序发送SIGIO信号给应用程序。fcntl(F_SETFL)调用导致fasync()驱动程序方法的调用。fasync()负责从接收SIGIO信号的进程列表里添加或删除条目。最后，fasync()利用内核库函数提供的服务调用了fasync_helper()。

❑ 按照其代码结构实现SIGIO信号处理例程xf86SIGIO()，并使用sigaction()系统调用完成安装。当底层的输入设备驱动程序检测到数据状态的改变时，它发送SIGIO给注册的请求，触发xf86SIGIO()的执行[①]。字符驱动程序调用kill_fasync()发送SIGIO给注册的进程。为了通知一个读事件，将POLLIN作为kill_fasync()的参数。相应的写事件传递的参数是POLLOUT。

为了理解驱动程序端的异步通知链的实现机制，让我们看一个虚构的输入设备驱动程序的fasync()方法。

```
/* This is invoked by the kernel when the X server opens this
 * input device and issues fcntl(F_SETFL) on the associated file
 * descriptor. fasync_helper() ensures that if the driver issues a
 * kill_fasync(), a SIGIO is dispatched to the owning application.
 */
static int
inputdevice_fasync(int fd, struct file *filp, int on)
{
  return fasync_helper(fd, filp, on, &inputdevice_async_queue);
}
/* Interrupt Handler */
irqreturn_t
inputdevice_interrupt(int irq, void *dev_id)
{
  /* ... */
  /* Dispatch a SIGIO using kill_fasync() when input data is
     detected. Output data is not relevant since this is a read-only
     device */
  wake_up_interruptible(&inputdevice_wait);
  kill_fasync(&inputdevice_async_queue, SIGIO, POLL_IN);
  /* ... */
  return IRQ_HANDLED;
}
```

要理解SIGIO的传送机理，请参考第6章讨论的tty驱动程序的例子。设定的应用程序在如下情形下得到通知。

❑ 如果底层的驱动程序未准备好接收应用程序数据，它将调用进程置为休眠。当驱动程序中断处理例程、随后发现可以接收更多的数据时，它唤醒应用程序并调用kill_fasync(POLLOUT)。

❑ 如果收到一个换行字符，tty层调用kill_fasync(POLLIN)。

❑ 当驱动程序在检测到足够的超过阈值的数据从设备到来后，唤醒一个休眠的读线程，通过调用kill_fasync(POLLIN)发送信息给对应进程。

5.4 和并行端口交互

并行端口是在PC兼容系统上常见的25针接口。并行端口的能力（是单向还是双向、是否支

[①] 如果信号处理程序需要处理从多个设备来的异步事件，需要额外的机制，例如在处理程序里调用select()，以解决产生事件的设备的身份。

持DMA等）取决于芯片组。从图4-1中可以看出PC结构如何支持并行端口。

drivers/parport/目录包括IEEE 1284并行端口通信的具体实现代码（称为parport）。几个联接到并行端口的设备（如打印机、扫描仪）使用parport的服务。parport有一个架构无关的模块parport.ko和一个架构相关的模块（PC结构称为parport_pc.ko）。这两个模块为以并行端口为接口的设备驱动程序提供可编程接口。

让我们看看并行打印机驱动程序的例子：drivers/char/lp.c。打印一个文件需要完成以下几个主要步骤。

(1) 打印机驱动程序创建字符设备节点/dev/lp0到/dev/lpN，每一个节点连接到一台打印机。

(2) CUPS（Common Unix Printing System，通用Unix打印系统）是Linux上提供打印功能的框架。CUPS配置文件（在某些发布版上为/etc/printers.conf）完成字符设备节点到打印机的映射（/dev/lpX）。

(3) CUPS根据配置文件，将数据流流向相应的设备节点。因此，如果在你的系统上有连接到第一个并行端口的打印机，并且你已经键入命令lpr myfile，数据流将会通过/dev/lp0流向打印机的write()方法，即定义在drivers/char/lp.c中的lp_write()。

(4) lp_write()用parport提供的服务将数据发送至打印机。

> 苹果公司已经获得了CUPS软件的拥有权。这些代码在GPLv2下继续被授权使用。

字符驱动程序ppdev（drivers/char/ppdev.c）输出/dev/parportX设备节点，使用户应用程序可以直接和并行端口通信（在第19章中我们将详细讨论ppdev）。

设备实例：并行端口 LED 板

为了学习parport提供的服务，让我们编写一个简单的驱动程序。考虑一个有8个发光二极管（LED）、提供和标准25针并行端口接口的电路板。因为PC上的8位并行端口数据寄存器直接映射到并行端口的2~9针，所以这些针脚和电路板上的LED连通。向并行端口数据寄存器写数据可以控制这些针脚的电平，进而控制LED的开关。代码清单5-6为一个字符设备驱动程序，它通过系统并行端口和此电路板通信。代码内的注释解释了其中所使用的parport服务例程。

代码清单5-6 并行端口LED电路板驱动程序（led.c）

```
#include <linux/fs.h>
#include <linux/cdev.h>
#include <linux/parport.h>
#include <asm/uaccess.h>
#include <linux/platform_device.h>

#define DEVICE_NAME     "led"

static dev_t dev_number;              /* Allotted device number */
static struct class *led_class;       /* Class to which this device belongs */
struct cdev led_cdev;                 /* Associated cdev */
struct pardevice *pdev;               /* Parallel port device */
```

```c
/* LED open */
int
led_open(struct inode *inode, struct file *file)
{
  return 0;
}

/* Write to the LED */
ssize_t
led_write(struct file *file, const char *buf,
          size_t count, loff_t *ppos)
{
  char kbuf;

  if (copy_from_user(&kbuf, buf, 1)) return -EFAULT;

  /* Claim the port */
  parport_claim_or_block(pdev);

  /* Write to the device */
  parport_write_data(pdev->port, kbuf);

  /* Release the port */
  parport_release(pdev);

  return count;
}
/* Release the device */
int
led_release(struct inode *inode, struct file *file)
{
  return 0;
}

/* File Operations */
static struct file_operations led_fops = {
  .owner   = THIS_MODULE,
  .open    = led_open,
  .write   = led_write,
  .release = led_release,
};

static int
led_preempt(void *handle)
{
  return 1;
}

/* Parport attach method */
static void
led_attach(struct parport *port)
{
```

```c
  /* Register the parallel LED device with parport */
  pdev = parport_register_device(port, DEVICE_NAME, led_preempt, NULL, NULL, 0, NULL);
  if (pdev == NULL) printk("Bad register\n");
}

/* Parport detach method */
static void
led_detach(struct parport *port)
{
  /* Do nothing */
}

/* Parport driver operations */
static struct parport_driver led_driver = {
  .name   = "led",
  .attach = led_attach,
  .detach = led_detach,
};
/* Driver Initialization */
int __init
led_init(void)
{
  /* Request dynamic allocation of a device major number */
  if (alloc_chrdev_region(&dev_number, 0, 1, DEVICE_NAME)
                          < 0) {
    printk(KERN_DEBUG "Can't register device\n");
    return -1;
  }

  /* Create the led class */
  led_class = class_create(THIS_MODULE, DEVICE_NAME);
  if (IS_ERR(led_class)) printk("Bad class create\n");

  /* Connect the file operations with the cdev */
  cdev_init(&led_cdev, &led_fops);

  led_cdev.owner = THIS_MODULE;

  /* Connect the major/minor number to the cdev */
  if (cdev_add(&led_cdev, dev_number, 1)) {
    printk("Bad cdev add\n");
    return 1;
  }

  class_device_create(led_class, NULL, dev_number, NULL, DEVICE_NAME);

  /* Register this driver with parport */
  if (parport_register_driver(&led_driver)) {
    printk(KERN_ERR "Bad Parport Register\n");
    return -EIO;
  }

  printk("LED Driver Initialized.\n");
```

```
  return 0;
}

/* Driver Exit */
void __exit
led_cleanup(void)
{
  unregister_chrdev_region(dev_number, 1);
  class_device_destroy(led_class, dev_number);
  class_destroy(led_class);
  return;
}

module_init(led_init);
module_exit(led_cleanup);

MODULE_LICENSE("GPL");
```

除了如下两点之外，led_init()类似于代码清单5-1中的cmos_init()。

(1) 正如第4章所述，新的设备模型将驱动程序和设备区分开来。led_init()通过parport_register_**driver**()调用向parport注册LED驱动程序。当内核在led_attach()中查找到LED板时，它调用parport_register_**device**()注册设备。

(2) led_init()创建设备节点/dev/led，可以用此设备节点控制每个LED的状态。

编译并将驱动程序模块加入到内核中：

```
bash> make -C /path/to/kerneltree/ M=$PWD modules
bash> insmod ./led.ko
LED Driver Initialized
```

为了有选择地驱动一些并行端口针脚，点亮相应的LED，将相应的值赋给/dev/led：

```
bash> echo 1 > /dev/led
```

因为1的ASCII值是31（00110001），第1、5和6个LED将会发亮。

前述命令触发led_write()调用。此驱动程序方法首先通过copy_from_user()将用户内存数据（在本例中为31）复制到内核缓冲区。然后占用并行端口，写入数据，释放端口，所有这些都使用parport接口。

相比于/dev，sysfs是更好的控制设备状态的地方。因此将LED控制委托给sysfs效果更佳。代码清单5-7为此种驱动程序的实现代码，其中的sysfs操作代码也可作为模板用到其他的设备控制中去。

代码清单5-7 使用sysfs控制并行端口LED电路板

```
#include <linux/fs.h>
#include <linux/cdev.h>
#include <linux/parport.h>
#include <asm/uaccess.h>
#include <linux/pci.h>
```

```c
static dev_t dev_number;              /* Allotted Device Number */
static struct class *led_class;       /* Class Device Model */
struct cdev led_cdev;                 /* Character dev struct */
struct pardevice *pdev;               /* Parallel Port device */

struct kobject kobj;                  /* Sysfs directory object */

/* Sysfs attribute of the leds */
struct led_attr {
  struct attribute attr;
  ssize_t (*show)(char *);
  ssize_t (*store)(const char *, size_t count);
};

#define glow_show_led(number)                                       \
static ssize_t                                                      \
glow_led_##number(const char *buffer, size_t count)                 \
{                                                                   \
  unsigned char buf;                                                \
  int value;                                                        \
                                                                    \
  sscanf(buffer, "%d", &value);                                     \
                                                                    \
  parport_claim_or_block(pdev);                                     \
  buf = parport_read_data(pdev->port);                              \
  if (value) {                                                      \
    parport_write_data(pdev->port, buf | (1<<number));              \
  } else {                                                          \
    parport_write_data(pdev->port, buf & ~(1<<number));             \
  }                                                                 \
  parport_release(pdev);                                            \
  return count;                                                     \
}                                                                   \
                                                                    \
static ssize_t                                                      \
show_led_##number(char *buffer)                                     \
{                                                                   \
  unsigned char buf;                                                \
                                                                    \
  parport_claim_or_block(pdev);                                     \
                                                                    \
  buf = parport_read_data(pdev->port);                              \
  parport_release(pdev);                                            \
                                                                    \
  if (buf & (1 << number)) {                                        \
    return sprintf(buffer, "ON\n");                                 \
  } else {                                                          \
    return sprintf(buffer, "OFF\n");                                \
  }                                                                 \
}                                                                   \
                                                                    \
static struct led_attr led##number =                                \
  __ATTR(led##number, 0644, show_led_##number, glow_led_##number);
```

```c
glow_show_led(0); glow_show_led(1); glow_show_led(2);
glow_show_led(3); glow_show_led(4); glow_show_led(5);
glow_show_led(6); glow_show_led(7);

#define DEVICE_NAME "led"

static int
led_preempt(void *handle)
{
  return 1;
}

/* Parport attach method */
static void
led_attach(struct parport *port)
{
  pdev = parport_register_device(port, DEVICE_NAME, led_preempt, NULL, NULL, 0, NULL);
  if (pdev == NULL) printk("Bad register\n");
}
/* Parent sysfs show() method. Calls the show() method
   corresponding to the individual sysfs file */
static ssize_t
l_show(struct kobject *kobj, struct attribute *a, char *buf)
{
  int ret;
  struct led_attr *lattr = container_of(a, struct led_attr,attr);

  ret = lattr->show ? lattr->show(buf) : -EIO;
  return ret;
}


/* Sysfs store() method. Calls the store() method
   corresponding to the individual sysfs file */
static ssize_t
l_store(struct kobject *kobj, struct attribute *a,
        const char *buf, size_t count)
{
  int ret;
  struct led_attr *lattr = container_of(a, struct led_attr, attr);

  ret = lattr->store ? lattr->store(buf, count) : -EIO;
  return ret;
}

/* Sysfs operations structure */
static struct sysfs_ops sysfs_ops = {
  .show  = l_show,
  .store = l_store,
};

/* Attributes of the /sys/class/pardevice/led/control/ kobject.
   Each file in this directory corresponds to one LED. Control
```

```c
   each LED by writing or reading the associated sysfs file */
static struct attribute *led_attrs[] = {
  &led0.attr,
  &led1.attr,
  &led2.attr,
  &led3.attr,
  &led4.attr,
  &led5.attr,
  &led6.attr,
  &led7.attr,
  NULL
};

/* This describes the kobject. The kobject has 8 files, one
   corresponding to each LED. This representation is called the
   ktype of the kobject */
static struct kobj_type ktype_led = {
  .sysfs_ops    = &sysfs_ops,
  .default_attrs = led_attrs,
};

/* Parport methods. We don't have a detach method */
static struct parport_driver led_driver = {
  .name   = "led",
  .attach = led_attach,
};

/* Driver Initialization */
int __init
led_init(void)
{
  struct class_device *c_d;
  if Calloc_chrdev_region(&dev_number, 01, DEVICE_NAME <0){
    printk(KERN_DEBUG"Can't register device\n");
    return-1;
  }
  /* Create the pardevice class - /sys/class/pardevice */
  led_class = class_create(THIS_MODULE, "pardevice");
  if (IS_ERR(led_class)) printk("Bad class create\n");

  /* Create the led class device - /sys/class/pardevice/led/ */
  c_d = class_device_create(led_class, NULL, dev_number,
                            NULL, DEVICE_NAME);

  /* Register this driver with parport */
  if (parport_register_driver(&led_driver)) {
    printk(KERN_ERR "Bad Parport Register\n");
    return -EIO;
  }

  /* Instantiate a kobject to control each LED on the board */

  /* Parent is /sys/class/pardevice/led/ */
  kobj.parent = &c_d->kobj;
```

```
  /* The sysfs file corresponding to kobj is
     /sys/class/pardevice/led/control/ */
  strlcpy(kobj.name, "control", KOBJ_NAME_LEN);

  /* Description of the kobject. Specifies the list of attribute
     files in /sys/class/pardevice/led/control/ */
  kobj.ktype = &ktype_led;

  /* Register the kobject */
  kobject_register(&kobj);

  printk("LED Driver Initialized.\n");
  return 0;
}

/* Driver Exit */
void
led_cleanup(void)
{
  /* Unregister kobject corresponding to
     /sys/class/pardevice/led/control */
  kobject_unregister(&kobj);

  /* Destroy class device corresponding to
     /sys/class/pardevice/led/ */
  class_device_destroy(led_class, dev_number);

  /* Destroy /sys/class/pardevice */
  class_destroy(led_class);

  return;
}

module_init(led_init);
module_exit(led_cleanup);

MODULE_LICENSE("GPL");
```

代码清单5-7中定义的宏glow_show_led()使用了内核源代码中经常使用的技术，以便简洁地定义几个类似的函数。定义的read()和write()方法（在sysfs中用术语show()和store()表示）同8个/sys文件相关，电路板上的每个LED对应一个文件。因此glow_show_led(0)将glow_led_0()和show_led_0()与第一个LED对应的/sys文件相关联。这些函数分别负责点亮/熄灭第一个LED，并读取其状态。##在宏定义中用于把字符串连接在一起，因此当编译器处理语句glow_show_led(0)时，glow_led_##number就变成glow_led_0()。

基于sysfs版本的驱动程序使用了kobject，用于代表"控制"抽象，它模拟了一个软件按钮控制LED。sysfs下的每个目录名代表一个kobject，因此代码清单5-7中的kobject_register()创建了/sys/class/pardevice/led/control/目录。

ktype描述了kobject。ktype_led结构描述了"控制"kobject，它包含指向属性数组的指针

led_attrs[]。led_attrs[]数组包含每个LED的设备属性的地址。每个LED的属性通过下列语句连接在一起：

```
static struct led_attr led##number =
    __ATTR(led##number, 0644, show_led_##number, glow_led_##number);
```

其结果是为每个LED产生一个控制文件/sys/class/pardevice/led/control/ledX，其中X是LED序号。为了改变ledX的状态，将1（或者0）回送给相应的控制文件。如为了点亮第一个LED，可做如下操作：

```
bash> echo 1 > /sys/class/pardevice/led/control/led0
```

在模块退出期间，驱动程序使用`kobject_unregister()`、`class_device_destroy()`和`class_destroy()`移除kobject和class。

代码清单7-2使用另一套方法在sysfs中创建文件。

编写字符驱动程序不再像2.4内核中那样简单了。在上文中，为了开发简单的LED驱动程序，我们使用了6个数据抽象：cdev、sysfs、kobject、class、class device和parport。当然，这些数据抽象也有优点，如编译模块无bug，代码可重用，设计流程严谨。

5.5 RTC 子系统

内核中对RTC的支持分成两层：硬件无关的顶层字符驱动程序，用于实现内核的RTC API；硬件相关的底层驱动程序，用于和底层的总线通信。定义在Documentation/rtc.txt中的RTC API是一些标准ioctl的集合，hwclock等应用程序遵守这些接口对/dev/rtc进行操作。这些API也定义了sysfs（/sys/class/rtc/）和procfs（/proc/driver/rtc）中的属性。RTC API保证用户空间的工具独立于底层平台和RTC芯片。底层的RTC驱动程序由总线决定。嵌入式设备通过RTC芯片和I^2C总线相连，由I^2C客户驱动程序来驱动，其细节将在8.5节中讨论。

内核有一个专门的RTC子系统，提供了顶层的字符驱动程序，并给出了用于顶层和底层RTC驱动程序进行捆绑的核心基础结构，核心基础结构的主要组成部分是`rtc_class_ops`结构和注册函数`rtc_device_[register|unregister]()`。分散在不同的总线有关的目录下的底层RTC驱动程序通过此子系统统一在drivers/rtc/下。

RTC子系统使系统可以拥有不只一个RTC。它通过提供多个/dev/rtcN和/sys/class/rtc/rtcN接口实现此功能，其中N是RTC在系统上的序号。例如一些嵌入式系统有两个RTC：一个集成在微控制器上，用于支持一些复杂的操作，如产生周期性中断；另一个使用低功耗电池的外部RTC，用于时钟保持。由于支持RTC的应用通过/dev/rtc操作，因此需要创建符号链接，以便某个被创建的/dev/rtcX节点可以通过/dev/rtc来访问。

为了使能RTC子系统，在内核配置过程中需要选中`CONFIG_RTC_CLASS`配置选项。

---

legacy PC RTC驱动程序

PC系统上，通过使用legacy RTC驱动程序drivers/char/rtc.c，可以将RTC子系统旁路。在PC

兼容的系统上，此驱动程序为RTC提供顶层和底层驱动，并为用户应用程序提供/dev/rtc和/proc/driver/rtc。为了使能此驱动程序，在内核配置过程中需要选中CONFIG_RTC选项。

5.6 伪字符驱动程序

有几个常用的内核工具没有和任何物理硬件相连接，它们被灵巧地实现为字符设备。null设备、zero设备和内核随机数产生器被当作虚拟设备，并使用伪字符设备驱动程序来访问。

/dev/null字符设备接收你不想显示在屏幕上的数据。因此如果你需要从CVS（Concurrent Versioning System，协作版本系统）库中提取源文件，而又不想将文件名显示在屏幕上时，可以做如下操作：

```
bash> cvs co kernel > /dev/null
```

此操作将命令输出重定向到属于/dev/null驱动程序的写入口点。此驱动程序的read()和write()方法只是分别返回执行确认消息，而忽略相应缓冲区中的输入和输出内容。

如果你想用0来填充一个图像文件，可以调用/dev/zero来达到目的：

```
bash> dd if=/dev/zero of=file.img bs=1024 count=1024
```

它从/dev/zero驱动程序的read()方法中获取一串0。此驱动程序没有write()方法。

内核有一个内部的随机数发生器。当内核用户希望使用随机序列时，随机数发生器提供API，如get_random_bytes()。对于用户模式的程序，它提供两个字符接口：/dev/random 和 /dev/urandom。从/dev/random读取的随机数的随机性要高于/dev/urandom。当用户程序从/dev/random读取时，可获得近乎随机（或真正）的随机数，而从/dev/urandom读取的为伪随机数。/dev/random驱动程序并未使用公式去产生近乎随机的随机数，而是收集"环境噪声"（中断间隔、键盘敲击等）维持一个混乱池（称为熵池）以产生随机流。为了了解内核输入子系统（在第7章讨论）在检测到按键和鼠标移动时对熵池的影响，让我们看看在drivers/input/input.c中定义的input_event()函数：

```
void
input_event(struct input_dev *dev, unsigned int type,
            unsigned int code, int value)
{
  /* ... */
  add_input_randomness(type, code, value); /* Contribute to entropy pool */
  /* ... */
}
```

为了了解核心的中断处理层通过内部中断周期对熵池所起的作用，让我们阅读定义于kernel/irq/handle.c中的handle_IRQ_event()函数：

```
irqreturn_t handle_IRQ_event(unsigned int irq, struct irqaction *action)
{
  /* ... */
  if (status & IRQF_SAMPLE_RANDOM)
```

```
        add_interrupt_randomness(irq); /* Contribute to entropy pool */
        /* ... */
}
```

随机性强的随机数的产生取决于熵池的大小:

```
bash> od -x /dev/random
0000000 7331 9028 7c89 4791 7f64 3deb 86b3 7564
0000020 ebb9 e806 221a b8f9 af12 cb30 9a0e cc28
0000040 68d8 0bbf 68a4 0898 528e 1557 d8b3 57ec
0000060 b01d 8714 b1e1 19b9 0a86 9f60 646c c269
```

在输出一定行数后停止输出,表明熵池已经耗尽。为了补充熵池并重新输出随机的数据流,可以在切换至一个未用的终端后快速敲击键盘,或者四处按动鼠标。

而/dev/urandom则会输出连续的、不会停止的伪随机数流。

/dev/mem 和 /dev/kmem是典型的伪字符设备,它们提供了查看系统内存的工具。这些字符节点提供原始的接口,分别与物理内存和内核虚拟内存相联。为了使用系统内存,可以为这些节点赋予`mmap()`函数,并在返回的区域执行操作函数。作为练习,尝试通过访问/dev/mem修改系统的主机名。

在本节中讨论的所有字符设备(null、zero、random、urandom、mem和kmem)拥有不同的次设备号,但拥有静态分配的相同的主设备号1。阅读drivers/char/mem.c和drivers/char/random.c文件可了解其具体实现。两个其他的伪驱动程序属于同一个主设备号系列:其中/dev/full模拟一个总是处于满的设备,/dev/port查看系统的I/O端口。在第19章中我们将会用到这两个伪驱动程序。

5.7 混杂驱动程序

混杂驱动程序是那些简单的字符驱动程序,它们拥有一些相同的特性。内核将这些共同性抽象至一个API中(具体实现代码见drivers/char/misc.c),这简化了这些驱动程序初始化的方式。所有的混杂设备都被分配一个主设备号10,但每个设备可选择一个单独的次设备号。因此,假如像我们前面讨论的CMOS示例中那样,一个字符驱动程序需要驱动多个设备,那么混杂驱动程序可能就不适用了。

字符驱动程序完成初始化的顺序如下。

- 通过`alloc_chrdev_region()`及相关函数分配主/次设备号。
- 使用`device_create()`创建/dev和/sys节点。
- 使用`cdev_init()`和`cdev_add()`将自身注册为字符驱动程序。

混杂驱动程序只需要调用`misc_register()`即可完成以上所有步骤:

```
static struct miscdevice mydrv_dev = {
  MYDRV_MINOR,
  "mydrv",
  &mydrv_fops
};

misc_register(&mydrv_dev);
```

在前述的例子中，MYDRV_MINOR是准备静态分配给混杂驱动程序的次设备号。也可以在mydrv_dev结构中通过指定MISC_DYNAMIC_MINOR而不是MYDRV_MINOR以要求动态分配次设备号。

每一个混杂驱动程序自动出现在/sys/class/misc/文件中，而不必驱动程序编写者再编写了。由于混杂驱动程序是字符驱动程序，前面讨论的有关字符驱动程序入口点同样适用于混杂驱动程序。让我们看一个混杂驱动程序的实例。

设备示例：看门狗定时器

看门狗的功能是将失去响应的系统重新设置成可操作的状态。它周期性地检查系统脉搏，若检测不到则对重启系统[1]。应用软件负责注册此脉搏（或者心跳）并利用看门狗设备驱动程序提供的服务周期性"喂狗"。大多数嵌入式控制器都内嵌了看门狗模块。也可使用外部的看门狗芯片，例如Netwinder的W83977AF芯片。

Linux看门狗驱动程序使用混杂驱动程序来实现，位于drivers/char/watchdog/目录。看门狗驱动程序类似于RTC驱动程序，给用户提供标准的设备接口，因此，应用程序可以独立于看门狗具体硬件实现。此API位于内核源码树Documentation/watchdog/watchdog-api.txt。系统看门狗服务的程序可在/dev/watchdog上运行，设备节点的混杂次设备号为130。

代码清单5-8实现了一个集成于嵌入式控制器的、构想的看门狗模块设备驱动程序。在此例中，看门狗包括两个主要的寄存器（见表5-2）：一个服务寄存器（WD_SERVICE_REGISTER）和一个控制寄存器（WD_CONTROL_REGISTER）。为了喂狗，驱动程序向服务寄存器写入了一个特定的序列（本例中是0xABCD）。为了对看门狗超时编程，驱动程序在控制寄存器中编写了特定的位。

表5-2 看门狗模块寄存器分布

寄存器名	描述
WD_SERVICE_REGISTER	写入特定的序列至此寄存器以喂狗
WD_CONTROL_REGISTER	写入看门狗超时时间至此寄存器

使用看门狗的目的是检测并响应应用程序和内核的挂起，因此一般在用户空间喂狗。代码清单5-9中，某个关键的应用程序[2]（如代码清单5-9中的图形引擎）打开了代码清单5-8中提供的看门狗驱动程序，周期性地向其写入数据。如果由于某个应用程序挂起或由于内核崩溃，在看门狗的超时期限内没有写入数据，看门狗将触发系统重启。在代码清单5-9中，当出现如下情况时，看门狗将重启系统：

- 应用程序在process_graphics()内挂起；
- 内核崩溃，从而使应用程序结束。

当应用程序打开/dev/watchdog时，看门狗开始计数。关闭设备节点将停止看门狗，除非在内核配置期间设置了CONFIG_WATCHDOG_NOWAYOUT选项。当系统仍在运行时，看门狗监控进程（例

---

[1] 看门狗可能发出蜂鸣声而不是重启系统。例如由于电源供应问题而产生的超时，假设此时看门狗电路由电池或大电容供电。

[2] 如果需要监控几个应用程序的状态，在看门狗设备驱动程序中就需要实现复用器。如果这些进程中的任一个打开驱动程序无响应，看门狗将会试着自恢复系统。

如代码清单5-9）有可能被某个信号终止，设置此选项可帮助你消除此可能。

代码清单5-8　看门狗驱动程序示例

```
#include <linux/miscdevice.h>
#include <linux/watchdog.h>

#define DEFAULT_WATCHDOG_TIMEOUT 10  /* 10-second timeout */
#define TIMEOUT_SHIFT            5   /* To get to the timeout field
                                        in WD_CONTROL_REGISTER */
#define WENABLE_SHIFT            3   /* To get to the
                                        watchdog-enable field in
                                        WD_CONTROL_REGISTER */

/* Misc structure */
static struct miscdevice my_wdt_dev = {
 .minor = WATCHDOG_MINOR, /* defined as 130 in
                             include/linux/miscdevice.h*/
 .name = "watchdog",      /* /dev/watchdog */
 .fops = &my_wdt_dog      /* Watchdog driver entry points */
};

/* Driver methods */
struct file_operations my_wdt_dog = {
.owner   = THIS_MODULE,
.open    = my_wdt_open,
.release = my_wdt_close,
.write   = my_wdt_write,
.ioctl   = my_wdt_ioctl
}

/* Module Initialization */
static int __init
my_wdt_init(void)
{
  /* ... */
  misc_register(&my_wdt_dev);
  /* ... */
}
/* Open watchdog */
static void
my_wdt_open(struct inode *inode, struct file *file)
{
  /* Set the timeout and enable the watchdog */
  WD_CONTROL_REGISTER |= DEFAULT_WATCHDOG_TIMEOUT << TIMEOUT_SHIFT;
  WD_CONTROL_REGISTER |= 1 << WENABLE_SHIFT;
}

/* Close watchdog */
static int
my_wdt_close(struct inode *inode, struct file *file)
{
  /* If CONFIG_WATCHDOG_NOWAYOUT is chosen during kernel
     configuration, do not disable the watchdog even if the
     application desires to close it */
```

5.7 混杂驱动程序

```c
#ifndef CONFIG_WATCHDOG_NOWAYOUT
  /* Disable watchdog */
  WD_CONTROL_REGISTER &= ~(1 << WENABLE_SHIFT);
#endif
  return 0;
}

/* Pet the dog */
static ssize_t
my_wdt_write(struct file *file, const char *data,
             size_t len, loff_t *ppose)
{
  /* Pet the dog by writing a specified sequence of bytes to the
     watchdog service register */
  WD_SERVICE_REGISTER = 0xABCD;
}

/* Ioctl method. Look at Documentation/watchdog/watchdog-api.txt
   for the full list of ioctl commands. This is standard across
   watchdog drivers, so conforming applications are rendered
   hardware-independent */
static int
my_wdt_ioctl(struct inode *inode, struct file *file,
             unsigned int cmd, unsigned long arg)
{
  /* ... */
  switch (cmd) {
    case WDIOC_KEEPALIVE:
      /* Write to the watchdog. Applications can invoke
         this ioctl instead of writing to the device */
      WD_SERVICE_REGISTER = 0xABCD;
      break;
    case WDIOC_SETTIMEOUT:
       copy_from_user(&timeout, (int *)arg, sizeof(int));

       /* Set the timeout that defines unresponsiveness by
          writing to the watchdog control register */
       WD_CONTROL_REGISTER = timeout << TIMEOUT_BITS;
      break;
    case WDIOC_GETTIMEOUT:
      /* Get the currently set timeout from the watchdog */
      /* ... */
      break;
    default:
      return -ENOTTY;
  }
}

/* Module Exit */
static void __exit
my_wdt_exit(void)
{
  /* ... */
  misc_deregister(&my_wdt_dev);
  /* ... */
```

```
}

module_init(my_wdt_init);
module_exit(my_wdt_exit);
```

代码清单5-9　看门狗用户

```
#include <fcntl.h>
#include <asm/types.h>
#include <linux/watchdog.h>

int
main()
{
  int new_timeout;

  int wfd = open("/dev/watchdog", O_WRONLY);

  /* Set the watchdog timeout to 20 seconds */
  new_timeout = 20;
  ioctl(fd, WDIOC_SETTIMEOUT, &new_timeout);

  while (1) {
    /* Graphics processing */
    process_graphics();
    /* Pet the watchdog */
    ioctl(fd, WDIOC_KEEPALIVE, 0);
    /* Or instead do: write(wfd, "\0", 1); */
    fsync(wfd);
  }
}
```

外部看门狗

为了确保系统在处理器故障时仍然能够进行恢复，即使主处理器上集成有强大的看门狗模块（例如我们的例子中），一些规则制定者规定要使用外部看门狗芯片。因此，一些嵌入式设备有时使用较为便宜的、简单的看门狗芯片（例如Maxim的MAX6730），外部的看门狗芯片通过硬件连线发挥作用，而不像片上集成看门狗通过寄存器接口产生效果。看门狗的输入引脚在固定的复位超时时间内如果没有检测到电压脉冲，就会设置复位引脚。复位引脚和处理器的复位逻辑相连，而输入引脚和处理器的通用目的I/O端口（GPIO）相连。软件必须周期性地在芯片的复位超时时间内向输入引脚输送脉冲，以免看门狗复位。如果为此类设备编写驱动程序，ioctl()方法并不合适。当应用软件需要向相应的设备节点写入数据时，就会利用驱动程序提供的write()方法向输入引脚输送脉冲。为了帮助生产和现场排障，看门狗通过导线和处理器相连，这样可以通过断开GPIO引脚和看门狗的连接来停用看门狗。

考虑到起动时间，外部看门狗芯片通常允许较长的初始超时时间，但随后的复位超时时间会变短。

对于那些不支持硬件看门狗模块的平台，内核实现了一个软件看门狗（softdog）。softdog驱动程序见drivers/char/watchdog/softdog.c，由于不对具体硬件进行操作，所以它是一个伪混杂驱动程序。softdog驱动程序必须完成两件硬件看门狗驱动程序不必做的任务，其中第二个任务通过硬件完成：

- 实现超时机制；
- 如果系统无响应，启动软复位。

只要应用程序向软件看门狗写入数据，就会延迟定时器处理程序的执行。如果在超时时间内没有数据写入软件看门狗，定时器处理程序就会触发并重启系统。

2.6内核中相关的支持是软件锁定的检测，当10秒或更长时间未发生调度时，就会开始检测。内核线程watchdog/N每秒访问一次CPU的时戳，其中N是CPU号。如果线程超过10秒没有访问时戳，系统必定已被锁定。软件锁定检测（见kernel/softlockup.c）可帮助我们调试内核崩溃，21.3.3节将详述这一点。

内核中还有几个混杂驱动程序。Qtronix红外键盘驱动程序（drivers/char/qtronix.c）是另一个具备混杂特性的字符驱动程序。在drivers/char/目录下运行`grep misc_register()`命令可找到内核中其他的混杂设备。

5.8 字符设备驱动程序注意事项

驱动程序的方法，也就是被用户程序调用的系统调用，可能失败或部分成功。你的应用程序必须考虑这些情况，以免产生意外情况。让我们看看一些常见的问题。

- `open()`调用可能由于几个原因而失败。某些字符驱动程序在同一时间仅支持单用户，因此当应用程序试图打开一个已经在使用的设备时，就会返回-EBUSY失败信息。当打印机缺纸时，如果进行`open()`操作，就会返回-ENOSPC失败信息。
- 成功运行的`read()`和`write()`返回的字节数可能是1至请求的字节数之间的任意值，因此应用程序必须能够处理这些情况。
- 即使仅仅1字节的数据读或写就绪，`select()`也会返回成功。
- 一些设备（例如鼠标和触摸屏）只能输入，因此其驱动程序不支持写方法（`write()`/`aio_write()`/`fsync()`），还有一些设备是仅供输出的，因此其驱动程序不支持读方法（`read()`/`aio_read()`）。同样，很多字符驱动程序方法是可选的，因此在所有的驱动程序中并不是所有的方法都提供。调用未提供的方法，相应系统就会失败。

5.9 查看源代码

字符驱动程序并不仅仅在drivers/char/目录下。下面是一些"超级"字符驱动程序的例子，它们受到特别的对待，其目录位置也很特殊。

- 串行驱动程序是管理计算机串行端口的字符驱动程序。然而，它们不仅仅是简单的字符驱动程序，因此被放在drivers/serial/目录下。下一章将会讨论串行驱动程序。

- 输入驱动程序负责像键盘、鼠标和操纵杆这样的设备。它们位于单独的源文件目录：drivers/input/。第7章将会专门讨论。
- 帧缓冲区（/dev/fb/*）提供对显存的访问，/dev/mem提供对系统内存的访问途径。第12章会介绍帧缓冲区驱动程序。
- 一些设备类支持少量采用字符接口的硬件。例如SCSI设备一般是块设备，但SCSI磁带是字符设备。
- 一些子系统提供额外的字符接口，以向用户空间提供原始的设备模型。MTD子系统通常用于在多种闪存上面模拟磁盘，但对一些应用程序，如果提供基于闪存的原始视图会更好。MTD字符驱动程序（drivers/mtd/mtdchar.c）完成此任务。我们将在第17章中讨论。
- 一些内核层提供钩子，通过导出相应的字符接口实现用户空间的设备驱动程序。应用程序通过这些接口可以直接访问设备内部。例如通用的SCSI驱动程序（drivers/scsi/sg.c）被用来实现用户空间的设备驱动程序，用于SCSI扫描仪和CD驱动器。另一个例子是I^2C设备接口i2c-dev。这些字符接口将会在第19章讨论。

与此同时，在drivers/目录下的register_chrdev上运行grep -r可了解内核中字符驱动程序的大致情况。

表5-3是本章用到的主要数据结构的小结以及在源码树中被定义的位置。表5-4列出了本章用到的主要内核编程接口以及其定义位置。

表5-3 数据结构小结

数据结构	位置	描述
cdev	include/linux/cdev.h	字符设备的内核抽象
file_operations	include/linux/fs.h	字符设备驱动程序操作集
dev_t	include/linux/types.h	主/次设备号
poll_table	include/linux/poll.h	处于轮询等待数据状态的驱动程序所拥有的等待队列表
pardevice	include/linux/parport.h	并行端口设备的内核抽象
rtc_class_ops	include/linux/rtc.h	顶层和底层RTC驱动程序的交互接口
miscdevice	include/linux/miscdevice.h	代表一个混杂设备

表5-4 内核编程接口小结

内核接口	位置	描述
alloc_chrdev_region()	fs/char_dev.c	申请动态分配主设备号
unregister_chrdev_region()	fs/char_dev.c	执行与alloc_chrdev_region()相反的动作
cdev_init()	fs/char_dev.c	将字符设备驱动程序操作集与相关的cdev绑定
cdev_add()	fs/char_dev.c	将设备号与cdev绑定
cdev_del()	fs/char_dev.c	移除一个cdev
container_of()	include/linux/kernel.h	根据结构体的成员得到包含它的结构体的地址
copy_from_user()	arch/x86/lib/usercopy_32.c（用于i386）	从用户空间向内核空间复制数据

（续）

内核接口	位置	描述
copy_to_user()	arch/x86/lib/usercopy_32.c（用于i386）	从内核空间向用户空间复制数据
likely() unlikely()	include/linux/compiler.h	告知GCC相关条件为真/假的可能性
request_region()	include/linux/ioport.h kernel/resource.c	获得一片I/O区域
release_region()	include/linux/ioport.h kernel/resource.c	释放一片I/O区域
in[b|w|l|sn|sl]() out[b|w|l|sn|sl]()	include/asm-your-arch/io.h	与I/O区域进行数据交互的函数系列
poll_wait()	include/linux/poll.h	在内核的poll_table中增加一个等待队列
fasync_helper()	fs/fcntl.c	确保在驱动程序调用了kill_fasync()的情况下，SIGIO信号会被发送给拥有者应用程序
kill_fasync()	fs/fcntl.c	派送SIGIO信号给拥有者应用程序
parport_register_device()	drivers/parport/share.c	注册parport并行端口设备
parport_unregister_device()	drivers/parport/share.c	注销并口设备
parport_register_driver()	drivers/parport/share.c	注销parport并行端口设备
parport_unregister_driver()	drivers/parport/share.c	注销并行端口驱动程序
parport_claim_or_block()	drivers/parport/share.c	占有并行端口
parport_write_data()	include/linux/parport.h	向并行端口写数据
parport_read_data()	include/linux/parport.h	从并行端口读数据
parport_release()	drivers/parport/share.c	释放并行端口
kobject_register()	lib/kobject.c	注册kobject并在sysfs中创建相关文件
kobject_unregister()	lib/kobject.c	执行与kobject_register()相反的动作
rtc_device_register()/ rtc_device_unregister()	drivers/rtc/class.c	注册/注销RTC子系统的底层驱动程序
misc_register()	drivers/char/misc.c	注册混杂驱动程序
misc_deregister()	drivers/char/misc.c	注销混杂驱动程序

第6章 串行设备驱动程序

本章内容
- 层次架构
- UART驱动程序
- TTY驱动程序
- 线路规程
- 查看源代码

串行端口是被许多技术和应用广泛使用的基本通信信道。UART（Universal Asynchronous Receiver Transmitter，通用异步收发器）常用来实现串行通信。在PC兼容机硬件上，UART是Super I/O芯片组的一部分，如图6-1所示。

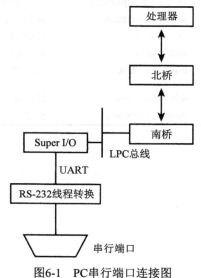

图6-1 PC串行端口连接图

尽管RS-232通信信道是常见的串行硬件，内核的串行子系统还是用通用化的方式组织在一起，以服务不同的用户。你将在如下场合接触到串行子系统：

- 通过RS-232串行链路运行终端会话；

- 通过拨号、小区蜂窝或软件调制解调器连接到因特网；
- 和触摸控制器、智能卡、蓝牙芯片或红外dongle等使用串行传输方式的设备接口；
- 使用USB-串行端口的转换器模拟串行端口；
- 通过RS-485通信，RS-485在RS-232的基础上支持多个节点，传输距离更远，抗噪性能更强。

本章介绍内核如何组织串行子系统。我们将利用Linux手机作为例子，学习底层的UART驱动程序，利用串行触摸控制器作为例子，去发现其高级线路规程的实现细节。

> PC机上常见的UART是美国国家半导体有限公司（National Semiconductor）的16550或者其他厂家的兼容芯片，因此你将会在代码或文档中看到建议参考"16550类型UART"。8250芯片是16550之前使用的，因此PC上Linux的UART驱动程序被命名为8250.c。

6.1 层次架构

正如刚才所述，串行子系统的用户多种多样。因此促使内核开发者使用如下的构建模块去构造分层次的串行架构。

(1) 关注UART或其他底层串行硬件特征的底层驱动程序。

(2) 和底层驱动程序接口的tty驱动程序层。tty驱动程序将上层驱动程序和形形色色的硬件进行了隔离。

(3) 加工用于和tty驱动程序交换数据的线路规程。线路规程勾勒串行层的行为，有助于复用底层的代码来支持不同的技术。

为了帮助用户实现驱动程序，串行子系统也提供了一些内核API，它们描绘出了子系统中各层的共性。

图6-2展现了不同层次之间的联系。N_TTY、N_IRDA和N_PPP这3种不同的线路规程分别为串行子系统提供了终端、红外和拨号网络的支持。图6-3显示了串行子系统与内核源文件的映射关系。

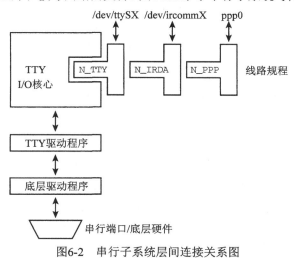

图6-2 串行子系统层间连接关系图

第 6 章 串行设备驱动程序

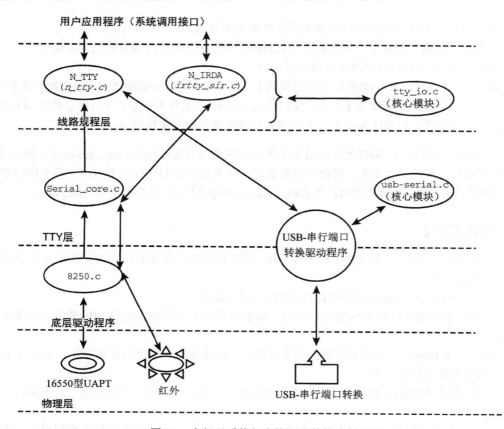

图6-3 串行子系统与内核源文件的映射关系

让我们用一个例子来说明层次化的串行结构的好处。假设你在没有串行端口的笔记本计算机上使用USB-串行端口适配器以获得串行端口功能。可能的场景就是你将笔记本计算机作为主机端，使用kgdb（kgdb将在第21章中讨论）调试某个嵌入式目标设备的内核，如图6-4中所示。

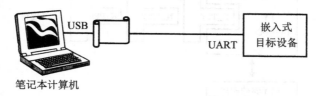

图6-4 使用USB-串行端口转接头

正如在图6-3中所看到的，首先笔记本计算机需要一个合适的USB物理层驱动程序（和UART驱动程序相对应的USB部分）。此驱动程序位于内核的USB子系统drivers/usb/中。其次，在USB物理层之上需要具备tty驱动程序。usbserial驱动程序（drivers/usb/serial/usb-serial.c）为核心层，它实现了基于USB-串行端口转换器的通用tty。usbserial驱动程序和与设备相关的tty函数一起组成了tty层。其中tty函数由适配器驱动程序注册（例如，如果使用Keyspan适配器，其驱动就为drivers/usb/serial/keyspan.c）。最后，需要用N_TTY线路规程处理终端I/O。

tty驱动程序将底层的USB的内部特性与线路规程及高层进行了隔离。实际上，线路规程仍然认为其运行在传统的UART上。其原因是tty驱动程序从USB请求块（USB Request Blocks，将在第11章中讨论）中获取数据，并且将数据封装成N_TTY线路规程期望的格式。层次化的架构简化了实现代码——所有从线路规程上传的数据能够不做改变地复用。

前述的例子使用了专用的tty驱动程序和通用的线路规程，相反的用法也很常见。第16章中讨论的红外栈采用的就是通用的tty驱动程序和被称为N_IRDA的专用线路规程。

正如图6-2和图6-3所示，虽然UART驱动程序是字符驱动程序，但它们并不像我们在前面章节中见到的通常的字符驱动程序那样将接口直接暴露给内核系统调用。相反，UART驱动程序（像下一章中讨论的键盘驱动程序）提供服务给另一内核层：tty层。I/O系统调用的旅程首先从顶层的线路规程开始，通过tty层，最后到达UART驱动程序层。

在本章的余下内容中，让我们近距离接触串行层的不同驱动程序组件。我们从底层的UART驱动程序的串行栈开始，然后介绍中间的tty驱动程序，最后介绍顶层的线路规程驱动程序。

6.2　UART 驱动程序

UART驱动程序围绕3个关键的数据结构展开。这3个数据结构都定义于include/linux/serial_core.h中。

(1) 特定UART相关的驱动程序结构，`struct uart_driver`：

```
struct uart_driver {
  struct module   *owner;         /* Module that owns this struct */
  const char *driver_name;        /* Name */
  const char *dev_name;           /* /dev node name such as ttyS */
  /* ... */
  int         major;              /* Major number */
  int         minor;              /* Minor number */
  /* ... */
  struct tty_driver *tty_driver;  /* tty driver */
};
```

结构体中每个域的注释解释了其作用。owner域的作用和前面章节中讨论的`file_opera-tions`结构中owner域的相同。

(2) `struct uart_port`。UART驱动程序拥有的每个端口都存在uart_port结构的一个实例。

```
struct uart_port {
  spinlock_t lock;                /* port lock */
  unsigned int iobase;            /* in/out[bwl]*/
  unsigned char __iomem *membase; /* read/write[bwl]*/
  unsigned int irq;               /* irq number */
  unsigned int uartclk;           /* base uart clock */
  unsigned char fifosize;         /* tx fifo size */
  unsigned char x_char;           /* xon/xoff flow
                                     control */
```

```
    /* ... */
}
```

(3) struct uart_ops。这个结构是每个UART驱动程序必须支持的物理硬件上可完成的操作的入口函数的超集。

```
struct uart_ops {
  uint (*tx_empty)(struct uart_port *);      /* Is TX FIFO empty? */
  void (*set_mctrl)(struct uart_port *,
                    unsigned int mctrl);     /* Set modem control params */
  uint (*get_mctrl)(struct uart_port *);     /* Get modem control params */
  void (*stop_tx)(struct uart_port *);       /* Stop xmission */
  void (*start_tx)(struct uart_port *);      /* Start xmission */
  /* ... */
  void (*shutdown)(struct uart_port *);      /* Disable the port */
  void (*set_termios)(struct uart_port *,
                      struct termios *new,
                      struct termios *old);  /* Set terminal interface
                                                params */
  /* ... */
  void (*config_port)(struct uart_port *,
                      int);                  /* Configure UART port */
  /* ... */
};
```

UART驱动程序为了将自身和内核联系起来，必须完成两个重要的步骤。

(1) 通过调用uart_register_driver(struct uart_driver *);向串行核心注册。

(2) 调用uart_add_one_port(struct uart_driver *, struct uart_port *)注册其支持的每个端口。如果串行硬件支持热插拔，那么探测到设备存在后，从入口点向核心注册。第10章的代码清单10-4中的CardBus Modem驱动程序就是串行设备热插拔的例子。需要注意的是，一些驱动程序使用封装了的注册函数serial8250_register_port(struct uart_port *)，它内部调用了uart_add_one_port()。

这些数据结构和注册函数是所有UART驱动程序的最基本的共同点。了解了这些结构和例程后，让我们来开发一个UART驱动程序实例。

6.2.1 设备实例：手机

考虑在嵌入式SoC（System-on-Chip，片上系统）上构建的Linux手机。此SoC有两个集成的UART，但如图6-5所示，它们都已经被占用。其中一个用于和调制解调器通信，另一个用于和蓝牙芯片组接口。由于没有空闲的UART用于调试，所以此电话使用了两个USB-串行端口的转换芯片，一个提供给PC主机作为调试终端，另一个作为备用端口。正如本章前文所述，使用USB-串行端口转换器在PC上就可以通过USB连接串行设备。在第11章中，我们将会做更详细的讨论。

两个USB-串行端口的转换芯片的串行一侧通过CPLD（见18.5.11节）与SoC相连。CPLD通过提供3个寄存器接口以支持访问每个USB-串行端口转换器，这就创建了两个虚拟的UART（USB_UART）。如表6-1所示，这3个寄存器分别为状态寄存器、读数据寄存器和写数据寄存器。为了写一个字符到USB_UART，程序需要循环检测状态寄存器。当芯片内部的发送FIFO有空间时，状态寄存器位被置位，就可以向写数据寄存器写入字节了。为了读取一个字符，程序将等待直至状态寄存器的相应位显示接收FIFO中有数据，然后从读数据寄存器读取数据。

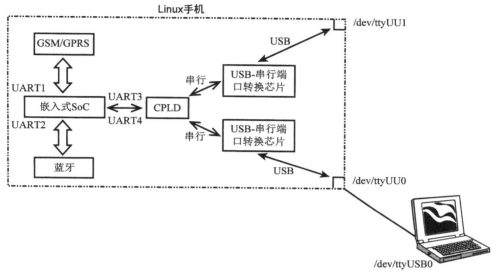

图6-5　Linux手机上的USB_UART端口

表6-1　USB_UART上的寄存器

寄存器名	描　　述	相对USB_UART内存基址的偏移
UU_STATUS_REGISTER	检查发送FIFO是否满或接收FIFO是否空的位	0x0
UU_READ_DATA_REGISTER	从USB_UART读一个字符	0x1
UU_WRITE_DATA_REGISTER	写一个字符至USB_UART	0x2

在PC一端，使用相应的Linux usbserial驱动程序（例如，如果在手机上使用的是FT232AM芯片，其驱动程序就为drivers/usb/serial/ftdi_sio.c）创建并管理对应于USB-串行端口的/dev/ttyUSBX设备节点。可以运行基于这些设备节点的终端仿真器（例如minicom），以获得控制台或调试终端。在手机一端，我们必须为USB_UART实现UART驱动程序。此驱动程序创建并管理负责链路设备端通信的/dev/ttyUUX节点。

> 图6-5中的手机可以充当蓝牙设备的智能网关，连到GSM网络以及因特网。例如，此电话能够将你的基于蓝牙的血压监控器上的数据传输至你的健康护理提供者在因特网上的服务器上。在和你的基于蓝牙的心率监控器通信过程监测到异常时，它也能够向医生报警。第13章中所使用的蓝牙MP3播放器以及第16章中使用的喂药棒都是可通过Linux手机连接因特网的设备实例。

代码清单6-1为USB_UART驱动程序。它是一个平台（platform）设备驱动程序。平台可看作一种伪总线，通常用于将集成进片上系统的轻量级设备和Linux设备模型连接在一起。平台由平台设备和平台驱动程序组成。

(1) 平台设备。特定架构的安装程序使用`platform_device_register()`或者其简化形式`platform_device_register_simple()`添加平台设备。也可以用`platform_add_devices()`一次添加多个平台设备。定义于include/linux/platform_device.h的`platform_device`结构代表了一个平台设备：

```
struct platform_device {
  const char *name;      /* Device Name */
  u32 id;                /* Use this field to register multiple
                            instances of a platform device. In
                            this example, the two USB_UARTs
                            have different IDs. */
  struct device dev;     /* Contains a release() method and
                            platform data */
  /* ... */
};
```

(2) 平台驱动程序。平台驱动程序使用`platform_driver_register()`将自身注册进平台中。`platform_driver`结构亦定义于include/linux/platform_device.h中，代表平台驱动程序：

```
struct platform_driver {
  int (*probe)(struct platform_device *); /*Probe method*/
  int (*remove)(struct platform_device *);/*Remove method*/
  /* ... */
  /* The name field in the following structure should match
     the name field in the associated platform_device
     structure */
  struct device_driver driver;
};
```

关于平台设备和平台驱动程序更详细的文档可参考Documentation/driver-model/platform.txt。为了方便讨论，我们的示例驱动程序注册了平台设备和平台驱动程序。

在初始化过程中，USB_UART驱动程序首先用`uart_register_driver()`向串行核心注册自身。初始化成功后，在/proc/tty/drivers中你将会发现以usb_uart开始的新行。然后，驱动程序用`platform_device_register_simple()`注册两个平台设备（每个USB_UART一个）。正如前面提到的，平台设备通常在电路板引导过程中注册。随后，驱动程序用`platform_driver_register()`注册平台驱动程序入口点（probe()、remove()、suspend()和resume()）。USB_UART平台驱动程序和前面的两个平台设备绑定，并有一个相匹配的名称（usb_uart）。在以上步骤完成后，在sysfs下会出现两个新目录，每一个和相应的USB_UART端口相对应：/sys/devices/platform/usb_uart.0/和 /sys/devices/platform/usb_uart.1/。

因为Linux设备层检测到了和注册的USB_UART平台设备相匹配的平台驱动程序，所以它调用属于平台驱动程序的probe()入口点[①]（usb_uart_probe()），每个USB_UART一次。probe入口点

[①] 平台设备通常不支持热插拔。对平台设备的probe()方法的调用不同于在后面章节中将学到的热插拔设备（如PCMCIA、PCI和USB），它只是为了使驱动入口点的结构相同，以保持Linux设备模型的一致性和连续性。

用uart_add_one_port()添加相应的USB_UART端口。以上步骤会触发config_port()入口点(前面讨论的uart_ops结构的一部分)的调用：声明并映射USB_UART寄存器空间。如果所有的USB_UART端口都添加成功，串行核心会发送如下内核消息：

```
ttyUU0 at MMIO 0xe8000000 (irq = 3) is a USB_UART
ttyUU1 at MMIO 0xe9000000 (irq = 4) is a USB_UART
```

但是，直到某个应用程序打开USB_UART端口，才会占用中断号。当应用程序关闭USB_UART端口时，中断号被释放。表6-2表示了驱动程序代码中声明和释放内存区域与中断号的整个过程。

表6-2 声明并释放内存和IRQ资源

模块插入	usb_uart_init()	uart_register_driver()	usb_uart_probe()	uart_add_one_port()	usb_uart_config_port()	**request_mem_region()**
模块卸载	usb_uart_exit()	usb_unregister_driver()	usb_uart_remove()	uart_remove_one_port()	usb_uart_release_port()	**release_mem_region()**
打开/dev/ttyUUX	usb_uart_startup()	**request_irq()**				
关闭/dev/ttyUUX	usb_uart_shutdown()	**free_irq()**				

在发送过程中，驱动程序收集和UART端口相关的循环缓冲区中的待发送数据。从UART驱动程序的start_tx()的入口函数usb_uart_start_tx()可以看出，数据存放于port->info->xmit.buf[port->info->xmit.tail]。

在接收过程中，驱动程序使用tty_insert_flip_char()和tty_flip_buffer_push()将从USB_UART收到的数据推出至tty驱动程序。这些是在接收中断处理例程usb_uart_rxint()中完成的。读者可在读完6.3节后，再重读此例程。

代码清单6-1中的注释解释了驱动程序入口函数和其操作的目的。在uart_ops中留下了一些入口函数未实现，删除了过于详细的部分。

代码清单6-1 Linux手机的USB_UART驱动程序

```c
#include <linux/console.h>
#include <linux/platform_device.h>
#include <linux/tty.h>
#include <linux/tty_flip.h>
#include <linux/serial_core.h>
#include <linux/serial.h>
#include <asm/irq.h>
#include <asm/io.h>

#define USB_UART_MAJOR        200   /* You've to get this assigned */
#define USB_UART_MINOR_START  70    /* Start minor numbering here */
#define USB_UART_PORTS        2     /* The phone has 2 USB_UARTs */
#define PORT_USB_UART         30    /* UART type. Add this to
                                       include/linux/serial_core.h */

/* Each USB_UART has a 3-byte register set consisting of
   UU_STATUS_REGISTER at offset 0, UU_READ_DATA_REGISTER at
```

```c
   offset 1, and UU_WRITE_DATA_REGISTER at offset 2 as shown
   in Table 6.1 */
#define USB_UART1_BASE         0xe8000000  /* Memory base for USB_UART1 */
#define USB_UART2_BASE         0xe9000000  /* Memory base for USB_UART2 */
#define USB_UART_REGISTER_SPACE  0x3

/* Semantics of bits in the status register */
#define USB_UART_TX_FULL       0x20   /* TX FIFO is full */
#define USB_UART_RX_EMPTY      0x10   /* TX FIFO is empty */
#define USB_UART_STATUS        0x0F   /* Parity/frame/overruns? */

#define USB_UART1_IRQ          3      /* USB_UART1 IRQ */
#define USB_UART2_IRQ          4      /* USB_UART2 IRQ */
#define USB_UART_FIFO_SIZE     32     /* FIFO size */
#define USB_UART_CLK_FREQ      16000000

static struct uart_port usb_uart_port[]; /* Defined later on */

/* Write a character to the USB_UART port */
static void
usb_uart_putc(struct uart_port *port, unsigned char c)
{
  /* Wait until there is space in the TX FIFO of the USB_UART.
     Sense this by looking at the USB_UART_TX_FULL bit in the
     status register */
  while (__raw_readb(port->membase) & USB_UART_TX_FULL);

  /* Write the character to the data port*/
  __raw_writeb(c, (port->membase+1));
}

/* Read a character from the USB_UART */
static unsigned char
usb_uart_getc(struct uart_port *port)
{
  /* Wait until data is available in the RX_FIFO */
  while (__raw_readb(port->membase) & USB_UART_RX_EMPTY);

  /* Obtain the data */
  return(__raw_readb(port->membase+2));
}

/* Obtain USB_UART status */
static unsigned char
usb_uart_status(struct uart_port *port)
{
  return(__raw_readb(port->membase) & USB_UART_STATUS);
}

/*
 * Claim the memory region attached to USB_UART port. Called
 * when the driver adds a USB_UART port via uart_add_one_port().
 */
static int
```

```c
usb_uart_request_port(struct uart_port *port)
{
  if (!request_mem_region(port->mapbase, USB_UART_REGISTER_SPACE,
                          "usb_uart")) {
    return -EBUSY;
  }
  return 0;
}

/* Release the memory region attached to a USB_UART port.
 * Called when the driver removes a USB_UART port via
 * uart_remove_one_port().
 */
static void
usb_uart_release_port(struct uart_port *port)
{
  release_mem_region(port->mapbase, USB_UART_REGISTER_SPACE);
}

/*
 * Configure USB_UART. Called when the driver adds a USB_UART port.
 */
static void
usb_uart_config_port(struct uart_port *port, int flags)
{
  if (flags & UART_CONFIG_TYPE && usb_uart_request_port(port) == 0)
  {
    port->type = PORT_USB_UART;
  }
}

/* Receive interrupt handler */
static irqreturn_t
usb_uart_rxint(int irq, void *dev_id)
{
  struct uart_port *port = (struct uart_port *) dev_id;
  struct tty_struct *tty = port->info->tty;

  unsigned int status, data;
  /* ... */
  do {
    /* ... */
    /* Read data */
    data   = usb_uart_getc(port);
    /* Normal, overrun, parity, frame error? */
    status = usb_uart_status(port);
    /* Dispatch to the tty layer */
    tty_insert_flip_char(tty, data, status);
    /* ... */
  } while (more_chars_to_be_read()); /* More chars */
  /* ... */
  tty_flip_buffer_push(tty);

  return IRQ_HANDLED;
```

```c
}
/* Called when an application opens a USB_UART */
static int
usb_uart_startup(struct uart_port *port)
{
  int retval = 0;
  /* ... */
  /* Request IRQ */
  if ((retval = request_irq(port->irq, usb_uart_rxint, 0,
                            "usb_uart", (void *)port))) {
    return retval;
  }
  /* ... */
  return retval;
}

/* Called when an application closes a USB_UART */
static void
usb_uart_shutdown(struct uart_port *port)
{
  /* ... */
  /* Free IRQ */
  free_irq(port->irq, port);

  /* Disable interrupts by writing to appropriate
     registers */
  /* ... */
}

/* Set UART type to USB_UART */
static const char *
usb_uart_type(struct uart_port *port)
{
  return port->type == PORT_USB_UART ? "USB_UART" : NULL;
}

/* Start transmitting bytes */
static void
usb_uart_start_tx(struct uart_port *port)
{
  while (1) {
    /* Get the data from the UART circular buffer and
       write it to the USB_UART's WRITE_DATA register */
    usb_uart_putc(port,
                  port->info->xmit.buf[port->info->xmit.tail]);
    /* Adjust the tail of the UART buffer */
    port->info->xmit.tail = (port->info->xmit.tail + 1) &
                            (UART_XMIT_SIZE - 1);
    /* Statistics */
    port->icount.tx++;
    /* Finish if no more data available in the UART buffer */
    if (uart_circ_empty(&port->info->xmit)) break;
  }
  /* ... */
```

```c
}
/* The UART operations structure */
static struct uart_ops usb_uart_ops = {
  .start_tx     = usb_uart_start_tx,    /* Start transmitting */
  .startup      = usb_uart_startup,     /* App opens USB_UART */
  .shutdown     = usb_uart_shutdown,    /* App closes USB_UART */
  .type         = usb_uart_type,        /* Set UART type */
  .config_port  = usb_uart_config_port, /* Configure when driver
                                           adds a USB_UART port */
  .request_port = usb_uart_request_port,/* Claim resources associated with a
                                           USB_UART port */
  .release_port = usb_uart_release_port,/* Release resources associated with a
                                           USB_UART port */
#if 0    /* Left unimplemented for the USB_UART */
  .tx_empty     = usb_uart_tx_empty,    /* Transmitter busy? */
  .set_mctrl    = usb_uart_set_mctrl,   /* Set modem control */
  .get_mctrl    = usb_uart_get_mctrl,   /* Get modem control */
  .stop_tx      = usb_uart_stop_tx,     /* Stop transmission */
  .stop_rx      = usb_uart_stop_rx,     /* Stop reception */
  .enable_ms    = usb_uart_enable_ms,   /* Enable modem status signals */
  .set_termios  = usb_uart_set_termios, /* Set termios */
#endif
};

static struct uart_driver usb_uart_reg = {
  .owner       = THIS_MODULE,           /* Owner */
  .driver_name = "usb_uart",            /* Driver name */
  .dev_name    = "ttyUU",               /* Node name */
  .major       = USB_UART_MAJOR,        /* Major number */
  .minor       = USB_UART_MINOR_START,  /* Minor number start */
  .nr          = USB_UART_PORTS,        /* Number of UART ports */
  .cons        = &usb_uart_console,     /* Pointer to the console
                                           structure. Discussed in Chapter
                                           12, "Video Drivers" */
};

/* Called when the platform driver is unregistered */
static int
usb_uart_remove(struct platform_device *dev)
{
  platform_set_drvdata(dev, NULL);

  /* Remove the USB_UART port from the serial core */
  uart_remove_one_port(&usb_uart_reg, &usb_uart_port[dev->id]);
  return 0;
}

/* Suspend power management event */
static int
usb_uart_suspend(struct platform_device *dev, pm_message_t state)
{
  uart_suspend_port(&usb_uart_reg, &usb_uart_port[dev->id]);
  return 0;
```

```c
}

/* Resume after a previous suspend */
static int
usb_uart_resume(struct platform_device *dev)
{
  uart_resume_port(&usb_uart_reg, &usb_uart_port[dev->id]);
  return 0;
}

/* Parameters of each supported USB_UART port */
static struct uart_port usb_uart_port[] = {
  {
    .mapbase   = (unsigned int) USB_UART1_BASE,
    .iotype    = UPIO_MEM,             /* Memory mapped */
    .irq       = USB_UART1_IRQ,        /* IRQ */
    .uartclk   = USB_UART_CLK_FREQ,    /* Clock HZ */
    .fifosize  = USB_UART_FIFO_SIZE,   /* Size of the FIFO */
    .ops       = &usb_uart_ops,        /* UART operations */
    .flags     = UPF_BOOT_AUTOCONF,    /* UART port flag */
    .line      = 0,                    /* UART port number */
  },
  {
    .mapbase   = (unsigned int)USB_UART2_BASE,
    .iotype    = UPIO_MEM,             /* Memory mapped */
    .irq       = USB_UART2_IRQ,        /* IRQ */
    .uartclk   = USB_UART_CLK_FREQ,    /* CLock HZ */
    .fifosize  = USB_UART_FIFO_SIZE,   /* Size of the FIFO */
    .ops       = &usb_uart_ops,        /* UART operations */
    .flags     = UPF_BOOT_AUTOCONF,    /* UART port flag */
    .line      = 1,                    /* UART port number */
  }
};

/* Platform driver probe */
static int __init
usb_uart_probe(struct platform_device *dev)
{
  /* ... */

  /* Add a USB_UART port. This function also registers this device
     with the tty layer and triggers invocation of the config_port()
     entry point */
  uart_add_one_port(&usb_uart_reg, &usb_uart_port[dev->id]);
  platform_set_drvdata(dev, &usb_uart_port[dev->id]);
  return 0;
}

struct platform_device *usb_uart_plat_device1; /* Platform device for USB_UART 1 */
struct platform_device *usb_uart_plat_device2; /* Platform device for USB_UART 2 */

static struct platform_driver usb_uart_driver = {
  .probe   = usb_uart_probe,              /* Probe method */
  .remove  = __exit_p(usb_uart_remove),   /* Detach method */
```

```c
    .suspend  = usb_uart_suspend,          /* Power suspend */
    .resume   = usb_uart_resume,           /* Resume after a suspend */
    .driver   = {
       .name = "usb_uart",                 /* Driver name */
    },
};
/* Driver Initialization */
static int __init
usb_uart_init(void)
{
   int retval;

   /* Register the USB_UART driver with the serial core */
   if ((retval = uart_register_driver(&usb_uart_reg))) {
     return retval;
   }

   /* Register platform device for USB_UART 1. Usually called
      during architecture-specific setup */
   usb_uart_plat_device1 =
       platform_device_register_simple("usb_uart", 0, NULL, 0);
   if (IS_ERR(usb_uart_plat_device1)) {
     uart_unregister_driver(&usb_uart_reg);
     return PTR_ERR(usb_uart_plat_device1);
   }

   /* Register platform device for USB_UART 2. Usually called
      during architecture-specific setup */
   usb_uart_plat_device2 =
       platform_device_register_simple("usb_uart", 1, NULL, 0);
   if (IS_ERR(usb_uart_plat_device2)) {
     uart_unregister_driver(&usb_uart_reg);
     platform_device_unregister(usb_uart_plat_device1);
     return PTR_ERR(usb_uart_plat_device2);
   }

   /* Announce a matching driver for the platform
      devices registered above */
   if ((retval = platform_driver_register(&usb_uart_driver))) {
     uart_unregister_driver(&usb_uart_reg);
     platform_device_unregister(usb_uart_plat_device1);
     platform_device_unregister(usb_uart_plat_device2);
   }
   return 0;
}

/* Driver Exit */
static void __exit
usb_uart_exit(void)

{
   /* The order of unregistration is important. Unregistering the
      UART driver before the platform driver will crash the system */
```

```c
    /* Unregister the platform driver */
    platform_driver_unregister(&usb_uart_driver);

    /* Unregister the platform devices */
    platform_device_unregister(usb_uart_plat_device1);
    platform_device_unregister(usb_uart_plat_device2);

    /* Unregister the USB_UART driver */
    uart_unregister_driver(&usb_uart_reg);
}

module_init(usb_uart_init);
module_exit(usb_uart_exit);
```

6.2.2 RS-485

与RS-232不同，RS-485并不是标准的PC接口，但在嵌入式领域，你可能会碰到计算机和控制系统之间为了可靠通信而使用RS-485的情况。RS-485使用差分信号，因此其传输距离可达数百米，而RS-232的传输距离仅为数米，在处理器一端，RS-485接口是半双工的UART操作。因此从发送FIFO发送数据至电缆之前，UART设备驱动程序需要禁用接收器，激活发送器，这一操作可以通过设置相应GPIO引脚的电平来实现。而为了从电缆上获取数据并传送至接收FIFO，UART驱动程序需要完成相反的操作。

必须在串行层中恰当的地方激活/禁用RS-485的接收器/发送器。如果太早地禁用了发送器，它可能没有足够的时间清空发送FIFO中最后的几字节数据，这将导致发送数据丢失。相反，如果禁用发送器太晚，就会阻止此段时间的数据接收，这将导致接收数据丢失。

RS-485支持多节点，因此如果有多个设备和总线相连，高层的协议必须实现恰当的寻址机制。RS-485不支持使用RTS（Request To Send，发送请求）和CTS（Clear To Send，发送清除）的硬流控。

6.3 TTY 驱动程序

下面介绍tty驱动程序的核心结构和注册函数。有三个结构非常重要。

(1) 定义于include/linux/tty.h中的 struct tty_struct。此结构包含了和打开的tty相关的所有状态信息。其结构成员众多，下面列出了一些重要的成员：

```c
struct tty_struct {
  int magic;                          /* Magic marker */
  struct tty_driver *driver;          /* Pointer to the tty driver */
  struct tty_ldisc    ldisc;          /* Attached Line discipline */
  /* ... */
  struct tty_flip_buffer flip;        /* Flip Buffer. See below. */
  /* ... */

  wait_queue_head_t write_wait;       /* See the section "Line Disciplines" */
  wait_queue_head_t read_wait;        /* See the section "Line Disciplines" */
  /* ... */
};
```

(2) `tty_struct`中内嵌的`struct tty_flip_buffer`或flip缓冲区。这是数据收集和处理机制的中枢:

```
struct tty_flip_buffer {
  /* ... */
  struct semaphore pty_sem;      /* Serialize */
  char *char_buf_ptr;            /* Pointer to the flip buffer */
  /* ... */
  unsigned char char_buf[2*TTY_FLIPBUF_SIZE]; /* The flip buffer */
  /* ... */
};
```

底层的串行驱动程序将flip缓冲区的一半用于数据收集,线路规程则使用另一半来进行数据处理。数据处理伴随着串行驱动程序和线路规程所使用的缓冲区指针的移动而持续进行。从drivers/char/tty_io.c文件的`flush_to_ldisc()`函数中可看到flip的确切行为。

在最近的内核中,`tty_flip_buffer`结构体有些改动,目前由缓冲区头部(`tty_bufhead`)和缓冲区链表(`tty_buffer`)组成:

```
struct tty_bufhead {
  /* ... */
  struct semaphore pty_sem;              /* Serialize */
  struct tty_buffer *head, *tail, *free; /* See below */
  /* ... */
};

struct tty_buffer {
  struct tty_buffer *next;
  char *char_buf_ptr;         /* Pointer to the flip buffer */
  /* ... */
  unsigned long data[0];      /* The flip buffer, memory for which is dynamically
                                 allocated */
};
```

(3) 定义于include/linux/tty_driver.h文件中的`struct tty_driver`。它规定了tty驱动程序和高层之间的编程接口:

```
struct tty_driver {
  int magic;              /* Magic number */
  /* ... */
  int major;              /* Major number */
  int minor_start;        /* Start of minor number */
  /* ... */
  /* Interface routines between a tty driver and higher
     layers */
  int  (*open)(struct tty_struct *tty, struct file *filp);
  void (*close)(struct tty_struct *tty, struct file *filp);
  int  (*write)(struct tty_struct *tty,
                const unsigned char *buf, int count);
  void (*put_char)(struct tty_struct *tty,
                unsigned char ch);
  /* ... */
};
```

像UART驱动程序一样，tty驱动程序也需要完成两个步骤才能向内核注册自身。
(1) 调用tty_register_driver(struct tty_driver *tty_d)向tty核心注册自身。
(2) 调用以下代码注册它支持的每个单独的tty：

```
tty_register_device(struct tty_driver *tty_d,
                    unsigned device_index,
                    struct device *device)
```

本章不会给出tty驱动程序的实例，在Linux内核中有一些通用的tty驱动程序。

- 第16章讨论的蓝牙模拟串行接口就是用tty驱动程序实现的。此驱动程序（drivers/net/bluetooth/rfcomm/tty.c）在初始化阶段调用tty_register_driver()，在处理每个到来的蓝牙连接时调用tty_register_device()。
- 在Linux桌面上，为了使用系统控制台，如果工作在字符模式下，就需要VT（Virtual Terminal，虚拟终端）服务；如果处在图形模式下，就需要PTY（Pseudo Terminal，伪终端）服务。VT和PT都是用tty驱动程序实现的，分别位于drivers/char/vt.c和drivers/char/pty.c文件。
- 传统的UART使用的tty驱动程序为drivers/serial/serial_core.c。
- USB-串行端口转换器的tty驱动程序为drivers/usb/serial/usb-serial.c。

6.4 线路规程

线路规程提供了一套灵活的机制，使得用户运行不同的应用程序时，能够使用相同的串行驱动程序。底层的物理驱动程序和tty驱动程序负责从硬件上收发数据，而线路规程则负责处理这些数据，并在内核空间和用户空间之间传递数据。

串行子系统支持17种标准的线路规程。打开串行端口时系统绑定的默认线路规程是N_TTY，它实现了终端I/O处理。N_TTY负责"加工"从键盘接收到的字符。根据用户需要，它完成控制字符到"新起一行"的映射，进行小写字符至大写字符的转换，将tab、echo字符传递给相关的虚拟终端。N_TTY也支持原始编辑模式，此时，它将所有前述的处理都交给用户程序。图7-3将展示键盘子系统如何和N_TTY相关联。6.3节中列出的tty驱动程序示例默认使用的就是N_TTY。

线路规程也实现通过串行传输协议实现的网络接口。PPP（Point-to-Point Protocol，点到点协议）（N_PPP）和SLIP（Serial Line Internet Protocol，串行线路网际协议）（N_SLIP）子系统中的线路规程完成将包组帧、分配相应的网络数据结构并将数据传送至相应的网络协议栈的工作。其他的线路规程还包括红外数据（N_IRDA）和蓝牙主机控制接口（N_HCI）。

设备实例：触摸控制器

本节通过实现一个简单的串行触摸屏控制器的线路规程，来深入理解线路规程。图6-6显示了触摸控制器和嵌入式掌上电脑的连接。由于触摸控制器的有限状态机（FSM）能够很好地描述串行层提供的接口和功用，因此将可根据它实现线路规程。

6.4 线路规程

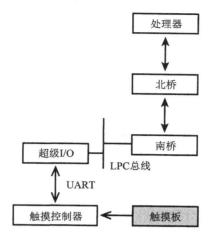

图6-6 类PC上的触摸控制器连接图

1. 打开与关闭

为了创建线路规程，需要定义struct tty_ldisc，并向内核注册指定的入口函数集。代码清单6-2包括了实现以上功能的触摸控制器实例的部分代码。

代码清单6-2 线路规程操作

```
struct tty_ldisc n_touch_ldisc = {
  TTY_LDISC_MAGIC,         /* Magic */
  "n_tch",                 /* Name of the line discipline */
  N_TCH,                   /* Line discipline ID number */
  n_touch_open,            /* Open the line discipline */
  n_touch_close,           /* Close the line discipline */
  n_touch_flush_buffer,    /* Flush the line discipline's read
                              buffer */
  n_touch_chars_in_buffer, /* Get the number of processed characters in
                              the line discipline's read buffer */
  n_touch_read,            /* Called when data is requested
                              from user space */
  n_touch_write,           /* Write method */
  n_touch_ioctl,           /* I/O Control commands */
  NULL,                    /* We don't have a set_termios
                              routine */
  n_touch_poll,            /* Poll */
  n_touch_receive_buf,     /* Called by the low-level driver
                              to pass data to user space*/
  n_touch_receive_room,    /* Returns the room left in the line
                              discipline's read buffer */
  n_touch_write_wakeup     /* Called when the low-level device
                              driver is ready to transmit more
                              data */
};
```

```
/* ... */
if ((err = tty_register_ldisc(N_TCH, &n_touch_ldisc))) {
  return err;
}
```

在代码清单6-2中，n_tch是线路规程名，N_TCH是线路规程的ID号。需要在include/linux/tty.h中定义其值（此头文件中包括所有线路规程的定义）。正使用的线路规程位于/proc/tty/ldiscs文件中。

线路规程从tty的flip缓冲区对应的部分收集、处理数据，然后将处理后的数据复制至本地读缓冲区。对于N_TCH，n_touch_receive_room()返回读缓冲区中的剩余内存数，n_touch_chars_in_buffer()返回读缓冲区中已经处理过的、准备送至用户空间的字符个数。由于N_TCH是只读设备，n_touch_write()和n_touch_write_wakeup()将不进行任何操作。n_touch_open()用于为线路规程的主要数据结构分配内存，可参照代码清单6-3。

代码清单6-3　打开线路规程

```
/* Private structure used to implement the Finite State Machine
(FSM) for the touch controller. The controller and the processor
communicate using a specific protocol that the FSM implements */
struct n_touch {
  int current_state;        /* Finite State Machine */
  spinlock_t touch_lock;    /* Spinlock */
  struct tty_struct *tty;   /* Associated tty */
  /* Statistics and other housekeeping */
  /* ... */
} *n_tch;


/* Device open() */
static int
n_touch_open(struct tty_struct *tty)
{
  /* Allocate memory for n_tch */
  if (!(n_tch = kmalloc(sizeof(struct n_touch), GFP_KERNEL))) {
    return -ENOMEM;
  }
  memset(n_tch, 0, sizeof(struct n_touch));

  tty->disc_data = n_tch; /* Other entry points now
                             have direct access to n_tch */
  /* Allocate the line discipline's local read buffer
     used for copying data out of the tty flip buffer */
  tty->read_buf = kmalloc(BUFFER_SIZE, GFP_KERNEL);
  if (!tty->read_buf) return -ENOMEM;

  /* Clear the read buffer */
  memset(tty->read_buf, 0, BUFFER_SIZE);

  /* Initialize lock */
```

```
    spin_lock_init(&ntch->touch_lock);

    /* Initialize other necessary tty fields.
       See drivers/char/n_tty.c for an example */
    /* ... */

    return 0;
}
```

当打开连有触摸控制器的串行端口时,你可能想将N_TCH而非N_TTY设置为默认的线路规程,第6小节中介绍的方法可以实现从用户空间改变线路规程的目的。

2. 读数据过程

对于中断驱动的设备,读取数据的过程通常由一前一后两个线程组成。
(1) 由于发起读数据请求而从用户空间发起的顶层线程。
(2) 由中断处理程序(接收来自设备的数据)唤醒的底层线程。

图6-7显示了这两个与读数据流程相关的线程。中断处理程序将receive_buf()(在我们的例子中是n_touch_receive_buf())函数当作任务进行排队。通过设置tty->low_latency可重载这一行为。

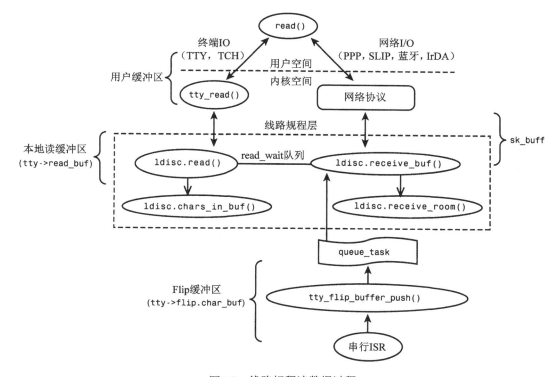

图6-7 线路规程读数据过程

触摸控制器的数据手册详细描述了触摸控制器和处理器之间的专用通信协议，而驱动程序则用前面讨论过的有限状态机来实现此协议。代码清单6-4中将有限状态机作为receive_buf()入口点n_touch_receive_buf()的一部分。

代码清单6-4　n_touch_receive_buf()方法

```
static void
n_touch_receive_buf(struct tty_struct *tty,
                    const unsigned char *cp, char *fp, int count)
{

  /* Work on the data in the line discipline's half of
     the flip buffer pointed to by cp */
  /* ... */

  /* Implement the Finite State Machine to interpret commands/data
     arriving from the touch controller and put the processed data
     into the local read buffer */

  /* Datasheet-dependent Code Region */
  switch (tty->disc_data->current_state) {
    case RESET:
      /* Issue a reset command to the controller */
      tty->driver->write(tty, 0, mode_stream_command,
                         sizeof(mode_stream_command));
      tty->disc_data->current_state = STREAM_DATA;
      /* ... */
      break;
    case STREAM_DATA:
      /* ... */
      break;
    case PARSING:
      /* ... */
      tty->disc_data->current_state = PARSED;
      break;
    case PARSED:
      /* ... */
  }

  if (tty->disc_data->current_state == PARSED) {
    /* If you have a parsed packet, copy the collected coordinate
       and direction information into the local read buffer */
    spin_lock_irqsave(&tty->disc_data->touch_lock, flags);
    for (i=0; i < PACKET_SIZE; i++) {
      tty->disc_data->read_buf[tty->disc_data->read_head] =
                    tty->disc_data->current_pkt[i];
      tty->disc_data->read_head =
              (tty->disc_data->read_head + 1) & (BUFFER_SIZE - 1);
      tty->disc_data->read_cnt++;
    }
    spin_lock_irqrestore(&tty->disc_data->touch_lock, flags);
```

```
    /* ... */ /* See Listing 6.5 */
  }
}
```

n_touch_receive_buf()处理从串行驱动程序来的数据。它和触摸控制器进行一系列命令/响应的交互，将接收的坐标和压下/释放信息放入线路规程读缓冲区。对读缓冲区的访问必须借助自旋锁的加锁能力来依次进行，如图6-7所示，该自旋锁被ldisc.receive_buf()和ldisc.read()线程（在我们的例子中分别是n_touch_receive_buf()和n_touch_read()）同时使用。如代码清单6-4所示，n_touch_receive_buf()通过直接调用串行驱动程序的write()入口函数将命令分发给触摸控制器。

n_touch_receive_buf()需要做如下操作。

(1) 如果没有数据可获得，图6-7中的顶层的read()线程会将调用进程置为休眠状态。因此n_touch_receive_buf()必须将其唤醒，使其读取刚处理过的数据。

(2) 如果线路规程耗尽了读缓冲空间，n_touch_receive_buf()必须要求串行驱动程序中止从设备接收数据。当它将数据搬移至用户空间并释放读缓冲区中的内存后，ldisc.read()负责重新开启数据接收。串行驱动程序利用软件或硬件流控机制完成数据接收的中止和重启。

代码清单6-5实现了上面的操作。

代码清单6-5 唤醒读线程和中止串行驱动程序

```
/* n_touch_receive_buf() continued.. */

/* Wake up any threads waiting for data */
if (waitqueue_active(&tty->read_wait) &&
    (tty->read_cnt >= tty->minimum_to_wake))
  wake_up_interruptible(&tty->read_wait);
}
/* If we are running out of buffer space, request the
   serial driver to throttle incoming data */
if (n_touch_receive_room(tty) < TOUCH_THROTTLE_THRESHOLD) {
  tty->driver.throttle(tty);
}
/* ... */
```

等待队列tty->read_wait用于在ldisc.read()和ldisc.receive_buf()线程之间实现同步。当ldisc.read()未发现可读的数据时，将调用进程加入等待队列；当有数据可读时，ldisc.receive_buf()唤醒ldisc.read()线程。因此，n_touch_read()完成如下操作。

- 当无可读数据时，将调用进程放入read_wait队列中使其休眠。当数据到来时由n_touch_receive_buf()唤醒此进程。
- 若数据可获得，从本地读缓冲区（tty->read_buf[tty->read_tail]）中收集数据，并分发至用户空间。
- 若串行驱动程序被中止，并且在读操作后读缓冲区中又有了足够的可用空间，请求串行驱动程序重启。

网络线路规程通常分配sk_buff（第15章中将介绍的基本的Linux网络数据结构），并用它作为读缓冲区。由于网络线路规程的receive_buf()将接收的数据复制至sk_buff并将其直接传送至相应的协议栈，因此它没有read()函数。

3. 写数据过程

线路规程的write()入口函数需要完成一些数据传送至底层驱动之前必要的后处理工作。

如果底层驱动程序不能接受线路规程提供的所有数据，线路规程会将请求发送数据的线程置于休眠状态。当驱动程序准备好接受更多的数据时，驱动程序的中断处理例程将线路规程唤醒。为了达成此目的，驱动程序调用由线路规程注册的write_wakeup()方法。类似于前面章节中讨论过的用read_wait实现同步，此处通过等待队列tty->write_wait来实现相应的同步。

很多网络线路规程没有write()方法。协议实现时直接将数据帧向下传送给串行设备驱动程序。然而，这些线路规程通常仍然有write_wakeup()入口点，以响应串行驱动程序的传输更多数据的请求。

因为触摸控制器是只读设备，所以N_TCH也不需要write()方法。正如在代码清单6-4中所见，当需要发送命令帧给控制器时，接收路径中的例程直接和底层的UART驱动程序交互。

4. I/O 控制

像第5章中讨论的那样，用户程序可以通过调用ioctl()向设备发送命令。当应用程序打开串行设备时，它通常可向其发出以下三类ioctl。

- 串行设备驱动程序支持的命令，例如设置调制解调器信息的TIOCMSET。
- tty驱动程序支持的命令，例如改变关联的线路规程的TIOCSETD。
- 关联的线路规程支持的命令，例如在N_TCH例子中复位触摸控制器的命令。

N_TCH中实现的ioctl()基本是标准的。支持的命令取决于触摸控制器数据手册中描述的协议。

5. 其他操作

另一个线路规程操作是flush_buffer()，用于清理读缓冲区中未处理的数据。当线路规程关闭时，也会调用flush_buffer()。它唤醒所有等待数据的读线程，其操作如下：

```
if (tty->link->packet){
  wake_up_interruptible(&tty->disc_data->read_wait);
}
```

还有一个入口函数（N_TCH不支持）为set_termios()。N_TTY线路规程支持set_termios()接口，用于进行和线路规程数据处理相关的配置。例如你可以用set_termios()将线路规程置为原始模式或加工模式。一些触摸控制器特定的配置（如改变波特率、校验和停止位）由底层设备驱动程序的set_termios()方法提供。

其他的入口函数（例如poll()）都是一些标准入口函数，如果需要了解可以参阅第5章。

可以将线路规程编译进内核或编译为模块动态加载。如果选择编译为模块，就必须提供模块初始化或释放需要调用的函数。前者通常使用和init()类似的方法，后者需要清空私有的数据结构，并注销线路规程。注销线路规程的操作为：

```
tty_unregister_ldisc(N_TCH);
```

驱动串行触摸控制器更简单的途径是利用内核输入子系统提供的服务和内嵌的*serport*线路规程。在后续章节中我们将看到其技术细节。

6. 修改线路规程

当用户空间程序打开和触摸控制器相连的串行端口时，N_TCH将被绑定到底层的串行驱动程序。但有时，用户空间的应用程序可能需要给设备绑定其他的线路规程。例如，你可能想编写程序清空触摸控制器接收的所有原始数据而不处理它。代码清单6-6为打开触摸控制器、修改线路规程为N_TTY并清空所有接收的数据的程序。

代码清单6-6　从用户空间修改线路规程

```
fd = open("/dev/ttySX", O_RDONLY | O_NOCTTY);

/* At this point, N_TCH is attached to /dev/ttySX, the serial port used
   by the touch controller. Switch to N_TTY */
ldisc = N_TTY;
ioctl(fd, TIOCSETD, &ldisc);

/* Set termios to raw mode and dump the data coming in */
/* ... */
```

ioctl()的TIOCSETD命令关闭当前的线路规程并打开新选定的线路规程。

6.5　查看源代码

串行核心位于drivers/serial/文件中，tty实现和底层的驱动程序分散在内核源码树中。例如，驱动程序文件可参考图6-3，分别位于4个不同的目录中：drivers/serial/，drivers/char/，drivers/usb/serial/和 drivers/net/irda/。drivers/serial/目录包含UART驱动程序，而在2.4版本的内核中无此目录，UART相关的代码过去通常分散在drivers/char/ 和 arch/your-arch/目录中。现在的代码划分较之以前更有逻辑性，因为UART驱动程序不是串行层的唯一访问者，USB-串行端口转换器以及红外dongle等设备也需要和串行核心交互。

drivers/serial/imx.c是一个实际的、底层的UART驱动程序，它驱动的是飞思卡尔公司（Freescale）的i.MX系列嵌入式控制器的UART。

Linux支持的线路规程列表可以参见include/linux/tty.h文件。如果想了解网络线路规程，可以阅读相应的源文件：PPP（drivers/net/ppp_async.c）、蓝牙（drivers/bluetooth/hci_ldisc.c）、红外（drivers/net/irda/irtty-sir.c）和SLIP（drivers/net/slip.c）。

表6-3包括本章中用到的主要数据结构的概述和它们在源码树中被定义的位置。表6-4列出了本章用到的主要内核编程接口和其定义位置。

表6-3 数据结构小结

数据结构	位置	描述
uart_driver	include/linux/serial_core.h	代表底层的UART驱动程序
uart_port	include/linux/serial_core.h	代表一个UART端口
uart_ops	include/linux/serial_core.h	UART驱动程序支持的入口函数
platform_device	include/linux/platform_device.h	代表平台设备
platform_driver	include/linux/platform_device.h	代表一个平台驱动程序
tty_struct	include/linux/tty.h	tty的状态信息
tty_bufhead, tty_buffer	include/linux/tty.h	这两个结构体实现了和tty关联的flip缓冲区
tty_driver	include/linux/tty_driver.h	tty驱动程序和高层之间的编程接口
tty_ldisc	include/linux/tty_ldisc.h	线路规程支持的入口函数

表6-4 内核编程接口小结

内核接口	位置	描述
uart_register_driver()	drivers/serial/sderial_core.c	向串行核心注册UART驱动程序
uart_add_one_port()	drivers/serial/sderial_core.c	注册UART驱动程序支持的UART端口
uart_unregister_driver()	drivers/serial/sderial_core.c	从串行核心移除UART驱动程序
platform_device_register() platform_device_register_simple() platform_add_devices()	drivers/base/platform.c	注册平台设备
platform_device_unregister()	drivers/base/platform.c	卸载平台设备
platform_driver_register()/ platform_driver_unregister()	drivers/base/platform.c	注册/卸载平台驱动程序
tty_insert_flip_char()	include/linux/tty_flip.h	向tty flip缓冲区添加一个字符
tty_flip_buffer_push()	drivers/char/tty_io.c	排队一个将flip缓冲区推向线路规程的请求
tty_register_driver()	drivers/char/tty_io.c	向串行核心注册tty驱动程序
tty_unregister_driver()	drivers/char/tty_io.c	从串行核心注销tty驱动程序
tty_register_ldisc()	drivers/char/tty_io.c	通过注册指定的入口函数,创建线路规程
tty_unregister_ldisc()	drivers/char/tty_io.c	从串行核心移除线路规程

一些串行数据的传送场景较为复杂。正如图6-3所示,可能需要混用和匹配多个不同的串行层模块。某些情况下,数据传送可能需要穿越多个线路规程来完成。例如,设置一个使用蓝牙建立的拨号连接就需要数据在HCI线路规程和PPP线路规程中传输。你可以尝试建立此连接,并使用内核调试器单步跟踪此代码流。

第 7 章 输入设备驱动程序

本章内容
- 输入事件驱动程序
- 输入设备驱动程序
- 调试
- 查看源代码

内核的输入子系统是对分散的、多种不同类别的输入设备（如键盘、鼠标、跟踪球、操纵杆、辊轮、触摸屏、加速计和手写板）进行统一处理的驱动程序。输入子系统带来了如下好处。

- 统一了物理形态各异的相似的输入设备的处理功能。例如，各种鼠标，不论是PS/2、USB，还是蓝牙，都做同样处理。
- 提供了用于分发输入报告给用户应用程序的简单的事件（event）接口。你的驱动程序不必创建、管理/dev节点以及相关的访问方法，因此它能很方便地调用输入API以发送鼠标移动、键盘按键或触摸事件给用户空间。X Windows这样的应用程序能够无缝地运行于输入子系统提供的事件接口之上。
- 抽取出了输入驱动程序的通用部分，简化了驱动程序，并引入了一致性。例如，输入子系统提供了一个底层驱动程序（称为serio）的集合，支持对串行端口和键盘控制器等硬件输入设备的访问。

图7-1展示了输入子系统的运行结构。此子系统包括一前一后运行的两类驱动程序：事件驱动程序和设备驱动程序。事件驱动程序负责和应用程序的接口，而设备驱动程序负责和底层输入设备的通信。鼠标事件生成文件mousedev属于事件驱动程序，而PS/2鼠标驱动程序是设备驱动程序。事件驱动程序和设备驱动程序都可以利用输入子系统的高效、无bug、可重用的核心提供的服务，而该核心还是输入子系统的关键特性。

> 事件驱动程序是标准的，对所有的输入类都是可用的，所以要实现的应该是设备驱动程序而不是事件驱动程序。设备驱动程序可以利用一个已经存在的、合适的事件驱动程序通过输入核心和用户应用程序接口。需要注意的是本章使用的术语"设备驱动程序"指的是输入设备驱动程序，而不是输入事件驱动程序。

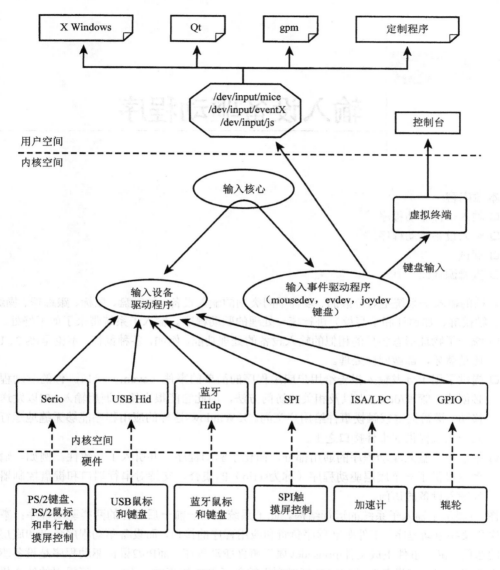

图7-1 输入子系统

7.1 输入事件驱动程序

输入子系统提供的事件接口已经发展成为很多图形窗口系统都适用的标准。事件驱动程序提供一个硬件无关的抽象，以便和输入设备交互，如同帧缓冲接口（第12章介绍）提供一个通用的机制以便和显示设备通信一样。事件驱动程序和帧缓冲驱动程序一起，将GUI（Graphical User Interface，图形用户接口）和各种各样的底层硬件隔离开来。

Evdev 接口

Evdev是一个通用的输入事件驱动程序。Evdev产生的每个事件包都有如下格式，定义于include/linux/input.h文件中：

```
struct input_event {
  struct timeval time;    /* Timestamp */
  __u16 type;             /* Event Type */
  __u16 code;             /* Event Code */
  __s32 value;            /* Event Value */
};
```

为了学习如何使用evdev，让我们来实现一个虚拟鼠标的输入设备驱动程序。

1. 设备实例：虚拟鼠标

我们的虚拟鼠标工作过程如下：应用程序（coord.c）模拟鼠标移动，并通过一个sysfs节点（/sys/devices/platform/vms/coordinates）分发坐标信息给虚拟鼠标驱动程序（vms.c）。虚拟鼠标驱动程序（简称为vms驱动程序）通过evdev向上层传送这些移动信息。图7-2展示了详细过程。

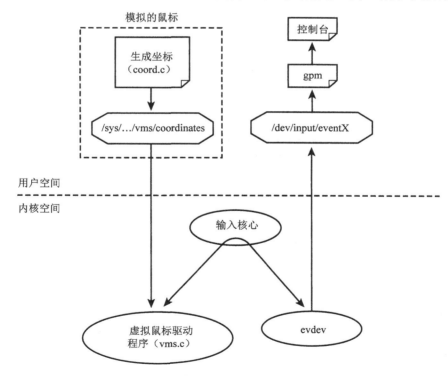

图7-2　虚拟鼠标的输入驱动程序

gpm（general-purpose mouse，通用目的鼠标）是一个服务，有了它就可以在文本模式下使用鼠标，而无需X服务。gpm能够理解evdev消息，因此vms驱动程序能够直接和其通信。一切就绪后，将会看到光标随着由coord.c产生的虚拟鼠标的移动而移动。

代码清单7-1包含coord.c代码，它连续产生随机的X和Y坐标。鼠标与操纵杆或触摸屏不同，它产生的是相对坐标而非绝对坐标，这就是coord.c所做的工作。vms驱动程序在代码清单7-2中。

代码清单7-1 模拟鼠标移动的应用程序（coord.c）

```c
#include <fcntl.h>

int
main(int argc, char *argv[])
{
  int sim_fd;
  int x, y;
  char buffer[10];

  /* Open the sysfs coordinate node */
  sim_fd = open("/sys/devices/platform/vms/coordinates", O_RDWR);
  if (sim_fd < 0) {
    perror("Couldn't open vms coordinate file\n");
    exit(-1);
  }
  while (1) {
    /* Generate random relative coordinates */
    x = random()%20;
    y = random()%20;
    if (x%2) x = -x; if (y%2) y = -y;

    /* Convey simulated coordinates to the virtual mouse driver */
    sprintf(buffer, "%d %d %d", x, y, 0);
    write(sim_fd, buffer, strlen(buffer));
    fsync(sim_fd);
    sleep(1);
  }

  close(sim_fd);
}
```

代码清单7-2 虚拟鼠标的输入驱动程序（vms.c）

```c
#include <linux/fs.h>
#include <asm/uaccess.h>
#include <linux/pci.h>
#include <linux/input.h>
#include <linux/platform_device.h>

struct input_dev *vms_input_dev;          /* Representation of an input device */
static struct platform_device *vms_dev;   /* Device structure */

                                          /* Sysfs method to input simulated
                                             coordinates to the virtual mouse driver */
```

```
static ssize_t
write_vms(struct device *dev,
          struct device_attribute *attr,
          const char *buffer, size_t count)
{
  int x,y;
  sscanf(buffer, "%d%d", &x, &y);
                                            /* Report relative coordinates via the
                                               event interface */
  input_report_rel(vms_input_dev, REL_X, x);
  input_report_rel(vms_input_dev, REL_Y, y);
  input_sync(vms_input_dev);

  return count;
}

/* Attach the sysfs write method */
DEVICE_ATTR(coordinates, 0644, NULL, write_vms);

/* Attribute Descriptor */
static struct attribute *vms_attrs[] = {
  &dev_attr_coordinates.attr,
  NULL
};

/* Attribute group */
static struct attribute_group vms_attr_group = {
  .attrs = vms_attrs,
};

/* Driver Initialization */
int __init
vms_init(void)
{

  /* Register a platform device */
  vms_dev = platform_device_register_simple("vms", -1, NULL, 0);
  if (IS_ERR(vms_dev)) {
    printk("vms_init: error\n");
    return PTR_ERR(vms_dev);
  }

  /* Create a sysfs node to read simulated coordinates */
  sysfs_create_group(&vms_dev->dev.kobj, &vms_attr_group);

  /* Allocate an input device data structure */
  vms_input_dev = input_allocate_device();
  if (!vms_input_dev) {
    printk("Bad input_allocate_device()\n"); return_ENOMEM;"
  }

  /* Announce that the virtual mouse will generate
     relative coordinates */
```

```c
  set_bit(EV_REL, vms_input_dev->evbit);
  set_bit(REL_X, vms_input_dev->relbit);
  set_bit(REL_Y, vms_input_dev->relbit);

  /* Register with the input subsystem */
  input_register_device(vms_input_dev);

  printk("Virtual Mouse Driver Initialized.\n");
  return 0;
}

/* Driver Exit */
void
vms_cleanup(void)
{
  /* Unregister from the input subsystem */
  input_unregister_device(vms_input_dev);

  /* Cleanup sysfs node */
  sysfs_remove_group(&vms_dev->dev.kobj, &vms_attr_group);

  /* Unregister driver */
  platform_device_unregister(vms_dev);

  return;
}

module_init(vms_init);
module_exit(vms_cleanup);
```

让我们仔细分析代码清单7-2中的代码。初始化期间，vms驱动程序注册自身为输入设备驱动程序。为此，它首先使用核心API input_allocate_device()分配input_dev结构体：

```c
vms_input_dev = input_allocate_device();
```

然后，声明虚拟鼠标产生相对性事件：

```c
set_bit(EV_REL, vms_input_dev->evbit);   /* Event Type is EV_REL */
```

下一步，声明虚拟鼠标产生的事件的编码：

```c
set_bit(REL_X, vms_input_dev->relbit); /* Relative 'X' movement */
set_bit(REL_Y, vms_input_dev->relbit); /* Relative 'Y' movement */
```

如果虚拟鼠标也能产生按钮单击事件，还需要将其加入vms_init()：

```c
set_bit(EV_KEY, vms_input_dev->evbit);   /* Event Type is EV_KEY */
set_bit(BTN_0,  vms_input_dev->keybit); /* Event Code is BTN_0 */
```

最后，进行注册：

```c
input_register_device(vms_input_dev);
```

write_vms()是**sysfs**中的store()方法，和/sys/devices/platform/vms/coordinates相

关联。当coord.c将X/Y坐标对写入此文件时，write_vms()做如下操作：

```
input_report_rel(vms_input_dev, REL_X, x);
input_report_rel(vms_input_dev, REL_Y, y);
input_sync(vms_input_dev);
```

第一条语句会产生REL_X事件，即设备在X方向的相对移动。第二条语句产生REL_Y事件，即设备在Y方向的相对移动。input_sync()表明此事件已经完成，因此输入子系统将这两个事件组成一个evdev包，并通过/dev/input/eventX发送出去，eventX中的X是分配给vms驱动程序的接口序号。读该文件的应用程序将以前面描述的input_event格式接收事件包。为了将gpm关联至此事件接口，从而追逐光标的跳动，需要做如下操作：

```
bash> gpm -m /dev/input/eventX -t evdev
```

在7.2.4节和7.2.5节中讨论的ADS7846触摸控制器驱动程序以及加速度传感器驱动程序，也都使用了evdev。

2. 其他事件接口

vms驱动程序利用通用的evdev事件接口，但像键盘、鼠标和触摸屏这些输入设备则必须使用定制的事件驱动程序。在讨论相应的设备驱动程序时，我们将一一研究这些接口。

为了编写自己的事件驱动程序，并通过/dev/input/mydev提供给用户空间，必须利用input_handler结构，并将其向输入核心注册：

```
static struct input_handler my_event_handler = {
  .event      = mydev_event,       /* Handle event reports sent by
                                      input device drivers that use
                                      this event driver's services */
  .fops       = &mydev_fops,       /* Methods to manage /dev/input/mydev */
  .minor      = MYDEV_MINOR_BASE,  /* Minor number of /dev/input/mydev */
  .name       = "mydev",           /* Event driver name */
  .id_table   = mydev_ids,         /* This event driver can handle
                                      requests from these IDs */
  .connect    = mydev_connect,     /* Invoked if there is an ID match */
  .disconnect = mydev_disconnect,  /* Called when the driver unregisters */
};

/* Driver Initialization */
static int __init
mydev_init(void)
{
  /* ... */

  input_register_handler(&my_event_handler);

  /* ... */
  return 0;
}
```

在mousedev（drivers/input/mousedev.c）的具体实现代码中可以看到完整的例子。

7.2 输入设备驱动程序

下面将注意力转向键盘、鼠标以及触摸屏这些通用输入设备的驱动程序。但首先，快速浏览一下那些输入驱动程序可以利用的、现成的硬件访问方法。

7.2.1 serio

serio层提供了访问老式输入硬件（如i8042兼容键盘控制器和串行端口）的库例程。PS/2键盘和鼠标与前者相连，串行触摸控制器和后者相连。为了与serio提供服务的硬件通信，如发送命令给PS/2鼠标，需要用`serio_register_driver()`向serio注册规定的回调例程。

为了给serio添加新的驱动程序，需要用`serio_register_port()`注册open()/close()/start()/stop()/write()入口函数。在drivers/input/serio/serport.c文件中可以看到具体的例子。

正如图7-1所示，serio仅仅是访问底层硬件的一条路径。有些输入设备驱动依赖的是底层的总线层的支持，例如USB和SPI。

7.2.2 键盘

键盘多种多样，从老式的PS/2，到USB、蓝牙以及红外等。每种类型都有特定的输入设备驱动程序，但所有的都使用相同的键盘事件驱动程序，以确保提供给用户的接口一致。然而，和其他的事件驱动程序相比，键盘事件驱动程序有其独特之处：它传送数据给另一个内核子系统（tty层），而不是通过/dev节点传送给用户空间。

1. PC键盘

PC键盘（也成为PS/2键盘或AT键盘）通过i8042兼容键盘控制器与处理器接口。台式机通常用专用的键盘控制器，而笔记本计算机的键盘接口则使用通用嵌入式控制器（参见20.3节）。在PC键盘上按下一个键时，内部的处理流程如下。

(1) 键盘控制器（或嵌入式控制器）扫描键盘矩阵，译码，并做按键去抖等处理。

(2) 键盘设备驱动程序在serio的帮助下，针对每个键的按下与释放，从键盘控制器读取原始的扫描码。按下与释放之间的区别在最高位，在释放时最高位被置位。例如，当"a"键被按下、释放后，会产生一对扫描码：0x1e和0x9e。特殊键用0xE0做转义，因此按下、释放右箭头键，产生的序列码为（0xE0 0x4D 0xE0 0xCD）。可以使用showkey工具观察控制器发出的扫描码（→符号后面为对前面内容的解释）：

```
bash> showkey -s
kb mode was UNICODE
[ if you are trying this under X, it might not work since
  the X server is also reading /dev/console ]

press any key (program terminates 10s after last
keypress)...
...
0x1e 0x9e  →A push of the "a" key
```

(3) 基于输入模式,键盘设备驱动程序转换接收到的扫描码为键值。查看和 "a" 键对应的键值流程如下:

```
bash> showkey
...
keycode 30 press    → A push of the "a" key
keycode 30 release  → Release of the "a" key
```

为了向上报告键值,驱动程序产生一个输入事件,将控制权交给键盘事件驱动程序。

(4) 根据加载的键盘映射,键盘事件驱动程序进行键值翻译。(查看loadkeys的操作帮助页面和/lib/kbd/keymaps中提供的映射文件)。它检查翻译后的键值是否和虚拟控制台或系统重启等相联系。添加如下代码至键盘事件驱动程序(drivers/char/keyboard.c)的Ctrl+Alt+Del处理程序,可将Ctrl+Alt+Del的行为设置为点亮CAPSLOCK和NUMLOCK的LED,而不是重启系统。

```
static void fn_boot_it(struct vc_data *vc,
                       struct pt_regs *regs)
{
+   set_vc_kbd_led(kbd, VC_CAPSLOCK);
+   set_vc_kbd_led(kbd, VC_NUMLOCK);
-   ctrl_alt_del();
}
```

(5) 对于一般的键,译码后得到的键值被送至相联的虚拟终端以及N_TTY线路规程(在第6章中介绍过虚拟终端与线路规程)。这些由drivers/char/keyboard.c中的代码完成:

```
/* Add the keycode to flip buffer */
tty_insert_flip_char(tty, keycode, 0);
/* Schedule */
con_schedule_flip(tty);
```

N_TTY线路规程处理从键盘接收的输入,回送至虚拟控制台,让用户空间的应用程序从与虚拟终端相连的/dev/ttyX节点读取字符。

图7-3显示了从按下键盘开始到回显至虚拟控制台的整个过程的数据流。图的左半部是和硬件相关的,右半部是通用的。根据输入子系统的设计目的,底层硬件接口对键盘事件驱动程序和tty层是透明的。输入核心和定义明确的事件接口将输入用户程序和复杂的硬件隔离开来。

2. USB与蓝牙键盘

USB规范中有关HID(Human Interface Driver,人机接口设备)的部分规定了USB键盘、鼠标、小键盘以及其他输入外围设备使用的通信协议。在Linux上,它们是通过usbhid USB客户端驱动程序实现的,它负责USB HID类(0x03)设备。usbhid注册自身作为输入设备驱动程序。它和输入API保持一致,并报告输入事件至相连的HID。

为了理解USB键盘的代码流,回到图7-3,并修改左半部中的硬件相关部分。将输入硬件框中的键盘控制器用USB控制器代替,serio用USB核心层代替,输入设备驱动程序框用usbhid驱动程序代替即可。

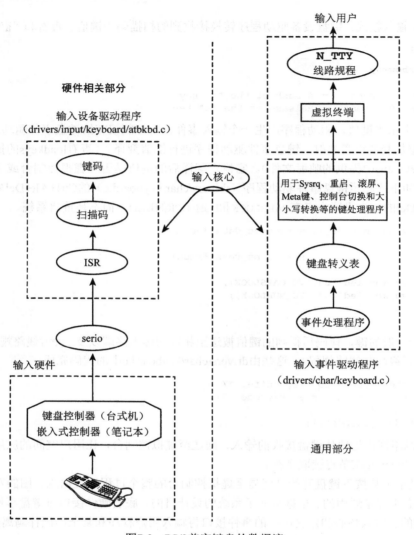

图7-3　PS/2兼容键盘的数据流

对于蓝牙键盘，在图7-3中将键盘控制器用蓝牙芯片代替，serio用蓝牙核心层代替，输入设备驱动程序框用蓝牙hidp驱动程序代替。

USB和蓝牙将在第11章和第16章中分别详细讨论。

7.2.3　鼠标

与键盘类似，鼠标接口也有很多种，功能也各不相同。让我们从通用的看起。

1. PS/2鼠标

鼠标在X和Y坐标上产生相对移动，有一个或多个按钮，一些还有滚轮（scroll wheel）。PS/2

兼容的老式鼠标依赖于serio层和底层的控制器交互。鼠标的输入事件驱动称为mousedev，通过/dev/input/mice报告鼠标事件给用户应用程序。

2. 设备实例：滚轮鼠标

为了了解真实的鼠标设备驱动程序，让我们将第4章中所讨论的导航杆变换为通用PS/2鼠标。"滚轮鼠标"在Y轴产生一维的移动。滚轮顺时针和逆时针的旋转分别产生正的和负的相对Y坐标（类似于鼠标上的滚轮），按下滚轮则会产生鼠标左按钮事件。滚轮鼠标是在智能手机、手持设备以及音乐播放器等设备上操作菜单的理想选择。

滚轮鼠标设备驱动程序见代码清单7-3，运行于像X Windows这样的窗口系统。查看`roller_mouse_init()`可清楚此驱动程序如何实现类似鼠标的功能。与第4章代码清单4-1中的导航杆驱动程序不同，滚轮鼠标驱动程序不需要`read()`和`poll()`方法，因为这些事件通过输入API来报告。滚轮中断处理例程`roller_isr()`也做了相应的改变。中断处理例程中的事务管理使用了一个等待队列、一个自旋锁和`store_movement()`例程，支持`read()`和`poll()`。

代码清单7-3中行首的+和-指示了和代码清单4-1中导航杆驱动程序的区别。

代码清单7-3　滚轮鼠标驱动程序

```
+    #include <linux/input.h>
+    #include <linux/interrupt.h>
+
+    /* Device structure */
+    struct {
+      /* ... */
+      struct input_dev dev;
+    } roller_mouse;
+
+    static int __init
+    roller_mouse_init(void)
+    {
+    /* Allocate input device structure */
+    roller_mouse->dev = input_allocate_device();
+
+    /* Can generate a click and a relative movement */
+    roller_mouse->dev->evbit[0] = BIT(EV_KEY) | BIT(EV_REL);
+
+    /* Can move only in the Y-axis */
+    roller_mouse->dev->relbit[0] = BIT(REL_Y);
+
+    /* My click should be construed as the left button
+       press of a mouse */
+    roller_mouse->dev->keybit[LONG(BTN_MOUSE)] = BIT(BTN_LEFT);
+
+    roller_mouse->dev->name = "roll";
+
+    /* For entries in /sys/class/input/inputX/id/ */
+    roller_mouse->dev->id.bustype = ROLLER_BUS;
+    roller_mouse->dev->id.vendor  = ROLLER_VENDOR;
+    roller_mouse->dev->id.product = ROLLER_PROD;
+    roller_mouse->dev->id.version = ROLLER_VER;
```

```
+   /* Register with the input subsystem */
+   input_register_device(roller_mouse->dev);
+}

/* Global variables */
-   spinlock_t roller_lock = SPIN_LOCK_UNLOCKED;
-   static DECLARE_WAIT_QUEUE_HEAD(roller_poll);

/* The Roller Interrupt Handler */
static irqreturn_t
roller_interrupt(int irq, void *dev_id)
{
    int i, PA_t, PA_delta_t, movement = 0;

    /* Get the waveforms from bits 0, 1 and 2
       of Port D as shown in Figure 7.1 */
    PA_t = PORTD & 0x07;

    /* Wait until the state of the pins change.
       (Add some timeout to the loop) */
    for (i=0; (PA_t==PA_delta_t); i++){
        PA_delta_t = PORTD & 0x07;
    }

    movement = determine_movement(PA_t, PA_delta_t);

-   spin_lock(&roller_lock);
-
-   /* Store the wheel movement in a buffer for
-      later access by the read()/poll() entry points */
-   store_movements(movement);
-
-   spin_unlock(&roller_lock);
-
-   /* Wake up the poll entry point that might have
-      gone to sleep, waiting for a wheel movement */
-   wake_up_interruptible(&roller_poll);
-
+   if (movement == CLOCKWISE) {
+       input_report_rel(roller_mouse->dev, REL_Y, 1);
+   } else if (movement == ANTICLOCKWISE) {
+       input_report_rel(roller_mouse->dev, REL_Y, -1);
+   } else if (movement == KEYPRESSED) {
+       input_report_key(roller_mouse->dev, BTN_LEFT, 1);
+   }
+   input_sync(roller_mouse->dev);

    return IRQ_HANDLED;
}
```

3. 指点杆（Trackpoint）

指点杆是一个定点设备，在一些笔记本电脑上和PS/2类型的键盘集成在一起。此设备包括位于键盘中间的操作杆和位于空白键下方的鼠标按钮。指点杆的本质功能类似于鼠标，因此可以用

PS/2鼠标驱动程序对其操作。

与普通的鼠标不同,指点杆提供更多的移动控制。可以控制指点杆控制器改变其灵敏度和惯性等属性。内核有一个特别的驱动程序drivers/input/mouse/trackpoint.c,用于创建和管理相应的sysfs节点。若想了解所有的指点配置选项的设置,可查看/sys/devices/platform/i8042/serioX/serioY/。

4. 触摸板（Touchpad）

触摸板是类似于鼠标的定点设备,在笔记本计算机上很常见。与传统的鼠标不同,触摸板没有移动组件。它能产生和鼠标兼容的相对坐标,但通常被操作系统用于在功能更强大的模式下产生绝对坐标。在绝对模式下的通信协议类似于PS/2鼠标协议,但与PS/2不兼容。

对于那些和衍生的PS/2鼠标协议相一致的设备,基本的PS/2鼠标驱动程序能够对其提供支持。对于新鼠标协议,通过psmouse结构可实现协议驱动程序,从而可在基本驱动程序的基础上添加对该新鼠标协议的支持。例如,如果笔记本计算机在绝对模式下使用Synaptics触摸板,基本的PS/2鼠标驱动程序使用Synaptics协议驱动程序的服务去解释数据流。为了更好地理解Synaptics协议和基本PS/2驱动程序共同工作的原理,请阅读下面从代码清单7-4收集的4个代码片段。

- PS/2鼠标驱动程序: drivers/input/mouse/psmouse-base.c,用支持的鼠标协议信息（包括Synaptics触摸板协议）实例化了psmouse_protocol结构体。
- psmouse结构: 定义于drivers/input/mouse/psmouse.h,和各种PS/2协议绑定在一起。
- synaptics_init(): 使用对应协议的处理函数地址构成psmouse结构体。
- 协议处理函数synaptics_process_byte()（由synaptics_init()构成）: 当serio感知到鼠标移动时,从中断上下文中被调用。如果查看synaptics_process_byte(),将会发现触摸板的移动通过mousedev报告给用户应用程序。

代码清单7-4 Synaptics触摸板的PS/2鼠标协议驱动程序

```
drivers/input/mouse/psmouse-base.c:
/* List of supported PS/2 mouse protocols */
static struct psmouse_protocol psmouse_protocols[] = {
 {
   .type     = PSMOUSE_PS2, /* The bare PS/2 handler */
   .name     = "PS/2",
   .alias    = "bare",
   .maxproto = 1,
   .detect   = ps2bare_detect,
 },
 /* ... */
 {
   .type     = PSMOUSE_SYNAPTICS, /* Synaptics TouchPad Protocol */
   .name     = "SynPS/2",
   .alias    = "synaptics",
   .detect   = synaptics_detect,  /* Is the protocol detected? */
   .init     = synaptics_init,    /* Initialize Protocol Handler */
 },
 /* ... */
}
```

drivers/input/mouse/psmouse.h:
```
/* The structure that ties various mouse protocols together */
struct psmouse {
  struct input_dev *dev; /* The input device */
  /* ... */

  /* Protocol Methods */
  psmouse_ret_t (*protocol_handler)
              (struct psmouse *psmouse, struct pt_regs *regs);
  void (*set_rate)(struct psmouse *psmouse, unsigned int rate);
  void (*set_resolution)
       (struct psmouse *psmouse, unsigned int resolution);
  int (*reconnect)(struct psmouse *psmouse);
  void (*disconnect)(struct psmouse *psmouse);
  /* ... */
};
```

drivers/input/mouse/synaptics.c:
```
/* init() method of the Synaptics protocol */
int synaptics_init(struct psmouse *psmouse)
{
  struct synaptics_data *priv;
  psmouse->private = priv = kmalloc(sizeof(struct synaptics_data),
                    GFP_KERNEL);
  /* ... */

  /* This is called in interrupt context when mouse
     movement is sensed */
  psmouse->protocol_handler = synaptics_process_byte;

  /* More protocol methods */
  psmouse->set_rate = synaptics_set_rate;
  psmouse->disconnect = synaptics_disconnect;
  psmouse->reconnect = synaptics_reconnect;

  /* ... */
}
```

drivers/input/mouse/synaptics.c:
```
/* If you unfold synaptics_process_byte() and look at
   synaptics_process_packet(), you can see the input
   events being reported to user applications via mousedev */
static void synaptics_process_packet(struct psmouse *psmouse)
{
  /* ... */
  if (hw.z > 0) {
    /* Absolute X Coordinate */
    input_report_abs(dev, ABS_X, hw.x);
    /* Absolute Y Coordinate */
    input_report_abs(dev, ABS_Y, YMAX_NOMINAL + YMIN_NOMINAL - hw.y);
  }
  /* Absolute Z Coordinate */
  input_report_abs(dev, ABS_PRESSURE, hw.z);
  /* ... */
```

```
    /* Left TouchPad button */
    input_report_key(dev, BTN_LEFT, hw.left);
    /* Right TouchPad button */
    input_report_key(dev, BTN_RIGHT, hw.right);
    /* ... */
}
```

5. USB和蓝牙鼠标

和USB键盘一样,USB鼠标也由同样的输入驱动程序usbhid所驱动。类似的,支持蓝牙键盘的hidp也支持蓝牙鼠标。

正如所料,USB和蓝牙鼠标的驱动程序通过mousedev来传输设备数据。

7.2.4 触摸控制器

在第6章中,以N_TCH线路规程的形式实现了串行触摸控制器的设备驱动程序。输入子系统提供了更方便、更简单的方式以实现驱动程序。通过如下修改,重新以输入设备驱动程序的形式实现有限状态机。

(1) serio提供serport线路规程,以访问和串行端口连接的设备。使用serport的服务和触摸控制器交互。

(2) 同在代码清单7-2中针对虚拟鼠标所做的类似,通过evdev产生输入报告,而不是传送坐标信息给tty层。

有了这些改变,通过/dev/input/eventX,用户空间就可访问触摸屏。实际的驱动程序实现留做练习。

Analog Devices公司的ADS7846芯片是一个不使用串行端口的触摸控制器的例子,它使用的是SPI(Serial Peripheral Interface,串行外围设备接口)。此设备的驱动使用的是SPI提供的服务,而不是serio。8.8节对SPI有详细讨论。与大多数触摸驱动程序类似,ADS7846驱动程序使用evdev接口给用户应用程序分发触摸信息。

一些触摸控制器接口为USB,如3M USB触摸控制器,它由drivers/input/touchscreen/usbtouchscreen.c所驱动。

> 很多PDA都在LCD上叠加有四线电阻触摸板。触摸板的X和Y电极(每个坐标轴两线)和模数转换器(ADC)相连,当触摸屏幕时会产生模拟电压值的变化,ADC将其变换为数字输出。输入驱动程序接收从ADC来的坐标并分发至用户空间。

由于制造过程的细微差别,同一款触摸板的多个产品可能会产生略有不同的坐标范围(X和Y方向的最大值)。为了使应用程序不受此差别影响,使用之前会校准触摸屏。校准通常由GUI发起:在屏幕边界和其他的位置显示交叉记号,并要求用户单击这些点。如果支持自校准,就使用相应的命令将产生的坐标编程进触摸控制器;否则,使用软件校正坐标数据流。

输入子系统也包括tsdev事件驱动程序,tsdev根据Compaq触摸屏协议产生坐标信息。如果系统通过tsdev报告触摸事件,支持此协议的应用程序能从/dev/input/tsX获取触摸输入。然而,此驱动程序将从主线内核中移去,因为用户空间的tslib库得到更多的支持。

Documentation/feature-removal-schedule.txt列出了那些将从内核源码树中移除的特性。

7.2.5 加速度传感器

加速度传感器用于测量加速度。某些IBM/联想的笔记本计算机配有检测突然移动的加速度传感器。产生的信息用于保护硬盘。它所使用的机制称为HDAPS（Hard Drive Active Protection System，硬盘活动保护系统），类似于汽车中用于保护乘员免受伤害的安全气囊。HDAPS驱动程序是平台驱动程序，向输入子系统注册。它使用evdev对检测到的加速度的X和Y分量组成数据流。应用程序能够通过/dev/input/eventX读取加速度事件，以检测诸如振动之类的情况，并执行保护措施，例如停止硬盘驱动头。如果移动笔记本，执行下列命令将不断输出信息（假设event3分配给HDAPS）：

```
bash> od -x /dev/input/event3
0000000 a94d 4599 1f19 0007 0003 0000 ffed ffff
...
```

加速度传感器也提供例如温度、键盘和鼠标的活动性等这些信息，所有这些信息可通过访问/sys/devices/platform/hdaps/中的文件获得。鉴于此，HDAPS驱动程序是内核源码中硬件监控（hwmon）子系统的一部分。在8.7节中我们将讨论硬件监控。

7.2.6 输出事件

一些设备驱动程序也处理输出事件。例如，键盘驱动程序能点亮CAPSLOCK LED，PC扬声器驱动程序能够发出"嘟嘟"声。我们重点讨论后者。在初始化期间，扬声器驱动程序会通过设置相应的evbits以表明其有输出能力，并注册用来处理输出事件的回调例程：

```
drivers/input/misc/pcspkr.c:
static int __devinit pcspkr_probe(struct platform_device *dev)
{
  /* ... */

  /* Capability Bits */
  pcspkr_dev->evbit[0]  = BIT(EV_SND);
  pcspkr_dev->sndbit[0] = BIT(SND_BELL) | BIT(SND_TONE);

  /* The Callback routine */
  pcspkr_dev->event = pcspkr_event;

  err = input_register_device(pcspkr_dev);
  /* ... */
}

/* The callback routine */
static int pcspkr_event(struct input_dev *dev, unsigned int type,
                        unsigned int code, int value)
{
  /* ... */
  /* I/O programming to sound a beep */
```

```
    outb_p(inb_p(0x61) | 3, 0x61);
    /* set command for counter 2, 2 byte write */
    outb_p(0xB6, 0x43);
    /* select desired HZ */
    outb_p(count & 0xff, 0x42);
    outb((count >> 8) & 0xff, 0x42);

    /* ... */
}
```

为了使扬声器发声，键盘事件驱动程序产生一个声音事件（EV_SND）：

```
input_event(handle->dev, EV_SND,    /* Type */
                         SND_TONE,  /* Code */
                         hz         /* Value */);
```

这会触发回调例程pcspkr_event()的执行，你将听到"嘟嘟"声。

7.3　调试

在编写输入驱动程序时，可以使用evbug模块辅助调试。它dump输入子系统产生的事件对应的（type，code，value）元组（查看前面定义的 struct input_event）。图7-4是在操作某输入设备时evbug所捕获的数据。

```
/* Touchpad Movement */
evbug.c Event. Dev: isa0060/serio1/input0: Type: 3, Code: 28, Value: 0
evbug.c Event. Dev: isa0060/serio1/input0: Type: 1, Code: 325, Value: 0
evbug.c Event. Dev: isa0060/serio1/input0: Type: 0, Code: 0, Value: 0

/* Trackpoint Movement */
evbug.c Event. Dev: synaptics-pt/serio0/input0: Type: 2, Code: 0, Value: -1
evbug.c Event. Dev: synaptics-pt/serio0/input0: Type: 2, Code: 1, Value: -2
evbug.c Event. Dev: synaptics-pt/serio0/input0: Type: 0, Code: 0, Value: 0

/* USB Mouse Movement */
evbug.c Event. Dev: usb-0000:00:1d.1-2/input0: Type: 2, Code: 1, Value: -1
evbug.c Event. Dev: usb-0000:00:1d.1-2/input0: Type: 0, Code: 0, Value: 0
evbug.c Event. Dev: usb-0000:00:1d.1-2/input0: Type: 2, Code: 0, Value: 1
evbug.c Event. Dev: usb-0000:00:1d.1-2/input0: Type: 0, Code: 0, Value: 0

/* PS/2 Keyboard keypress 'a' */
evbug.c Event. Dev: isa0060/serio0/input0: Type: 4, Code: 4, Value: 30
evbug.c Event. Dev: isa0060/serio0/input0: Type: 1, Code: 30, Value: 0
evbug.c Event. Dev: isa0060/serio0/input0: Type: 0, Code: 0, Value: 0

/* USB keyboard keypress 'a' */
evbug.c Event. Dev: usb-0000:00:1d.1-1/input0: Type: 1, Code: 30, Value: 1
evbug.c Event. Dev: usb-0000:00:1d.1-1/input0: Type: 0, Code: 0, Value: 0
evbug.c Event. Dev: usb-0000:00:1d.1-2/input0: Type: 1, Code: 30, Value: 0
evbug.c Event. Dev: usb-0000:00:1d.1-2/input0: Type: 0, Code: 0, Value: 0
```

图7-4　evbug输出

为了更好地理解图7-4中的输出，需要牢记：触摸板产生绝对坐标（EV_ABS）或事件类型0x03，指点杆产生相对坐标（EV_REL）或事件0x02，键盘发出键盘事件（EV_KEY）或事件0x01。事件

0x0对应于 `input_sync()` 的调用，其操作如下：

```
input_event(dev, EV_SYN, SYN_REPORT, 0);
```

此操作将转换为（type, code, value）元组（0x0，0x0，0x0），并完成每个输入事件。

7.4 查看源代码

大多数输入事件驱动程序位于 drivers/input/ 目录。然而键盘事件驱动程序为 drivers/char/keyboard.c，这是因为键盘和虚拟终端绑定，而非与/dev/input/下的设备节点绑定。

几个目录下都有输入设备驱动程序。老式的键盘、鼠标和操纵杆驱动程序位于 drivers/input/下单独的子目录内。蓝牙输入驱动程序在 net/bluetooth/hidp/ 目录下。在 drivers/hwmon/ 和 drivers/media/video/ 等目录下也有输入驱动程序。事件类型、代码和值定义于 include/linux/input.h 文件中。

serio 子系统位于 drivers/input/serio/。serport 线路规程的源码文件为 drivers/input/serio/serport.c。不同输入接口详见 Documentation/input/。

表7-1概括了本章中使用的主要数据结构及其在源码树中的位置。表7-2列出了本章所用到的主要内核编程接口以及它定义的位置。

表7-1 数据结构小结

数据结构	位置	描述
`input_event`	include/linux/input.h	evdev产生的每个事件包都采用此格式
`input_dev`	include/linux/input.h	代表一个输入设备
`input_handler`	include/linux/serial_core.h	事件驱动程序支持的入口函数
`psmouse_protocol`	drivers/input/mouse/psmouse-base.c	所支持的PS/2鼠标协议驱动程序相关的信息
`psmouse`	drivers/input/mouse/psmouse.h	PS/2鼠标驱动程序支持的方法

表7-2 内核编程接口小结

内核接口	位置	描述
`input_register_device()`	drivers/input/input.c	向input核心注册一个设备
`input_unregister_device()`	drivers/input/input.c	从input核心移除一个设备
`input_report_rel()`	include/linux/input.h	在某个方向产生相对移动
`input_report_abs()`	include/linux/input.h	在某个方向产生绝对移动
`input_report_key()`	include/linux/input.h	产生一个按键或按钮单击
`input_sync()`	include/linux/input.h	表明输入子系统能收集以前产生的事件，将这些事件组成一个evdev包，并通过/dev/input/ inputX发送给用户空间
`input_register_handler()`	drivers/input/input.c	注册一个用户事件驱动程序
`sysfs_create_group()`	fs/sysfs/group.c	用特定属性创建sysfs节点组
`sysfs_remove_group()`	fs/sysfs/group.c	移除用sysfs_create_group()创建的sysfs组
`tty_insert_flip_char()`	include/linux/tty_flip.h	发送一个字符给线路规程层
`platform_device_register_simple()`	drivers/base/platform.c	创建一个简单平台设备
`platform_device_unregister()`	drivers/base/platform.c	卸载一个平台设备

第 8 章 I^2C 协议

本章内容
- I^2C/SMBus是什么
- I^2C核心
- 总线事务
- 设备实例：EEPROM
- 设备实例：实时时钟
- i2c-dev
- 使用LM-Sensors监控硬件
- SPI总线
- 1-Wire总线
- 调试
- 查看源代码

I^2C（Inter-Integrated Circuit，内置集成电路）及其子集SMBus（System Management Bus，系统管理总线）均为同步串行接口，普遍存在于台式机和嵌入式设备中。本章通过实现访问I^2C EEPROM和I^2C RTC的驱动实例，介绍内核如何支持I^2C/SMBus主机适配器和客户设备。本章最后会简单介绍一下内核支持的两种其他的串行接口：串行外围接口（SPI）总线和1-wire总线。

所有这些串行接口（I^2C、SMBus、SPI和1-wire）都有两个共同的特性：
- 交换的数据总量少；
- 数据传输率低。

8.1 I^2C/SMBus 是什么

I^2C是广泛用于台式机和笔记本计算机中的串行总线，用于处理器和一些外围设备之间的接口，这些外围设备包括EEPROM、音频编解码器以及监控温度和供电电压等参数的专用芯片。此外，I^2C也在嵌入式设备中大行其道，用于和RTC、智能电池电路、多路复用器、端口扩展卡、光收发器以及其他类似设备之间的通信。由于I^2C被大量的微控制器所支持，在当前的市场上可找到大量便宜的I^2C设备。

I²C和SMBus为主-从协议，其通信双方为主机适配器（主控制器）和客户设备（从设备）。主机控制器在台式机上通常为南桥芯片组的一部分，而在嵌入式设备上通常为微控制器的一部分。图8-1显示了在PC兼容硬件上I²C总线的例子。

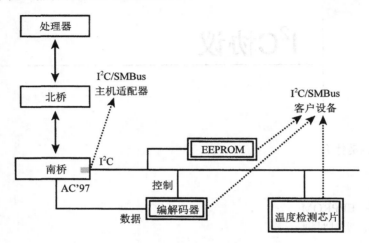

图8-1　PC兼容硬件上的I²C/SMBus

I²C及其子集SMBus最初分别为飞利浦和英特尔所开发，均为2线接口。这2根线为时钟线和双向数据线，分别被称为SCL（Serial CLock，串行时钟）和SDA（Serial DAta，串行数据）。由于I²C总线仅需要一对总线，因此在电路板上占用的空间更少，带来的问题是带宽较窄。I²C在标准模式下支持最高100kbit/s的传输率，在快速模式下最高可达400kbit/s（然而，SMBus最高仅支持100kbit/s）。因此它们仅适用于慢速设备。即使I²C支持双向数据交换，由于仅有一根数据线，故通信是半双工的。

I²C和SMBus设备使用7位地址。协议也支持10位地址，但很多设备仅响应7位地址，因此在总线上最多有127个设备。由于协议的主-从特性，设备地址也称为从地址。

8.2　I²C核心

I²C核心由主机适配器驱动程序和客户驱动程序可利用的函数和数据结构组成。核心中的公共代码减轻了驱动程序开发者的工作量。核心也间接使客户驱动程序独立于主机适配器，以使客户设备即使用于采用不同I²C主机适配器的电路板上，亦可保持客户驱动程序运行如常。核心层的此机制及其好处也可在内核中其他的很多设备驱动程序类中发现，如PCMCIA、PCI和USB等。

除了核心外，内核的I²C底层设施还包括以下几项。

- I²C主机适配器的设备驱动程序。属于总线驱动程序，通常由适配器驱动程序和算法驱动程序组成。前者利用后者和I²C总线交互。
- I²C客户设备的设备驱动程序。
- i2c-dev，允许在用户模式下实现I²C客户驱动程序。

一般来说我们要实现的是客户驱动程序,而不是适配器或算法驱动程序,因为相比于I²C主机适配器,有多得多的I²C设备。因此在本章中,我们将主要讨论客户驱动程序。

图8-2展示了Linux的I²C子系统。它显示了I²C内核模块和I²C总线上的主机适配器和客户设备的交互。

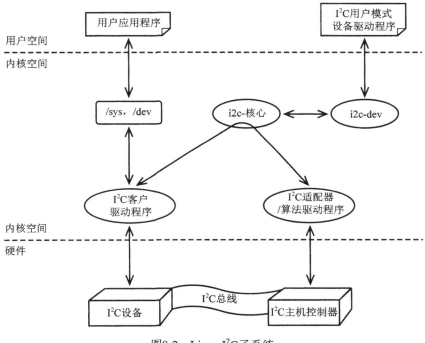

图8-2　Linux I²C子系统

由于SMBus是I²C的子集,因此仅使用SMBus指令和设备交互的驱动程序可工作于SMBus和I²C适配器。表8-1列出了I²C核心提供的和SMBus兼容的数据传输流程。

表8-1　I²C核心提供的和SMBus兼容的数据访问函数

函　　数	作　　用
i2c_smbus_read_byte()	从设备读取一字节(不定义位置偏移,使用以前发起的命令的偏移)
i2c_smbus_write_byte()	从设备写入一字节(使用以前发起的命令的偏移)
i2c_smbus_write_quick()	向设备发送一比特(取代代码清单8-1中的Rd/Wr位)
i2c_smbus_read_byte_data()	从设备指定偏移处读取一字节
i2c_smbus_write_byte_data()	向设备指定偏移处写入一字节
i2c_smbus_read_word_data()	从设备指定偏移处读取二字节
i2c_smbus_write_word_data()	向设备指定偏移处写入二字节
i2c_smbus_read_block_data()	从设备指定偏移处读取一块数据
i2c_smbus_write_block_data()	向设备指定偏移处写入一块数据(≤32B)

8.3 总线事务

在实现驱动程序之前,我们仔细研究一下总线,以便更好地理解I^2C协议。代码清单8-1展示了和I^2C EEPROM交互的代码片段以及在总线上发生的相应的事务。这些事务是在运行代码片段时通过相连的I^2C总线分析仪捕获的。这些代码使用的是用户模式的I^2C函数(第19章将介绍更多的用户模式的I^2C编程)。

代码清单8-1 I^2C总线上的事务

```
/* ... */
/*
 * Connect to the EEPROM. 0x50 is the device address.
 * smbus_fp is a file pointer into the SMBus device.
 */
ioctl(smbus_fp, 0x50, slave);

/* Write a byte (0xAB) at memory offset 0 on the EEPROM */
i2c_smbus_write_byte_data(smbus_fp, 0, 0xAB);

/*
 * This is the corresponding transaction observed
 * on the bus after the write:
 * S 0x50 Wr [A] 0 [A] 0xAB [A] P
 *
 * S is the start bit, 0x50 is the 7-bit slave address (0101000b),
 * Wr is the write command (0b), A is the Accept bit (or
 * acknowledgment) received by the host from the slave, 0 is the
 * address offset on the slave device where the byte is to be
 * written, 0xAB is the data to be written, and P is the stop bit.
 * The data enclosed within [] is sent from the slave to the
 * host, while the rest of the bits are sent by the host to the
 * slave.
 */
/* Read a byte from offset 0 on the EEPROM */
res = i2c_smbus_read_byte_data(smbus_fp, 0);

/*
 * This is the corresponding transaction observed
 * on the bus after the read:
 * S 0x50 Wr [A] 0 [A] S 0x50 Rd [A] [0xAB] NA P
 *
 * The explanation of the bits is the same as before, except that
 * Rd stands for the Read command (1b), 0xAB is the data received
 * from the slave, and NA is the Reverse Accept bit (or the
 * acknowledgment sent by the host to the slave).
 */
```

8.4 设备实例:EEPROM

我们的第一个客户驱动程序示例是I^2C总线上的EEPROM,如图8-1所示。几乎所有的笔记本和台式机都有类似的EEPROM，用于存储BIOS配置信息。示例中的EEPROM有两个内存块。驱动程序为每个内存块提供相应的/dev接口：/dev/eep/0 和 /dev/eep/1。应用程序在这些节点上操作，和EEPROM交换数据。

每个I^2C/SMBus客户设备都分配有一个从地址，作为设备标识。示例中的EEPROM有两个从地址，SLAVE_ADDR1和SLAVE_ADDR2，分别对应于两个内存块。

驱动程序示例所使用的I^2C指令和SMBus兼容，因此它可以工作于I^2C和SMBus EEPROM。

8.4.1 初始化

正如所有的驱动程序类一样，I^2C客户驱动程序也有init()入口点。初始化用于分配数据结构，向I^2C核心注册驱动程序，将sysfs和Linux设备模型联系在一起。这些在代码清单8-2中完成。

代码清单8-2　初始化EEPROM驱动程序

```
/* Driver entry points */
static struct file_operations eep_fops = {
  .owner   = THIS_MODULE,
  .llseek  = eep_llseek,
  .read    = eep_read,
  .ioctl   = eep_ioctl,
  .open    = eep_open,
  .release = eep_release,
  .write   = eep_write,
};

static dev_t dev_number;          /* Allotted Device Number */
static struct class *eep_class;   /* Device class */

/* Per-device client data structure for each
 * memory bank supported by the driver
 */
struct eep_bank {
  struct i2c_client *client;       /* I2C client for this bank */
  unsigned int addr;               /* Slave address of this bank */
  unsigned short current_pointer;  /* File pointer */
  int bank_number;                 /* Actual memory bank number */
  /* ... */                        /* Spinlocks, data cache for slow devices,.. */
};

#define NUM_BANKS 2                /* Two supported banks */
#define BANK_SIZE 2048             /* Size of each bank */

struct ee_bank *ee_bank_list;      /* List of private data
                                      structures, one per bank */

/*
```

```c
 * Device Initialization
 */
int __init
eep_init(void)
{

  int err, i;

  /* Allocate the per-device data structure, ee_bank */
  ee_bank_list = kmalloc(sizeof(struct ee_bank)*NUM_BANKS, GFP_KERNEL);
  memset(ee_bank_list, 0, sizeof(struct ee_bank)*NUM_BANKS);
  /* Register and create the /dev interfaces to access the EEPROM
     banks. Refer back to Chapter 5, "Character Drivers" for more details */
  if (alloc_chrdev_region(&dev_number, 0,
                          NUM_BANKS, "eep") < 0) {
    printk(KERN_DEBUG "Can't register device\n");
    return -1;
  }

  eep_class = class_create(THIS_MODULE, DEVICE_NAME);
  for (i=0; i < NUM_BANKS;i++) {

    /* Connect the file operations with cdev */
    cdev_init(&ee_bank[i].cdev, &ee_fops);

    /* Connect the major/minor number to the cdev */
    if (cdev_add(&ee_bank[i].cdev, (dev_number + i), 1)) {
      printk("Bad kmalloc\n");
      return 1;
    }
    device_create(eep_class, NULL, MKDEV (MAJOR) (dev_number),i),
                          "eeprom%d", i);
  }

  /* Inform the I²C core about our existence. See the section
     "Probing the Device" for the definition of eep_driver */
  err = i2c_add_driver(&eep_driver);

  if (err) {
    printk("Registering I2C driver failed, errno is %d\n", err);
    return err;
  }

  printk("EEPROM Driver Initialized.\n");
  return 0;
}
```

代码清单8-2要创建设备节点,但为了完成此过程,需要添加如下内容至/etc/udev/rules.d/目录下合适的规则文件中:

```
KERNEL=="eeprom[0-1]*", NAME="eep/%n"
```

8.4 设备实例：EEPROM

作为从内核收到的uevent的响应，这段代码将创建/dev/eep/0和/dev/eep/1。需要从第*n*个内存块读取数据的用户模式程序可以操作/dev/eep/n来达到其目的。

代码清单8-3实现了EEPROM驱动程序的open()函数。当应用程序打开/dev/eep/X时，内核将调用eep_open()。eep_open()在私有区域中存储了每个设备相关的数据结构，因此可以从驱动程序的其他函数中直接访问。

代码清单8-3　打开EEPROM驱动程序

```
int
eep_open(struct inode *inode, struct file *file)
{
  /* The EEPROM bank to be opened */
  n = MINOR(file->f_dentry->d_inode->i_rdev);

  file->private_data = (struct ee_bank *)ee_bank_list[n];

  /* Initialize the fields in ee_bank_list[n] such as
     size, slave address, and the current file pointer */
  /* ... */
}
```

8.4.2 探测设备

I²C 客户驱动，在主机控制器驱动和 I²C 核心的合作下，使某自身对应的设备成为从设备的过程如下。

(1) 在初始化过程中，注册probe()方法。若相连的主机控制器被检测出，I²C核心将调用此方法。在代码清单8-2中，eep_init()通过调用i2c_add_driver()注册eep_probe()。

```
static struct i2c_driver eep_driver =
{
  .driver = {
    .name         = "EEP",          /* Name */
  },
  .id             = I2C_DRIVERID_EEP, /* ID */
  .attach_adapter = eep_probe,        /* Probe Method */
  .detach_client  = eep_detach,       /* Detach Method */
};

i2c_add_driver(&eep_driver);  `
```

设备标识符I2C_DRIVERID_EEP对于每个设备应该是唯一的，并应该定义在include/linux/i2c-id.h文件中。

(2) 当I²C核心调用表明主机适配器已经存在的客户驱动程序的probe()方法时，它还会反过来调用i2c_probe()，其参数为驱动程序所关联的从设备的地址以及具体的探测函数attach()。

代码清单8-4实现了EEPROM驱动程序的probe()方法eep_probe()。normal_i2c指明了EEPROM块的地址，它是i2c_client_address_data结构的一部分。此结构中的其他部分能被用于更多的地址控制。可以通过设置ignore字段要求I²C核心忽略一段地址范围。如果想将一个从地址绑定到一个特殊的主机适配器上，也可以使用probe字段指定（适配器、从地址）对。在某些场合下，这样做很有用。例如，处理器支持两个I²C主机适配器，在总线1上有一个EEPROM，在总线2上有一个温度传感器，两个设备从地址相同。

(3) 主机控制器在总线上搜索步骤(2)中指定的从设备。为此，它产生一个总线事务，例如S SLAVE_ADDR Wr，S是起始位，SLAVE_ADDR是设备的数据手册中指定的7位的从地址，Wr是8.3节中所描述过的写命令。如果某个运行中的从设备存在于总线上，它将发送确认位([A])加以回应。

(4) 在步骤(3)中，如果主机适配器检测到从设备，I²C核心会调用步骤(2)中在i2c_probe()的第三个参数中指定的attach()。对于EEPROM驱动程序，此例程为eep_attach()，它将注册和设备关联的客户数据结构，如代码清单8-5所示。如果设备需要初始的编程序列（例如，在数字视频接口传输芯片开始工作之前，必须初始化它的寄存器），可在此例程中完成这些操作。

代码清单8-4 探测EEPROM块的存在

```
#include <linux/i2c.h>

/* The EEPROM has two memory banks having addresses SLAVE_ADDR1
 * and SLAVE_ADDR2, respectively
 */
static unsigned short normal_i2c[] = {
  SLAVE_ADDR1, SLAVE_ADDR2, I2C_CLIENT_END
};

static struct i2c_client_address_data addr_data = {
  .normal_i2c = normal_i2c,
  .probe      = ignore,
  .ignore     = ignore,
  .forces     = ignore,
};

static int
eep_probe(struct i2c_adapter *adapter)
{
  /* The callback function eep_attach(), is shown in Listing 8.5 */
  return i2c_probe(adapter, &addr_data, eep_attach);
}
```

代码清单8-5 同客户关联

```
int
eep_attach(struct i2c_adapter *adapter, int address, int kind)
{
  static struct i2c_client *eep_client;

  eep_client = kmalloc(sizeof(*eep_client), GFP_KERNEL);

  eep_client->driver = &eep_driver; /* Registered in Listing 8.2 */
  eep_client->addr   = address;     /* Detected Address */
```

```
  eep_client->adapter = adapter;     /* Host Adapter */
  eep_client->flags   = 0;
  strlcpy(eep_client->name, "eep", I2C_NAME_SIZE);

  /* Populate fields in the associated per-device data structure */
  /* ... */

  /* Attach */
  i2c_attach_client(new_client);
}
```

8.4.3 检查适配器的功能

每个主机适配器的功能都有限。一个适配器可能不支持表8-1中包含的所有命令。例如，它可能支持SMBus `read_word`命令，但不支持`read_block`命令。客户驱动程序在使用这些命令前必须检查适配器是否对其提供支持。

I^2C核心提供两个能完成此功能的函数：

(1) `i2c_check_functionality()`检查某个特定的功能是否被支持；

(2) `i2c_get_functionality()`返回包含所有被支持功能的掩码。

在include/linux/i2c.h可看到所有可能支持功能的列表。

8.4.4 访问设备

为了从EEPROM读取数据，首先需要从与此设备节点关联的私有数据域中收集调用线程的信息。其次，使用I^2C核心提供的SMBus兼容的数据访问例程（表8-1显示了可用的函数）读取数据。最后，发送数据至用户空间，并增加内部文件指针，以便下一次的read()/write()操作可以从上一次结束处开始。这些步骤在代码清单8-6中完成。为简单起见，此清单忽略了完整性和错误检查。

代码清单8-6　从EEPROM读取数据

```
ssize_t
eep_read(struct file *file, char *buf,
        size_t count, loff_t *ppos)
{
  int i, transferred, ret, my_buf[BANK_SIZE];

  /* Get the private client data structure for this bank */
  struct ee_bank *my_bank = (struct ee_bank *)file->private_data;

  /* Check whether the smbus_read_word() functionality is supported */
  if (i2c_check_functionality(my_bank->client, I2C_FUNC_SMBUS_READ_WORD_DATA)) {

    /* Read the data */
    while (transferred < count) {
```

```
        ret = i2c_smbus_read_word_data(my_bank->client,
                                  my_bank->current_pointer+i);
        my_buf[i++] = (u8)(ret & 0xFF);
        my_buf[i++] = (u8)(ret >> 8);
        transferred += 2;
    }

    /* Copy data to user space and increment the internal
       file pointer. Sanity checks are omitted for simplicity */
    copy_to_user(buffer, (void *)my_buf, transferred);
    my_bank->current_pointer += transferred;
}

    return transferred;
}
```

写数据至设备与此类似，使用的是i2c_smbus_write_XXX()函数。

> 一些EEPROM芯片有RFID（Radio Frequency IDentification，射频识别）发送器，用于无线发送存储的信息。RFID发送器用于自动化供应链处理，例如货物监控和资产跟踪。这些EEPROM通常通过一个访问保护块来控制对数据块的安全访问。对于此类情况，为了能够操作数据块，驱动程序还不得不对访问保护块中的相应位进行处理。

为了从用户空间访问EEPROM块，需要开发应用程序以操作/dev/eep/n。为了dump EEPROM块的内容，需要做如下操作：

```
bash> od -a /dev/eep/0
0000000   S   E   R   #  dc4  ff  soh   R   P  nul nul nul nul nul nul nul
0000020   @   1   3   R   1   1   5   3   Z   J   1   V   1   L   4   6
0000040   5   1   0   H  sp   1   S   2   8   8   8   7   J   U   9   9
0000060   H   0   0   6   6  nul nul nul  bs   3   8   L   5   0   0   3
0000100   Z   J   1   N   U   B   4   6   8   6   V   7  nul nul nul nul
0000120 nul nul nul nul nul nul nul nul nul nul nul nul nul nul nul nul
*
0000400
```

作为练习，读者可以试着修改EEPROM驱动程序，创建EEPROM块的/sys接口，而不是/dev接口。可以重用代码清单5-7中的代码，帮助完成此工作。

8.4.5 其他函数

为了获得功能齐全的驱动程序，需要添加剩余的入口点。这和第5章所讨论的普通字符驱动程序差别不大，因此未提供代码清单。

- 为了支持给内部文件指针赋新值的lseek()系统调用，需要实现llseek()函数。内部文件指针存储了有关EEPROM访问的状态信息。
- 为了验证数据的完整性，EEPROM驱动程序可实现ioctl()函数，用于校准并验证存储的数据的校验和。
- EEPROM中不需要`poll()`和`fsync()`方法。
- 如果选择将驱动程序编译为一个模块，需要提供`exit()`方法，以注销设备，并清理客户设备特定的数据结构。从I²C核心卸载驱动程序只需执行如下操作：

```
i2c_del_driver(&eep_driver);
```

8.5 设备实例：实时时钟

选取的实例为通过I²C总线和嵌入式控制器相连的RTC（Real Time Clock，实时时钟）芯片。其连接框图见图8-3。

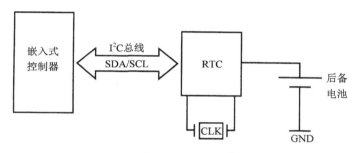

图8-3 嵌入式系统上的I²C RTC

设定RTC的I²C从地址为`0x60`，其寄存器空间构成如表8-2所示。

表8-2 I²C RTC的寄存器分布

寄存器名	描 述	偏 移
RTC_HOUR_REG	小时计数	0x0
RTC_MINUTE_REG	分钟计数	0x1
RTC_SECOND_REG	秒钟计数	0x2
RTC_STATUS_REG	标志与中断状态	0x3
RTC_CONTROL_REG	激活/禁用RTC	0x4

我们在之前介绍过的EEPROM驱动程序基础之上编写这个芯片驱动程序。假设I²C客户驱动程序架构、从设备注册和I²C核心函数已经完成，要实现的只是和RTC通信的代码。

当I²C核心检测到从地址为`0x60`的设备在I²C总线上时，将调用`myrtc_attach()`。其调用序列类似于代码清单8-5中的`eep_attach()`。假定在`myrtc_attach()`中必须完成如下的芯片初始化工作。

(1) 将RTC状态寄存器（`RTC_STATUS_REG`）清零。

(2) 通过设置RTC控制寄存器（`RTC_CONTROL_REG`）中的相应位，启动RTC（如果它还未开始运行）。

为了完成以上功能，构建一个`i2c_msg`结构，使用`i2c_transfer()`在总线上产生I²C事务。

此传输机制为I²C所独有,和SMBus并不兼容。为了向前面讨论过的两个RTC寄存器写入数据,必须构建两个i2c_msg消息。第一个消息设置寄存器偏移。在我们的例子中,RTC_STATUS_REG的值为3。第二个消息携带希望写入指定偏移的字节数。在此例中,共两个字节,一个字节写入RTC_STATUS_REG,另一个写入RTC_CONTROL_REG。

```
#include <linux/i2c.h> /* For struct i2c_msg */
int
myrtc_attach(struct i2c_adapter *adapter, int addr, int kind)
{
  u8 buf[2];
  int offset = RTC_STATUS_REG;   /* Status register lives here */
  struct i2c_msg rtc_msg[2];

  /* Write 1 byte of offset information to the RTC */
  rtc_msg[0].addr = addr;       /* Slave address. In our case, this is 0x60 */
  rtc_msg[0].flags = I2C_M_WR;  /* Write Command */
  rtc_msg[0].buf = &offset;     /* Register offset for the next transaction */
  rtc_msg[0].len = 1;           /* Offset is 1 byte long */

  /* Write 2 bytes of data (the contents of the status and
     control registers) at the offset programmed by the previous
     i2c_msg */
  rtc_msg[1].addr = addr;        /* Slave address */
  rtc_msg[1].flags = I2C_M_WR;   /* Write command */
  rtc_msg[1].buf = &buf[0];      /* Data to be written to control and status registers */
  rtc_msg[1].len = 2;            /* Two register values */
  buf[0] = 0;                    /* Zero out the status register */
  buf[1] |= ENABLE_RTC;          /* Turn on control register bits that start the RTC */

  /* Generate bus transactions corresponding to the two messages */
  i2c_transfer(adapter, rtc_msg, 2);

  /* ... */
  printk("My RTC Initialized\n");
}
```

因为RTC已经被初始化并开始计时了,所以可以通过读取RTC_HOUR_REG、RTC_MINUTE_REG和RTC_SECOND_REG来获取当前的时间。其操作如下:

```
#include <linux/rtc.h> /* For struct rtc_time */
int
myrtc_gettime(struct i2c_client *client, struct rtc_time *r_t)
{
  u8 buf[3];       /* Space to carry hour/minute/second */
  int offset = 0;  /* Time-keeping registers start at offset 0 */
  struct i2c_msg rtc_msg[2];

  /* Write 1 byte of offset information to the RTC */
```

```
rtc_msg[0].addr = addr;        /* Slave address */
rtc_msg[0].flags = 0;          /* Write Command */
rtc_msg[0].buf = &offset;      /* Register offset for the next transaction */
rtc_msg[0].len = 1;            /* Offset is 1 byte long */

/* Read current time by getting 3 bytes of data from offset 0
   (i.e., from RTC_HOUR_REG, RTC_MINUTE_REG, and RTC_SECOND_REG) */
rtc_msg[1].addr = addr;        /* Slave address */
rtc_msg[1].flags = I2C_M_RD;   /* Read command */
rtc_msg[1].buf = &buf[0];      /* Data to be read from hour, minute
                                  and second registers */
rtc_msg[1].len = 3;            /* Three registers to read */

/* Generate bus transactions corresponding to the above
   two messages */
i2c_transfer(adapter, rtc_msg, 2);
/* Read the time */
r_t->tm_hour = BCD2BIN(buf[0]); /* Hour */
r_t->tm_min  = BCD2BIN(buf[1]); /* Minute */
r_t->tm_sec  = BCD2BIN(buf[2]); /* Second */
return(0);
}
```

　　myrtc_gettime()实现了总线相关的RTC驱动程序的底层部分。RTC驱动程序的顶层部分应该和内核的RTC API保持一致，如5.5节所述。此机制的好处是，不管你的RTC是位于PC的南桥内部，还是如本例一样位于嵌入式控制器的外部，应用程序可以不加改变而运行。

　　RTC通常用BCD（Binary Coded Decimal，二一十进制代码）格式存储时间，每组位元（4位）表示0～9之间的数，而不是0～15。内核提供了宏BCD2BIN()，用于将BCD码变换成十进制数，并提供了宏BIN2BCD()用于相反的操作。当从RTC寄存器读取数据时，myrtc_gettime()使用宏BCD2BIN()。

　　drivers/rtc/rtc-ds1307.c为RTC驱动程序的实例，该程序用于处理Dallas/Maxim DS13XX系列I^2C RTC芯片。

　　I^2C总线是2线总线，没有从设备用于中断请求的信号线，但一些I^2C主机适配器可以中断CPU，触发数据传输请求。然而，此中断驱动程序操作对于I^2C客户驱动程序是透明的，隐藏于I^2C核心提供的服务例程里。假设图8-3中I^2C主机控制器是嵌入式SoC的一部分，并有中断CPU的能力，myrtc_attach()里对i2c_transfer()的调用将完成如下操作。

- 构建对应于rtc_msg[0]的事务，并使用主机控制器驱动程序提供的服务例程写入总线。
- 等待，直到主机控制器触发发送结束中断，表明rtc_msg[0]已经在信号线上。
- 在中断处理例程里查看I^2C主机控制器状态寄存器，判断是否从RTC从设备里接收到确认信号。
- 如果主机控制器的状态和控制寄存器并非全部正确，返回错误。
- 对于rtc_msg[1]重复同样过程。

8.6 i2c-dev

有时，当需要支持大量慢速的I^2C设备时，从用户空间对所有这些设备进行驱动就很有必要了。为此，I^2C层支持i2c-dev驱动程序。19.6节中有使用i2c-dev实现用户模式I^2C驱动程序的实例。

8.7 使用 LM-Sensors 监控硬件

LM-Sensors项目（网址为www.lm-sensors.org）使Linux具备了硬件监控能力。很多计算机系统使用传感器芯片来监控诸如温度、供电电压以及风扇转速等参数。周期性地检查这些参数是非常重要的。损坏了的CPU风扇可能会导致随机、异常的软件问题。如果是医疗设备系统出现故障，其后果将难以想象！

LM-Sensors利用传感器芯片的设备驱动程序来排除故障。它使用sensors程序产生状态报告，使用sensors-detect脚本检查系统，并帮助产生相应的配置文件。

大多数芯片利用I^2C/SMBus总线方式向CPU提供硬件监控接口。这些设备驱动程序是I^2C客户驱动程序，但位于drivers/hwmon/而不是drivers/i2c/chips/目录下。具体例子可见National Semiconductor公司的LM87芯片，它能监控电压、温度和风扇。drivers/hwmon/lm87.c为其驱动程序的具体实现。I^2C驱动程序ID号中的1000到1999都保留给了传感器芯片（参见include/linux/i2c-id.h）。

也有几个传感器芯片和CPU之间的接口采用ISA/LPC总线，而不是I^2C/SMBus。还有一些传感器芯片输出模拟信号并通过模数转换器（ADC）进行AD转换后传送给CPU。这些芯片的驱动程序和I^2C总线传感器驱动程序一起都位于drivers/hwmon/目录。非I^2C总线传感器驱动程序的例子是drivers/hwmon/hdaps.c，它是加速度传感器驱动，出现在某些IBM/联想的笔记本电脑里，我们在第7章中讨论过。另一个非I^2C总线的传感器的例子是Winbond 83627HF 超级 I/O芯片，由drivers/hwmon/w83627hf.c驱动。

8.8 SPI总线

SPI（Serial Peripheral Interface，串行外围设备接口）总线和I^2C类似，也是串行的主-从接口，集成于很多微控制器内部。和I^2C使用2线相比，它使用4线：SCLK（Serial CLocK，串行时钟），CS（Chip Select，片选），MOSI（Master Out Slave In，主设备输出从设备输入），MISO（Master In Slave Out，主设备输入从设备输出）。MOSI用于传送数据至从设备，MISO用于从从设备读出数据。和I^2C不同，由于SPI总线有专用的数据线用于数据的发送和接收，因此可以工作于全双工。SPI的典型速度为几兆赫兹，不像I^2C为几万至几十万赫兹，因此SPI吞吐量大得多。

当前市面上可找到的SPI外围设备包括RF芯片、智能卡接口、EEPROM、RTC、触摸传感器以及ADC。

内核提供了一个核心API，用于通过SPI总线交换信息。典型的SPI客户驱动程序如下。

(1) 向SPI核心注册probe()、remove()方法。suspend()和resume()方法可选。

```
#include <linux/spi/spi.h>

static struct spi_driver myspi_driver = {
```

```
    .driver   = {
      .name   = "myspi",
      .bus    = &spi_bus_type,
      .owner  = THIS_MODULE,
    },
    .probe    = myspidevice_probe,
    .remove   = __devexit_p(myspidevice_remove),
}

spi_register_driver(&myspi_driver);
```

SPI核心创建对应于此设备的spi_device结构，当调用注册的驱动程序方法时，将此结构用作调用参数。

(2) 使用spi_sync()和spi_async()等函数和SPI设备交换数据。前者等待操作完成，后者当数据传输完成时，异步触发对注册的回调程序的调用。这些数据访问例程被从适当的地方调用，如SPI中断处理程序、sysfs方法或者定时器处理程序。下面的代码片段演示了SPI数据的传输：

```
#include <linux/spi/spi.h>

struct spi_device *spi;           /* Representation of a SPI device */
struct spi_transfer xfer;         /* Contains transfer buffer details */
struct spi_message sm;            /* Sequence of spi_transfer segments */
u8 *command_buffer;               /* Data to be transferred */
int len;                          /* Length of data to be transferred */

spi_message_init(&sm);            /* Initialize spi_message */
xfer.tx_buf = command_buffer;     /* Device-specific data */
xfer.len = len;                   /* Data length */
spi_message_add_tail(&xfer, &sm); /* Add the message */
spi_sync(spi, &sm);               /* Blocking transfer request */
```

作为SPI设备的例子，我们可参考第7章简单讨论过的触摸屏控制器ADS7846。其驱动程序完成如下操作。

(1) 使用spi_register_driver()向SPI核心注册probe()、remove()、suspend()和resume()方法。

(2) probe()方法使用input_register_device()向输入子系统注册驱动程序，并使用request_irq()请求中断。

(3) 驱动程序从其中断服务程序中使用spi_async()收集触摸坐标。当数据传输完成时，此函数触发对注册的回调程序的调用。

(4) 如第7章所讨论的，回调函数通过输入事件接口/dev/input/eventX，使用input_report_abs()和input_report_key()，依次报告触摸坐标和单击。诸如X Windows和gpm这些程序和事件接口紧密合作，响应触摸输入。

通过软件的方式控制I/O引脚、使其符合某种协议进行交互的驱动程序称为bit-banging驱动程序。SPI bit-banging驱动程序示例可参考drivers/spi/spi_butterfly.c，它是用于和Atmel公司AVR处理器系列Butterfly板上的DataFlash芯片交互的驱动程序。将主机的并行端口和AVR Butterfly连接在一起，使用专用的dongle和spi_butterfly可以进行bit-banging操作。Documentation/spi/butterfly提供了关于此驱动程序的更详细的描述。

当前没有类似于i2c-dev的、针对用户空间的SPI驱动程序。你只能编写内核驱动程序和SPI设备交互。

> 在嵌入式系统中，可能会碰到处理器和集成各种功能的协处理器一起工作的解决方案。譬如，飞思卡尔的PMAC（Power Management and Audio Component，电源管理和音频组件）芯片MC13783和基于ARM9的i.MX27控制器协同工作就是这样的一个例子。PMAC集成了RTC、电池充电器、触摸屏接口、ADC模块和音频编码。处理器和PMAC之间通过SPI通信。SPI总线不含中断线，通过配置GPIO管脚，PMAC可以从外部中断处理器。

8.9 1-Wire 总线

由Dallas/Maxim开发的1-wire协议使用1-wire（或w1）总线传送电源和信号。地回路通过其他途径解决。它是和慢速设备之间接口的简单途径，减少了空间、费用以及复杂性。使用此协议的设备实例是ibutton（www.ibutton.com），用于感知温度、传送数据或保存独特的ID号。

另一通过单一的引脚提供接口的w1芯片是Dallas/Maxim的DS2433，它是容量为4KB的1-wire EEPROM。此芯片的驱动程序位于drivers/w1/slaves/w1_ds2433.c，通过sysfs节点提供对EEPROM的访问。

和w1设备驱动程序相关的主要数据结构是`w1_family`和`w1_family_ops`，都定义于w1_family.h中。

8.10 调试

为了收集I²C的调试信息，在内核的配置菜单中的Device Drivers-> I2C Support下，选中I2C Core debugging messages、I2C Algorithm debugging messages、I2C Bus debugging messages和I2C Chip debugging messages。类似地，为了调试SPI，需要在Device Drivers->SPI Support下选中Debug Support for SPI drivers。

为了理解总线上I²C包的数据流，可在运行代码清单8-1时，将I²C总线分析仪和电路板连接在一起。lm-sensor包包括i2cdump工具，用于输出I²C总线上设备的寄存器中的内容。

Linux I²C的邮件列表位于见http://lists.lm-sensors.org/mailman/listinfo/i2c。

8.11 查看源代码

在2.4版本的源码树中，所有I²C/SMBus相关的源码包含在一个单独的目录drivers/i2c/中，2.6版本内核中，I²C代码很有层次：drivers/i2c/busses/目录包括适配器驱动程序，drivers/i2c/algos/目录包含算法驱动程序，drivers/i2c/chips/目录包含客户驱动程序。也可以在源码树中其他的地方发现客户驱动程序。例如，drivers/sound/目录包含使用I²C接口的音频芯片组的驱动程序。在Documentation/i2c/目录下可找到提示以及更多的例子。

内核的SPI服务函数位于drivers/spi/spi.c。ADS7846触摸控制器的SPI驱动程序由drivers/input/touchscreen/ads7846.c实现。第17章讨论的MTD子系统实现了SPI flash芯片驱动程序。其例子为drivers/mtd/devices/mtd_dataflash.c，它实现了访问Atmel的DataFlash SPI芯片的驱动程序。

drivers/w1/目录包含了内核对w1协议的支持。w1接口主机控制器的驱动程序位于drivers/w1/masters/目录下，w1从设备驱动程序位于drivers/w1/slaves/目录下。

表8-3概括了本章使用的主要数据结构及其在内核源码树中的位置。表8-4列出了本章所用到的主要内核编程接口以及它定义的位置。

表8-3 数据结构小结

数据结构	位置	描述
i2c_driver	include/linux/i2c.h	代表一个I²C驱动程序
i2c_client_address_data	include/linux/i2c.h	I²C客户驱动程序所负责的从地址
i2c_client	include/linux/i2c.h	用于标识一个连接到I²C总线上的芯片
i2c_msg	include/linux/i2c.h	描述在I²C总线上欲产生的一次传输事务
spi_driver	include/linux/spi/spi.h	代表一个SPI驱动程序
spi_device	include/linux/spi/spi.h	代表一个SPI设备
spi_transfer	include/linux/spi/spi.h	SPI传输缓冲区的详细内容
spi_message	include/linux/spi/spi.h	spi_transfer分段序列
w1_family	drivers/w1/w1_family.h	代表w1从驱动程序
w1_family_ops	drivers/w1/w1_family.h	w1从驱动程序入口点

表8-4 内核编程接口小结

内核接口	位置	描述
i2c_add_driver()	include/linux/i2c.h drivers/i2c/i2c-core.c	向I²C核心注册驱动程序入口点
i2c_del_driver()	drivers/i2c/i2c-core.c	从I²C核心移除驱动程序
i2c_probe()	drivers/i2c/i2c-core.c	定义驱动程序所负责的从设备地址。如果I²C核心探测到某一地址，将调用对应的attach()函数
i2c_attach_client()	drivers/i2c/i2c-core.c	向相应主机适配器所服务的客户列表增加一个客户
i2c_detach_client()	drivers/i2c/i2c-core.c	取消同活动的客户的关联。通常在客户驱动程序或关联的主机适配器注销时进行
i2c_check_functionality()	include/linux/i2c.h	验证主机适配器是否支持某功能
i2c_get_functionality()	include/linux/i2c.h	获得主机适配器所支持的所有功能的掩码
i2c_add_adapter()	drivers/i2c/i2c-core.c	注册主机适配器
i2c_del_adapter()	drivers/i2c/i2c-core.c	注销主机适配器
SMBus兼容性I²C数据访问例程	drivers/i2c/i2c-core.c	见表8-1
i2c_transfer()	drivers/i2c/i2c-core.c	通过I²C总线发送i2c_msg。此函数和SMBus不兼容

(续)

内核接口	位置	描述
spi_register_driver()	drivers/spi/spi.c	向SPI核心注册驱动程序入口点
spi_unregister_driver()	include/linux/spi/spi.h	注销 SPI驱动程序
spi_message_init()	include/linux/spi/spi.h	初始化SPI消息
spi_message_add_tail()	include/linux/spi/spi.h	添加一条SPI消息到传输列表
spi_sync()	drivers/spi/spi.c	通过SPI总线同步传输数据。此函数阻塞直至完成
spi_async()	include/linux/spi/spi.h	使用完成回调机制，通过SPI总线异步传输数据

第 9 章 PCMCIA和CF

本章内容
- PCMCIA/CF是什么
- Linux-PCMCIA子系统
- 主机控制器驱动程序
- PCMCIA核心
- 驱动程序服务
- 客户驱动程序
- 将零件组装在一起
- PCMCIA存储
- 串行PCMCIA
- 调试
- 查看源代码

当前一些流行的技术,例如无线和有线以太网、GPRS(General Packet Radio Service,通用无线分组业务)、GPS(Global Positioning System,全球定位系统)微型存储器和调制解调器普遍采用PCMCIA(Personal Computer Memory Card International Association,PC机内存卡国际联合会)或CF(Compact Flash,紧凑型闪存)卡的形式。大多数笔记本计算机和嵌入式设备都支持PCMCIA或CF接口,因此马上就能用上这些技术。在嵌入式系统上,PCMCIA/CF槽提供了在不必更换电路板的情况下进行技术更新的途径。例如为了连接上因特网,想节省费用的设备可以使用PCMCIA拨号调制解调器,而高端的需求则可利用WiFi。

Linux内核支持各种结构的PCMCIA设备。本章介绍内核中对PCMCIA/CF主机适配器和客户设备提供的支持。

9.1 PCMCIA/CF 是什么

PCMCIA是16位数据传输接口规范,最早用于存储卡。CF卡比PCMCIA要小,但和PCMCIA相兼容,通常用于手持式设备(诸如PDA或数字相机)上。CF卡仅有50个引脚,但使用无源的CF-PCMCIA转换的适配器,可插入笔记本计算机的68针的PCMCIA槽中。PCMCIA和CF被限制在笔记本和手持式设备中，没有进入台式机和高端的机器中。

PCMCIA规范修订后，现在支持高速的32位的CardBus卡。术语PC卡也常用来指代PCMCIA或CardBus设备。CardBus近似于PCI总线，因此内核将对CardBus设备的支持从PCMCIA层移到了PCI层。PCMCIA工业标准组最近指定的技术规范是ExpressCard，它和PCI Express相兼容，是基于PCI概念的一种新的总线技术。在下一章讨论PCI时，我们将会看到CardBus和ExpressCard。

PC卡有三种形式，其厚度依次增加：Type I（3.3mm），Type II（5mm），Type III（10.5mm）。

图9-1显示了笔记本计算机上的PCMCIA总线连接。图9-2展示了嵌入式设备上的PCMCIA。正如这些图所示，PCMCIA主机控制器在PCMCIA卡和系统总线之间起桥接作用。笔记本计算机及其衍生品种的PCMCIA主机控制器芯片通常和PCI总线相连，而某些嵌入式控制器的PCMCIA主机控制器集成在一个片子上。控制器将PCMCIA卡的内存映射至主机的I/O和内存空间，并将PCMCIA卡所产生的中断发送至合适的处理器中断线。

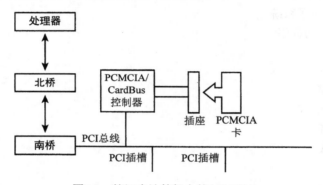

图9-1　笔记本计算机上的PCMCIA

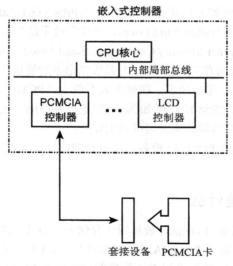

图9-2　嵌入式系统上的PCMCIA

9.2 Linux-PCMCIA 子系统

Linux对PCMCIA的支持包括基于Intel的笔记本计算机，以及ARM、MIPS和PowerPC这些体系架构。PCMCIA子系统组成包括：PCMCIA主机控制器驱动程序，各种卡的客户驱动程序，辅助热插拔的守护程序，用户模式程序，以及和以上部分所有模块交互的卡服务模块。

图9-3展示了组成Linux-PCMCIA子系统的这些模块间的交互。

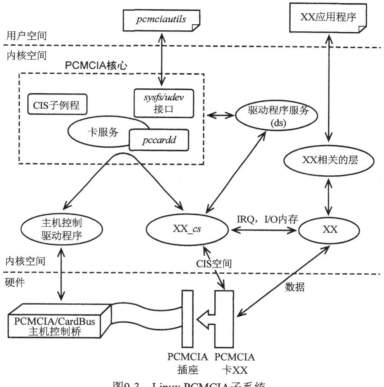

图9-3　Linux PCMCIA子系统

以前的Linux-PCMCIA子系统

Linux-PCMCIA子系统最近执行了一次修整。为了使PCMCIA在2.6.13以及更新的内核下能够工作，你需要pcmciautils包（http://kernel.org/pub/linux/utils/kernel/pcmcia/howto.html），用于老版本内核的老的pcmcia-cs包（http://pcmcia-cs.sourceforge.net）已经过时。内部的内核编程接口以及数据结构也发生了改变。早期的内核依赖于一个用户空间的守护程序cardmgr支持热插拔，新的PCMCIA实现就像其他的总线子系统一样，使用udev处理热插拔。因此在新配置下，你无需cardmgr，所以要确认它没有启动。下面是其移植指南：http://kernel.org/pub/linux/utils/kernel/pcmcia/cardmgr-to-pcmciautils.html。

图9-3包含如下组件。

- 主机控制器设备驱动程序，实现了和PCMCIA主机控制器通信的底层例程。手持式设备和笔记本计算机的主机控制器各不相同，因此使用不同的主机控制器驱动程序。主机控制器支持的每个PCMCIA槽称为插座（socket）。
- PCMCIA客户驱动（图9-3中的XX_cs），用于相应插座事件，如卡插入和拔出。当你试着在Linux系统上使用PCMCIA卡时，这是你最可能实现的驱动程序。XX_cs驱动程序通常和非PCMCIA专用的通用驱动程序（图9-3中的XX）协同工作。对应于图9-3，如果你的设备是PCMCIA IDE硬盘，XX是IDE硬盘驱动程序，XX_cs是ide_cs驱动程序，XX相关层为文件系统层。XX应用程序是访问数据文件的应用程序。XX_cs用资源IRQ、I/O基地址和内存空间等配置通用驱动程序（XX）。
- PCMCIA核心，为主机控制器驱动程序和客户驱动程序提供服务。核心提供了一个基础设施，使驱动程序实现起来相对简单，并添加了一层转接，使客户驱动程序独立于主机控制器。不管是在XScale的手持设备中还是在x86的笔记本计算机上使用蓝牙CF卡，都可利用相同的客户驱动程序提供的服务。
- 驱动程序服务模块（ds），给客户驱动程序提供注册接口和总线服务。
- pcmciautils包，包括一些用于控制PCMCIA插座的状态并在不同的卡配置机制间加以选择的工具，如pccardctl。

图9-4将图9-1上部的内核模块连接在一起，演示了Linux PCMCIA子系统如何与PC兼容系统上的硬件之间进行交互。

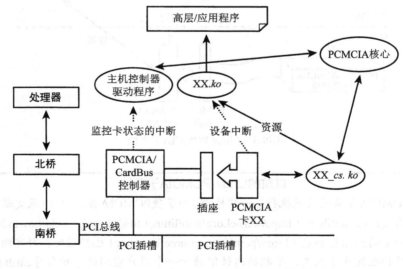

图9-4　PCMCIA驱动程序组件与PC硬件之间的关联

在随后的章节中会仔细探究组成Linux PCMCIA子系统的这些组件。为了更好地理解这些组件的角色及其交互，在9.7节中，我们将把PCMCIA WiFi卡插入笔记本计算机，并跟踪代码流程。

9.3 主机控制器驱动程序

通用卡驱动程序（XX）负责处理由卡函数产生的中断（例如，当PCMCIA网卡收到数据包时产生的接收中断），而主机控制器驱动程序负责处理由诸如卡插入和拔出等事件所触发的、总线特定的中断。

图9-2展示了嵌入式控制器内集成了PCMCIA支持的嵌入式设备的框图。根据你所使用电路板的设计，即使内核的PCMCIA层支持正使用的控制器，可能也需要对主机控制器驱动略做变动（例如，配置GPIO线用于检测卡的插入事件，或调整插槽的供电）。如果你正在为基于StrongARM的手持式设备移植内核，可能需要裁减drivers/pcmcia/sa1100_assabet.c，使其适用于你所用的硬件。

本章未介绍主机控制器设备驱动程序的具体实现。

9.4 PCMCIA 核心

PCMCIA核心的主要作用就是提供PCMCIA卡服务。它既支持客户驱动程序，又支持主机控制器驱动程序。包括用于轮询插座相关事件的内核线程pccardd。当主机控制器报告诸如PCMCIA插入和移除等事件时，pccardd通知驱动程序服务事件处理例程（在下一节讨论）。

PCMCIA核心的另一组件是用于操作CIS（Card Information Structure，卡信息结构）的库。CIS是PCMCIA卡的一部分。PCMCIA/CF卡存储空间分为两部分：属性存储空间和普通存储空间。属性存储空间包含CIS和卡配置寄存器。例如，PCMCIA IDE硬盘包括CIS和用于指示扇区数与柱面数的寄存器。普通存储空间用于存储磁盘数据。PCMCIA核心给客户驱动程序提供CIS操作例程，如`pccard_get_first_tuple()`、`pccard_get_next_tuple()`和`pccard_parse_tuple()`。代码清单9-2利用了这些函数中一部分。

PCMCIA核心通过sysfs和udev给用户空间传递CIS信息。一些应用程序［如pccardctl（pcmciautils包的一部分）］依赖于sysfs和udev完成其操作。有了sysfs和udev这些手段，用户程序不再需要定制的基础设施，因此简化了设计。

9.5 驱动程序服务

驱动程序服务提供了基础设施，包括如下部分。

- 捕获由pccardd内核线程分发的事件警告的处理程序。此处理程序检查并验证PCMCIA卡的CIS空间，并触发相应客户驱动程序的加载。
- 负责和内核的总线核心通信的层。为此，驱动程序服务实现了`pcmcia_bus_type`和相关的总线操作。
- 服务例程，如客户驱动程序用于向PCMCIA核心注册自身的`pcmcia_register_driver()`。代码清单9-1中的示例驱动程序使用了这些例程中的一部分。

9.6 客户驱动程序

客户设备驱动程序（图9-3中的XX_cs）查看PCMCIA的CIS空间，并根据收集的信息配置

PCMCIA卡。

9.6.1 数据结构

在开始开发PCMCIA客户驱动程序之前，让我们先看看一些相关的数据结构。

(1) PCMCIA设备由pcmcia_device_id结构体所标识，定义于include/linux/mod_devicetable.h文件中：

```
struct pcmcia_device_id {
  /* ... */
  __u16       manf_id;      /* Manufacturer ID */
  __u16       card_id;      /* Card ID */
  __u8        func_id;      /* Function ID */
  /* ... */
};
```

manf_id、card_id和func_id分别保存PCMCIA卡制造商的ID、卡ID以及功能ID。PCMCIA核心提供了宏PCMCIA_DEVICE_MANF_CARD()，用于从提供制造商和卡ID创建pcmcia_device_id结构体。另一个内核宏MODULE_DEVICE_TABLE()标记了在模块映像中支持的pcmcia_device_ids，以便在卡插入插槽、PCMCIA子系统从CIS空间收集匹配的制造商/卡/功能ID时，能够根据需要加载模块。我们在第4章中学习过此机制。此过程类似于另两种流行的支持热插拔的I/O总线：PCI和USB设备驱动程序所使用的。表9-1给出了这三种总线驱动程序之间的相似之处。不必担心难以消化这么多知识点，在随后的章节中我们将详细讨论PCI和USB。

表9-1　PCMCIA、PCI和USB的设备ID与热插拔方法

	PCMCIA	PCI	USB
设备ID表结构	pcmcia_device_id	pci_device_id	usb_device_id
创建设备ID的宏	PCMCIA_DEVICE_MANF_CARD()	PCI_DEVICE()	USB_DEVICE()
设备表示	struct pcmcia_device	struct pci_dev	struct usb_device
驱动程序表示	struct pcmcia_driver	struct pci_driver	struct usb_driver
热插拔	probe()和remove()	probe()和remove()	probe()和disconnect()
热插拔事件检测	pccardd kthread	PCI相关系列	khubd kthread

(2) PCMCIA客户驱动程序需要和它们的pcmcia_device_id表相关联，pcmcia_device_id表中有probe()和remove()方法。这种关联是通过pcmcia_driver结构体来获得的：

```
struct pcmcia_driver {
  int  (*probe)(struct pcmcia_device *dev);   /* Probe method */
  void (*remove)(struct pcmcia_device *dev);  /* Remove method */
  /* ... */
  struct pcmcia_device_id *id_table;          /* Device ID table */
  /* ... */
};
```

(3) pcmcia_device结构体代表一个PCMCIA设备，定义于drivers/pcmcia/ds.h文件中：

```c
struct pcmcia_device {
  /* ... */
  io_req_t io;           /* I/O attributes*/
  irq_req_t irq;         /* IRQ settings */
  config_req_t conf;     /* Configuration */
  /* ... */
  struct device dev;     /* Connection to device model */
  /* ... */
};
```

(4) CIS操作例程使用定义于include/pcmcia/cistpl.h文件中的`tuple_t`结构体保存CIS信息单元。例如，CISTPL_LONGLINK_MFC元组类型包含和多功能卡相关的信息。元组和其描述的全部列表请参见include/pcmcia/cistpl.h和http://pcmcia-cs.sourceforge.net/ftp/doc/PCMCIA-PROG.html。

```c
typedef struct tuple_t {
  /* ... */
  cisdata_t TupleCode;        /* See include/pcmcia/cistpl.h */
  /* ... */
  cisdata_t DesiredTuple;     /* Identity of the desired tuple */
  /* ... */
  cisdata_t *TupleData;       /* Buffer space */
};
```

(5) CIS包含针对卡所支持的每种配置的配置表的入口。`cistpl_cftable_entry_t`定义于include/pcmcia/cistpl.h文件中，保存了此入口：

```c
typedef struct cistpl_cftable_entry_t {
  /* ... */
  cistpl_power_t vcc, vpp1, vpp2;  /* Voltage level */
  cistpl_io_t io;                  /* I/O attributes */
  cistpl_irq_t irq;                /* IRQ settings */
  cistpl_mem_t mem;                /* Memory window */
  /* ... */
};
```

(6) `cisparse_t`也定义于include/pcmcia/cistpl.h文件中，保存PCMCIA核心分析过的元组：

```c
typedef union cisparse_t {
  /* ... */
  cistpl_manfid_t manfid;                      /* Manf ID */
  /* ... */
  cistpl_cftable_entry_t cftable_entry;        /* Configuration table entry */
  /* ... */
} cisparse_t;
```

9.6.2 设备实例：PCMCIA卡

下面开发一个客户设备驱动程序的框架（因为文字叙述太多反而显得啰嗦），以理解PCMCIA子系统的工作原理。此实现是通用的，因此不管PCMCIA卡实现的是网络、存储还是其他的技术，都可以将其作为模板。这里只实现XX_cs驱动程序,假设通用的XX驱动程序是现成可用的。

正如前面提到的,PCMCIA驱动程序包含probe()和remove()函数,以支持热插拔。代码清单9-1向PCMCIA核心注册了驱动程序的probe()和remove()方法,以及pcmcia_device_id表。当相关联的PCMCIA卡被插入时,调用XX_probe();拔出时调用XX_remove()。

代码清单9-1 注册客户驱动程序

```
#include <pcmcia/ds.h> /* Definition of struct pcmcia_device */

static struct pcmcia_driver XX_cs_driver = {
  .owner    = THIS_MODULE,
  .drv      = {
  .name = "XX_cs",           /* Name */
  },
  .probe    = XX_probe,      /* Probe */
  .remove   = XX_remove,     /* Release */
  .id_table = XX_ids,        /* ID table */
  .suspend  = XX_suspend,    /* Power management */
  .resume   = XX_resume,     /* Power management */
};

#define XX_MANFUFACTURER_ID   0xABCD  /* Device's manf_id */
#define XX_CARD_ID            0xCDEF  /* Device's card_id */

/* Identity of supported cards */
static struct pcmcia_device_id XX_ids[] = {
  PCMCIA_DEVICE_MANF_CARD(XX_MANFUFACTURER_ID, XX_CARD_ID),
  PCMCIA_DEVICE_NULL,
};

MODULE_DEVICE_TABLE(pcmcia, XX_ids); /* For module autoload */

/* Initialization */
static int __init
init_XX_cs(void)
{
  return pcmcia_register_driver(&XX_cs_driver);
}

/* Probe Method */
static int
XX_probe(struct pcmcia_device *link)
{
  /* Populate the pcmcia_device structure allotted for this card by
     the core. First fill in general information */
  /* ... */

  /* Fill in attributes related to I/O windows and interrupt levels */
  XX_config(link); /* See Listing 9.2 */
}
```

代码清单9-2展示了使用诸如I/O和内存空间基地址等资源配置通用设备驱动程序（XX）的例程。完成此步骤后，进入或从PCMCIA卡流出的数据流将并通过XX进行，对于其他部分是透明的。PCMCIA卡产生的任何中断（例如网卡中数据接收或发送完成）都由中断处理例程来处理，处理例程属于XX的一部分。代码清单9-2大体上基于思科Aironet 4500 和4800序列PCMCIA WiFi卡的客户驱动程序drivers/net/wireless/airo_cs.c，使用PCMCIA核心的服务完成了如下操作：

- 从PCMCIA卡的CIS获得适当的配置表入口元组；
- 分析元组；
- 通过分析元组收集PCMCIA卡的配置信息，如I/O基址、电源设置等；
- 请求分配中断线。

然后使用前面获取的信息配置特定芯片组的驱动程序（XX）。

代码清单9-2　配置通用设备驱动程序

```
#include <pcmcia/cistpl.h>
#include <pcmcia/ds.h>
#include <pcmcia/cs.h>
#include <pcmcia/cisreg.h>

/* This makes the XX device available to the system. XX_config()
   is based on airo_config(), defined in
   drivers/net/wireless/airo_cs.c */
static int
XX_config(struct pcmcia_device *link)
{
  tuple_t tuple;
  cisparse_t parse;
  u_char buf[64];

  /* Populate a tuple_t structure with the identity of the desired
     tuple. In this case, we're looking for a configuration table entry */
  tuple.DesiredTuple = CISTPL_CFTABLE_ENTRY;
  tuple.Attributes   = 0;
  tuple.TupleData    = buf;
  tuple.TupleDataMax = sizeof(buf);

  /* Walk the CIS for a matching tuple and glean card configuration
     information such as I/O window base addresses */

  /* Get first tuple */
  CS_CHECK(GetFirstTuple, pcmcia_get_first_tuple(link, &tuple));
  while (1){
    cistpl_cftable_entry_t dflt = {0};
    cistpl_cftable_entry_t *cfg = &(parse.cftable_entry);

    /* Read a configuration tuple from the card's CIS space */
    if (pcmcia_get_tuple_data(link, &tuple) != 0 ||
        pcmcia_parse_tuple(link, &tuple, &parse) != 0) {
      goto next_entry;
    }
```

```
  /* We have a matching tuple! */
  /* Configure power settings in the pcmcia_device based on
     what was found in the parsed tuple entry */
  if (cfg->vpp1.present & (1<<CISTPL_POWER_VNOM))
      link->conf.Vpp = cfg->vpp1.param[CISTPL_POWER_VNOM]/10000;

  /* ... */

  /* Configure I/O window settings in the pcmcia_device based on
     what was found in the parsed tuple entry */
  if ((cfg->io.nwin > 0) || (dflt.io.nwin > 0)) {
      cistpl_io_t *io = (cfg->io.nwin) ? &cfg->io : &dflt.io;
      /* ... */
      if (!(io->flags & CISTPL_IO_8BIT)) {
          link->io.Attributes1 = IO_DATA_PATH_WIDTH_16;
      }
      link->io.BasePort1 = io->win[0].base;
      /* ... */
  }

  /* ... */
  break;
next_entry:
  CS_CHECK(GetNextTuple, pcmcia_get_next_tuple(link, &tuple));
}

/* Allocate IRQ */
if (link->conf.Attributes & CONF_ENABLE_IRQ) {
    CS_CHECK(RequestIRQ, pcmcia_request_irq(link, &link->irq));
}
/* ... */

/* Invoke init_XX_card(), which is part of the generic
   XX driver (so, not shown in this listing), and pass
   the I/O base and IRQ information obtained above */
init_XX_card(link->irq.AssignedIRQ, link->io.BasePort1,
             1, &handle_to_dev(link));

/* The chip-specific (form factor independent) driver is ready
   to take responsibility of this card from now on! */
}
```

9.7 将零件组装在一起

正如图9-3所示，PCMCIA层由各种组件组成。组件间的数据流有时很复杂。从插入PCMCIA卡开始，到应用程序开始给PCMCIA卡传输数据，让我们跟踪整个过程的代码流程。假设一个思科Aironet PCMCIA卡被插入带有82365兼容的PCMCIA主机控制器笔记本计算机中。

(1) PCMCIA主机控制器驱动程序（drivers/pcmcia/yenta_socket.c）通过其中断服务例程检测到插入事件，并记下它使用的数据结构。

(2) pccardd内核线程是PCMCIA卡服务（drivers/pcmcia/cs.c）的一部分，在等待队列中休眠，直至主机控制器驱动程序在步骤(1)中检测到卡插入后唤醒它。

(3) 卡服务分发插入事件给驱动程序服务（drivers/pcmcia/ds.c）。这将触发初始化过程中注册的事件处理例程。

(4) 驱动程序服务验证卡的CIS空间，确定插入设备的制造商ID和卡ID等信息，并向内核注册设备。加载对应的客户设备驱动程序（drivers/net/wireless/airo_cs.c）。重新温习关于MODULE_DEVICE_TABLE()的讨论就会清楚此过程是如何完成的。

(5) 如代码清单9-1所示，在步骤(4)中加载的客户驱动程序（airo_cs.c）使用pcmcia_register_driver()初始化并注册自身。注册接口函数的内部会将设备的总线类型设置为pcmcia_bus_type。PCMCIA总线操作如probe()和remove()（由驱动程序服务定义，位于ds.c文件中）也在内部被注册。

(6) 内核调用在步骤(5)中由驱动程序服务注册的probe()操作。这会反过来调用由匹配的客户驱动程序拥有的probe()函数（airo_probe()，也在步骤(5)中注册）。客户probe()例程会进行一些设置，如I/O空间和中断线，并配置通用的芯片组相关的驱动程序（drivers/net/wireless/airo.c），如代码清单9-2所示。

(7) 芯片组驱动程序（airo.c）创建网络接口（ethX），从此步开始负责常规操作。驱动程序会处理由卡产生的、对应于包接收和发送完成的中断。设备的具体形式（例如是PCMCIA还是PCI卡）对于芯片组驱动程序以及通过ethX进行操作的应用程序是透明的。

9.8　PCMCIA 存储

现在的PCMCIA/CF存储支持吉字节的容量。存储卡多种多样，如下所示。

- 迷你IDE硬盘驱动器或微硬盘。这些是使用磁媒体的机械硬盘驱动器的微型版本。其数据传输率通常比固态存储设备高得多，但IDE驱动器在数据被传输前有旋转和寻道延迟。IDE卡服务驱动程序ide_cs和老式的IDE驱动程序一起都被用于和这些存储卡通信。
- 模拟IDE的固态存储卡。这些卡无运动部分，通常基于闪存，由于模拟IDE，因此对于操作系统是透明的。由于这些驱动器基于IDE，同样的IDE卡服务驱动程序（ide_cs）被用于和其交互。
- 使用闪存的存储卡，但不模拟IDE。卡服务驱动程序memory_cs提供块和字符接口。块接口用于在存储卡上建立文件系统，字符接口用于访问原始数据。也可以使用memory_cs读取PCMCIA卡的属性存储空间。

9.9　串行 PCMCIA

很多网络技术（如GPRS、GSM、GPS以及蓝牙）使用串行传输机制和主机系统通信。在本节中，让我们一起来探究PCMCIA层如何处理使用这些技术的卡。需要注意的是，本节仅介绍带有PCMCIA/CF的GPRS、GSM以及蓝牙的总线接口部分。这些技术的具体细节将会在第16章中讨论。

通用的串行卡服务驱动程序serial_cs允许操作系统的其他部分将PCMCIA/CF看作一个串行

设备。第一个未使用的串行设备/dev/ttySX被分配给PCMCIA卡。serial_cs因此通过GPRS、GSM和GPS卡模拟了一个串行端口。它也允许蓝牙PCMCIA/CF卡使用串行传输发送HCI（Host Control Interface，主机控制接口）包给蓝牙协议层。

图9-5演示了采用不同网络技术的内核模块如何与serial_cs交互，最终实现和各种卡之间的通信。

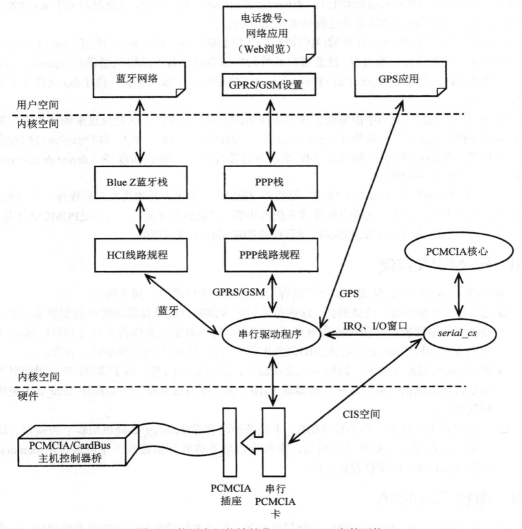

图9-5 使用串行传输的带PCMCIA/CF卡的网络

PPP（Point-to-Point Protocol，点对点协议）允许如TCP/IP等网络协议通过串行链路运行。在图9-5中，通过GPRS和GSM拨号，PPP使TCP/IP应用程序运行。PPP守护进程pppd和由serial_cs模拟的虚拟串行端口联系在一起。必须加载PPP内核模块（ppp_generic、ppp_async和slhc）后，pppd才能运行。pppd调用方式如下：

```
bash> pppd ttySX call connection-script
```

连接脚本（connection-script）是一个包含命令序列的文件，用于pppd和服务提供者交换信息，以便建立链路。连接脚本依赖于所使用的具体的卡。GPRS卡需要发送相应的字符串作为连接脚本，而GSM卡可能需要交换密码。16.4.1节中有连接脚本的例子。

9.10 调试

为了有效地调试PCMCIA/CF客户驱动程序，你需要观察由PCMCIA核心发出的调试信息。为此，需在内核配置期间使能CONFIG_PCMCIA_DEBUG（Bus options ->PCCARD support ->Enable PCCARD debugging）。Verbosity级的调试输出能够通过pcmcia_core.pc_debug内核命令行参数或pc_debug模块的插入参数来加以控制。

关于PC卡客户驱动程序的信息在可在/proc/bus/pccard/drivers看到。查看/sys/bus/pcmcia/devices/*可得到卡相关的制造商和卡ID等信息。如果你的系统使用PCI-PCMCIA 转换桥，在/proc/bus/pci/里可获得PCMCIA主机控制器的信息。/proc/interrupts列出了系统中所使用的IRQ，包括被PCMCIA层所使用的。

下面是Linux-PCMCIA的邮件列表：http://lists.infradead.org/mailman/listinfo/linux-pcmcia。

9.11 查看源代码

在Linux源码树中，drivers/pcmcia/目录包含卡服务、驱动程序服务以及主机控制器驱动程序的源码。查看drivers/pcmcia/yenta_socket.c可发现运行在很多基于x86的笔记本计算机上的主机控制器驱动程序。include/pcmcia/下的头文件包含PCMCIA相关的数据结构定义。

客户驱动程序和其他的驱动程序一起，属于相关联的设备类。因此，在drivers/net/pcmcia/下可找到PCMCIA网卡驱动程序。模拟IDE的PCMCIA内存设备的客户驱动程序为drivers/ide/legacy/ide-cs.c。PCMCIA调制解调器所使用的客户驱动程序位于drivers/serial/serial_cs.c。

表9-2概括了本章中使用的主要数据结构及其在源码树中的位置。表9-3列出了本章所用到的主要内核编程接口以及它定义的位置。

表9-2 数据结构小结

数据结构	位置	描述
pcmcia_device_id	include/linux/mod_devicetable.h	标识PCMCIA卡
pcmcia_device	include/pcmcia/ds.h	代表一个PCMCIA设备
pcmcia_driver	include/pcmcia/ds.h	代表一个PCMCIA客户驱动程序
tuple_t	include/pcmcia/cistpl.h	CIS操作例程使用tuple_t结构体保存信息
cistpl_cftable_entry_t	include/pcmcia/cistpl.h	CIS空间的配置表入口
cisparse_t	include/pcmcia/cistpl.h	被解析过的元组

表9-3 内核编程接口小结

内核接口	位置	描述
pcmcia_register_driver()	drivers/pcmcia/ds.c	向PCMCIA核心注册驱动程序
pcmcia_unregister_driver()	drivers/pcmcia/ds.c	从PCMCIA核心卸载驱动程序
pcmcia_get_first_tuple()	include/pcmcia/cistpl.h	操作CIS空间的库例程
pcmcia_get_tuple_data()	drivers/pcmcia/cistpl.c	
pcmcia_parse_tuple()		
pcmcia_request_irq()	drivers/pcmcia/pcmcia_resource.c	获取分配给PCMCIA卡的IRQ

第 10 章 PCI

本章内容
- PCI 系列
- 寻址和识别
- 访问 PCI
- DMA
- 设备实例：以太网—调制解调器卡
- 调试
- 查看源代码

PCI（Peripheral Component Interconnect，外围组件互联）是一种适用范围很广的 I/O 总线。无论是用存储服务器备份数据还是在计算机上看视频或上网，都会用到 PCI。如今，PCI 以及它的各种衍生产品（迷你 PCI、CardBus、扩展的 PCI、PCI Express、PCI Express 迷你卡和 Express 卡）已经成为事实上的计算机 CPU 与外围设备连接的标准。

10.1 PCI 系列

PCI 是 CPU 和外围设备通信的高速传输总线。PCI 规范能够实现 32 位并行数据传输，工作频率为 33MHz 或 66MHz，最大吞吐率达 266MB/s。

Cardbus 是 PCI 派生出来的，具有 PC 卡的尺寸格式。CardBus 卡也是 32 位的，工作频率为 33MHz。虽然它和 PCMCIA 卡使用相同的 68 针接口，但是与 16 位的 PCMCIA 卡相比，CardBus 设备复用地址线和数据线，支持 32 位数据。

迷你 PCI 的工作频率为 33MHz，32 位数据传输，也是在 PCI 基础上发展起来的，常见于笔记本等小型计算机中。PCI 卡用一个兼容的连接器通过迷你 PCI 插槽和电脑通信。

由 PCI 扩展而来的 PCI 扩展卡（或者 PCI-X）的数据位达到了 64 位，工作频率为 133MHz，最大吞吐率达到 1GB/s。该标准的最新版本是 PCI-X 2.0。

PCI-Express（又称 PCIe 或者 PCI-E）是 PCI 系列目前具代表性的一种。与并行 PCI 总线不同，PCIe 采用串行传输数据模式，最大支持 32 个串行连接，任何 PCIe 连接在每个传输方向上的吞吐率都是 250MB/s，因此每个方向上总的传输速率达 8GB/s。该标准最新版本是 PCI 2.0，支持更高速的数据传输。

串行通信比并行通信速度更快,更便宜。因为不用考虑信号干扰等因素,所以由并行总线向串行总线发展已成为业界趋势。PCIe及其配套技术的使命就是取代PCI和它的衍生技术,这种转换也是实现并行通信向串行通信迁移的一部分,本书讨论的几个I/O接口,如RS-232、USB、SATA、以太网、光纤信道和InfiniBand都是基于串行通信结构的。

PCIe系列中和CardBus相对应的是Express Card。Express卡可以通过PCIe连接,USB 2.0接口和中间媒质(如CardBus控制器)同系统直接相连,PCI系列中的迷你PCI和PCIe系列的PCI Express迷你卡相对应。

新近的笔记本计算机带有Express卡插槽,用来代替CardBus(或者作为其补充)。而PCI Express迷你卡插槽也替代了迷你PCI。新插槽不仅比旧插槽更节省空间,而且速度也更快。

表10-1总结了几个重要的与PCI相关的接口。从内核的角度上看,这些技术彼此都兼容。换句话说,内核PCI驱动程序的开发同样也可以使用前面提到的技术,所以,虽然本章的示例代码是基于CardBus卡编写的,但示例展示的概念对其他的PCI衍生产品仍然适用。

表10-1 PCI的同类和子类

总线名称	特 点	尺寸格式
PCI	32位总线,33MHz(66MHz);吞吐率266MB/s	内置于台式机或服务器中
迷你PCI	32位总线,33MHz	内置于笔记本计算机
CardBus	32位总线,33MHz	笔记本计算机外插卡,与PCI兼容
PCI Extended(PCI-X)	64位总线,133MHz,吞吐率1GB/s	内置于台式机和服务器,比PCI宽,但能插PCI卡
PCI Express(PCIe)	单个PCIe连接单方向传输速率250MB/s,单向最大吞吐率达8GB/s	在新系统里替代PCI插槽。与采用传统并行结构的PCI不同,PCIe采用串行通信结构
PCI Express迷你卡	在PCIe接口上,单向传输速率为250MB/s;在USB 2.0接口上,速率为60MB/s	在新近的笔记本计算机里替代迷你PCI,尺寸比迷你PCI的小
Express卡	在PCIe接口上,单向传输速率为250MB/s;在USB 2.0接口上,速率为60MB/s	新近笔记本计算机里的外插卡,替代CardBus,通过PCIe或USB 2.0接口同系统连接

基于PCI总线的各种实现可以满足硬件领域的广泛需求。

- 网络技术如吉比特以太网(G-Ethernet)、WiFi、ATM、令牌环和ISDN。
- 主机适配存储技术,如SCSI。
- 用作I/O总线(如USB、FireWire、IDE、I^2C、PCMIA等)的主控制器。这些主控制器起到连接南桥上的PCI控制器和总线的作用,这一点可以运行lspci命令(后文中介绍)来验证。
- 图像,视频流,数据捕获。
- 串/并端口卡。
- 声卡。
- 其他设备,如看门狗、具有EDAC(Error Detection and Correction,错误检测与校正)功能的内存控制器和游戏端口。

对于驱动程序开发人员来讲，PCI系列的优势极具吸引力：设备自动配置系统。与旧的ISA驱动程序不一样，PCI驱动程序不需要实现复杂的检测逻辑。启动时，BIOS类的启动固件（若配置为内核自身，也是可以的）会遍历PCI总线并分配资源，如中断优先级和I/O基址。设备驱动程序查找叫作PCI配置空间的内存来找到资源分配情况。PCI设备拥有256B的配置空间内存。配置空间顶端64B的含义是标准化的，它被分配成寄存器，这些寄存器包含状态、中断线和I/O基址等信息。PCIe和PCI-X 2.0还提供另外4KB的扩展。稍后将介绍如何使用PCI的配置区。

图10-1显示的是PC兼容系统中的PCI，很多组件都集成在南桥里，如USB、IDE、I^2C、LPC和以太网控制器都沿PCI分布。有些控制器包含PCI-PCI转换桥，为各自的I/O提供专用PCI总线。南桥另外还有外部PCI总线，用来连接外围I/O设备，如Cardbus控制器和WiFi芯片组。图10-1还展现了与连接的每个子系统对应的逻辑地址。在学习PCI寻址的时候就会更好地理解这些内容。

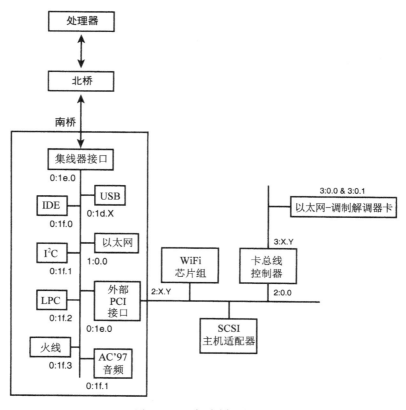

图10-1　PC机南桥里的PCI

10.2　寻址和识别

PCI设备的地址由总线号、设备号和功能号组成，分别称为厂家ID、设备ID和设备类代码。我们可以利用lspci工具了解这些概念。该工具是PCI工具集的一部分，下载地址为http://mj.ucw.cz/

pciutils.shtml。

假设有一台笔记本计算机安装了Xircom公司的以太网调制解调多功能CardBus卡，卡控制器是TI公司的PCI4510 CardBus，如图10-1所示。运行lspci：

```
bash>lspci
00:00.0 Host bridge: Intel Corporation 82852/82855 GM/GME/PM/GMV Processor to I/O
Controller (rev 02)
...
02:00.0 CardBus bridge: Texas Instruments PCI4510 PC card Cardbus Controller (rev 03)
...
03:00.0 Ethernet controller: Xircom Cardbus Ethernet 10/100 (rev 03)
03:00.1 Serial controller: Xircom Cardbus Ethernet + 56k Modem (rev 03)
```

先看上面输出代码每行开头的逻辑地址（XX:YY.Z）。XX代表PCI的总线号。一个PCI域能容纳256个总线。上文提到的笔记本计算机中，CardBus桥连在了PCI 2号总线上。顺着这个桥，可以找到另外一个PCI 3号总线，该总线连的是Xircom卡。

YY是PCI设备编号。每个PCI总线可以支持32个PCI设备。Z表示PCI功能，每个PCI设备可容纳8个PCI功能。Xircom卡可同时实现两个PCI功能。因此，03:00.0表示该卡的以太网功能，03:00.1表示该卡的调制解调器功能。运行lspci -t得到PCI总线和PCI设备组成的树状结构图：

```
bash> lspci -t
-[0000:00]-+-00.0
           +-00.1
           +-00.3
           +-02.0
           +-02.1
           +-1d.0
           +-1d.1
           +-1d.2
           +-1d.7
           +-1e.0-[0000:02-05]--+-[0000:03]-+-00.0
           |                    |           \-00.1
           |                    \-[0000:02]-+-00.0
           |                                +-00.1
           |                                +-01.0
           |                                \-02.0
           +-1f.0
```

从上面的输出结果可以看出，要找到Xircom调制解调器（03:00.01）或者以太网控制器（03:00.0），先要从PCI总线开始（标号是0000），经过PCI-PCI桥（00:1e.0），再经过PCI-CardBus主控制器（02:0.0）。从PCI子系统的文件结构也可以看出上面的寻址过程：

```
bash> ls /sys/devices/pci0000:00/0000:00:1e.0/0000:02:00.0/0000:03:00.0/
...
net:eth2  → Ethernet
...
bash> ls /sys/devices/pci0000:00/0000:00:1e.0/0000:02:00.0/0000:03:00.1/
...
tty:ttyS1  → Modem
...
```

10.2 寻址和识别

如前文所述，PCI设备拥有256B的空间，用于存放配置寄存器。该空间是辨别PCI卡型号和性能的关键。我们可以查看CardBus控制器和前面用到的Xircom双功能卡的配置区的详细情况：

```
bash> lspci -x
00:00.0 Host bridge: Intel Corporation 82852/82855 GM/GME/PM/GMV Processor to I/O
Controller (rev 02)
00: 86 80 80 35 06 01 90 20 02 00 00 06 00 00 80 00
10: 08 00 00 00 00 00 00 00 00 00 00 00 00 00 00 00
20: 00 00 00 00 00 00 00 00 00 00 14 10 5c 05
30: 00 00 00 40 00 00 00 00 00 00 00 00 00 00 00
...
02:00.0 CardBus bridge: Texas Instruments PCI4510 PC card Cardbus Controller (rev 03)
00: 4c 10 44 ac 07 00 10 02 03 00 07 06 20 a8 82 00
10: 00 00 00 b0 a0 00 00 22 02 03 04 b0 00 00 00 f0
20: 00 f0 ff f1 00 00 00 d2 00 f0 ff d3 00 30 00 00
30: fc 30 00 00 00 34 00 00 fc 34 00 00 0b 01 00 05
...
03:00.0 Ethernet controller: Xircom Cardbus Ethernet 10/100 (rev 03)
00: 5d 11 03 00 07 00 10 02 03 00 00 02 00 40 80 00
10: 01 30 00 00 00 00 00 d2 00 08 00 d2 00 00 00 00
20: 00 00 00 00 00 00 07 01 00 00 5d 11 81 11
30: 00 00 00 00 dc 00 00 00 00 00 0b 01 14 28
03:00.1 Serial controller: Xircom Cardbus Ethernet + 56k Modem (rev 03)
00: 5d 11 03 01 03 00 10 02 03 02 00 07 00 00 80 00
10: 81 30 00 00 00 10 00 d2 00 18 00 d2 00 00 00 00
20: 00 00 00 00 00 00 07 02 00 00 5d 11 81 11
30: 00 00 00 00 dc 00 00 00 00 00 0b 01 00 00
```

为方便解释上面的输出结果，首先要说明的是PCI寄存器是小端字节序（little-endian）格式的。也可以通过sysfs来查看PCI的配置。查看Xircom卡的以太网功能的配置区：

```
bash> od -x /sys/devices/pci0000:00/0000:00:1e.0/0000:02:00.0/0000:03:00.0/config
0000000 115d 0003 0007 0210 0003 0200 4000 0080
0000020 3001 0000 0000 d200 0800 d200 0000 0000
0000040 0000 0000 0000 0000 0107 0000 115d 1181
...
```

表10-2解释了上面输出的几个数。前面两字节是厂家ID，表示生产厂家。PCI厂家ID在全球都是统一分配和管理的（上www.pcidatabase.com可以查看），可以看出不同的ID代表不同厂家：Intel、TI和Xircom（被Intel收购了）依次是0x8086、0x104C和0x115D。接下来的两字节表示卡的功能和设备ID。Xircom卡以太网功能的设备ID是0x0003，调制解调器的设备ID是0x0103。PCI卡另外还拥有子厂家ID和子设备ID（在前面输出结果的44和46偏移地址处可以看出来）。

表10-2　PCI配置空间含义

配置区偏移地址	含　义	Xircom卡输出结果
0	厂家ID	0x115D
2	设备ID	0x0003
10	设备类型代码	0x0200
16～39	基址寄存器0～5	0x3001…0000
44	子厂家ID	0x115D
46	子设备ID	0x1181

配置空间中包含10字节用于表示设备类型的编码。表示PCI桥设备类编码的第1个字节是0x06，网络设备类编码的第1个字节是0x02，通信设备类编码的第1个字节是0x07。前面输出结果里，CardBus桥、以太网卡和串行调制解调器的类编码分别为0x0607、0x0200和0x0700。类编码的定义见include/linux/pci_ids.h。

PCI驱动程序向PCI子系统注册其支持的厂家ID、设备ID和设备类编码。使用这个数据库，插入的卡通过配置空间被识别后，PCI子系统把插入的卡和对应的驱动程序绑定。学习了驱动程序示例后就会明白这是怎样的一个过程。

10.3 访问 PCI

PCI设备包括3个可寻址空间：配置空间、I/O端口和设备内存。下面将学习如何通过驱动程序访问这些内存。

10.3.1 配置区

内核为驱动程序提供了6个可以调用的函数来访问PCI配置区：

```
pci_read_config_[byte|word|dword](struct pci_dev *pdev, int offset, int *value);
```
和
```
pci_write_config_[byte|word|dword](struct pci_dev *pdev, int offset, int value);
```

在参数列表中，`struct pci_dev`是PCI设备结构体，`offset`是想访问的配置空间中的字节位置。对读函数来讲，`value`是数据缓冲区的指针；对写函数来讲，`value`放的是准备写的数据。

来看下面的例子。

- 要得到分配给某卡功能的中断号，进行如下操作：

  ```
  unsigned char irq;
  pci_read_config_byte(pdev, PCI_INTERRUPT_LINE, &irq);
  ```

  按照PCI规范说明，PCI配置空间偏移地址60处存放卡的IRQ号，配置空间的偏移地址都在文件include/linux/pci_regs.h中有详细定义，所以要用`PCI_INTERRUPT_LINE`而不是60来表示偏移地址。与此类似，要想读PCI状态寄存器（配置空间偏移地址6处），进行如下操作：

  ```
  unsigned short status;
  pci_read_config_word(pdev, PCI_STATUS, &status);
  ```

- 配置区只有开头的64B是规范了的。其他的地方由设备生产厂商按照自己的意思定义。前面使用的Xircom卡，在64B偏移处的4个字节用于电源管理目的。为禁止电源管理功能，Xircom CardBus驱动程序在实现文件drivers/net/tulip/xircom_cb.c里进行如下操作：

  ```
  #define PCI_POWERMGMT 0x40
  pci_write_config_dword(pdev, PCI_POWERMGMT, 0x0000);
  ```

10.3.2　I/O 和内存

PCI 卡有6个I/O或内存区域，I/O区域包含寄存器，内存区域存放数据。例如：视频卡的I/O区域包含控制寄存器，内存区域映射帧缓冲。但并不是所有的卡都有可寻址的内存区域。I/O和内存区域的功能和硬件有关系，在设备手册中查得到。

像配置区一样，内核提供一系列的辅助函数，可以用来操作PCI设备的I/O和内存区域：

```
unsigned long pci_resource_[start|len|end|flags] (struct pci_dev *pdev, int bar);
```

为操作I/O区域，如PCI视频卡设备控制寄存器，驱动程序要完成以下事情。

(1) 从配置区相应基址寄存器里得到I/O区域的基址：

```
unsigned long io_base = pci_resource_start(pdev, bar);
```

这里假定设备控制寄存器被映射到由变量bar关联的I/O区域，bar值的变化范围是0到5，如图10-2所示。

(2) 用内核的request_region()常规机制（见第5章）获得这个I/O区域，并标明它对应的设备：

```
request_region(io_base, length, "my_driver");
```

length用于控制寄存器空间的大小，my_driver表示这个区域的使用者。在文件/proc/ioports中的my_driver对应的文本行里可以看到这片I/O区域。也可以使用drivers/pci/pci.c文件中定义的封装函数pci_request_region()申请I/O端口。

(3) 用寄存器手册上的偏移地址加上第(1)步得到的基址，然后用第5章讨论的inb()和outb()函数访问这些寄存器：

```
/* Read */
register_data = inl(io_base + REGISTER_OFFSET);
/* Use */
/* ... */
/* Write */
outl(register_data, iobase + REGISTER_OFFSET);
```

为了能操作PCI设备的内存区域，如前面提到的PCI视频卡上的帧缓冲，按下面步骤进行。

(1) 获得基址、内存区域长度以及内存相关的标志：

```
unsigned long mmio_base   = pci_resource_start(pdev, bar);
unsigned long mmio_length = pci_resource_length(pdev, bar);
unsigned long mmio_flags  = pci_resource_flags(pdev, bar);
```

这里假定设备内存区域被映射到基址寄存器bar。

(2) 用内核的request_mem_region()常规机制标记这片内存区的拥有者：

```
request_mem_region(mmio_base, mmio_length, "my_driver");
```

用前文提到的封装函数pci_request_region()也可以。

(3) 让CPU访问第(1)步获得的设备内存。为防止发生意外，某些内存空间（如包含寄存器的地方）设成了不让CPU可预取或不可启用高速缓存。对于其他内存（如本例中提到的区域），CPU

可以启用高速缓存。根据内存区域的访问标志，使用合适的函数可以得到与映射区域相对应的内核虚拟地址。

```
void __iomem *buffer;
if (flags & IORESOURCE_CACHEABLE) {
  buffer = ioremap(mmio_base, mmio_length);
} else {
  buffer = ioremap_nocache(mmio_base, mmio_length);
}
```

为安全起见并避免执行前述的检查，使用lib/iomap.c定义的函数pci_iomap()代替：

```
buffer = pci_iomap(pdev, bar, mmio_length);
```

10.4　DMA

DMA（Direct Memory Access，直接内存访问）是外围设备直接传送数据到内存，不经过CPU的干预。DMA可以成倍地提高外围设备的性能，因为它传输数据时候不占用CPU周期。PCI网卡和IDE硬盘是比较常见的用DMA传送数据的外围器件。

DMA由DMA控制器初始化。DMA控制器位于PC主板的南桥上，南桥负责管理I/O总线，并启动DMA从外围设备直接读/写数据。传统的ISA卡经常采用这种模式。但是PCI这类的总线也可以管理总线并启动DMA传送。CardBus和PCI很相似，也支持DMA管理。PCMIA设备不支持DMA管理，但是连接在PCI总线上的PCMIA控制器具备DMA管理能力也是有可能的。

DMA也存在高速缓存一致性的问题。为提高处理器性能，在处理器和主存之间增加了高速缓存。在DMA过程中，数据在外围设备和主存之间直接传输，因此不会经过高速缓存，这样有可能导致数据的不一致性，因为处理器可能会使用高速缓存中过时的数据。有些结构采用总线监听技术（bus snooping）自动保持高速缓存和主存同步。有的用软件达到消除一致性问题的目的。我们以后再学习如何使用DMA操作。

DMA可以同步传送数据也可以异步传送数据。同步示例：用DMA从系统帧缓冲区到LCD控制器传送数据时，用户应用程序通过/dev/fbX设备节点把像素数据写到DMA映射的帧缓冲区。同时，LCD控制器用DMA方式同步取出数据。我们将在第12章详细介绍LCD驱动程序。异步传输的例子（如CPU和网卡之间传送数据帧）将在第15章中介绍。

DMA缓冲区是DMA传送时用作源端地址或目的地址的内存区。如果总线接口能访问的地址受限，将会影响DMA缓冲区的大小。因此，用于24位总线（如ISA）的DMA缓冲区只占系统内存底部的16MB，称为ZONE_DMA（见2.7节）。PCI总线默认为32位，所以在32位平台下一般不会碰到这种限制。可以用下面的函数告诉内核系统中可用作DMA缓冲区的地址的特殊要求：

```
dma_set_mask(struct device *dev, u64 mask);
```

如果这个函数返回成功，就可以在mask指定的地址范围内进行DMA操作。例如，e1000PCI-X吉位以太网驱动程序（drivers/net/e1000/e1000-main.c）里：

```
if (!(err = pci_set_dma_mask(pdev, DMA_64BIT_MASK))) {
    /* System supports 64-bit DMA */
```

```
    pci_using_dac = 1;
} else {
  /* See if 32-bit DMA is supported */
  if ((err = pci_set_dma_mask(pdev, DMA_32BIT_MASK))) {
    /* No, let's abort */
    E1000_ERR("No usable DMA configuration, aborting\n");
    return err;
  }
  /* 32-bit DMA */
  pci_using_dac = 0;
}
```

I/O设备从总线控制器或IOMMU（I/O Memory Management Unit，I/O内存管理单元）的角度看待DMA缓冲区。所以，I/O设备需要的是DMA缓冲区的总线地址，而不是物理地址或内核虚拟地址。如果你想告诉PCI卡DMA缓冲区的地址信息，必须让PCI卡知道DMA缓冲区的总线地址。DMA服务例程将DMA缓冲区的内核虚拟地址映射到总线地址上，以便设备和CPU都能访问DMA缓冲区。总线地址的类型是dma_addr_t，在文件 include/asm-your-arch/types.h 里有定义。

DMA还有几个概念需要了解。一个是回弹缓冲区（bounce buffer）。回弹缓冲区驻留在可作为DMA缓冲区的内存区域里，在DMA请求的源或目的地址没有DMA功能的内存区域时，它可以作为临时内存区存放数据。例如，用DMA方式从32位PCI外围设备向地址高于4GB的目标传送数据时，如果没有IOMMU单元，就需要回弹缓冲区了。数据先暂时存放在回弹缓冲区，再复制到目标地址。第二个概念颇具DMA的特色：分散/聚集。当要传输的数据分布在不连续的内存上时，分散/聚集能对这些不连续缓冲区的数据进行一次性发送，反过来，DMA也能把数据从卡正确地传送到地址不连续的缓冲区中。分散/聚集通过减少重复的DMA传送请求来提高效率。

内核提供有用的API函数来屏蔽配置DMA的细节。如果你是在给支持总线管理的PCI卡（大多数PCI卡都支持）写驱动程序，这些API会更简单。PCI DMA函数基本上就是封装DMA的通用服务函数，在include/asm/-genetic/pci-dma-compat.h文件中有定义。本章中我们只用PCI的DMA API。

内核为PCI驱动程序提供两类DMA服务。

(1) 一致性DMA访问方法。这些程序保证DMA传送数据的一致性。如果PCI设备和CPU都有可能干预DMA缓冲区，保证数据的一致性是很重要的，这时要用一致性API函数。它是性能上的一个折中。要得到能保证数据一致性的DMA缓冲区，用下面的API：

```
void *pci_alloc_consistent(struct pci_dev *pdev, size_t size, dma_addr_t *dma_handle);
```

这个函数分配一个DMA缓冲区，生成它的总线地址，并返回相关的内核虚拟地址。前面两个参数是PCI设备结构体（后文中介绍）和DMA缓冲区的字节大小，第三个参数（dma-handle）是指向总线地址的指针，由函数调用产生的。下面的代码片段分配和释放一个一致性DMA缓冲区：

```
/* Allocate */
void *vaddr = pci_alloc_consistent(pdev, size, &dma_handle);
/* Use */
/* ... */
/* Free */
pci_free_consistent(pdev, size, vaddr, dma_handle);
```

(2) 流式DMA访问函数。这些API不保证数据的一致性，所以速度更快。他们在不太需要CPU和I/O设备共享DMA缓冲区的时候比较有用。当设备存储的流式缓冲区被映射以便被设备访问后，驱动程序要明确地去映射（或同步）流式缓冲区，之后CPU才可以可靠地操作该缓冲区。流式访问有两类函数：pci_[map|unmap|dma_sync]_single()和pci_[map|unmap|dma_sync]_sg()。

第一组函数可以映射、去映射以及同步一个预先分配的单一DMA缓冲区。pci_map_single()的原型如下：

```
dma_addr_t pci_map_single(struct pci_dev *pdev, void *ptr,
                          size_t size, int direction);
```

前面3个参数分别表示PCI设备结构体、预先分配的DMA缓冲区虚拟内核地址和缓冲区的字节数。第4个参数取下面几个值：PCI_DMA_BIDIRECTION、PCI_DMA_TODEVICE、PCI_DMA_FROMDEVICE和PCI_DMA_NONE，从名字上就很容易看出这些变量的含义。但是使用第一个选项（PCI_DMA_BIDIRECTION）的代价比较大，最后一个选项是在调试的时候使用，在编写一个驱动程序示例之后，我们将进一步讨论流式DMA映射。

第二组函数映射、去映射并同步一个分散/聚集的DMA缓冲区链。pci_map_sg()的原型如下：

```
int pci_map_sg(struct pci_dev *pdev,
               struct scatterlist *sgl,
               int num_entries, int direction);
```

第二个参数struct scatterlist表示分散内存的链表，在include/asm-your-arch/scatterlist.h里定义。num_entries变量表示分散内存的链表中入口数。第一和最后一个参数的意思同pci_map_single()函数里的参数意思一样。函数返回被映射的入口数：

```
num_mapped = pci_map_sg(pdev, sgl, num_entries, PCI_DMA_TODEVICE);
for (i=0; i<num_mapped; i++) {
  /* sg_dma_address(&sgl[i]) returns the bus address of this entry */
  /* sg_dma_len(&sgl[i]) returns the length of this region */
}
```

为更好地使用DMA，下面总结一致性DMA和流式DMA的特点。
- 一致性映射容易编码实现，但是使用起来很昂贵。流式DMA相反。
- 当CPU和I/O设备需要频繁操作DMA缓冲区的时候，一致性映射比较适合，尤其是同步DMA传输的时候用得比较多。前面提到的帧缓冲区驱动程序就是例子，每次DMA都操作同一个缓冲区。因为CPU和视频控制器访问的是同一个帧缓冲区，所以使用一致性映射。
- 当I/O设备长时间占用缓冲区的时候，就采用流映射。流式DMA在异步操作里很常用，每次DMA操作的缓冲区都不一样。例如网络驱动程序，其中存放传输数据包的缓冲区被快速地映射和去映射。
- DMA描述符很适合使用一致性映射。DMA描述符包含DMA缓冲区的元数据，如缓冲区的地址和字节长度，CPU和设备频繁地访问这些参数。快速地映射描述符成本很高，因为需要频繁地去映射和再映射（或者异步操作）。

10.5 设备实例：以太网-调制解调器卡

有了前面所学的知识，我们可以为虚拟的以太网-调制解调器双功能CardBus卡写一个驱动程序框架，看它怎样在局域网上工作，怎样同ISP建立拨号连接。每个功能都需要一个驱动程序。假设你已经有了串行驱动程序（见第6章）和以太网驱动程序（见第15章），就用它们来支持卡上的芯片组。我们再给这些驱动程序增加一些功能，让它和CardBus的接口能协同工作。这个示例以前面提到的Xircom卡内核驱动程序为基础，Xircom驱动程序的以太网和调制解调驱动程序分别在drivers/net/tulip/xircom_cb.c和drivers/serial/8250_pci.c文件中。

10.5.1 初始化和探测

PCI驱动程序用设备结构体pci_device_id数组描述它支持的一系列卡，该结构体定义在文件include/linux/mod_devicetable.h中，其定义如下：

```
struct pci_device_id {
  __u32 vendor,device;/*Verdor and Device IDs*/
  __u32 subvendor,subdevice;/*Subvendor and Subdevice IDs*/
  __u32 class,classmask;/*Class and class mask*/
Kernel_ulong_t driver_data;/* Private data*/
};
```

结构体pci_device_id前6个成员的含义和前面讨论的PCI一样。最后一个成员driver_data是设备驱动程序的私有数据，当驱动程序支持多张卡的时候，经常用它来表示驱动程序相关的配置信息。

以太网-调制解调器卡的每个功能都有一个设备ID和配置空间。因为这两个功能之间没有连接，它们各自需要一个PCI驱动程序。目录drivers/net/用于存放以太网驱动程序，目录drivers/serial/用于存放串行驱动程序。代码清单10-1是以太网驱动程序，列出了pci_device_id下与设备相关的各种ID。代码清单10-2的串行驱动程序与以太网驱动程序相似，只不过它是用于实现调制解调器功能的。两个驱动程序相关的设备类型编码和类掩码都没有明确给出确定的值，因为厂家ID/设备ID组合起来可独一无二地标示以太网功能和调制解调器功能。

PCI子系统提供PCI_DEVICE()和PCI_DEVICE_CLASS()这样的宏来简化pci_device_id表的创建过程。例如，PCI_DEVICE()可以用厂家ID和设备ID创建pci_device_id表。代码清单10-1中的network_device_pci_table也可以这样来写：

```
Struct pci_device_id network_driver_pci_table[] __devinitdata={
 {PCI_DEVICE(MY_VENDOR_ID,MY_DEVICE_ID_NET)
  driver_data=(unsigned long) network_driver_private_data};
  {0};
};
```

在模块映像中，代码清单10-1和10-2的MODULE_DEVICE_TABLE()宏负责标识pci_device_id表。当CardBus卡插入的时候，该模块就立即加载。第4章已经讨论过自动加载模块了，在第9章讨论pcmcia_device_id时也使用过这种机制。

当PCI的热插拔层检测到卡的属性和驱动程序的pci_device_id表里存储的ID信息一致的时候，该层将激发该驱动程序的probe()函数被调用，这样驱动程序就有可能和插入的卡能对应。显然，驱动程序的probe()方法必须和pci_device_id表相对应。在初始化阶段，驱动程序在PCI子系统里先注册pci_driver结构体。为实现注册，驱动程序调用pci_register_driver()。

代码清单10-1　注册网络功能

```c
#include <linux/pci.h>

#define MY_VENDOR_ID        0xABCD
#define MY_DEVICE_ID_NET    0xEF01

/* The set of PCI cards that this driver supports. Only a single
   entry in our case. Look at include/linux/mod_devicetable.h for
   the definition of pci_device_id */
struct pci_device_id network_driver_pci_table[] __devinitdata = {
{
  { MY_VENDOR_ID,                 /* Interface chip manufacturer ID */
    MY_DEVICE_ID_NET,             /* Device ID for the network function */
    PCI_ANY_ID,                   /* Subvendor ID wild card */
    PCI_ANY_ID,                   /* Subdevice ID wild card */
    0, 0,                         /* class and classmask are unspecified */
    network_driver_private_data   /* Use this to co-relate
                                     configuration information if the
                                     driver supports multiple
                                     cards. Can be an enumerated type. */
}, {0},
};

/* struct pci_driver is defined in include/linux/pci.h */
struct pci_driver network_pci_driver = {
  .name     = "ntwrk",                              /* Unique name */
  .probe    = net_driver_probe,                     /* See Listing 10.3 */
  .remove   = __devexit_p(net_driver_remove),       /* See Listing 10.3 */
  .id_table = network_driver_pci_table,             /* See above */

  /* suspend() and resume() methods that implement power
     management are not used by this driver */
};

/* Ethernet driver initialization */
static int __init
network_driver_init(void)
{
  pci_register_driver(&network_pci_driver);
  return 0;
}

/* Ethernet driver exit */
```

```
static void __exit
network_driver_exit(void)
{
  pci_unregister_driver(&network_pci_driver);
}

module_init(network_driver_init);
module_exit(network_driver_exit);
MODULE_DEVICE_TABLE(pci, network_driver_pci_table);
```

代码清单10-2　注册调制解调器功能

```
#include <linux/pci.h>

#define MY_VENDOR_ID       0xABCD
#define MY_DEVICE_ID_MDM   0xEF02

/* The set of PCI cards that this driver supports */
struct pci_device_id modem_driver_pci_table[] __devinitdata = {
{
  { MY_VENDOR_ID,              /* Interface chip manufacturer ID */
    MY_DEVICE_ID_MDM,          /* Device ID for the modem function */
    PCI_ANY_ID,                /* Subvendor ID wild card */
    PCI_ANY_ID,                /* Subdevice ID wild card */
    0, 0,                      /* class and classmask are unspecified */
    modem_driver_private_data  /* Use this to co-relate
                                  configuration information if the driver
                                  supports multiple cards. Can be an
                                  enumerated type. */
  }, {0},
};

struct pci_driver modem_pci_driver = {
  .name    = "mdm",                                /* Unique name */
  .probe   = modem_driver_probe,                   /* See Listing 10.4 */
  .remove  = __devexit_p(modem_driver_remove),/* See Listing 10.4 */
  .id_table = modem_driver_pci_table,              /* See above */
  /* suspend() and resume() methods that implement power
     management are not used by this driver */
};

/* Modem driver initialization */
static int __init
modem_driver_init(void)
{
  pci_register_driver(&modem_pci_driver);
  return 0;
}
/* Modem driver exit */
static void __exit
```

```
modem_driver_exit(void)
{
  pci_unregister_driver(&modem_pci_driver);
}

module_init(modem_driver_init);
module_exit(modem_driver_exit);
MODULE_DEVICE_TABLE(pci, modem_driver_pci_table);
```

代码清单10-3实现了以太网驱动程序的probe()函数。该函数可以启用PCI设备，发现I/O基址和中断号等资源，给这个设备分配一个网络数据结构，还可以在内核网络层注册这个结构。

代码清单10-4实现了与调制解调器功能相似的驱动程序。不同的是，驱动程序向内核的串行层而不是网络层注册。

代码清单10-3和代码清单10-4也实现了remove()函数，当CardBus卡弹出或者驱动程序模块被卸载的时候，调用该函数。remove()的过程和probe()的过程恰好相反，它释放资源，并在相关子系统里取消注册的驱动程序。如果你没有启用热插拔或者驱动程序不是一个可动态加载的模块，代码清单10-1的__devexit_p()宏就会告知remove()函数在编译的时候放弃提供的函数。

PCI子系统调用probe()函数时传递了两个参数。

(1) 一个指向pci_dev设备结构体的指针，每个PCI设备在内核中都被抽象成这个数据结构。该结构在文件include/linux/pci.h里有定义，每个PCI设备对应一个这样的结构体，这些结构体由PCI子系统负责管理。

(2) 一个pci_device_id类型的指针，指向驱动程序的pci_device_id表，该表的数据和从设备配置区获得的设备信息要一致。

代码清单10-3　探测以太网功能

```
# include <linux/pci.h>

unsigned long ioaddr;

/* Probe method */
static int __devinit
net_driver_probe(struct pci_dev *pdev, const struct pci_device_id *id)
{
  /* The net_device structure is defined in include/linux/netdevice.h.
     See Chapter 15, "Network Interface Cards", for the description */
  struct net_device *net_dev;

  /* Ask low-level PCI code to enable I/O and memory regions for
     this device. Look up the IRQ for the device that the PCI
     subsystem allotted when it walked the bus */
  pci_enable_device(pdev);

  /* Use this device in bus mastering mode, since the network
     function of this card is capable of DMA */
  pci_set_master(pdev);
```

```c
  /* Allocate an Ethernet interface and fill in generic values in
     the net_dev structure. prv_data is the private driver data
     structure that contains buffers, locks, and so on. This is
     left undefined. Wait until Chapter 15 for more on
     alloc_etherdev() */
  net_dev = alloc_etherdev(sizeof(struct prv_data));

  /* Populate net_dev with your network device driver methods */
  net_dev->hard_start_xmit = &mydevice_xmit; /* See Listing 10.6 */

  /* More net_dev initializations */
  /* ... */

  /* Get the I/O address for this PCI region. All card registers
     specified in Table 10.3 are assumed to be in bar 0 */
  ioaddr = pci_resource_start(pdev, 0);

  /* Claim a 128-byte I/O region */
  request_region(ioaddr, 128, "ntwrk");
  /* Fill in resource information obtained from the PCI layer */
  net_dev->base_addr = ioaddr;
  net_dev->irq       = pdev->irq;
  /* ... */
  /* Setup DMA. Defined in Listing 10.5 */
  dma_descriptor_setup(pdev);

  /* Register the driver with the network layer. This will allot
     an unused ethX interface */
  register_netdev(net_dev);

  /* ... */
}

/* Remove method */
static void __devexit
net_driver_remove(struct pci_dev *pdev)
{
  /* Free transmit and receive DMA buffers. Defined in Listing 10.5 */
  dma_descriptor_release(pdev);

  /* Release memory regions */
  /* ... */

  /* Unregister from the networking layer */
  unregister_netdev(dev);
  free_netdev(dev);

  /* ... */
}
```

代码清单10-4　探测调制解调器功能

```
/* Probe method */
static int __devinit
modem_driver_probe(struct pci_dev *pdev, const struct pci_device_id *id)
{
  struct uart_port port; /* See Chapter 6, "Serial Drivers" */
  /* Ask low-level PCI code to enable I/O and memory regions
     for this PCI device */
  pci_enable_device(pdev);

  /* Get the PCI IRQ and I/O address to be used and populate the
     uart_port structure (see Chapter 6) with these resources. Look at
     include/linux/pci.h for helper functions */

  /* ... */

  /* Register this information with the serial layer and get an
     unused ttySX port allotted to the card. Look at Chapter 6 for
     more on serial drivers */
  serial8250_register_port(&port);

  /* ... */
}

/* Remove method */
static void __devexit
modem_driver_remove(struct pci_dev *dev)
{
  /* Unregister the port from the serial layer */
  serial8250_unregister_port(&port);

  /* Disable device */
  pci_disable_device(dev);
}
```

概括来讲，从一张以太网-调制解调器Cardbus卡插好到系统为它分配好网络接口（ethX）和串行端口（/dev/ttySX）的过程中，系统主要做了以下几项工作。

（1）对于CardBus的每个功能，相应的驱动程序初始化例程向系统注册好所支持的卡的pci_device_id表和probe()函数。

（2）PCI热插拔层检测卡的插入，从卡的配置空间中读出厂家ID和设备ID，并找到包含这些ID的驱动程序。

（3）因为从PCI配置空间读出来的ID和所注册的驱动程序包含的ID一致，所以该驱动程序就是为这个PCI设备服务的，与设备对应的probe()函数被激活。代码清单10-3和代码清单10-4中的net_driver_probe()和modem_driver_probe()两个probe()函数分别被调用。

（4）probe()方法为以太网和调制解调器驱动程序分配好资源。为CardBus卡生成网络接口（ethX）和串行端口（/dev/ttySX）两个设备文件。以后，用户就可以通过这两个文件读写数据了。

10.5.2 数据传输

为实现卡与CPU传输数据，CardBus卡的网络功能采用以下策略传送数据。驱动程序安排了两个DMA接收数据描述符和两个DMA发送数据描述符，每个DMA描述符包括DMA缓冲区的地址、传送数据的长度和控制字。卡通过控制字可以知道描述符包含的数据是否有效。可以对发送描述符进行编程，让卡每次发送完数据后产生一次中断。CardBus卡从相关的数据缓冲区里找到有效的描述符和要通过DMA传输的数据。为了满足这一基本方案，驱动程序示例仅使用了一致性DMA接口。驱动程序还相应地为描述符和相关数据缓冲区分配了一个大的缓冲区。接收和发送缓冲区的长度为1536B，与以太网帧的MTU（Maximum Transmission Unit，最大传输单元）一致。图10-2为描述符和缓冲区的示意图。每个单元的前24B容纳2个12B的DMA描述符，剩余内容是2个1536B的DMA缓冲区。假设图10-2中2个12B的描述符的分布与卡数据手册的格式一致。

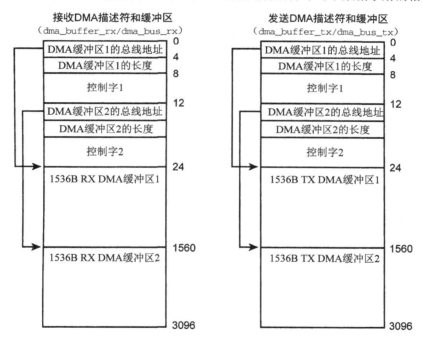

图10-2　CardBus卡的DMA描述符和数据缓冲区示意图

表10-3为卡网络功能的寄存器布局。

表10-3　CardBus卡网络功能的寄存器布局

寄存器名称	寄存器功能	寄存器在I/O空间的地址
DMA_RX_REGISTER	存放接收数据DMA描述符数组中的总线地址	0x0
DMA_TX_REGISTER	存放发送数据DMA描述符数组中的总线地址	0x4
CONTROL_REGISTER	包含DMA控制字（发起DMA、停止DMA等）	0x8

代码清单10-5调用wmb()函数实现内存屏障功能，保证在新的DMA描述符配置好之前，CPU不会再调用outl()函数而产生误操作。因为Intel的CPU是按照程序的顺序写内存的，所以对x86处理器而言，wmb()函数简化为空操作了。无论是向卡的配置空间寄存器写DMA描述符的地址，还是向DMA描述符里放缓冲区的总线地址，驱动程序会调用cpu_to_le32()函数把这些数据的格式转换成小端字节序格式。Intel处理器可以不用cpu_to_le32()函数，因为PCI和Intel处理器传输的数据都是小端字节序格式的。在其他体系架构中，对于一个运行在大端字节序（big-endian）模式的ARM9 CPU而言，wmb()函数和cpu_to_le32()的作用就都很重要了。

代码清单10-5　DMA描述符和数据缓冲区的建立过程

```
/* Device-specific data structure for the Ethernet Function */
struct device_data {
    struct pci_dev *pdev;        /* The PCI Device structure */
    struct net_device *ndev;     /* The Net Device structure */
    void *dma_buffer_rx;         /* Kernel virtual address of the
                                    receive descriptor */
    dma_addr_t dma_bus_rx;       /* Bus address of the receive
                                    descriptor */
    void *dma_buffer_tx;         /* Kernel virtual address of the
                                    transmit descriptor */
    dma_addr_t dma_bus_tx;       /* Bus address of the transmit
                                    descriptor */
    /* ... */
    spin_lock_t device_lock;     /* Serialize */
} *mydev_data;
/* On-card registers related to DMA */
#define DMA_RX_REGISTER_OFFSET  0x0 /* Offset of the register
                                       holding the bus address
                                       of the RX descriptor */
#define DMA_TX_REGISTER_OFFSET  0x4 /* Offset of the register
                                       holding the bus address
                                       of the TX descriptor */
#define CONTROL_REGISTER        0x8 /* Offset of the control
                                       register */

/* Control Register Defines */
#define INITIATE_XMIT           0x1

/* Descriptor control word definitions */
#define FREE_FLAG               0x1 /* Free Descriptor */
#define INTERRUPT_FLAG          0x2 /* Assert interrupt after DMA */

/* Invoked from Listing 10.3 */
static void
dma_descriptor_setup(struct pci_dev *pdev)
{
  /* Allocate receive DMA descriptors and buffers */
  mydev_data->dma_buffer_rx =
    pci_alloc_consistent(pdev, 3096, &mydev_data->dma_bus_rx);

  /* Fill the two receive descriptors as shown in Figure 10.2 */
```

```c
    /* RX descriptor 1 */
    mydev_data->dma_buffer_rx[0] = cpu_to_le32((unsigned long)
                (mydev_data->dma_bus_rx + 24));  /* Buffer address */
    mydev_data->dma_buffer_rx[1] = 1536;         /* Buffer length */
    mydev_data->dma_buffer_rx[2] = FREE_FLAG;    /* Descriptor is free */

    /* RX descriptor 2 */
    mydev_data->dma_buffer_rx[3] = cpu_to_le32((unsigned long)
                (mydev_data->dma_bus_rx + 1560)); /* Buffer address */
    mydev_data->dma_buffer_rx[4] = 1536;         /* Buffer length */
    mydev_data->dma_buffer_rx[5] = FREE_FLAG;    /* Descriptor is free */

    wmb(); /* Write Memory Barrier */
    /* Write the address of the receive descriptor to the appropriate
       register in the card. The I/O base address, ioaddr, was populated
       in Listing 10.3 */
    outl(cpu_to_le32((unsigned long)mydev_data->dma_bus_rx),
                    ioaddr + DMA_RX_REGISTER_OFFSET);
    /* Allocate transmit DMA descriptors and buffers */
    mydev_data->dma_buffer_tx =
        pci_alloc_consistent(pdev, 3096, &mydev_data->dma_bus_tx);

    /* Fill the two transmit descriptors as shown in Figure 10.2 */
    /* TX descriptor 1 */
    mydev_data->dma_buffer_tx[0] = cpu_to_le32((unsigned long)
                (mydev_data->dma_bus_tx + 24));  /* Buffer address */
    mydev_data->dma_buffer_tx[1] = 1536;         /* Buffer length */
    /* Valid descriptor. Generate an interrupt
       after completing the DMA */
    mydev_data->dma_buffer_tx[2] = (FREE_FLAG | INTERRUPT_FLAG);
    /* TX descriptor 2 */
    mydev_data->dma_buffer_tx[3] = cpu_to_le32((unsigned long)
                (mydev_data->dma_bus_tx + 1560)); /* Buffer address */
    mydev_data->dma_buffer_tx[4] = 1536;         /* Buffer length */
    mydev_data->dma_buffer_tx[5] = (FREE_FLAG | INTERRUPT_FLAG);

    wmb(); /* Write Memory Barrier */
    /* Write the address of the transmit descriptor to the appropriate
       register in the card. The I/O base, ioaddr, was populated in
       Listing 10.3 */
    outl(cpu_to_le32((unsigned long)mydev_data->dma_bus_tx),
                    ioaddr + DMA_TX_REGISTER_OFFSET);
}

/* Invoked from Listing 10.3 */
static void
dma_descriptor_release(struct pci_dev *pdev)
{
    pci_free_consistent(pdev, 3096, mydev_data->dma_bus_tx);
    pci_free_consistent(pdev, 3096, mydev_data->dma_bus_rx);
}
```

到现在为止，DMA传送需要的描述符和缓冲区都已经准备好了，可以看一下系统和Cardbus

卡是如何交换数据的，过程如代码清单10-6所示。以太网接口和网络数据结构将在第15章详细介绍，这里暂且不表。

代码清单10-6　接收和发送数据

```
    /* The interrupt handler */
    static irqreturn_t
    mydevice_interrupt(int irq, void *devid)
    {
      struct sk_buff *skb;
      /* ... */
      /* If this is a receive interrupt, collect the packet and pass it
         on to higher layers. Look at the control word in each RX DMA
         descriptor to figure out whether it contains data. Assume for
         convenience that the first RX descriptor was used by the card
         to DMA this received packet */

      packet_size = mydev_data->dma_buffer_rx[1];
      /* In real world drivers, the sk_buff is pre-allocated, stream-
         mapped, and supplied to the card after setting the FREE_FLAG
         during device open(). The received data is directly
         DMA'ed to this sk_buff instead of the memcpy() performed here,
         as you will learn in Chapter 15. The card clears the FREE_FLAG
         before the DMA */
      skb = dev_alloc_skb(packet_size); /* See Figure 15.2 of Chapter 15 */
      skb->dev = mydev_data->ndev;      /* Owner network device */
      memcpy(skb, mydev_data->dma_buffer_rx[24], packet_size);
      /* Pass the received data to higher-layer protocols */
      skb_put(skb, packet_size);
      netif_rx(skb);
      /* ... */
      /* Make the descriptor available to the card again */
      mydev_data->dma_buffer_rx[2] |= FREE_FLAG;
    }

    /* This function is registered in Listing 10.3 and is called from
       the networking layer. More on network device interfaces in
       Chapter 15 */
    static int
    mydevice_xmit(struct sk_buff *skb, struct net_device *dev)
    {
      /* Use a valid TX descriptor. Look at Figure 10.2 */
      /* Locking has been omitted for simplicity */
      if (mydev_data->dma_buffer_tx[2] & FREE_FLAG) {
        /* Use first TX descriptor */
        /* In the real world, DMA occurs directly from the sk_buff as
           you will learn later on! */
        memcpy(mydev_data->dma_buffer_tx[24], skb->data, skb->len);
        mydev_data->dma_buffer_tx[1] = skb->len;
        mydev_data->dma_buffer_tx[2] &= ~FREE_FLAG;
        mydev_data->dma_buffer_tx[2] |= INTERRUPT_FLAG;
      } else if (mydev_data->dma_buffer[5] & FREE_FLAG) {
```

10.5 设备实例：以太网-调制解调器卡

```
    /* Use second TX descriptor */
    memcpy(mydev_data->dma_buffer_tx[1560], skb->data, skb->len);
    mydev_data->dma_buffer_tx[4] = skb->len;
    mydev_data->dma_buffer_tx[5] &= ~FREE_FLAG;
    mydev_data->dma_buffer_tx[5] |= INTERRUPT_FLAG;
  } else {
    return -EIO; /* Signal error to the caller */
  }
  wmb(); /* Don't reorder writes across this barrier */

  /* Ask the card to initiate DMA. ioaddr is defined
     in Listing 10.3 */
  outl(INITIATE_XMIT, ioaddr + CONTROL_REGISTER);
}
```

CardBus卡接收到一个以太网数据包之后，会用DMA方式把这个包放到一个空闲的描述符里，并产生一次中断。中断处理函数mydevice_interrupt()从描述符提供的数据缓冲区地址处取出数据包，将其复制到网络层数据结构体中，然后提交给更高协议层。

函数my_device_xmit()负责启动DMA传送，数据传送方向和上面的相反。该函数把要发送的数据包用DMA方式传送到卡存储器。发送的时候，先找到一个空闲的发送DMA描述符（FREE_FLAG是置位态），把数据包用DMA方式传到描述符提供的缓冲区地址处。描述符的控制字FREE_FLAG标志被清零，表示该描述符已被占用。当卡完成发送任务而引发中断的时候，中断处理函数将会把该描述符的FREE_FLAG标志重置为1（代码清单10-6没给出该操作）。

上面的驱动程序示例采用简单的缓冲区管理，无法满足高性能的要求。高速网络驱动程序采用更加精细的设计，把一致性DMA映射和流式DMA映射有效地结合起来。发送描述符和接收描述符各自组成一个发送/接收链，数据缓冲区采用忙闲池管理模式。数据结构如下。

```
/* Ring of receive buffers */
struct rx_list {
  void *dma_buffer_rx;          /* Kernel virtual address of the
                                   receive descriptor */
  dma_addr_t dma_bus_rx;        /* Bus address of the receive descriptor */
  unsigned int size;            /* Buffer size */
  struct list_head next_desc;   /* Pointer to the next element */
  struct sk_buff *skb;          /* Network Packet */
  dma_addr_t sk_bus;            /* Bus address of network packet */
} *rxlist;

/* Ring of transmit buffers */
struct tx_list {
  void *dma_buffer_tx;          /* Kernel virtual address of the
                                   transmit descriptor */
  dma_addr_t dma_bus_tx;        /* Bus address of the transmit descriptor */
  unsigned int size;            /* Buffer size */
  struct list_head next_desc;   /* Pointer to the next element */
  struct sk_buff *skb;          /* Network Packet */
  dma_addr_t sk_bus;            /* Bus address of network packet */
} *txlist;
```

发送描述符和接收描述符（rxlist->dma_buffer_rx和txlist->dma_buffer_tx）被一致性映射，而描述符中用来存放数据的缓冲区（rxlist->skb->data和txlist_skb->data）采用的是流式DMA映射。CardBus设备打开的时候，用来接收数据的缓冲区预先以流式映射的方式映射到内存池，用来发送数据的缓冲区则快速映射。这样可以避免接收数据时中断处理函数mydevice_interrupt()不停地把数据从一致性映射的DMA缓冲区复制到网络层的缓冲区，以及发送数据时mydevice_xmit()函数从网络层缓冲区向DMA发送数据缓冲区复制数据。

```
/* Preallocating/replenishing receive buffers. Also see the section, "Buffer
   Management and Concurrency Control" in Chapter 15 */
/* ... */
struct sk_buff *skb = dev_alloc_skb();
skb_reserve(skb, NET_IP_ALIGN);
/* Map using streaming DMA */
rxlist->sk_bus = pci_map_single(pdev, rxlist->skb->data,
                                rxlist->skb->len, PCI_DMA_TODEVICE);
/* Allocate a DMA descriptor and populate it with the address mapped
   above. Add the descriptor to the receive descriptor ring */
/* ... */
```

10.6 调试

为看到调试信息，需使能内核配置选项中的Options→PCI Support→PCI Debugging。在/proc/bus/pci/devices和/sys/devices/pciX:Y/目录下可查看系统上的PCI设备信息，如本章讲的以太网-调制解调器CardBus卡。文件/proc/interrupts列出了系统的所有中断，也包括PCI层要用的中断。

lspci命令可以查看系统所有的PCI总线和设备信息，还可以用来查看PCI卡的配置空间信息。

PCI总线分析器可以辅助调试底层的问题并进行性能调优。

10.7 查看源代码

PCI核心和总线访问例程在目录drivers/pci/中。在该目录中搜索EXPORT_SYMBOL可以找到PCI子系统所提供的辅助函数的列表。可在include/linux/pci*.h文件里查看PCI层相关的定义和原型。

在子目录drivers/net/、drivers/scsi/和drivers/video下能找到一些PCI设备驱动程序。要查找所有的PCI驱动程序，需要在drivers/目录中递归查找pci_register_driver()。

如果开发PCI网络驱动程序的时候不知道从哪里开始，drivers/net/pci-skeleton.c提供的PCI网络驱动程序框架可以提供很大的帮助。Documentation/DMA-mapping.txt文件介绍了PCI DMA API函数的用法。

表10-4总结了本章提到的几个主要数据结构。表10-5列出了本章用到的几个主要的内核编程接口，还给出了它们所在的文件。

表10-4 数据结构小结

数据结构	位置	说明
pci_dev	include/linux/pci.h	PCI设备结构体
pci_driver	include/linux/pci.h	PCI驱动程序结构体
pci_device_id	include/linux/mod_devicetable.h	PCI卡标识
dma_addr_t	include/asm-your-arch/types.h	DMA缓冲区的总线地址
scatterlist	include/asm-your-arch/scatterlist.h	DMA缓冲区分散/聚集链表
sk_buff	include/linux/skbuff.h	主要的网络数据结构（第15章有详细介绍）

表10-5 内核编程接口小结

内核接口	位置	说明
pci_read_config_byte() pci_read_config_word() pci_read_config_dword() pci_write_config_byte() pci_write_config_word() pci_write_config_dword()	include/linux/pci.h drivers/pci/access.c	对PCI配置空间进行操作的函数
pci_resource_strart() pci_resource_len() pci_resource_end() pci_resource_flags()	include/linux/pci.h	这些程序对PCI设备的内存和I/O区域进行操作，获得基址、偏移量和控制标志
pci_request_region()	drivers/pci/pci.c	预留PCI设备的I/O或内存区域
ioremap() ioremap_nocache() pci_iomap()	include/asm-yourarch/io.h arch/your-arch/mm/ioremap.c lib/iomap.c	让CPU可以访问设备内存
pci_set_dma_mask()	drivers/pci/pci.c	若函数返回成功，可以在位于该函数所带参数范围内的任意地址进行DMA操作
pci_alloc_consistent()	include/asm-generic/pcidmacompat.h include/asm-yourarch/dma-mapping.h	返回一致性DMA映射缓冲区的虚拟地址
Upci_free_consistent()	include/asm-generic/pcidma-compat.h include/asm-your-arch/dma-mapping.h	释放一致性DMA映射缓冲区
pci_map_single()	include/asm-generic/pcidma-comat.h include/asm-yourarch/dma-mapping.h	进行流式DMA缓冲区映射
pci_unmap_single()	include/asm-generic/pcidma-compat.h include/asm-yourarch/dma-mapping.h	进行流式DMA缓冲区去映射
pci_dma_sync_single()	include/asm-generic/pcidma-compat.h include/asm-yourarch/dma-mapping.h	同步流式DMA映射缓冲区，以便CPU可以可靠地操作缓冲区
pci_map_sg() pci_unmap_sg() pci_dma_sync_sg()	include/asm-generic/pcidma-compat.h include/asm-your-arch/dma-mapping.h	映射/去映射/同步分散/聚集流式DMA缓冲区链表
pci_register_driver()	include/linux/pci.h drivers/pci/pci_driver.c	向PCI核心注册设备的驱动程序
pci_unregister_driver()	driver/pci/pci-driver.c	把设备驱动程序从PCI核心里注销掉
pci_enable_device()	drivers/pci/pci.c	调用更底层的PCI代码使能设备的内存和I/O区域
pci_disable_device()	drivers/pci/pci.c	功能和pci_enable_device相反
pci_set_master()	drivers/pci/pci.c	将设备设置成DMA总线主模式

第 11 章 USB

本章内容
- USB体系架构
- Linux-USB子系统
- 驱动程序的数据结构
- 枚举
- 设备实例：遥测卡
- 类驱动程序
- gadget驱动程序
- 调试
- 查看源代码

如今，计算机外部总线差不多都采用USB（Universal Serial Bus，通用串行总线）。USB支持热插拔，数据传输模式多样，驱动程序通用，因此被广泛应用于消费类电子产品。它很好地扩充了计算机系统的功能。USB极高的受欢迎程度和随之而来的巨大经济效益促进了全世界计算机外围技术的实施和发展。

11.1 USB 体系架构

USB通信协议采用主从结构，实现了主机控制器和外围设备的通信。图11-1所示为位于PC机里的USB系统。USB主机控制器属于南桥芯片的一部分，通过PCI总线和处理器通信。

图11-2显示的是嵌入式设备上的USB。图中的SoC内嵌了USB控制器，该控制器支持4条总线和3种操作模式。

- 总线1工作在主机模式下，通过USB收发器和A型接口有线连接。该A型接口可用来连接笔驱动器或者键盘。
- 总线2也工作在主机模式下，只不过它的USB收发器连接的是内嵌USB设备，如生物扫描器（biometric scanner）、加密引擎（cryptographic engine）、打印机、DOC（Disk-On-Chip，片上磁盘）、触摸式控制器（touch controller）和遥测卡（telemetry card）。
- 总线3工作在设备模式下，通过USB收发器和B型接口有线连接，B型接口通过一条B-A线和主机连接。在这种模式下,该嵌入式设备可以当USB笔驱动器使用,同时也可为主机提供另一个存储分区。同PC机相比,嵌入式设备(如MP3播放器、手机等)更可能作为USB的设备端。所以,大部分嵌入式设备除了包含主机控制器以外,还包含USB设备控制器。

- 总线4接的是OTG(On-The-Go)控制器。使用这种接口,既可以把笔驱动器连接到系统上,也可以把系统连在另一台主机上。与前3种总线不一样,总线4的USB收发器是智能的,能够通过I^2C和处理器交换控制信息。收发器的另一端和Mini-AB OTG接口相接。如果两个嵌入式设备都支持OTG,它们不需要作为主机的计算机介入就可以直接通信。

本章主要从USB主机端的视角分析USB驱动程序,11.7节将简要介绍设备函数。由于主流的HCD(Host Controller Drivers,主机控制器驱动)已经有了,本章只介绍从主机视角看到的USB设备驱动程序(也称客户驱动程序)。

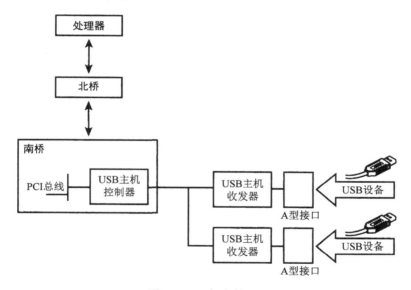

图11-1　PC机上的USB

USB接口和收发器

USB系统主机端提供的是4引脚的A型接口,USB外围设备通过4引脚的B型接口和主机端连接。无论哪个型号,4引脚都是指一条电压线VBUS、一条地线GND、一条正方向传送数据的D+线和一条反方向传送数据的D-线。主机用VBUS给USB设备提供工作电压,A型接口的VBUS线上电压被拉高,从B型接口获得电源。和USB OTG控制器连接的Mini-AB接口是5引脚的,该接口较前两种尺寸要小,其中的4个引脚和上面提到的功能一样,第5个引脚用来辨别连接的设备是作为USB主机用还是作为USB设备用。

USB主机和USB设备的收发器可以采用相同型号的芯片。因此,前面提到的总线1到总线3的收发器可以是一样的。但是,和OTG控制器相连的收发器则要求具备另外一项特殊的功能。

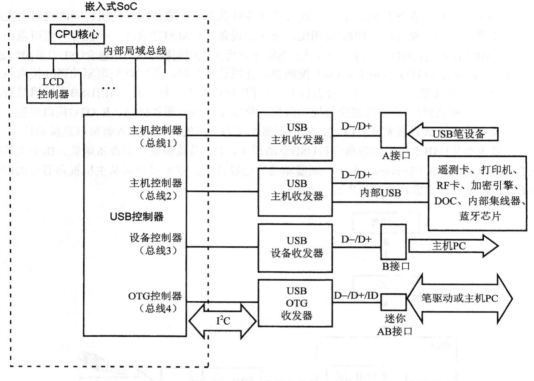

图11-2 嵌入式设备上的USB

11.1.1 总线速度

USB传输的速度有3种。最原始的USB 1.0标准支持的速度是1.5MB/s，称为低速USB。比它高一代的USB 1.1标准支持的速度是12MB/s，称为全速USB。当前主流的USB 2.0标准，支持480MB/s的传输速率，称为高速USB。USB 2.0标准能兼容以前的低版本。USB键盘和USB鼠标等外设属于低速USB设备，USB存储器则属于全速或者高速USB设备。现在的PC系统基本上都采用USB 2.0标准，该高级版本能和较低的USB版本兼容。但是一些嵌入式设备上的USB控制器仍只支持USB 1.1，提供全速或者低速数据传输。

11.1.2 主机控制器

USB主机控制器分为以下几种。

- UHCI（Universal Host Controller Interface，通用主机控制器接口）：该标准是英特尔提出来的，基于英特尔的PC机很可能就会有这种控制器。
- OHCI（Open Host Controller Interface，开放主机控制器接口）：该标准是康柏和微软等公司提出来的。兼容OHCI的控制器硬件智能程度比UHCI高，所以基于OHCI的HCD（Host

Contrdler Drivers，主机控制器驱动程序）比基于UHCI的HCD更简单。
- EHCI（Enhanced Host Controller Interface，增强型主机控制器接口）：该主机控制器支持高速的USB 2.0设备。为支持低速的USB设备，该控制器通常同时包含UHCI或OHCI控制器。
- USB OTG 控制器：这类控制器在嵌入式微控制器领域越来越受欢迎。由于采用了OTG控制器，每个通信终端就能充当DRD（Dual-Role Device，双重角色设备）。用HNP（Host Negotiation Protocol，主机沟通协议）初始化设备连接后，这样的设备可以根据功能需要在主机模式和设备模式之间任意切换。

除上面主流的USB主机控制器以外，Linux还支持好几种主机控制器，如用于ISP116x芯片的HCD。

主机控制器内嵌了一个叫根集线器的硬件。根集线器是逻辑集线器，多个USB端口共用它，这些端口可以和内部或外部的集线器相连，扩展更多的USB端口，这样级联下来，USB结构形成树状。

11.1.3 传输模式

USB设备传输数据的模式有4种。
- 控制传输模式，用来传送外设和主机之间的控制、状态、配置等信息。
- 批量传输模式，传输大量时延要求不高的数据。
- 中断传输模式，传输数据量小，但是对传输时延敏感，要求马上响应。
- 等时传输模式，传输实时数据，传输速率要预先可知。

例如，USB存储设备使用控制传输模式完成磁盘访问命令，而用批量传输模式和主机交换数据。键盘采用中断传输模式在可预见的时间之内传送完按键产生的数据。需要实时获取音频数据的设备则采用等时传输模式。16.1.3节将详细介绍USB蓝牙设备是如何用这4种传输模式传输不同特性数据的。

11.1.4 寻址

USB设备里的每个可寻址单元称作端点。为每个端点分配的地址称作端点地址。每个端点地址都有与之相关的传输模式。如果一个端点的数据传输模式是批量传输模式，该端点就叫批量端点。地址为0的端点专门用来配置设备。控制管道和它相连，完成设备枚举过程（见11.4节）。

每个端点可以沿上行方向发送数据，也可以沿下行方向接收数据。沿上行方向从设备收数据叫IN传输。数据沿下行方向到达设备叫OUT传输。IN传输和OUT传输的地址空间是分开的。所以，一个批量IN端点和一个批量OUT端点可以有相同的地址。

如表11-1所示，USB同I^2C和PCI都有相似的地方。USB设备的寻址和I^2C相似，USB和PCI都支持热插拔。USB设备地址和I^2C一样，并不占用CPU可寻址的空间。它们的地址空间是私有的，从1变化到127。

表11-1　USB与I²C和PCI的共同点

USB和I²C的相同点
❑ USB和I²C协议采用主从结构
❑ 设备地址不占用CPU寻址范围，地址位数为7位
❑ 设备内存没有映射到CPU内存和I/O内存，因此不占用CPU资源
USB和PCI的相似点
❑ 设备支持热插拔
❑ 设备驱动程序架构相似。驱动程序结构体都包含`probe()`函数和`disconnect()`[①]函数，都包含识别设备的ID表
❑ 支持高速率数据传输，但比PCI低一点。详细信息查看第10章的表10-1，其中给出了PCI协议系列所支持的速率列表
❑ 和PCI控制器一样，USB主机控制器通常都内嵌有可以获得总线控制权的DMA引擎
❑ 支持多功能设备。USB支持每个功能都有其接口描述符，相应地，多功能PCI设备的每个功能都有自己的设备ID和配置空间

11.2　Linux-USB 子系统

图11-3是Linux-USB子系统的架构。该子系统由以下几个部分组成。

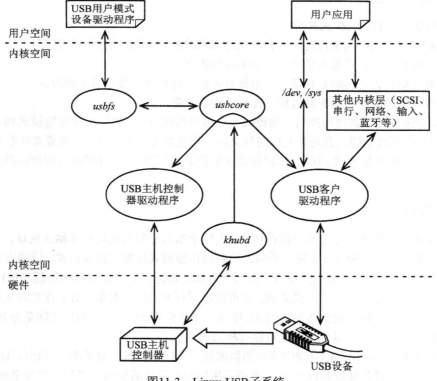

图11-3　Linux-USB子系统

---

① `disconnect()`在PCI术语中应为`remove()`。

- USB核心。同前文所述的驱动程序子系统的核心层一样，USB 核心由一些基础代码组成，这些基础代码包括结构体和函数定义，供HCD和客户驱动程序使用，同时也间接地使得客户驱动程序与具体的主机控制器无关。
- 驱动不同主机控制器的HCD。
- 用于根集线器（包括物理集线器）的hub驱动和一个内核辅助线程khubd。khubd监视与该集线器连接的所有端口。系统检测端口状态变化以及配置热插拔设备是很消耗时间的事情，而内核提供的基础设施辅助线程就能很好完成这些任务。通常情况下，该线程处在休眠态。当集线器驱动程序检测到USB端口状态变化后，该内核线程被立马唤醒。
- 用于USB客户设备的设备驱动程序。
- USB文件系统usbfs，它能够让你从用户空间驱动USB设备。第19章将讨论如何从用户空间驱动USB设备。

对于端到端的操作，需要USB子系统和许多其他的内核层共同来完成。要正常使用USB大容量存储设备，需要USB子系统和SCSI驱动程序协同工作，如图11-3所示。要驱动USB-蓝牙键盘，需要USB子系统、蓝牙层、输入子系统和tty层联合来完成。

11.3 驱动程序的数据结构

在为USB设备编写驱动程序的时候，要用到几个数据结构。现在介绍其中重要的几个。

11.3.1 `usb_device` 结构体

每个设备驱动程序子系统都有区别于其他设备驱动程序子系统的结构体，该结构体在内核中代表所驱动的设备。譬如，usb_device结构体属于USB子系统，pci_dev结构体属于PCI层，net_device结构体属于网络驱动程序层。usb_device在include/linux/usb.h文件中有定义，如下所示。

```
struct usb_device {
  /* ... */
  enum usb_device_state state; /* Configured, Not Attached, etc */
  enum usb_device_speed speed; /* High/full/low (or error) */
  /* ... */
  struct usb_device *parent;   /* Our hub, unless we're the root */
  /* ... */
  struct usb_device_descriptor descriptor; /* Descriptor */
  struct usb_host_config *config;          /* All of the configs */
  struct usb_host_config *actconfig;       /* The active config */
  /* ... */
  int maxchild;                                /* No: of ports if hub */
  struct usb_device *children[USB_MAXCHILDREN]; /* Child devices */
  /* ... */
};
```

在讲解USB遥测卡的驱动程序例子的时候将使用这个数据结构。

11.3.2 URB

URB（USB Request Block，USB请求块）是USB数据传输机制使用的核心数据结构。URB供USB协议栈使用，对应地，sk_buff供网络协议栈使用（详见第15章）。

URB在include/linux/usb.h文件中定义，下列清单省略了与设备驱动程序无关的部分：

```
struct urb
{
    struct kref kref;                 /* Reference count of the URB */
    /* ... */
    struct usb_device *dev;           /* (in) pointer to associated device */
    unsigned int pipe;                /* (in) pipe information */
    int status;                       /* (return) non-ISO status */
    unsigned int transfer_flags;      /* (in) URB_SHORT_NOT_OK | ...*/
    void *transfer_buffer;            /* (in) associated data buffer */
    dma_addr_t transfer_dma;          /* (in) dma addr for transfer_buffer */
    int transfer_buffer_length;       /* (in) data buffer length */
    /* ... */
    unsigned char *setup_packet;      /* (in) setup packet */
    /* ... */
    int interval;                     /* (modify) transfer interval (INT/ISO) */
    /* ... */
    void *context;                    /* (in) context for completion */
    usb_complete_t complete;          /* (in) completion routine */
    /* ... */
};
```

URB的使用分3步：分配内存，初始化，提交。URB的内存是调用usb_alloc_urb()方法来分配的，该函数分配内存并将其置零，之后初始化URB相关的kobject和用于保护URB的自旋锁。

USB核提供下列辅助例程完成URB的初始化工作：

```
void usb_fill_[control|int|bulk]_urb(
        struct urb *urb,                  /* URB pointer */
        struct usb_device *usb_dev,       /* USB device structure */
        unsigned int pipe,                /* Pipe encoding */
        unsigned char *setup_packet,      /* For Control URBs only! */
        void *transfer_buffer,            /* Buffer for I/O */
        int buffer_length,                /* I/O buffer length */
        usb_complete_t completion_fn,     /* Callback routine */
        void *context,                    /* For use by completion_fn */
        int interval);                    /* For Interrupt URBs only! */
```

等后面介绍完驱动程序示例后，上面代码就会很好理解了。这些辅助函数适用于控制、中断和批量数据传输模式，在等时传输模式下不能用该类函数。

为了提交URB以便进行数据传输，需调用usb_submit_urb()函数。该函数异步提交URB。回调函数的地址作为参数传递给usb_fill_[control|int|bulk]_urb()函数。回调函数在URB提交过程完成后被调用，负责完成检查提交状态、释放传输数据缓冲区等事情。

USB核心也提供了同步提交URB的接口函数：

```
int usb_[control|interrupt|bulk]_msg(struct usb_device *usb_dev,
                                      unsigned int pipe, ...);
```

例如usb_bulk_msg()函数，创建一个批量URB后提交，如果没有成功则会一直等待。该函数不需要传递回调函数地址，一个通用的完成回调函数将实现此功能。也不需要另外创建和初始化，因为usb_bulk_msg()函数在没有增加任何开销的情况下连这些都已经做了，我们的驱动示例里将会使用这个接口函数。

URB的任务完成后，usb_free_urb()函数释放该实例。usb_unlink_urb()取消一个待处理的URB。

正如4.3.2节所述，URB请求块包含一个kref对象，从该对象可以看到该URB使用者的个数（引用计数）。usb_submit_urb()函数调用kref_get()函数把URB的引用计数加一。usb_free_urb()函数调用kref_put()把该URB的引用计数减一，如果引用数递减后变为0，就释放该URB。

下面介绍和URB相关的被称为管道的抽象概念。

11.3.3 管道

管道包括以下几个部分：
- 端点地址；
- 数据传输方向（IN或者OUT）；
- 数据传输模式（控制模式、中断模式、批量模式和等时模式）。

管道是URB的重要成员，为USB数据传输提供地址信息。USB核心提供现成的宏来创建管道。

```
usb_[rcv|snd][ctrl|int|bulk|isoc]pipe(struct usb_device *usb_dev,
                                       __u8 endpointAddress);
```

usb_dev是指向usb_device结构的指针，endpointAddress是端点地址，地址范围是1～127。若要创建OUT方向的批量管道，可以调用usb_sndbulkpipe()函数。若要创建IN方向的控制管道，可以调用usb_rcvctrlpipe()。

谈到URB时，通常会考虑和它相关的管道传输数据采用的模式。如果管道采用批量模式传输数据，则相关的URB就叫批量URB。

11.3.4 描述符结构

USB标准定义一系列的描述符数据结构来保存设备的信息。Linux-USB核心定义的描述符有4种类型。
- 设备描述符存放设备的普通信息，如产品ID和设备ID。usb_device_descriptor结构体用于表示设备描述符。
- 配置描述符用来描述设备配置模式，如设备是总线供电还是自己供电。usb_config_descriptor结构体用于表示配置描述符。
- 接口描述符使得USB设备能支持多种功能。usb_interface_descriptor结构体用于表示接口描述符。
- 端点描述符存放设备最终的端点信息，usb_endpoint_descriptor结构体用于表示端点描述符。

这些描述符的格式在第9章有说明，其结构定义在include/linux/usb/ch9.h文件中。代码清单11-1列出了一个USB设备的描述符和相关的端点地址。为实现这一目的，需要遍历前面提到的4种类型的描述符组成的树结构。下面是代码清单11-1的代码运行结果：

```
Endpoint Address = 1
Endpoint Address = 82
Endpoint Address = 83
```

第一个地址是批量IN型端点的，第二个地址是批量OUT型端点的，第三个地址是中断IN型端点的。

USB客户驱动程序还有很多数据结构，如usb_device_id、usb_driver和usb_class_driver。在11.5节讲解驱动程序开发的时候将会用到它们。

代码清单11-1　打印设备上的全部端点地址

```c
/* ... */
/* USB device */
struct usb_device *udevice;
/* ... */
struct usb_device_descriptor u_d_desc = udevice->deecriptor;

/* Device's active configuration */
struct usb_host_config *uconfig;
struct usb_config_desriptor U_c_desc;

/* Interfaces in the active configuration */
struct usb_interface *uinterface ;

/* Alternate Setting fOr this interface */
struct usb_host_interface *ualtsetting;
struct usb_interface_descriptor u_i_desc;

/* Endpoints for this altsetting */
struct usb_host_endpoint *uendpoint;
struct usb_endpoint_descriptor u_e_desc;

uconfig = udevice->actconfig;

u_c_desc = uconfig->desc;

for (i = 0; i < u_c_desc.bNumInterfaces;
     i++ {
  uinterface = udevice->actconfig->interface[i];
  for (j = 0; j < uinterface->num_altsetting; j++) {
ualtsetting = &uinterface->altsetting[j];
u_i_desc = ualtsetting->dosc;
  for (k = 0; k < u_i_desc.bNumEndpoints; K++) {
    uendpoint = &ualtsetting->endpoint[k];
    u_e_desc = uendpoint->desc;
    printk ("Endpoint Address = %d\n",
            u_e_desc.bEndpointAddress\n" ) ;
 }
}
}
/* ... */
```

11.4 枚举

枚举过程是热插拔USB设备的起始步骤，该过程中，主机控制器获得设备的相关信息并配置好设备。在Linux-USB子系统中，集线器驱动程序负责该枚举过程。将USB笔驱动器插入主机后，设备的枚举过程分以下几步执行。

(1) 根集线器报告插入设备导致的端口电流变化，集线器驱动程序检测到这一状态变化（在Linux-USB里称为USB_PORT_STAT_C_CONNECTION），唤醒khubd线程。

(2) khubd识别出电流变化的那个端口，也就是笔驱动器插入的端口。

(3) 接着，khubd在1～127之中挑一个数分配给笔驱动器的批量端点；这是通过给控制端点0发送控制URB来实现的。

(4) khubd利用端口0使用的控制URB从笔驱动器那里获得设备描述符，然后获得配置描述符，并选择一个合适的。对于笔驱动器来讲，只有一个配置描述符。

(5) khubd请求USB 核心把对应的客户驱动程序和该USB设备挂钩。

当枚举过程完成后，驱动程序和设备也已经绑定好，khubd调用相关客户驱动程序的probe()函数。这里，khubd调用的是storage_probe()，该函数在文件drivers/usb/storage/usb.c中定义。现在就可以使用该笔驱动器了。

11.5 设备实例：遥测卡

具备Linux-USB子系统的基础知识以后，继续来看设备实例。下面介绍如何给通过USB总线内部连接到处理器的遥测卡写驱动程序，卡的寄存器如表11-2所示。该卡从远程设备获得数据，再通过USB总线传给处理器。遥测卡的一个使用实例就是用于监控和编程植入设备的医用板。

USB遥测卡的端点的说明如表11-2所示。

- 控制端点附在一个卡上配置寄存器中。
- 批量IN端点负责把卡收集到的遥测数据传递给处理器。
- 批量OUT端点负责接收处理器传过来的数据。

表11-2 遥测卡的寄存器

寄存器	对应的端点
遥测配置寄存器	端点0（偏移地址0xA）
遥测数据输入寄存器	批量IN端点。该端点的地址在设备枚举时分配
遥测数据输出寄存器	批量OUT端点。该端点的地址在设备枚举时分配

可以基于drivers/usb/usb-skeleton.c文件提供的框架为这个设备编写一小段驱动程序。

因为PCMIA设备、PCI设备和USB设备有相似的特点（如支持热插拔），所以驱动程序涉及的某些函数和数据结构很相似。尤其是初始化部分和探测过程。在编写遥测卡驱动程序的同时，将对第10章已介绍过的PCI驱动程序做横向对比。

11.5.1 初始化和探测过程

同PCI和PCMIA驱动程序类似，USB驱动程序也用probe()/disconnect()方法支持热插拔，也用设备ID表识别驱动程序所支持的设备。设备ID表数据结构usb_device_id在include/linux/mod_devicetable.h里定义。前文所述的pci_device_id也是在这个头文件里定义的，用来识别PCI设备。

```
struct usb_device_id {
  /* ... */
  __u16        idVendor;         /* Vendor ID */
  __u16        idProduct;        /* Device ID */
  /* ... */
  __u8         bDeviceClass;     /* Device class */
  __u8         bDeviceSubClass;  /* Device subclass */
  __u8         bDeviceProtocol;  /* Device protocol */
  /* ... */
};
```

idVendor和idProduct分别表示厂商ID和产品ID，而bDeviceClass、bDeviceSubClass和bDeviceProtocol则基于设备的功能对其进行归类。这种分类是USB标准规定的，每一类都有通用的设备驱动程序可以用，在11.6节将详细介绍。

代码清单11-2为遥控卡驱动程序的初始化部分，usb_tele_init()函数调用usb_register()函数向USB核心注册usb_driver结构体。正如清单所示，usb_driver让驱动程序的probe()函数、disconnect()函数和usb_device_id表互相调用。usb_driver和pci_driver很相似，但是USB设备驱动程序的disconnect()函数在PCI设备驱动程序里叫作remove()函数。

代码清单11-2　驱动程序的初始化部分

```
#define USB_TELE_VENDOR_ID     0xABCD   /* Manufacturer's Vendor ID */
#define USB_TELE_PRODUCT_ID    0xCDEF   /* Device's Product ID */

/* USB ID Table specifying the devices that this driver supports */
static struct usb_device_id tele_ids[] = {
  { USB_DEVICE(USB_TELE_VENDOR_ID, USB_TELE_PRODUCT_ID) },
  { } /* Terminate */
};

MODULE_DEVICE_TABLE(usb, tele_ids);

/* The usb_driver structure for this driver */
static struct usb_driver tele_driver
{
  .name       = "tele",           /* Unique name */
  .probe      = tele_probe,       /* See Listing 11.3 */
  .disconnect = tele_disconnect,  /* See Listing 11.3 */
  .id_table   = tele_ids,         /* See above */
};

/* Module Initialization */
```

11.5 设备实例：遥测卡

```
static int __init
usb_tele_init(void)
{
  /* Register with the USB core */
  result = usb_register(&tele_driver);

  /* ... */
  return 0;
}

/* Module Exit */
static void __exit
usb_tele_exit(void)
{
  /* Unregister from the USB core */
  usb_deregister(&tele_driver);
  return;
}

module_init(usb_tele_init);
module_exit(usb_tele_exit);
```

USB_DEVICE()宏利用提供给它的厂商ID和产品ID创建usb_divce_id结构体。这和PCI_DEVICE()宏的功能很像，MODULE_DEVICE_TABLE()宏把tele_ids记录在模块映像中，一旦有卡插入，驱动模块就能被加载到内核里运行。这一点和前文讨论的PCMCIA和PCI设备的情况也相似。

当USB核心检测到某个设备的属性和某个驱动程序的usb_device_id结构体所携带的信息一致时，这个驱动程序的probe()函数就被执行。拔掉设备或者卸掉驱动模块后，USB核心就执行disconnect()函数来响应这个动作。

代码清单11-3为驱动程序的probe()函数和disconnect()函数代码。开头部分定义tele_device_t结构体，包含以下成员：

- 指向与usb_device相关的指针；
- 指向usb_interface变量的指针。该结构体的定义见代码清单11-1。
- 控制URB（ctrl_urb），该请求块用来和该设备的配置寄存器通信。ctrl_req负责承载针对配置寄存器的设置信息，见11.5.2节。
- 卡上有一个批量IN端点，通过它可以获取遥测数据。与该端点相关的字段有3个：bulk_in_addr表示该端点的地址；bulk_in_buf用来存放接收到的数据；bulk_in_len是数据的长度。
- 卡上有一个批量OUT端点，用于数据下行传输。tele_device_t的bulk_out_addr成员表示该端点的地址。OUT方向的数据结构比IN方向的少，因为在本例中采用了同步URB提交函数，有些细节被隐藏了。

枚举过程一完成，khubd马上让卡的tele_probe()函数执行。tele_probe()函数完成以下几件事。

(1) 给上面声明的tele_device_t结构体分配内存。

(2) 初始化tele_device_t中那些与批量端点相关的成员变量：bulk_in_buf、bulk_in_len、bulk_in_addr和bulk_out_addr。为此，需要使用枚举过程中集线器驱动程序收集的数据。这些数据存储在描述符结构体中。有关描述符的内容参见11.3.4节。

(3) 把该字符设备/dev/tele导给用户空间，应用程序操作/dev/tele和遥测卡交换数据。tele_probe()调用usb_register_dev()，并给它传递file_operations。usb_class_driver结构体中包含file_operations，有了它才能完成/dev/tele接口。

第(1)步中给tele_device_t分配的内存需要保存下来，以便驱动程序其他的函数也能使用这个变量，为此，根据不同函数被调用时能获得的参数不同，遥测卡驱动程序提供3种保存地址的办法。如果要在probe()线程调用和open()线程调用之间保存该结构指针，则设备驱动会调用usb_set_intfdata()函数把变量保存在设备的driver_data域里，需要的时候调用usb_get_intfdata()就可以把该变量取出来。要在open()函数和其他程序入口点之间保存变量，open()函数会把变量保存在/dev/tele/结构体的file->private_data域中。这是因为内核给程序入口点传递的参数是/dev/tele的inode指针，而不是usb_interface指针。要在URB的回调函数中得到tele_device_t的地址，相关提交线程就用URB的context域保存该变量。代码清单11-3、代码清单11-4和代码清单11-5依次演示了这3种情况下如何保存tele_device_t变量。

所有USB字符设备使用主设备号180。如果在配置内核时启用了CONFIG_USB_DYNAMIC_MINORS，USB将从可获得的次设备号中为设备动态分配一个次设备号。这一点与在miscdevice结构中指定MISC_DYNAMIC_MINOR后再注册misc驱动程序是类似的（见5.7节）。如果不启用CONFIG_USB_DYNAMIC_MINORS，USB子系统就会在usb_class_driver结构体中的初始次设备设置中选一个可用的次设备号。

代码清单11-3　探测和断开连接

```
/* Device-specific structure */
typedef struct {
  struct usb_device       *usbdev;        /* Device representation */
  struct usb_interface    *interface;     /* Interface representation*/
  struct urb              *ctrl_urb;      /* Control URB for register access */
  struct usb_ctrlrequest  ctrl_req;       /* Control request as per the spec */
  unsigned char           *bulk_in_buf;   /* Receive data buffer */
  size_t                  bulk_in_len;    /* Receive buffer size */
  __u8                    bulk_in_addr;   /* IN endpoint address */
  __u8                    bulk_out_addr;  /* OUT endpoint address */
  /* ... */                               /* Locks, waitqueues, statistics.. */
} tele_device_t;

#define TELE_MINOR_BASE 0xAB    /* Assigned by the Linux-USB subsystem maintainer */

/* Conventional char driver entry points.
   See Chapter 5, "Character Drivers." */
static struct file_operations tele_fops =
{
  .owner    = THIS_MODULE,   /* Owner */
  .read     = tele_read,     /* Read method */
```

```c
  .write   = tele_write,   /* Write method */
  .ioctl   = tele_ioctl,   /* Ioctl method */
  .open    = tele_open,    /* Open method */
  .release = tele_release, /* Close method */
};


static struct usb_class_driver tele_class = {
  .name       = "tele",
  .fops       = &tele_fops,        /* Connect with /dev/tele */
  .minor_base = TELE_MINOR_BASE,   /* Minor number start */
};
/* The probe() method is invoked by khubd after device
   enumeration. The first argument, interface, contains information
   gleaned during the enumeration process. id is the entry in the
   driver's usb_device_id table that matches the values read from
   the telemetry card. tele_probe() is based on skel_probe()
   defined in drivers/usb/usb-skeleton.c */
static int
tele_probe(struct usb_interface *interface,
           const struct usb_device_id *id)
{
  struct usb_host_interface *iface_desc;
  struct usb_endpoint_descriptor *endpoint;
  tele_device_t *tele_device;
  int retval = -ENOMEM;

  /* Allocate the device-specific structure */
  tele_device = kzalloc(sizeof(tele_device_t), GFP_KERNEL);

  /* Fill the usb_device and usb_interface */
  tele_device->usbdev =
                 usb_get_dev(interface_to_usbdev(interface));
  tele_device->interface = interface;

  /* Set up endpoint information from the data gleaned
     during device enumeration */
  iface_desc = interface->cur_altsetting;
  for (int i = 0; i < iface_desc->desc.bNumEndpoints; ++i) {
    endpoint = &iface_desc->endpoint[i].desc;

    if (!tele_device->bulk_in_addr &&
        usb_endpoint_is_bulk_in(endpoint)) {
      /* Bulk IN endpoint */
      tele_device->bulk_in_len =
                   le16_to_cpu(endpoint->wMaxPacketSize);
      tele_device->bulk_in_addr = endpoint->bEndpointAddress;
      tele_device->bulk_in_buf =
               kmalloc(tele_device->bulk_in_len, GFP_KERNEL);
    }

    if (!tele_device->bulk_out_addr &&
        usb_endpoint_is_bulk_out(endpoint)) {
```

```c
    /* Bulk OUT endpoint */
    tele_device->bulk_out_addr = endpoint->bEndpointAddress;
  }
}

if (!(tele_device->bulk_in_addr && tele_device->bulk_out_addr)) {
  return retval;
}

/* Attach the device-specific structure to this interface.
   We will retrieve it from tele_open() */
usb_set_intfdata(interface, tele_device);

/* Register the device */
retval = usb_register_dev(interface, &tele_class);
if (retval) {
  usb_set_intfdata(interface, NULL);
  return retval;
}

printk("Telemetry device now attached to /dev/tele\n");
return 0;
}

/* Disconnect method. Called when the device is unplugged or when the module is
   unloaded */
static void
tele_disconnect(struct usb_interface *interface)
{
  tele_device_t *tele_device;
  /* ... */

  /* Reverse of usb_set_intfdata() invoked from tele_probe() */
  tele_device = usb_get_intfdata(interface);

  /* Zero out interface data */
  usb_set_intfdata(interface, NULL);

  /* Release /dev/tele */
  usb_deregister_dev(interface, &tele_class);

  /* NULL the interface. In the real world, protect this
     operation using locks */
  tele_device->interface = NULL;
  /* ... */
}
```

11.5.2 寄存器访问

当应用程序打开/dev/tele设备文件的时候，open()方法立刻初始化遥测卡的配置寄存器。

tele_open()方法将控制URB发给默认端点0。提交控制URB的时候，需要提供一个相关的控制请求。给USB设备发送控制请求的结构体必须符合第9章介绍的USB规范，在文件include/linux/usb/ch9.h中有定义：

```
struct usb_ctrlrequest {
  __u8 bRequestType;
  __u8 bRequest;
  __le16 wValue;
  __le16 wIndex;
  __le16 wLength;
} __attribute__ ((packed));
```

先介绍该结构体各个成员的含义。bRequest域用来标识该控制请求。bRequestType表示数据传输的方向、请求类别以及数据接收方是何种类型（设备、接口、端点或其他）。bRequest的值既可以是规定的标准值，也可以是厂家定义的值。在这个驱动程序示例里，写往遥测卡的配置寄存器的bRequest值是厂家定义的。wValue存放即将写到寄存器里的数据。wIndex是寄存器的偏移地址。wLengh是传输数据的字节数。

代码清单11-4是tele_open()的代码。它的主要任务是对遥测卡的配置寄存器进行编程并分配合适的值。阅读代码之前，再看一遍代码清单11-3定义的tele_device_t结构体，注意它的两个成员：ctrl_urb和ctrl_req。前一个是用来和配置寄存器通信的控制URB，后一个就是前面讲的usb_ctrlrequest。

tele_open()函数对配置寄存器的配置过程如下。

(1) 分配一个控制URB为写寄存器做准备。

(2) 创建一个usb_ctrlrequest结构体，并用请求标识符、请求类型、寄存器偏移和要写的值这些信息对其进行初始化。

(3) 创建附着于遥测卡端点0的控制管道。该管道用来传送控制信息。

(4) 因为tele_open()函数异步提交URB，所以，该函数返回之前它必须等到相关的回调函数已经调用完成，因此，tele_open()函数调用内核的API完成函数init_completion()。第(7)步调用配套的wait_for_completion()函数等待回调函数被调用。

(5) 调用usb_fill_control_urb()初始化控制URB和usb_ctrlrequest变量。

(6) 调用usb_submit_urb()向USB核心提交控制URB。

(7) 等待回调函数通知寄存器的编程工作已经结束。

(8) 状态返回。

代码清单11-4　初始化遥测卡配置寄存器

```
/* Offset of the Telemetry configuration register
   within the on-card register space */
#define TELEMETRY_CONFIG_REG_OFFSET      0x0A

/* Value to program in the configuration register */
#define TELEMETRY_CONFIG_REG_VALUE       0xBC
```

```c
/* The vendor-defined bRequest for programming the configuration register */
#define TELEMETRY_REQUEST_WRITE          0x0D

/* The vendor-defined bRequestType */
#define TELEMETRY_REQUEST_WRITE_REGISTER 0x0E

/* Open method */
static int
tele_open(struct inode *inode, struct file *file)
{
  struct completion tele_config_done;
  tele_device_t *tele_device;
  void *tele_ctrl_context;
  char *tmp;
  __le16 tele_config_index = TELEMETRY_CONFIG_REG_OFFSET;
  unsigned int tele_ctrl_pipe;
  struct usb_interface *interface;

  /* Obtain the pointer to the device-specific structure.
     We saved it using usb_set_intfdata() in tele_probe() */
  interface = usb_find_interface(&tele_driver, iminor(inode));
  tele_device = usb_get_intfdata(interface);

  /* Allocate a URB for the control transfer */
  tele_device->ctrl_urb = usb_alloc_urb(0, GFP_KERNEL);
  if (!tele_device->ctrl_urb) {
    return -EIO;
  }

  /* Populate the Control Request */
  tele_device->ctrl_req.bRequestType = TELEMETRY_REQUEST_WRITE;
  tele_device->ctrl_req.bRequest =
                        TELEMETRY_REQUEST_WRITE_REGISTER;
  tele_device->ctrl_req.wValue =
                        cpu_to_le16(TELEMETRY_CONFIG_REG_VALUE);
  tele_device->ctrl_req.wIndex =
                        cpu_to_le16p(&tele_config_index);
  tele_device->ctrl_req.wLength = cpu_to_le16(1);
  tele_device->ctrl_urb->transfer_buffer_length = 1;
  tmp = kmalloc(1, GFP_KERNEL);
  *tmp = TELEMETRY_CONFIG_REG_VALUE;

  /* Create a control pipe attached to endpoint 0 */
  tele_ctrl_pipe = usb_sndctrlpipe(tele_device->usbdev, 0);

  /* Initialize the completion mechanism */
  init_completion(&tele_config_done);

  /* Set URB context. The context is part of the URB that is passed
     to the callback function as an argument. In this case, the
     context is the completion structure, tele_config_done */
  tele_ctrl_context = (void *)&tele_config_done;
```

```c
  /* Initialize the fields in the control URB */
  usb_fill_control_urb(tele_device->ctrl_urb, tele_device->usbdev,
                       tele_ctrl_pipe,
                       (char *) &tele_device->ctrl_req,
                       tmp, 1, tele_ctrl_callback,
                       tele_ctrl_context);
  /* Submit the URB */
  usb_submit_urb(tele_device->ctrl_urb, GFP_ATOMIC);

  /* Wait until the callback returns indicating that the telemetry
     configuration register has been successfully initialized */
  wait_for_completion(&tele_config_done);

  /* Release our reference to the URB */
  usb_free_urb(urb);

  kfree(tmp);

  /* Save the device-specific object to the file's private_data
     so that you can directly retrieve it from other entry points
     such as tele_read() and tele_write() */
  file->private_data = tele_device;

  /* Return the URB transfer status */
  return(tele_device->ctrl_urb->status);
}

/* Callback function */
static void
tele_ctrl_callback(struct urb *urb)
{
  complete((struct completion *)urb->context);
}
```

在tele_open()函数中，你可以使用usb_submit_urb()的阻塞版本usb_control_msg()，这样的实现更加简单，usb_control_msg自带同步功能和隐藏回调函数需要注意的细节。为达到学习的目的，我们更倾向于使用异步方式。

11.5.3 数据传输

代码清单11-5实现遥测卡的read()和write()函数。当应用程序读或者写/dev/tele设备文件的时候，真正从设备读数据和向设备写数据的是这两个函数。tele_read()函数会使用URB同步提交（会等待），因为调用该函数的进程将会阻塞，直到从遥测卡读到数据。但是tele_write()函数使用异步URB提交，提交完了就返回到调用它的线程，并不等待数据是否成功传送到了外围设备。

因为异步提交必须使用回调函数，所以代码清单11-5实现了tele_write_callback()函数。

该程序查看urb->stadus变量获得提交状态,也释放tele_write()函数创建的用来传输数据的缓冲区。

代码清单11-5　遥测卡的数据交换

```c
/* Read entry point */
static ssize_t
tele_read(struct file *file, char *buffer,
          size_t count, loff_t *ppos)
{
  int retval, bytes_read;
  tele_device_t *tele_device;

  /* Get the address of tele_device */
  tele_device = (tele_device_t *)file->private_data;

  /* ... */

  /* Synchronous read */
  retval = usb_bulk_msg(tele_device->usbdev,   /* usb_device */
      usb_rcvbulkpipe(tele_device->usbdev,
              tele_device->bulk_in_addr),      /* Pipe */
      tele_device->bulk_in_buf,                /* Read buffer */
      min(tele_device->bulk_in_len, count),    /* Bytes to read */
      &bytes_read,                             /* Bytes read */
      5000);                                   /* Timeout in 5 sec */

  /* Copy telemetry data to user space */
  if (!retval) {
    if (copy_to_user(buffer, tele_device->bulk_in_buf, bytes_read)) {
      return -EFAULT;
    } else {
      return bytes_read;
    }
  }
  return retval;
}

/* Write entry point */
static ssize_t
tele_write(struct file *file, const char *buffer,
           size_t write_count, loff_t *ppos)
{
  char *tele_buf = NULL;
  struct urb *urb = NULL;
  tele_device_t *tele_device;

  /* Get the address of tele_device */
  tele_device = (tele_device_t *)file->private_data;

  /* ... */
```

```c
  /* Allocate a bulk URB */
  urb = usb_alloc_urb(0, GFP_KERNEL);
  if (!urb) {
    return -ENOMEM;
  }

  /* Allocate a DMA-consistent transfer buffer and copy in
     data from user space. On return, tele_buf contains
     the buffer's CPU address, while urb->transfer_dma
     contains the DMA address */
  tele_buf = usb_buffer_alloc(tele_dev->usbdev, write_count,
                              GFP_KERNEL, &urb->transfer_dma);
  if (copy_from_user(tele_buf, buffer, write_count)) {
    usb_buffer_free(tele_device->usbdev, write_count,
                    tele_buf, urb->transfer_dma);
    usb_free_urb(urb);
    return -EFAULT
  }

  /* Populate bulk URB fields */
  usb_fill_bulk_urb(urb, tele_device->usbdev,
                    usb_sndbulkpipe(tele_device->usbdev,
                    tele_device->bulk_out_addr),
                    tele_buf, write_count, tele_write_callback,
                    tele_device);
  /* urb->transfer_dma is valid, so preferably utilize
     that for data transfer */
  urb->transfer_flags |= URB_NO_TRANSFER_DMA_MAP;

  /* Submit URB asynchronously */
  usb_submit_urb(urb, GFP_KERNEL);
  /* Release URB reference */
  usb_free_urb(urb);

  return(write_count);
}
/* Write callback */
static void
tele_write_callback(struct urb *urb)
{
  tele_device_t *tele_device;

  /* Get the address of tele_device */
  tele_device = (tele_device_t *)urb->context;

  /* urb->status contains the submission status. It's 0 if
     successful. Resubmit the URB in case of errors other than
     -ENOENT, -ECONNRESET, and -ESHUTDOWN */
  /* ... */

  /* Free the transfer buffer. usb_buffer_free() is the
```

```
            release-counterpart of usb_buffer_alloc() called
            from tele_write() */
   usb_buffer_free(urb->dev, urb->transfer_buffer_length,
                   urb->transfer_buffer, urb->transfer_dma);

}
```

11.6 类驱动程序

USB规范引入了设备类的概念，根据每一类驱动程序的功能把USB设备分为几大类。标准的几类包括大容量存储类、网络类、集线器类、串行转换器、音频类、视频类、图像类、调制解调器、打印机和HID（Human Interface Device，人机接口设备），每一大类的驱动程序对属于这类的所有设备通用，不需要另外再开发和安装驱动程序就可以使用。Linux-USB子系统支持主要的几类设备驱动程序。

每个USB设备都有类代码和子类代码。例如，大容量存储设备类（0x08）就包含光盘存储器（0x02）、磁带（0x03）和固态存储器（0x06）。正如前面所提到的，设备驱动程序的`usb_device_id`结构体就包含类代码成员和子类代码成员。也可以从/proc/bus/usb/devices输出结果的"I:"行看到设备的类代码和子类代码信息。下面介绍几种重要的类驱动程序。

11.6.1 大容量存储设备

通常来讲，USB大容量存储设备（Mass Storage）主要指USB硬盘、笔驱动器、CD-ROM、软驱以及类似的存储设备。USB大容量存储设备利用SCSI（Small Computer System Interface，小型计算机系统接口）协议和主机系统通信。图11-4概述了USB存储设备和SCSI子系统的关系。SCSI子系统的结构分为3层。

❑ 位于顶层的设备驱动程序，如USB磁盘（sd.c）和CD-ROM（sr.c）的驱动程序。
❑ 扫描总线、配置设备和将顶层驱动程序和底层驱动程序相关联的中层驱动程序。
❑ 底层SCSI适配器驱动程序。

大容量存储驱动程序把自己注册成一个虚拟的SCSI适配器。该虚拟适配器在上行方向上通过SCSI命令和上层通信，在下行方向上通过URB与块存储器交换数据。

为更好地理解USB和SCSI子系统的关系，现对USB大容量存储设备驱动程序做一个小改动。usbfs 的 /proc/bus/usb/devices 节 点 包 含 了 连 接 到 系 统 的 USB 设 备 相 关 属 性 和 连 接 细 节。/proc/bus/usb/devices输出结果中，"T:"所在的那行显示的是总线号、从根集线器开始的设备级联深度和工作速率。"P:"所在那行显示的是厂商ID、产品ID和设备修订号。因为/dev下对应不同USB大容量存储设备的结点（磁盘是sd[a-z][1-9]，光驱是sr[0-9]）是由SCSI子系统管理的，所以它不能在/proc/bus/usb/devices文件中获得。但是USB大容量存储设备的其他所有信息都是由USB子系统管理的，所以都能在/proc/bus/usb/devices中获得。为克服这一缺点，我们可以修改代码，让/proc/bus/usb/devices的输出结果中增加以"N:"开头的行，该行显示设备对应的结点信息。代码清单11-6为修改后的代码。

11.6 类驱动程序   237

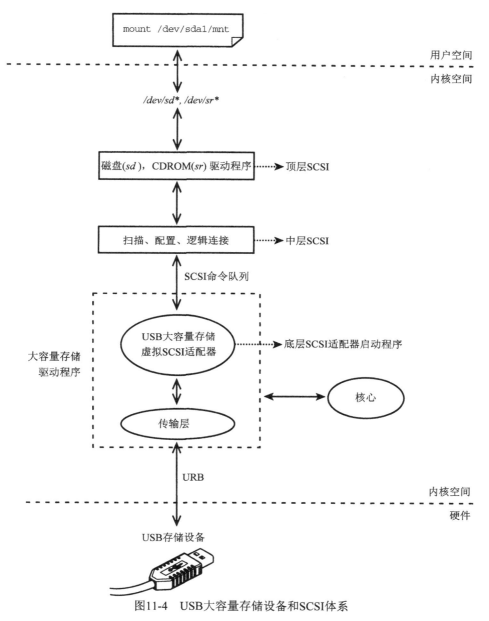

图11-4 USB大容量存储设备和SCSI体系

代码清单11-6 让usbfs中也能显示设备结点

```
include/scsi/scsi_host.h:
struct Scsi_Host {
  /* ... */
  void *shost_data;
```

```
+ char snam[8];        /* /dev node name for this disk */
  /* ... */
};
```

drivers/usb/storage/usb.h:
```
struct us_data {
  /* ... */
+ char magic[4];
};
```

include/linux/usb.h:
```
struct usb_interface {
  /* ... */
+ void *private_data;
};
```

drivers/usb/storage/usb.c:
```
static int storage_probe(struct usb_interface *intf,
                    const struct usb_device_id *id)
{
  /* ... */
  memset(us, 0, sizeof(struct us_data));
+ intf->private_data = (void *) us;
+ strncpy(us->magic, "disk", 4);
  mutex_init(&(us->dev_mutex));
  /* ... */
}
```

drivers/scsi/sd.c:
```
static int sd_probe(struct device *dev)
{
  /* ... */
  add_disk(gd);
+ memset(sdp->host->snam,0, sizeof(sdp->host->snam));
+ strncpy(sdp->host->snam, gd->disk_name, 3);
  sdev_printk(KERN_NOTICE, sdp, "Attached scsi %sdisk %s\n",
              sdp->removable ? "removable " : "", gd->disk_name);
  /* ... */
}
```

drivers/scsi/sr.c:
```
static int sr_probe(struct device *dev)
{
  /* ... */
  add_disk(disk);
+ memset(sdev->host->snam,0, sizeof(sdev->host->snam));
+ strncpy(sdev->host->snam, cd->cdi.name, 3);
  sdev_printk(KERN_DEBUG, sdev, "Attached scsi CD-ROM %s\n",
              cd->cdi.name);
  /* ... */
}
```

11.6 类驱动程序

```
drivers/usb/core/devices.c:
  /* ... */
  #include <asm/uaccess.h>
+ #include <scsi/scsi_host.h>
+ #include "../storage/usb.h"

  static ssize_t usb_device_dump(char __user **buffer, size_t *nbytes,
                                 loff_t *skip_bytes, loff_t *file_offset,
                                 struct usb_device *usbdev,
                                 struct usb_bus *bus, int level,
                                 int index, int count)
  {
    /* ... */
    ssize_t total_written = 0;
+   struct us_data *us_d;
+   struct Scsi_Host *s_h;
    /* ... */
    data_end = pages_start + sprintf(pages_start, format_topo,
                                     bus->busnum, level,
                                     parent_devnum,
                                     index, count, usbdev->devnum,
                                     speed, usbdev->maxchild);
+   /* Assume this device supports only one interface */
+   us_d =  (struct us_data *)
+             (usbdev->actconfig->interface[0]->private_data);
+
+   if ((us_d) && (!strncmp(us_d->magic, "disk", 4))) {
+     s_h = (struct Scsi_Host *) container_of((void *)us_d,
+                                             struct Scsi_Host,
+                                             hostdata);
+     data_end += sprintf(data_end, "N: ");
+     data_end += sprintf(data_end, "Device=%.100s",s_h->snam);
+     if (!strncmp(s_h->snam, "sr", 2)) {
+       data_end += sprintf(data_end, " (CDROM)\n");
+     } else if (!strncmp(s_h->snam, "sd", 2)) {
+       data_end += sprintf(data_end, " (Disk)\n");
+     }
+   }
    /* ... */
  }
```

为理解代码清单11-6，我们分析一下这段代码。它是枚举过程结束了以后开始执行的。枚举过程在插入USB笔驱动器后开始进行，过程结束后调用大容量存储设备驱动的storage_probe()函数，之后的过程如下。

(1) storage_probe()函数调用scsi_add_host()注册一个虚拟SCSI适配器，同时传递一个us_data类型的参数作为私有数据结构。scsi_add_host()返回虚拟适配器的Scsi_Host结构体。该结构体后紧跟着用来存放us_data的内存。

(2) 启动名为usb_strorage的内核线程处理发向虚拟适配器的SCSI命令队列。

(3) 调度usb_stor_scan内核线程。该线程请求SCSI中间层扫描总线来发现插入的设备。

(4) 通过总线扫描发现插入的笔驱动器后，把顶层SCSI的磁盘驱动程序同该设备绑定，这样SCSI磁盘驱动程序的探测方法sd_probe()就会得到执行。

(5) sd驱动为该盘在系统里生成/dev/sd*结点。从这以后，应用程序就可以用该接口访问这个USB盘了。SCSI子系统把发向虚拟适配器的磁盘操作命令排队，在虚拟适配器这端，命令被usb-storage内核线程以URB的形式传达到设备。

掌握了这些基本知识后，重新看代码清单11-6，先注意结构体添加的成员。Scsi_Host结构体另加一个成员snam，该成员用来存放我们感兴趣的设备名。还在usb_interface结构体中添加了私域，用来保存us_data类型的指针。因为us_data仅与存储设备相关，为了能确认usb_interface的私域指向us_data变量，还在usb_data结构体中添加了幻术（magic）字符串"disk"。

代码清单11-6修改后的代码中，先是通过usb_interface的私域找到相关的us_data，然后调用container_of()函数找到相关的Scsi_Host变量，因为上面第(1)步生成好Scsi_Host后，恰好把事先提供的us_data放到刚才生成的Scsi_Host结构体的末尾了。正如第(5)步所述，Scsi_Host结构体包含了sd和sr驱动程序生成的/dev结点名。usbfs使用该信息得到了一个以"N:"开头的行。

编译修改后的代码，通过USB集线器为笔记本插入PNY笔驱动器、Addonics CD-ROM驱动器和Seagate硬盘后，/proc/bus/usb/devices的输出结果如下，其中"N:"开头的行表明对应设备的/dev结点的存在：

```
bash> cat /proc/bus/usb/devices
...
T:  Bus=04 Lev=02 Prnt=02 Port=00 Cnt=01 Dev#= 3 Spd=480 MxCh= 0
N:  Device=sda(Disk)
D:  Ver= 2.00 Cls=00(>ifc ) Sub=00 Prot=00 MxPS=64 #Cfgs= 1
P:  Vendor=154b ProdID=0002 Rev= 1.00
S:  Manufacturer=PNY
S:  Product=USB 2.0 FD
S:  SerialNumber=6E5C07005B4F
C:* #Ifs= 1 Cfg#= 1 Atr=80 MxPwr= 0mA
I:* If#= 0 Alt= 0 #EPs= 2 Cls=08(stor.) Sub=06 Prot=50 Driver=usb-
    storage
E:  Ad=81(I) Atr=02(Bulk) MxPS= 512 Ivl=0ms
E:  Ad=02(O) Atr=02(Bulk) MxPS= 512 Ivl=0ms

T:  Bus=04 Lev=02 Prnt=02 Port=01 Cnt=02 Dev#= 5 Spd=480 MxCh= 0
N:  Device=sr0(CDROM)
D:  Ver= 2.00 Cls=00(>ifc ) Sub=00 Prot=00 MxPS=64 #Cfgs= 1
P:  Vendor=0bf6 ProdID=a002 Rev= 3.00
S:  Manufacturer=Addonics
S:  Product=USB to IDE Cable
S:  SerialNumber=1301011002A9AFA9
C:* #Ifs= 1 Cfg#= 2 Atr=c0 MxPwr= 98mA
I:* If#= 0 Alt= 0 #EPs= 3 Cls=08(stor.) Sub=06 Prot=50 Driver=usb-storage
E:  Ad=01(O) Atr=02(Bulk) MxPS= 512 Ivl=125us
E:  Ad=82(I) Atr=02(Bulk) MxPS= 512 Ivl=0ms
E:  Ad=83(I) Atr=03(Int.) MxPS=   2 Ivl=32ms

T:  Bus=04 Lev=02 Prnt=02 Port=02 Cnt=03 Dev#= 4 Spd=480 MxCh= 0
```

```
N:  Device=sdb(Disk)
D:  Ver= 2.00 Cls=00(>ifc ) Sub=00 Prot=00 MxPS=64 #Cfgs= 1
P:  Vendor=0bc2 ProdID=0501 Rev= 0.01
S:  Manufacturer=Seagate
S:  Product=USB Mass Storage
S:  SerialNumber=000000062459
C:* #Ifs= 1 Cfg#= 1 Atr=c0 MxPwr=   0mA
I:* If#= 0 Alt= 0 #EPs= 2 Cls=08(stor.) Sub=06 Prot=50 Driver=usb-storage
E:  Ad=02(O) Atr=02(Bulk) MxPS=  512 Ivl=0ms
E:  Ad=88(I) Atr=02(Bulk) MxPS=  512 Ivl=0ms
...
```

可见，SCSI子系统依次把sda、sr0和sdb分配给笔驱动器、CD-ROM和硬盘。用户空间的应用程序可以操作这些结点和设备通信。在第4章引用udev后，可以不用SCSI子系统分配不同设备结点来区分设备，而是创建更高级的抽象区分它们。

11.6.2 USB-串行端口转换器

USB-串行端口转换器能把USB接口转换成串行端口。当一台开发用的笔记本计算机没有串行端口的时候，可以用USB-串行端口转换电缆显示嵌入式目标板的终端打印信息。

在第6章已经领略过内核层次化的串行架构的好处。图11-5演示了USB-串行端口转换层是如何纳入到内核串行框架之中的。

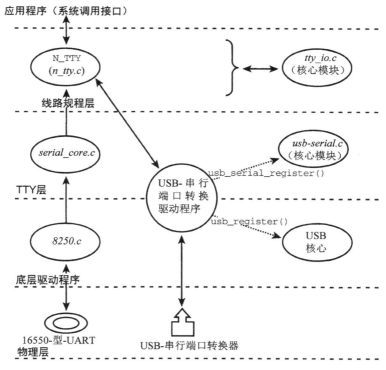

图11-5 USB-Serial层

USB-串行端口转换驱动程序和其他USB设备驱动程序类似,只不过除了利用USB核心以外,还利用了USB-Serial核心。USB-Serial核心提供的功能如下。

- tty驱动程序把底层USB-串行端口转换器驱动程序和高层的串行端口层(如线路规程层)分开。
- 通用的probe()和disconnect()函数能被所有USB-串行端口转换器驱动程序共用。
- 有了设备节点,从用户空间就能访问USB-串行端口转换器。应用程序通过/dev/tty/USBX设备节点就能操作USB-串行端口转换器。

底层USB-串行端口驱动程序主要做以下事情。

(1) 调用usb_serial_register()函数向USB-Serial核心注册usb_serial_driver结构体。usb_serial_driver结构体的入口点是驱动程序的核心。

(2) 初始化一个usb_driver结构体并调用usb_register()函数向USB核心注册。除了USB-串行端口转换器能利用USB-Serial核心提供的probe()和disconnect()函数以外,其他的过程和遥测卡的驱动程序很相似。

代码清单11-7为来自FTDI驱动程序(drivers/usb/serial/ftdi-sio.c)的代码片段,显示上面讲的USB-串行端口转换驱动程序的两个注册过程。

代码清单11-7　FTDI驱动程序代码片段

```
/* The usb_driver structure */
static struct usb_driver ftdi_driver = {
  .name          = "ftdi_sio",           /* Name */
  .probe         = usb_serial_probe,     /* Provided by the
                                            USB-Serial core */
  .disconnect    = usb_serial_disconnect,/* Provided by the
                                            USB-Serial core */
  .id_table      = id_table_combined,    /* List of supported
                                            devices built
                                            around the FTDI chip */
  .no_dynamic_id = 1,                    /* Supported ids cannot be
                                            added dynamically */
};

/* The usb_serial_driver structure */
static struct usb_serial_driver ftdi_sio_device = {
  /* ... */
  .num_ports          = 1,
  .probe              = ftdi_sio_probe,
  .port_probe         = ftdi_sio_port_probe,
  .port_remove        = ftdi_sio_port_remove,
  .open               = ftdi_open,
  .close              = ftdi_close,
  .throttle           = ftdi_throttle,
  .unthrottle         = ftdi_unthrottle,
  .write              = ftdi_write,
  .write_room         = ftdi_write_room,
  .chars_in_buffer    = ftdi_chars_in_buffer,
  .read_bulk_callback = ftdi_read_bulk_callback,
  .write_bulk_callback = ftdi_write_bulk_callback,
```

```
    /* ... */
};

/* Driver Initialization */
static int __init ftdi_init(void)
{
    /* ... */
    /* Register with the USB-Serial core */
    retval = usb_serial_register(&ftdi_sio_device);
    /* ... */
    /* Register with the USB core */
    retval = usb_register(&ftdi_driver);
    /* ... */
}
```

11.6.3 人机接口设备

像键盘和鼠标这样的设备称为人机接口设备，详见7.2节。

11.6.4 蓝牙

USB-蓝牙dongle很方便地就使你的计算机具备蓝牙功能，和蓝牙设备（如手机、鼠标和手持式设备）通信。将在第16章讨论USB蓝牙类。

11.7 gadget 驱动程序

该驱动程序的常见应用场合是一个嵌入式设备通过USB接口连接在主机上。在这种情况下，嵌入式计算机被看作USB连接的设备端，而PC被看作USB连接的主机端。因为嵌入式设备和PC都有Linux操作系统，所以要想在USB设备端和主机端都能使用，还需要给Linux一定的支持。有了USB gadget驱动程序以后，嵌入式Linux系统设备就能工作在USB设备模式。例如，在使用gadget驱动程序的情况下，给图11-2中的总线3上的设备就能连在主机上当作一个大容量存储设备来用了。

在继续深入讨论之前，先看相关的术语。设备端的USB控制器有很多种叫法，如设备控制器、外设控制器、客户端控制器或功能控制器。这里，使用gadget和gadget驱动作为术语，而不是使用含义容易混淆的设备和设备驱动。

USB gadget支持属于内核的一部分，包括以下几项内容。

- 用于集成在SoC（如Intel的PXA系列、TI的OMAP系列和Atmel的AT91系列）的USB设备控制器的驱动程序。这些驱动程序还提供能被gadget驱动程序使用的API。
- 针对存储设备、网络设备和串行端口转换器使用的gadget驱动程序。主机端软件给这些设备发枚举命令，驱动程序应答它们的类代码。例如嵌入式设备的gadget驱动程序把该设备的类代码设为0x08（大容量存储类），该嵌入式设备就相当于连在主机端的一个大容量存储设备，变成主机的一个分区。你可以通过模块插入参数来指定块设备节点或者文件名。因为该设备暂时变成主机的一个大容量存储设备，gadget驱动程序要和SCSI协同工作，这是USB大容量存储协议规定的。内核也包含以太网设备和串行设备的gadget

驱动程序。

❑ 框架性gadget驱动（见drivers/usb/gadget/zero.c文件）可以被用来测试设备控制器驱动程序。

gadget驱动程序可以调用设备控制器驱动程序提供的gadget API服务。gadget驱动程序初始化`usb_gadget_driver`结构体，调用`usb_gadget_register_driver()`函数将其注册进内核。设备控制器驱动程序提供的gadget API把硬件差别都隐藏了，所以gadget驱动程序是独立于硬件的。

Documentation/DocBook/gadget.tmpl文件中有gadget API的概述。更多关于gadget的内容请参见http://linux-usb.org/gadget/。

11.8 调试

用USB总线分析仪能看到总线的情况，在调试底层问题时很有用。如果手里没有分析仪，就只能用内核的USB跟踪功能——usbmon工具。利用该工具能捕获USB主机控制器和设备之间的通信。该工具的使用说明请看debugfs[①]文件/sys/kernel/debug/usbmon/Xt，X是设备连接的总线号。

例如：假设一个U盘连接到了PC上。从文件/proc/bus/usb/devices输出结果中以"T:"打头那行可以看到该设备连接的是总线1：

```
T:  Bus=01 Lev=01 Prnt=01 Port=03 Cnt=01 Dev#= 2 Spd=480 MxCh= 0
```

假设在内核配置时使能了debugfs（`CONFIG_DEBUG_FS`）和（`CONFIG_USB_MON`），从U盘复制文件时，usbmon输出的部分结果如下：

```
bash> mount -t debugfs none_debugs /sys/kernel/debug/
bash> cat /sys/kernel/debug/usbmon/1u
...
ee6a5c40 3718782540 S Bi:1:002:1 -115 20480 <
ee6a5cc0 3718782567 S Bi:1:002:1 -115 65536 <
ee6a5d40 3718782595 S Bi:1:002:1 -115 36864 <
ee6a5c40 3718788189 C Bi:1:002:1 0 20480 = 0f846801 118498f\ 15c60500 01680106
5e846801 608498fe 6f280087 68000000
ee6a5cc0 3718800994 C Bi:1:002:1 0 65536 = 118498fe 15c60500\ 01680106   5e846801
608498fe 6f280087 68000000 00884800
ee6a5d40 3718801001 C Bi:1:002:1 0 36864 = 13608498 fe4f4a01\ 00514a01 006f2800
87680000 00008848 00000100 b7f00100
...
```

每行的开始部分都是URB的地址，紧接着是事件的时间戳。接下来的S表示URB被提交，C表示回调。再往后是`URBType:BUS#:DeviceAddress:Endpoint#`。在上面的输出结果中，URBType为Bi就表示一个批量IN URB。之后，usbmon输出URB的状态、数据长度、数据标签（上面输出结果中的=或者<）和数据字（标签为=的话）。输出结果的最后3行为更早的行提交的URB的回调信息。可以通过URB地址把回调信息和相关的提交过程联系起来。文件Documentation/usb/usbmon.tex详细介绍了usbmon的语法，并且举例说明如何理解它的输出结果。

[①] 内存上的文件系统，能把内核调试信息输出到用户空间。

如果配置内核的时候选择了Device Drivers→USB Support→USB Verbose Debug Messages项，内核将把USB子系统的所有的`dev_dbg()`输出结果导出来。

你可以从USB文件系统（usbfs）的/proc/bus/usb/devices结点获得设备和总线信息。第19章将会介绍，usbfs允许在用户空间编写驱动程序。就算USB驱动程序的最终目标在内核中了，用户空间的驱动程序可以给调试带来很大的方便。

linux-usb-devel邮件列表专门讨论USB设备驱动程序，登录https://lists.sourceforge.net/lists/listinfo/linux-usb-devel网站注册后可以获得自己需要的信息。

登录www.linux-usb.org/usbtest了解如何测试USB。

Linux-USB的主页是www.linux-usb.org。登录www.usb.org/developer/docs可以下载USB 2.0规范、OTG和其他相关的标准。

11.9 查看源代码

USB核心层在目录driver/usb/core/下。该目录还包含URB操作例程和usbfs的实现代码。集线器驱动程序和khubd线程的实现位于drivers/usb/core/hub.c文件中。驱动目录drivers/usb/host/包含主机控制设备驱动程序。与USB有关的头文件是include/linux/usb*.h。usbmon跟踪器相关的代码位于drivers/usb/mon/目录下。Linux-USB的文档说明请看文件Documentation/usb/。

USB类驱动程序都在drivers/usb/目录下。大容量存储设备驱动程序drivers/usb/storage和SCSI子系统驱动程序drivers/scsi/构成了USB大容量存储协议。drivers/input/[1]目录下是USB输入设备（如键盘和鼠标）的驱动程序，drivers/usb/serial/目录下是USB-串行端口转换设备的驱动程序，drivers/usb/media/目录下是USB接口多媒体设备驱动程序，drivers/net/usb/[2]目录下是USB以太网设备驱动程序，drivers/usb/misc/目录下是其他混杂USB设备（如LED、LCD和指纹传感器等）的驱动程序。如果你不知道该怎么下手，可以看drivers/usb/usb-skeleton.c文档，那里有现成的模板可以参考。

USB gadget子系统在drivers/usb/gadget目录下。该目录包含USB设备控制器驱动程序、用于大容量存储设备的gadget驱动程序（file_storage.c）、串行转换器驱动程序（serial.c）和以太网设备驱动程序（ether.c）。

表11-3为本章主要的数据结构汇总以及它们的位置。表11-4为本章主要的内核编程接口汇总和其定义位置。

表11-3　数据结构小结

数据结构	路径	说明
urb	include/linux/usb.h	USB数据传输机制的核心结构
pipe	include/linux/usb.h	提供URB的地址信息
usb_device_descriptor	include/linux/usb/ch9.h	存放USB设备信息的描述符

---

[1] 2.6.22以前的版本中，USB输入设备驱动程序在drivers/usb/input/目录下。

[2] 2.6.22以前的版本中，USB网络设备驱动程序在drivers/usb/net/目录下。

(续)

数据结构	路径	说明
usb_config_descriptor		
usb_interface_descriptor		
usb_endpoint_descriptor		
usb_device	include/linux/usb.h	USB设备在内核里的抽象
usb_device_id	include/linux/mod_devicetable.h	标识一个USB设备
usb_driver	include/linux/usb.h	USB客户驱动程序
usb_gadget_driver	include/linux/usb_gadget.h	USB gadget驱动程序

表11-4 内核编程接口小结

内核接口	路径	说明
usb_register()	include/linux/usb.h drivers/usb/core/driver.c	向USB核心注册usb_driver结构体
usb_deregister()	driver/usb/core/driver.c	从USB核心注销usb_driver结构体
usb_set_intfdata()	include/linux/usb.h	把设备相关的数据附着到usb_interface
usb_get_intfdata()	include/linux/usb.h	从usb_interface中获得设备相关的数据
usb_register_dev()	drivers/usb/core/file.c	把字符设备接口和USB客户驱动程序关联起来
usb_deregister_dev()	drivers/usb/core/file.c	解除关联
usb_alloc_urb()	drivers/usb/core/urb.c	创建URB
usb_fill_[control|int|bulk]_urb()	include/linux/usb.h	初始化URB
usb_[control|interrupt|bulk]_msg()	drivers/usb/core/message.c	URB同步提交函数
usb_submit_urb()	drivers/usb/core/urb.c	向USB核心提交URB
usb_free_urb()	drivers/usb/core/urb.c	释放URB
usb_unlink_urb()	drivers/usb/core/urb.c	取消URB的提交
usb_[rcv|snd][ctrl|int|bulk|isoc]pipe()	include/linux/usb.h	创建USB管道
usb_find_interface()	drivers/usb/core/usb.c	获得与USB客户驱动程序相关的usb_interface变量
usb_buffer_alloc()	drivers/usb/core/usb.c	分配一致性DMA传输缓冲区
usb_buffer_free()	drivers/usb/core/usb.c	释放usb_buffer_alloc()函数分配的缓冲区
usb_serial_register()	drivers/usb/serial/usb_serial.c	向USB-Serial核心注册驱动程序
usb_serial_deregister()	drivers/usb/serial/usb_serial.c	从USB-Serial核心注销驱动程序
usb_gadget_register_driver()	drivers/usb/gadget/中的设备控制器驱动程序	注册与一个设备控制器关联的gadget驱动程序

第 12 章 视频驱动程序

本章内容
- 显示架构
- Linux视频子系统
- 显示参数
- 帧缓冲API
- 帧缓冲驱动程序
- 控制台驱动程序
- 调试
- 查看源代码

视频硬件负责为计算机系统生成可视化的输出。本章将介绍内核对视频控制器的支持，以及对帧缓冲进行抽象的好处。此外，还将学习编写控制台驱动程序，以显示内核发出的信息。

12.1 显示架构

图12-1展示了PC兼容系统的显示部件。其中作为北桥（见下面的补充内容"北桥"）一部分的图形控制器通过几种接口标准（见下面的补充内容"视频电缆标准"）连接不同类型的显示设备。

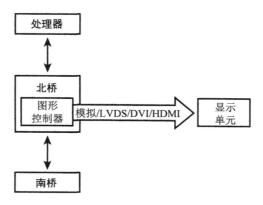

图12-1　PC系统的显示连接

VGA（Video Graphics Array，视频图形阵列）是IBM提出的早期显示标准，但它目前的含义更多地体现为分辨率规范。VGA的分辨率是640×480，而更新的标准比如SVGA（Super Video Graphics Array，高级视频图形阵列）和XGA（eXtended Graphics Array，扩展图形阵列）分别支持更高的800×600和1024×768的分辨率。嵌入式设备（如手持设备和智能电话）上常用具有320×240分辨率的QVGA（Quarter VGA）面板。

在支持VGA的x86兼容产品中，图形控制器和它的衍生物提供了基于字符的文本模式和基于像素的图形模式。然而非x86的嵌入式产品是非VGA的，没有专门的文本模式的概念。[①]

北　　桥

在前几章中，你已经学习了外围设备总线，比如LPC、I^2C、PCMCIA、PCI和USB，所有这些都源自PC系统的南桥。不过，显示架构可带领我们一睹北桥的风采。Intel PC架构中的北桥或者是GMCH（Graphic and Memory Controller Hub，图形和内存控制器集线器），或者是MCH（Memory Controller Hub，内存控制器集线器）。GMCH由一个内存控制器、一个FSB（Front Side Bus，前端总线）控制器和一个图形控制器组成。相对而言，MCH中未集成图形控制器，但提供了一个AGP（Accelerated Graphic Port，加速图形端口）通道，以连接外部图形硬件。

以Intel 855 GMCH北桥芯片组为例，855 GMCH中的FSB控制器与Pentium M处理器对接，内存控制器支持DDR（Dual Data Rate，双数据速率）SDRAM内存芯片，集成的图形控制器支持用模拟的VGA、LVD、DVI连接显示设备（参见"视频电缆标准"补充内容）。855 GMCH支持同时输出到两个显示器，因此可以将相似的或分开的信息同时发送到笔记本LCD面板和外部CRT显示器。

最新的北桥芯片组（比如AMD 690G）除支持VGA和DVI外，还支持HDMI（见下面的补充内容）。

视频电缆标准

许多接口标准对视频控制器和显示设备的连接做了规定，它们使用如下的显示设备和电缆技术。

- 模拟显示器，如CRT监视器，它有标准的VGA连接器。
- 数字平面显示器，如笔记本电脑的TFT LCD，有LVDS（Low-Voltage Differential Signaling，低压差分信号）连接器。
- 与DVI（Digital Visual Interface，数字视频接口）规范兼容的显示器。DVI是DDWG（Digital Display Working Group，数字显示工作组）开发的一种用于高质量视频的标准，有3个DVI子类：仅数字（digital-only）的DVI-D、仅模拟（analog-only）的DVI-A和数字兼模拟（digital-and-analog）的DVI-I。
- 与HDTV（High Definition Television，高清电视）规范兼容的显示器，它使用HDMI（High-Definition Multimedia Interface，高清多媒体接口）。HDMI是现代数字音视频电缆标准，支持高数据率。与只有视频的标准如DVI不同，HDMI可以同时传输图像和声音。

[①] 此处原书有误，许多非x86的嵌入式系统也支持VGA。——译者注

嵌入式SoC通常有一个片上LCD控制器,如图12-2所示。从LCD控制器输出的是TTL(Transistor-Transistor Logic,晶体管–晶体管逻辑)信号,它将18位的平板视频数据分组,三原色红绿蓝每色6比特。许多手持设备和电话使用QVGA类型的内部LCD面板,它们直接接收LCD控制器输出的TTL平板视频数据。

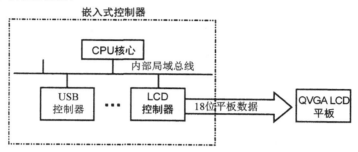

图12-2　嵌入式系统的显示连接

图12-3中的嵌入式设备支持双显示面板:一个内部LVDS平面LCD和一个外部DVI显示器。内部TFT LCD使用LVDS连接器作为输入,因此需要一个LVDS转换芯片用于将平板信号转换成LVDS。美国国家半导体公司的DS90C363B就是这样一种LVDS转换芯片。外部DVI显示器只用一个DVI连接器,因此需要DVI转换器将18位的视频信号转换成DVI-D信号。I^2C接口使设备驱动程序能配置DVI转换器的寄存器。矽映公司(Silicon Image)的SiI164是一种DVI转换器芯片的实例。

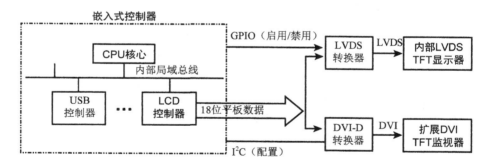

图12-3　嵌入式系统的LVDS和DVI连接

12.2　Linux 视频子系统

帧缓冲(frame buffer)是Linux视频系统的核心概念,因此让我们先了解一下它的功能。

因为视频适配器可能基于不同的硬件体系架构,较高内核层和应用程序的实现可能会因视频卡不同而不同,这会导致在使用不同视频卡时需要采用不同的方案。随之而来的低可移植性和冗余的代码需要大量的投入和维护开销。帧缓冲的概念解决了这个问题,它进行了一般化的抽象并规定编程接口,从而开发人员可以以与平台无关的方式编写应用层和较高内核层的程序。图12-4显示了帧缓冲的好处。

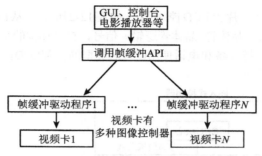

图12-4　帧缓冲的优点

因此，内核的帧缓冲接口允许应用程序与底层图形硬件的变化无关。如果应用程序和显示器驱动程序遵循帧缓冲接口，应用程序不用改变就可以在不同类型的视频硬件上运行。稍后你会看到，通用帧缓冲编程接口也使内核层与硬件无关，比如帧缓冲控制台驱动程序。

> 现在许多应用程序（比如Web浏览器和视频播放器）是直接工作在帧缓冲接口上的，这样的应用程序无需窗口系统的帮助就能显示图形。
>
> X Windows服务器（Xfbdev）能工作在帧缓冲接口上，如图12-5所示。

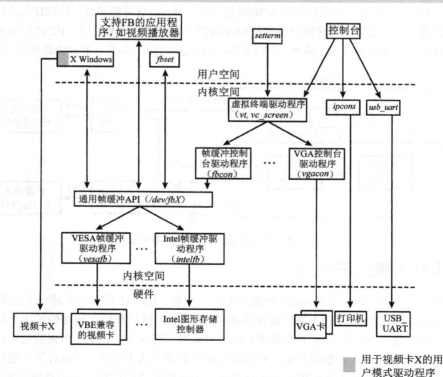

图12-5　Linux视频子系统

图12-5所示的Linux视频子系统包括底层显示驱动程序、中间层帧缓冲和控制台层、高层虚拟终端驱动程序、X Windows的用户模式驱动程序和配置显示参数程序。让我们从上到下分析该图。

- X Windows GUI操作视频卡的方式有两种：或者使用适用于相应视频卡的内建用户空间驱动程序，或者工作在帧缓冲子系统之上。
- 文本模式控制台工作在虚拟终端字符驱动程序之上。虚拟终端（见6.3节）是一种全屏的文本终端，在文本模式下登录时就会用到它。像X Windows一样，文本控制台也有两个操作选项：或者工作在卡特定的控制台驱动程序之上，或者使用一般的帧缓冲控制台驱动程序（fbcon）（前提是内核支持该卡的底层帧缓冲驱动程序）。

12.3 显示参数

有时，为了让设备能播放视频，在编写驱动程序的时候，只需要配置与显示面板相关的属性即可。因此让我们从了解通用的显示参数开始来学习视频驱动程序。假设有关的驱动程序遵循帧缓冲接口，并使用fbset命令来获得显示特性：

```
bash> fbset
mode "1024x768-60"
    # D: 65.003 MHz, H: 48.365 kHz, V: 60.006 Hz
    geometry 1024 768 1024 768 8
    timings 15384 168 16 30 2 136 6
    hsync high
    vsync high
    rgba 8/0,8/0,8/0,0/0
endmode
```

其中输出中的D:值表示dotclock，它是视频硬件在显示器上绘制像素的速率。上面输出的值65.003 MHz表示视频控制器绘制一个像素需要用时约15 384ps。这个时间称为pixclock，是timings行中的第一个数值参数。而"几何形状"（geometry）后面的数表示可视的分辨率为1024×768（SVGA），一个像素的信息需8bit来保存。

H:后面的值为水平扫描率，它是视频硬件每秒扫描的水平显示线数目，是pixclock乘以X方向分辨率的积的倒数。V:值是整屏的刷新率，是pixclock、X方向分辨率、Y方向分辨率三者的积的倒数，在例子中约为60Hz，也就是说，LCD每秒的刷新率是60Hz。

视频控制器在每行结束时发一个水平同步脉冲（HSYNC），在每帧结束时发一个垂直同步脉冲（VSYNC）。HSYNC的持续时间（以像素时间为单位）和VSYNC的持续时间（以像素时间为单位）是在timings行的最后两个参数。显示器越大，HSYNC和VSYNC的值就越大。timings行中HSYNC前的4个数分别表示显示器右空边（或水平前沿）、左空边（或水平后沿）、下空边（或垂直前沿）和上空边（或垂直后沿）。Documentation/fb/framebuffer.txt和fb.mode手册页以图例的方式解释了这些参数。

为了对这些参数的意义有一个总体的认识，我们来利用它们计算例子中60.000 6Hz刷新率下的pixclock值：

```
dotclock = (X向分辨率 + 左空边 + 右空边
         + HSYNC长度) * (Y向分辨率 + 上空边
         + 下空边 + VSYNC 长度) * 刷新率
       = (1024 + 168 + 16 + 136) * (768 + 30 + 2 + 6) * 60.006
       = 65.003 MHz
pixclock = 1/dotclock
       = 15384 ps (与上面fbset执行结果相符)
```

12.4 帧缓冲 API

接下来介绍帧缓冲API。帧缓冲核心层向用户空间输出设备结点，以便应用程序能访问每个支持的视频设备。/dev/fbX是与帧缓冲设备X关联的结点。使用帧缓冲API主要要关心的数据结构定义在内核的include/linux/fb.h文件中，而用户侧的定义在/usr/include/linux/fb.h文件中。

(1) 在12.3节fbset的输出中，我们可以看到的视频卡的各个属性保存在struct fb_var_screeninfo内。该结构包含了很多字段，比如X向分辨率、Y向分辨率、一个像素的位数、pixclock、HSYNC范围、VSYNC范围和空边长度。这些值可由用户编程设置：

```
struct fb_var_screeninfo {
    __u32 xres;              /* Visible resolution in the X axis */
    __u32 yres;              /* Visible resolution in the Y axis */
    /* ... */
    __u32 bits_per_pixel;    /* Number of bits required to hold a pixel */
    /* ... */
    __u32 pixclock;          /* Pixel clock in picoseconds */
    __u32 left_margin;       /* Time from sync to picture */
    __u32 right_margin;      /* Time from picture to sync */
    /* ... */
    __u32 hsync_len;         /* Length of horizontal sync */
    __u32 vsync_len;         /* Length of vertical sync */
    /* ... */
};
```

(2) 视频硬件的固定信息（比如帧缓冲在内存的起始地址和大小）保存在struct fb_fix_screeninfo中。用户无权改变这些值：

```
struct fb_fix_screeninfo {
    char id[16];                  /* Identification string */
    unsigned long smem_start;     /* Start of frame buffer memory */
    __u32 smem_len;               /* Length of frame buffer memory */
    /* ... */
};
```

(3) 结构体fb_cmap规定了颜色映射，它用于将用户定义的颜色分配信息传给底层视频硬件。你可以用这个结构体定义RGB的配比来获得不同的颜色分配。

```
struct fb_cmap {
    __u32 start;       /* First entry */
```

```
    __u32 len;        /* Number of entries */
    __u16 *red;       /* Red values */
    __u16 *green;     /* Green values */
    __u16 *blue;      /* Blue values */
    __u16 *transp;    /* Transparency. Discussed later on */
};
```

代码清单12-1是一个工作于帧缓冲API之上的简单应用程序。程序通过操作/dev/fb0清屏，/dev/fb0是与显示器对应的帧缓冲设备结点。它使用帧缓冲API FBIOGET_VSCREENINFO先以与硬件无关的方式获得了可视分辨率和每像素的位数信息。该接口命令通过操作结构体fb_var_screeninfo收集各种显示参数。程序然后跳到mmap()帧缓冲内存执行，并清除每个连续的像素位。

代码清单12-1 以硬件无关的方式清除显示屏

```
#include <stdio.h>
#include <fcntl.h>
#include <linux/fb.h>
#include <sys/mman.h>
#include <stdlib.h>

struct fb_var_screeninfo vinfo;

int
main(int argc, char *argv[])
{
  int fbfd, fbsize, i;
  unsigned char *fbbuf;

  /* Open video memory */
  if ((fbfd = open("/dev/fb0", O_RDWR)) < 0) {
    exit(1);
  }

  /* Get variable display parameters */
  if (ioctl(fbfd, FBIOGET_VSCREENINFO, &vinfo)) {
    printf("Bad vscreeninfo ioctl\n");
    exit(2);
  }

  /* Size of frame buffer =
         (X-resolution * Y-resolution * bytes per pixel) */
  fbsize = vinfo.xres*vinfo.yres*(vinfo.bits_per_pixel/8);

  /* Map video memory */
  if ((fbbuf = mmap(0, fbsize, PROT_READ|PROT_WRITE,
                    MAP_SHARED, fbfd, 0)) == (void *) -1){
    exit(3);
  }

  /* Clear the screen */
  for (i=0; i<fbsize; i++) {
    *(fbbuf+i) = 0x0;
```

```
    }
    munmap(fbbuf, fbsize);
    close(fbfd);
}
```

第19章将介绍从用户空间访问内存区域时，会看到另一个帧缓冲应用程序。

12.5 帧缓冲驱动程序

现在我们已经了解了帧缓冲API以及这种抽象所带来的硬件无关的好处。下面将通过一个导航系统的例子来介绍底层帧缓冲设备驱动程序的架构。

设备实例：导航系统

图12-6显示了一个装在嵌入式SoC上的车载导航系统的视频操作。GPS接收机通过UART接口向SoC发送坐标数据流，应用程序根据收到的位置信息产生图像，并更新系统内存中的帧缓冲。帧缓冲驱动程序通过DMA方式将这幅图像数据传输到作为SoC LCD控制器一部分的显示缓冲区，控制器将像素数据传输到QVGA LCD面板进行显示。

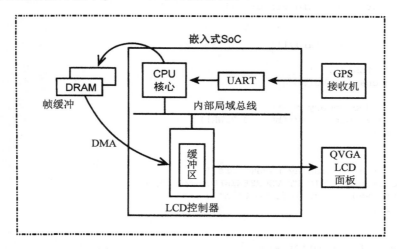

图12-6　一个Linux导航设备的显示系统

我们的目标是为这个系统开发视频软件。假设Linux支持导航设备的SoC，并且内核支持所有结构相关的接口（如DMA）。

> 图12-6中的设备可以使用Freescale i.MX21 SoC来实现，它的CPU核心是ARM9核心，片上视频控制器是LCDC（Liquid Crystal Display Controller，液晶显示控制器）。SoC通常有高性能内部总线，用于连接DRAM和视频等控制器。在i.MX21中，这个总线称为AHB（Advanced High-Performance Bus，高级高性能总线），LCDC连接到AHB。

导航系统的视频软件通常被设计成这种结构：GPS应用程序运行在LCD控制器的底层帧缓冲驱动程序上。应用程序通过读dev/ttySX从GPS接收机获得位置坐标，这里的X是连接到接收机的UART号。然后它将几何定位信息转换成图像，并将像素数据写入与LCD控制器相关的帧缓冲。代码清单12-1展示了实现上述功能的代码，只不过向帧缓冲写入的是图像数据，而不是像清屏那样写成0。

本节的余下部分只关注底层帧缓冲设备驱动程序。像其他许多驱动程序子系统一样，完全实现帧缓冲核心层提供的命令、模式、选项是很复杂的，只有经历实际编写代码才能学会。示例导航系统的帧缓冲驱动程序相对简单，它只是一个深入学习的起点。

表12-1描述了图12-6中LCD控制器的寄存器模型，代码清单12-2中的帧缓冲驱动程序运行在这些寄存器中。

表12-1　图12-6中的LCD控制器的寄存器

寄存器名称	配置的特性（显示参数）
SIZE_REG	LCD面板最大的X和Y尺寸
HSYNC_REG	HSYNC持续时间
VSYNC_REG	VSYNC持续时间
CONF_REG	每像素的位数、像素极性、用于产生pixclock的分频、彩色/单色模式等
CTRL_REG	启用/禁用LCD控制器、时钟、DMA
DMA_REG	帧缓冲的DMA起始地址、突发长度、空间大小
STATUS_REG	状态值
CONTRAST_REG	对比度

我们的帧缓冲驱动程序（myfb）在代码清单12-2中是作为平台（platform）驱动程序实现的。正如第6章所述，platform是一种伪总线，通常与内核的设备模型一起，用于连接集成到SoC中的轻量级设备。体系架构相关的设置代码（在arch/your-arch/your-platform/中）使用`platform_device_add()`来添加platform设备。但为了简单起见，myfb驱动程序中的`probe()`方法在注册其自身为platform驱动程序之前实现了这个功能。要了解platform驱动程序的一般结构和有关函数，请参见6.2.1节。

1. 数据结构

我们先看一下与帧缓冲驱动程序有关的主要数据结构和方法，然后再扩展myfb。下面是两个主要的数据结构。

(1) 结构体`fb_info`是帧缓冲驱动程序的关键数据结构。这个结构体在include/linux/fb.h中定义，如下所示：

```
struct fb_info {
  /* ... */
  struct fb_var_screeninfo var;     /* Variable screen information.
                                       Discussed earlier. */
  struct fb_fix_screeninfo fix;     /* Fixed screen information.
                                       Discussed earlier. */
  /* ... */
  struct fb_cmap cmap;              /* Color map.
```

```
                                            Discussed earlier. */
  /* ... */
  struct fb_ops *fbops;               /* Driver operations.
                                            Discussed next. */
  /* ... */
  char __iomem *screen_base;          /* Frame buffer's
                                            virtual address */
  unsigned long screen_size;          /* Frame buffer's size */
  /* ... */
  /* From here on everything is device dependent */
  void *par;                          /* Private area */
};
```

fb_info的存储空间由framebuffer_alloc()分配，后者是帧缓冲核心提供的一个库例程。这个函数还以私有空间的大小作为参数，将其挂接到分配的fb_info空间的末尾。这个私有空间可以通过fb_info结构中的par指针访问。fb_var_screeninfo和fb_fix_screeninfo等fb_info字段的含义在12.4节已经讨论过了。

(2) fb_ops结构包含了底层帧缓冲驱动程序提供的所有函数的指针。fb_ops中前面的几个方法是实现驱动程序功能所必需的，而剩下的是可选的（用于提供图形加速功能）。每个函数的用途都在注释中做了简要解释。

```
struct fb_ops {
  struct module *owner;
  /* Driver open */
  int (*fb_open)(struct fb_info *info, int user);
  /* Driver close */
  int (*fb_release)(struct fb_info *info, int user);
  /* ... */
  /* Sanity check on video parameters */
  int (*fb_check_var)(struct fb_var_screeninfo *var,
                      struct fb_info *info);
  /* Configure the video controller registers */
  int (*fb_set_par)(struct fb_info *info);
  /* Create pseudo color palette map */
  int (*fb_setcolreg)(unsigned regno, unsigned red,
                      unsigned green, unsigned blue,
                      unsigned transp, struct fb_info *info);
  /* Blank/unblank display */
  int (*fb_blank)(int blank, struct fb_info *info);
  /* ... */
  /* Accelerated method to fill a rectangle with pixel lines */
  void (*fb_fillrect)(struct fb_info *info,
                      const struct fb_fillrect *rect);
  /* Accelerated method to copy a rectangular area from one
     screen region to another */
  void (*fb_copyarea)(struct fb_info *info,
                      const struct fb_copyarea *region);
  /* Accelerated method to draw an image to the display */
  void (*fb_imageblit)(struct fb_info *info,
                       const struct fb_image *image);
  /* Accelerated method to rotate the display */
  void (*fb_rotate)(struct fb_info *info, int angle);
```

```
/* Ioctl interface to support device-specific commands */
int (*fb_ioctl)(struct fb_info *info, unsigned int cmd,
                unsigned long arg);
/* ... */
};
```

现在我们来看代码清单12-2中展示的为myfb驱动程序实现的函数。

2. 检查与设置参数

fb_check_var()方法执行变量的合法性检查，比如X和Y方向的分辨率、每个像素的位数。因此如果你用fbset将X分辨率设置成低于LCD控制器支持的最小值（我们的例子中是64），该函数会将它设成硬件允许的最小值。

fb_check_var()也设置合适的RGB格式。我们的例子使用每像素16比特，控制器将帧缓冲中的每个数据字映射成常用的RGB565编码：红色5比特，绿色6比特，蓝色5比特。

fb_set_par()方法根据fb_info.var中的值设置LCD控制器的寄存器，包括如下设置：

- HSYC_REG中的水平同步时间，左空边，右空边；
- VSYC_REG中的垂直同步时间，上空边，下空边；
- SIZE_REG中的可见区X、Y分辨率；
- DNA_REG中的DMA参数。

假设GPS应用程序试图将QVGA的分辨率改为50×50，下面是一系列过程。

(1) 显示器最初是QVGA分辨率：

```
bash> fbset
mode "320x240-76"
    # D: 5.830 MHz, H: 18.219 kHz, V: 75.914 Hz
    geometry 320 240 320 240 16
    timings 171521 0 0 0 0 0
    rgba 5/11,6/5,5/0,0/0
endmode
```

(2) 应用程序完成类似这样的工作：

```
struct fb_var_screeninfo vinfo;
fbfd = open("/dev/fb0", O_RDWR);
vinfo.xres = 50;
vinfo.yres = 50;
vinfo.bits_per_pixel = 8;

ioctl(fbfd, FBIOPUT_VSCREENINFO, &vinfo);
```

注意，这等效于执行命令fbset -xres 50 -yres 50 -depth 8。

(3) 上一步的FBIOPUT_VSCREENINFO会引起myfb_check_var()的调用，该驱动程序函数会"表示不满"并将请求的分辨率调整到硬件支持的最小值，本例中就是64×64。

(4) myfb_set_par()被帧缓冲核心调用，以便将新的显示参数写入LCD控制器寄存器中。

(5) fbset输出新的参数：

```
bash> fbset
mode "64x64-1423"
    # D: 5.830 MHz, H: 91.097 kHz, V: 1423.386 Hz
```

```
          geometry 64 64 320 240 16
          timings 171521 0 0 0 0 0
          rgba 5/11,6/5,5/0,0/0
endmode
```

3. 彩色模式

视频硬件支持的常见彩色模式包括伪彩色和真彩色。对于前者，索引号被映射成RGB像素编码，选择可用色彩的一个子集并使用对应颜色的索引而不使用像素值，就可以降低对帧缓冲内存的需求，但你的硬件需要支持这种可变色彩集（或称调色板）的机制。

真彩色模式（这是示例LCD控制器支持的）与可变调色板机制无关。但你也需要满足帧缓冲控制台驱动程序的需求，它只使用了16色。因此，你只能将这16个原始RGB值编码成能够直接送入硬件的位，也就是建立伪调色板。这个伪调色板存放在`fb_info`结构的`pseudo_palette`字段。在代码清单12-2中，`myfb_setcolreg()`用如下方式生成它：

```
((u32*)(info->pseudo_palette))[color_index] =
              (red << info->var.red.offset)     |
              (green << info->var.green.offset) |
              (blue << info->var.blue.offset)   |
              (transp << info->var.transp.offset);
```

LCD控制器每像素用16位描述，使用RGB565格式，因此如前文所述，`fb_check_var()`方法确保红、绿、蓝值分别位于位偏移11、5、0处。除了色彩索引和红绿蓝的值，`fb_setcolreg()`还以`transp`为参数来指定透明度效果。这个机制叫做α混合（alpha blending），就是将指定的像素值与背景色混合。本例的LCD控制器不支持α混合，因此`myfb_check_var()`将`transp`偏移和长度设为0。

> 帧缓冲抽象足以将应用程序与显示面板特性隔离，不管它是RGB、BGR还是其他特性。由`fb_check_var()`设置的红、蓝、绿偏移经由`FBIOGET_VSCREENINFO ioctl()`生成的`fb_var_screeninfo`结构体，被"过滤"进入到用户空间。因为应用程序（比如X Windows）是帧缓冲兼容的，它们根据`ioctl()`返回的色彩偏移量，将像素"画"入到帧缓冲。

RGB编码的位数（本例是5＋6＋5＝16）称为颜色深度，帧缓冲控制台驱动程序用它在启动时显示选择的标志（logo）文件（参见12.6.2节）。

4. 屏幕消隐

`fb_blank()`方法支持显示消隐和去消隐，主要用于电源管理。要使导航系统显示器在10分钟不活动后关闭，这样做：

```
bash> setterm -blank 10
```

这个命令会穿过各层并到达帧缓冲层，引起`myfb_blank()`的调用。`myfb_blank()`会在`CTRL_REG`中设置适当的位。

5. 加速方法

如果你的用户接口需要执行繁重的视频操作，比如混合（blending）、拉伸（stretching）、移动位图、动态渐变（gradient）生成，你可能需要通过图形加速来获得可以接受的性能。下面我们就简单介绍一下在视频硬件支持图形加速的情况下可以利用的`fb_ops`方法。

`fb_imageblit()`方法在显示器上画一幅图像，这个函数为驱动程序提供了一个能利用视频控制器所拥有的某些特别能力的机会，以加速这种操作。如果硬件不支持加速功能，`cfb_imageblit()`就是帧缓冲核心为加速提供的通用库函数，比如，它可用于在启动阶段向屏幕输出logo。`fb_copyarea()`将屏幕的一个矩形区域复制到另一个区域。如果图形控制器没有任何可加速这个操作的能力，那么`cfb_copyarea()`就为这个操作提供优化的方法。`fb_fillrect()`方法能快速用像素行填充矩形区。**cfb_fillrect()**方法则是这种操作的一个通用的非加速方法。我们导航系统中的LCD控制器没有提供加速功能，因此示例驱动程序用帧缓冲核心提供的一般软件优化例程生成这些方法。

DirectFB

DirectFB（www.directfb.org）是一个建立在帧缓冲接口之上的库，它为硬件图形加速和可视化接口提供了一个简单的窗口管理器框架（window manager framework）和钩子。它同时也是一个虚拟接口，允许多个帧缓冲应用程序同时存在。某些关心图形性能的嵌入式设备采用DirectFB方案取代传统的X Windows方案，此类系统中，DirectFB与底层的加速的帧缓冲设备驱动程序和上层的支持DirectFB的渲染引擎（比如Cairo，www.cairographics.org）一起协同工作。

---

6. 从帧缓冲DMA

导航系统的LCD控制器包含了一个DMA引擎，它能从系统内存抓取图形帧。控制器将得到的图像数据发到显示面板。DMA的速率支撑了显示器的刷新率。适于并发访问的禁止cache的帧缓冲区是从`myfb_probe()`中用`dma_alloc_coherent()`分配的。（我们在第10章中讨论过一致性DMA映射。）`myfb_set_par()`将这个已分配的DMA地址写入LCD控制器的DMA_REG寄存器。

当驱动程序启用DMA时（通过调用`myfb_enable_controller()`），控制器就通过同步DMA方式从帧缓冲不断将像素数据传送到显示器。因此，当GPS应用程序映射帧缓冲（用`mmap()`）并写入位置信息时，像素就被绘到LCD上。

7. 对比度和背光

导航系统中的LCD控制器通过使用CONTRAST_REG寄存器来控制对比度。驱动程序通过`myfb_ioctl()`向用户空间提供设置这个寄存器的接口，GPS应用程序按如下方式控制对比度：

```
unsigned int my_fd, desired_contrast_level = 100;
/* Open the frame buffer */
my_fd = open("/dev/fb0", O_RDWR);
ioctl(my_fd, MYFB_SET_BRIGHTNESS, &desired_contrast_level);
```

导航系统的LCD面板通过背光照亮，处理器通过GPIO线控制背光，因此通过设置相应引脚的电平就可以开/关背光。内核通过sysfs结点将其抽象为一般背光接口。为了利用这个接口，驱动程序必须实现`backlight_ops`结构体，而且该结构体中要包含获得和改变背光亮度的函数，然后通过调用`backlight_device_register()`将其注册到内核。查看drivers/video/backlight/可以找到背光接口源代码，在drivers/下的文件中查找字符串backlight_device_register()可以找到使用该接口的视频驱动程序。代码清单12-2没有实现对背光的操作。

代码清单12-2 导航系统的帧缓冲驱动程序

```c
#include <linux/fb.h>
#include <linux/dma-mapping.h>
#include <linux/platform_device.h>

/* Address map of LCD controller registers */
#define LCD_CONTROLLER_BASE    0x01000D00
#define SIZE_REG       (*(volatile u32 *)(LCD_CONTROLLER_BASE))
#define HSYNC_REG      (*(volatile u32 *)(LCD_CONTROLLER_BASE + 4))
#define VSYNC_REG      (*(volatile u32 *)(LCD_CONTROLLER_BASE + 8))
#define CONF_REG       (*(volatile u32 *)(LCD_CONTROLLER_BASE + 12))
#define CTRL_REG       (*(volatile u32 *)(LCD_CONTROLLER_BASE + 16))
#define DMA_REG        (*(volatile u32 *)(LCD_CONTROLLER_BASE + 20))
#define STATUS_REG     (*(volatile u32 *)(LCD_CONTROLLER_BASE + 24))
#define CONTRAST_REG   (*(volatile u32 *)(LCD_CONTROLLER_BASE + 28))
#define LCD_CONTROLLER_SIZE    32

/* Resources for the LCD controller platform device */
static struct resource myfb_resources[] = {
  [0] = {
    .start       = LCD_CONTROLLER_BASE,
    .end         = LCD_CONTROLLER_SIZE,
    .flags       = IORESOURCE_MEM,
  },
};

/* Platform device definition */
static struct platform_device myfb_device = {
  .name       = "myfb",
  .id         = 0,
  .dev        = {
    .coherent_dma_mask = 0xffffffff,
  },
  .num_resources = ARRAY_SIZE(myfb_resources),
  .resource      = myfb_resources,
};

/* Set LCD controller parameters */
static int
myfb_set_par(struct fb_info *info)
{
  unsigned long adjusted_fb_start;
  struct fb_var_screeninfo *var = &info->var;
  struct fb_fix_screeninfo *fix = &info->fix;

  /* Top 16 bits of HSYNC_REG hold HSYNC duration, next 8 contain
     the left margin, while the bottom 8 house the right margin */
  HSYNC_REG = (var->hsync_len << 16) |
              (var->left_margin << 8)|
```

```c
                        (var->right_margin);
    /* Top 16 bits of VSYNC_REG hold VSYNC duration, next 8 contain
       the upper margin, while the bottom 8 house the lower margin */
    VSYNC_REG = (var->vsync_len << 16)    |
                (var->upper_margin << 8)|
                (var->lower_margin);

    /* Top 16 bits of SIZE_REG hold xres, bottom 16 hold yres */
    SIZE_REG  = (var->xres << 16) | (var->yres);

    /* Set bits per pixel, pixel polarity, clock dividers for
       the pixclock, and color/monochrome mode in CONF_REG */
    /* ... */

    /* Fill DMA_REG with the start address of the frame buffer
       coherently allocated from myfb_probe(). Adjust this address
       to account for any offset to the start of screen area */
    adjusted_fb_start = fix->smem_start +
            (var->yoffset * var->xres_virtual + var->xoffset) *
            (var->bits_per_pixel) / 8;
    __raw_writel(adjusted_fb_start, (unsigned long *)DMA_REG);

    /*  Set the DMA burst length and watermark sizes in DMA_REG */
    /* ... */

    /* Set fixed information */
    fix->accel   = FB_ACCEL_NONE;        /* No hardware acceleration */
    fix->visual = FB_VISUAL_TRUECOLOR; /* True color mode */
    fix->line_length = var->xres_virtual * var->bits_per_pixel/8;

    return 0;
}

/* Enable LCD controller */
static void
myfb_enable_controller(struct fb_info *info)
{
  /* Enable LCD controller, start DMA, enable clocks and power
     by writing to CTRL_REG */
  /* ... */
}
/* Disable LCD controller */
static void
myfb_disable_controller(struct fb_info *info)
{
  /* Disable LCD controller, stop DMA, disable clocks and power
     by writing to CTRL_REG */
  /* ... */
}

/* Sanity check and adjustment of variables */
static int
myfb_check_var(struct fb_var_screeninfo *var, struct fb_info *info)
{
```

```c
  /* Round up to the minimum resolution supported by
     the LCD controller */
  if (var->xres < 64) var->xres = 64;
  if (var->yres < 64) var->yres = 64;

  /* ... */
  /* This hardware supports the RGB565 color format.
     See the section "Color Modes" for more details */
  if (var->bits_per_pixel == 16) {
    /* Encoding Red */
    var->red.length = 5;
    var->red.offset = 11;
    /* Encoding Green */
    var->green.length = 6;
    var->green.offset = 5;
    /* Encoding Blue */
    var->blue.length = 5;
    var->blue.offset = 0;
    /* No hardware support for alpha blending */
    var->transp.length = 0;
    var->transp.offset = 0;
  }
  return 0;
}

/* Blank/unblank screen */
static int
myfb_blank(int blank_mode, struct fb_info *info)
{
  switch (blank_mode) {
  case FB_BLANK_POWERDOWN:
  case FB_BLANK_VSYNC_SUSPEND:
  case FB_BLANK_HSYNC_SUSPEND:
  case FB_BLANK_NORMAL:
    myfb_disable_controller(info);
    break;
  case FB_BLANK_UNBLANK:
    myfb_enable_controller(info);
    break;
  }
  return 0;
}

/* Configure pseudo color palette map */
static int
myfb_setcolreg(u_int color_index, u_int red, u_int green,
               u_int blue, u_int transp, struct fb_info *info)
{
  if (info->fix.visual == FB_VISUAL_TRUECOLOR) {
    /* Do any required translations to convert red, blue, green and
       transp, to values that can be directly fed to the hardware */
    /* ... */

    ((u32 *)(info->pseudo_palette))[color_index] =
```

```c
                  (red    << info->var.red.offset)    |
                  (green  << info->var.green.offset)  |
                  (blue   << info->var.blue.offset)   |
                  (transp << info->var.transp.offset);
  }
  return 0;
}

/* Device-specific ioctl definition */
#define MYFB_SET_BRIGHTNESS _IOW('M', 3, int8_t)

/* Device-specific ioctl */
static int
myfb_ioctl(struct fb_info *info, unsigned int cmd,
           unsigned long arg)
{
  u32 blevel ;
  switch (cmd) {
    case MYFB_SET_BRIGHTNESS :
      copy_from_user((void *)&blevel, (void *)arg,
                     sizeof(blevel)) ;
      /* Write blevel to CONTRAST_REG */
      /* ... */
      break;
    default:
      return -EINVAL;
  }
  return 0;
}

/* The fb_ops structure */
static struct fb_ops myfb_ops = {
  .owner        = THIS_MODULE,
  .fb_check_var = myfb_check_var,/* Sanity check */
  .fb_set_par   = myfb_set_par,  /* Program controller registers */
  .fb_setcolreg = myfb_setcolreg,/* Set color map */
  .fb_blank     = myfb_blank,    /* Blank/unblank display */
  .fb_fillrect  = cfb_fillrect,  /* Generic function to fill rectangle */
  .fb_copyarea  = cfb_copyarea,  /* Generic function to copy area */
  .fb_imageblit = cfb_imageblit, /* Generic function to draw */
  .fb_ioctl     = myfb_ioctl,    /* Device-specific ioctl */
};

/* Platform driver's probe() routine */
static int __init
myfb_probe(struct platform_device *pdev)
{
  struct fb_info *info;
  struct resource *res;

  info = framebuffer_alloc(0, &pdev->dev);
  /* ... */
  /* Obtain the associated resource defined while registering the
     corresponding platform_device */
```

```c
    res = platform_get_resource(pdev, IORESOURCE_MEM, 0);
    /* Get the kernel's sanction for using the I/O memory chunk
       starting from LCD_CONTROLLER_BASE and having a size of
       LCD_CONTROLLER_SIZE bytes */
    res = request_mem_region(res->start, res->end - res->start + 1, pdev->name);

    /* Fill the fb_info structure with fixed (info->fix) and variable
       (info->var) values such as frame buffer length, xres, yres,
       bits_per_pixel, fbops, cmap, etc */
    initialize_fb_info(info, pdev);   /* Not expanded */
    info->fbops = &myfb_ops;
    fb_alloc_cmap(&info->cmap, 16, 0);

    /* DMA-map the frame buffer memory coherently. info->screen_base
       holds the CPU address of the mapped buffer,
       info->fix.smem_start carries the associated hardware address */
    info->screen_base = dma_alloc_coherent(0, info->fix.smem_len,
                                   (dma_addr_t *)&info->fix.smem_start,
                                   GFP_DMA | GFP_KERNEL);
    /* Set the information in info->var to the appropriate
       LCD controller registers */
    myfb_set_par(info);

    /* Register with the frame buffer core */
    register_framebuffer(info);
    return 0;
}

/* Platform driver's remove() routine */
static int
myfb_remove(struct platform_device *pdev)
{
    struct fb_info *info = platform_get_drvdata(pdev);
    struct resource *res;

    /* Disable screen refresh, turn off DMA,.. */
    myfb_disable_controller(info);

    /* Unregister frame buffer driver */
    unregister_framebuffer(info);
    /* Deallocate color map */
    fb_dealloc_cmap(&info->cmap);
    kfree(info->pseudo_palette);

    /* Reverse of framebuffer_alloc() */
    framebuffer_release(info);
    /* Release memory region */
    res = platform_get_resource(pdev, IORESOURCE_MEM, 0);
    release_mem_region(res->start, res->end - res->start + 1);
    platform_set_drvdata(pdev, NULL);

    return 0;
}
```

```c
/* The platform driver structure */
static struct platform_driver myfb_driver = {
  .probe     = myfb_probe,
  .remove    = myfb_remove,
  .driver    = {
    .name    = "myfb",
  },
};

/* Module Initialization */
int __init
myfb_init(void)
{
  platform_device_add(&myfb_device);
  return platform_driver_register(&myfb_driver);
}

/* Module Exit */
void __exit
myfb_exit(void)
{
  platform_driver_unregister(&myfb_driver);
  platform_device_unregister(&myfb_device);
}

module_init(myfb_init);
module_exit(myfb_exit);
```

12.6 控制台驱动程序

控制台是用于显示内核产生的printk()消息的一种设备。参见图12-5可知，控制台驱动程序包含两层：顶层驱动程序，如虚拟终端驱动程序、打印机控制台驱动程序、范例USB_UART控制台驱动程序（马上会介绍），以及负责高级操作的底层驱动程序。因此，控制台驱动程序主要使用两种接口定义结构。顶层控制台驱动程序以struct console为主，它定义了基本操作，如setup()与write()。底层驱动程序以struct consw为主，它指定了高级操作，如设置光标属性、控制台切换、空白、大小调整、设置调色板信息。这些结构在include/linux/console.h中定义，如下所示：

```c
struct console {
  char    name[8];
  void    (*write)(struct console *, const char *, unsigned);
  int     (*read)(struct console *, char *, unsigned);
  /* ... */
  void    (*unblank)(void);
  int     (*setup)(struct console *, char *);
  /* ... */
};

struct consw {
```

```
    struct module *owner;
    const char *(*con_startup)(void);
    void        (*con_init)(struct vc_data *, int);
    void        (*con_deinit)(struct vc_data *);
    void        (*con_clear)(struct vc_data *, int, int, int, int);
    void        (*con_putc)(struct vc_data *, int, int, int);
    void        (*con_putcs)(struct vc_data *,
                             const unsigned short *, int, int, int);
    void        (*con_cursor)(struct vc_data *, int);
    int         (*con_scroll)(struct vc_data *, int, int, int, int);
    /* ... */
};
```

在观察图12-5时你也许已经猜到了，大部分控制台设备都同时需要两层驱动程序一起工作。vt驱动程序在大部分情况下是顶层控制台驱动程序。在PC兼容系统中，VGA控制台驱动程序（vgacon）通常是底层控制台驱动程序。而在嵌入式设备中，帧缓冲控制台驱动程序（fbcon）常常是底层驱动程序。由于帧缓冲抽象的隔离，fbcon与其他底层控制台驱动程序不同，它是硬件无关的。

我们来简要看一下两层控制台驱动程序的结构。

- 顶层驱动程序生成一个包含入口点的结构console，并用函数register_console()将其注册到内核。用函数unregister_console()注销。这是与printk()交互的驱动程序，驱动程序的入口点调用底层控制台驱动程序的相关服务。
- 底层控制台驱动程序生成一个包含入口点的结构consw，并用函数register_con_driver()将其注册到内核。注销使用函数unregister_con_driver()。当系统支持多个控制台驱动程序时，驱动程序可能会改用take_over_console()注册，并接管当前控制台。give_up_console()函数完成相反的功能。对于传统的显示器，底层驱动程序与顶层vt控制台驱动程序和vc_screen字符驱动程序交互，后者允许对虚拟控制台内存进行访问。一些简单的控制台，如行式打印机和下面讨论的USB_UART，只需要顶层控制台驱动程序。

2.6内核中的fbcon驱动程序也支持控制台旋转。PDA和手机上的显示面板通常是直向安装的，而汽车仪表和IP电话的显示面板通常是横向安装的。有时，出于成本或其他因素的考虑，有的嵌入式设备可能需要将横向显示的LCD旋转90度来安装，或者相反。在这种情况下使用控制台旋转功能就方便多了。由于fbcon是硬件无关的，控制台旋转的实现也具有通用性。要使用控制台旋转，请在内核配置阶段启用CONFIG_FRAMEBUFFER_CONSOLE_ROTATION，并为内核命令行增加fbcon=rotate:X。这里X为0用于正常定位，为1表示90度旋转，为2表示180度旋转，为3表示270度旋转。

12.6.1 设备实例：手机

为学习如何编写控制台驱动程序，我们回顾一下第6章用过的Linux手机。本节的任务是开发通过手机上的USB_UART进行操作的控制台驱动程序。为方便起见，图12-7重绘了第6章里图6-5中的手机。驱动程序将通过USB_UART取出printk()消息，PC主机收到该消息，并通过终端仿真器会话显示给用户。

12.6 控制台驱动程序   267

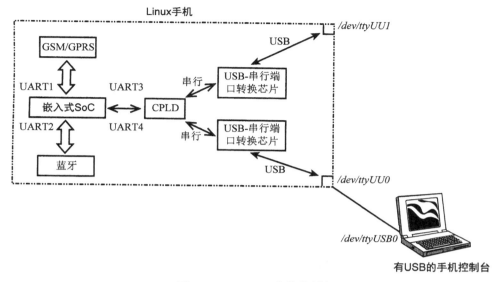

图12-7　USB_UART上的控制台

代码清单12-3是工作在USB_UART之上的控制台驱动程序。为了建立一个完整的驱动程序，本清单还列出了结构usb_uart_port[]和第6章中USB_UART驱动程序使用的一些定义。代码中的注释说明了驱动程序的运行情况。

图12-5显示了USB_UART控制台驱动程序在Linux视频子系统中的位置。可见，USB_UART是一个只需顶层控制台驱动程序的简单设备。

代码清单12-3　USB_UART上的控制台

```
#include <linux/console.h>
#include <linux/serial_core.h>
#include <asm/io.h>

#define USB_UART_PORTS         2          /* The cell phone has 2 USB_UART ports */
/* Each USB_UART has a 3-byte register set consisting of
   UU_STATUS_REGISTER at offset 0, UU_READ_DATA_REGISTER at
   offset 1, and UU_WRITE_DATA_REGISTER at offset 2, as shown
   in Table One of Chapter 6, "Serial Drivers" */
#define USB_UART1_BASE          0xe8000000 /* Memory base for USB_UART1 */
#define USB_UART2_BASE          0xe9000000 /* Memory base for USB_UART1 */
#define USB_UART_REGISTER_SPACE 0x3
/* Semantics of bits in the status register */
#define USB_UART_TX_FULL        0x20
#define USB_UART_RX_EMPTY       0x10
#define USB_UART_STATUS         0x0F

#define USB_UART1_IRQ           3
#define USB_UART2_IRQ           4
#define USB_UART_CLK_FREQ       16000000
```

```c
#define USB_UART_FIFO_SIZE        32

/* Parameters of each supported USB_UART port */
static struct uart_port usb_uart_port[] = {
   {
      .mapbase  = (unsigned int)USB_UART1_BASE,
      .iotype   = UPIO_MEM,                 /* Memory mapped */
      .irq      = USB_UART1_IRQ,            /* IRQ */
      .uartclk  = USB_UART_CLK_FREQ,        /* Clock HZ */
      .fifosize = USB_UART_FIFO_SIZE,       /* Size of the FIFO */
      .flags    = UPF_BOOT_AUTOCONF,        /* UART port flag */
      .line     = 0,                        /* UART Line number */
   },
   {
      .mapbase  = (unsigned int)USB_UART2_BASE,
      .iotype   = UPIO_MEM,                 /* Memory mapped */
      .irq      = USB_UART2_IRQ,            /* IRQ */
      .uartclk  = USB_UART_CLK_FREQ,        /* CLock HZ */
      .fifosize = USB_UART_FIFO_SIZE,       /* Size of the FIFO */
      .flags    = UPF_BOOT_AUTOCONF,        /* UART port flag */
      .line     = 1,                        /* UART Line number */
   }
};

/* Write a character to the USB_UART port */
static void
usb_uart_putc(struct uart_port *port, unsigned char c)
{
   /* Wait until there is space in the TX FIFO of the USB_UART.
      Sense this by looking at the USB_UART_TX_FULL
      bit in the status register */
   while (__raw_readb(port->membase) & USB_UART_TX_FULL);

   /* Write the character to the data port*/
   __raw_writeb(c, (port->membase+1));
}

/* Console write */
static void
usb_uart_console_write(struct console *co, const char *s, u_int count)
{
   int i;

   /* Write each character */
   for (i = 0; i < count; i++, s++) {
      usb_uart_putc(&usb_uart_port[co->index], *s);
   }
}

/* Get communication parameters */
static void __init
usb_uart_console_get_options(struct uart_port *port,
```

```c
                                int *baud, int *parity, int *bits)
{
  /* Read the current settings (possibly set by a bootloader)
     or return default values for parity, number of data bits,
     and baud rate */
  *parity = 'n';
  *bits = 8;
  *baud = 115200;
}

/* Setup console communication parameters */
static int __init
usb_uart_console_setup(struct console *co, char *options)
{
  struct uart_port *port;
  int baud, bits, parity, flow;

  /* Validate port number and get a handle to the
     appropriate structure */
  if (co->index == -1 || co->index >= USB_UART_PORTS) {
    co->index = 0;
  }
  port = &usb_uart_port[co->index];

  /* Use functions offered by the serial layer to parse options */
  if (options) {
    uart_parse_options(options, &baud, &parity, &bits, &flow);
  } else {
    usb_uart_console_get_options(port, &baud, &parity, &bits);
  }
  return uart_set_options(port, co, baud, parity, bits, flow);
}

/* Populate the console structure */
static struct console usb_uart_console = {
  .name    = "ttyUU",                  /* Console name */
  .write   = usb_uart_console_write,   /* How to printk to the console */
  .device  = uart_console_device,      /* Provided by the serial core */
  .setup   = usb_uart_console_setup,   /* How to setup the console */
  .flags   = CON_PRINTBUFFER,          /* Default flag */
  .index   = -1,                       /* Init to invalid value */
};

/* Console Initialization */
static int __init
usb_uart_console_init(void)
{
  /* ... */

  /* Register this console */
  register_console(&usb_uart_console);
```

```
    return 0;
}
console_initcall(usb_uart_console_init); /* Mark console init */
```

本驱动程序作为内核的一部分编译后，在内核命令行中增加 `console=ttyUUX`（X为0或1）就可以激活它。

12.6.2 启动 logo

帧缓冲子系统的一个很受欢迎的特色是启动logo。为了显示这个logo，在内核配置阶段启用 `CONFIG_LOGO` 选项并选择一个可用的logo。你可以在 drivers/video/logo/ 目录中增加一个自定义的 logo 图片。

CLUT224是常用的启动logo的图片格式，它支持224种颜色。该格式工作原理与12.5节中的伪调色板类似。一个CLUT224图片是包含下面两种结构的C文件。

- CLUT（Color Look Up Table，色彩查询表），它是一个224个RGB组的字符矩阵（因此有 224×3 字节）。每个3字节的CLUT单元是红、绿、蓝3种颜色的组合。
- 数据矩阵，它的每个字节是CLUT表的索引，索引从32开始，一直到255（因此支持224种颜色）。32指向CLUT表中的第一个单元。logo操作码（在 drivers/video/fbmem.c 中）从与数据矩阵每个索引对应的CLUT组创建帧缓冲像素数据，图像显示是由底层帧缓冲驱动程序的 `fb_imageblit()` 方法完成的，这在12.5节指出过。

其他支持的logo格式包括16色的vga16和黑白的单色（mono）。scripts/目录下的脚本可将标准的PPM（Portable Pixel Map，便携式像素图像）文件转换成支持的logo格式。

如果帧缓冲设备同时也是控制台，启动信息会在标志下方滚动。对于产品级的系统，一般都会禁用控制台消息（通过在内核命令行中增加 `console=/dev/null`），然后显示由客户提供的 CLUT224 "闪屏"（splash screen）图像作为启动logo。

12.7 调试

虚拟帧缓冲驱动程序（通过在配置菜单中设置 `CONFIG_FB_VIRTUAL` 启用）运行于一个伪图形适配器上。你可以借助这个驱动程序来调试帧缓冲子系统。

一些帧缓冲驱动程序（比如intelfb）有额外的配置选项，启用它们可产生驱动程序相关的调试信息。

要讨论帧缓冲驱动程序相关的问题，请订阅 linux-fbdev-devel 邮件列表：https://lists.sourceforge.net/lists/listinfo/linux-fbdev-devel/。

调试控制台驱动程序不是件容易的事儿，因为你不能在驱动程序中调用 `printk()`。如果有其他的控制台设备，如串行端口，你可以先实现控制台驱动程序的UART/tty形式，通过运行/dev/tty 并向附加的控制台打印信息来调试驱动程序，然后再以控制台驱动程序的形式将调试过的代码片段重新打包。

12.8 查看源代码

帧缓冲核心层和底层帧缓冲驱动程序放在目录drivers/video/下，通用的帧缓冲结构体在include/linux/fb.h中定义，但芯片组相关的头文件放在include/video/中。fbmem驱动程序drivers/video/fbmem.c创建了字符设备/dev/fbX，用户程序发出的帧缓冲ioctl命令会先从它开始处理。

intelfb驱动程序drivers/video/intelfb/*是许多Intel图形控制器（如与855GME北桥集成在一起的那款）的底层帧缓冲驱动程序。radeonfb驱动程序drivers/video/aty/是Radeon基于ATI技术的移动AGP图形硬件的帧缓冲驱动程序。源文件drivers/video/*fb.c都是图形控制器的帧缓冲驱动程序（包括许多集成到SoC中的图形控制器）。如果你正在为客户编写底层帧缓冲驱动程序，可以把drivers/video/skeletonfb.c作为起点。查阅Documentation/fb/*可以获得更多的帧缓冲层文档。

Linux帧缓冲项目的主页是www.linux-fbdev.org，这个主页包含了HOWTO、帧缓冲驱动程序和命令的链接以及相关网页的链接。

不管是基于帧缓冲的还是其他架构的控制台驱动程序，它们都在drivers/video/console/中。要想了解printk()是如何将内核消息记录到内部缓冲区并调用控制台驱动程序的，请看kernel/printk.c。表12-2给出了本章主要的数据结构以及它们在源码树的位置。表12-3列出了本章使用的主要内核编程接口和定义它们的位置。

表12-2 数据结构小结

数据结构	位置	说明
fb_info	include/linux/fb.h	底层帧缓冲驱动程序使用的主要数据结构
fb_ops	include/linux/fb.h	包含了所有底层帧缓冲驱动程序提供的入口点的地址
fb_var_screeninfo	include/linux/fb.h	包含了视频硬件的各种信息，比如X向分辨率、Y向分辨率、HSYNC和VSYNC同步时间
fb_fix_screeninfo	include/linux/fb.h	视频硬件的固定信息，如帧缓冲的起始地址
fb_cmap	include/linux/fb.h	帧缓冲设备的RGB色彩映射
console	include/linux/console.h	顶层控制台驱动程序描述
consw	include/linux/console.h	底层控制台驱动程序描述

表12-3 内核编程接口小结

内核接口	位置	说明
register_framebuffer()	drivers/video/fbmem.c	注册底层帧缓冲设备
unregister_framebuffer()	drivers/video/fbmem.c	注销底层帧缓冲设备
framebuffer_alloc()	drivers/video/fbsysfs.c	为fb_info结构体分配内存
framebuffer_release()	drivers/video/fbsysfs.c	framebuffer_alloc()的逆功能
fb_alloc_cmap()	drivers/video/fbcmap.c	分配色彩映射
fb_dealloc_cmap()	drivers/video/fbcmap.c	释放色彩映射
dma_alloc_coherent()	include/asm-generic/dma-mapping.h	分配和映射一致性DMA缓冲区，参见第10章的pci_alloc_consistent()

(续)

内核接口	位置	说明
dma_free_coherent()	include/asm-generic/dma-mapping.h	释放一致性DMA缓存，参见第10章的 pci_free_consistent()
register_console()	kernel/printk.c	注册顶层控制台驱动程序
unregister_console()	kernel/printk.c	注销顶层控制台驱动程序
register_con_driver() take_over_console()	drivers/char/vt.c	注册/绑定底层控制台驱动程序
unregister_con_driver() give_up_console()	drivers/char/vt.c	注销/去绑定底层控制台驱动程序

第 13 章 音频驱动程序

本章内容
- 音频架构
- Linux声音子系统
- 设备实例：MP3播放器
- 调试
- 查看源代码

音频硬件为计算机系统提供了生成和捕获声音的功能。音频是PC和嵌入式产品里的一个组成部件，可用于在笔记本计算机上交谈、打手机、听MP3播放器、播放机顶盒多媒体、体验系统语音指示等。如果在这些设备中的任一个上运行Linux，都需要Linux声音子系统提供的服务。

本章介绍内核是如何支持音频控制器和编解码器的。我们来学习Linux声音子系统的架构及其编程模式。

13.1 音频架构

图13-1展示了PC兼容系统的音频连接情况。南桥上的音频控制器与外部编解码器（codec）一起，与模拟音频电路实现对接。

音频编解码器将数字音频信号转换成扬声器播放所需的模拟声音信号，而通过麦克风录音时则执行相反的过程。其他常见的与编解码器连接的音频输入输出包括头戴式耳麦、耳机、话筒、音频输入输出线。编解码器也提供混音器（mixer）功能，它将所有这些音频输入和输出混合，并控制有关音频信号的音量[1]。

数字音频数据是通过用PCM（Pulse Code Modulation，脉冲编码调制）技术对模拟声音信号以某个比特率采样得到的。比如CD音质音频是以44.1kHz的采样率对每个采样值用16比特编码得到的。编解码器的任务就是以支持的PCM比特率采样和记录音频，并能以不同PCM比特率播放采样的音频。

---

[1] 这个混音器是从软件的角度定义的。声音混合或数据混合指编解码器将多路声音流混合并生成单路流的能力。这是必需的，比如你想在已经用IP电话通话的线路上再叠加一路话音。本章后面讨论到的alsa-lib库，支持一个称为dmix的插件，它在编解码器无法在硬件上执行数据混合操作时，用软件方式执行数据混合。

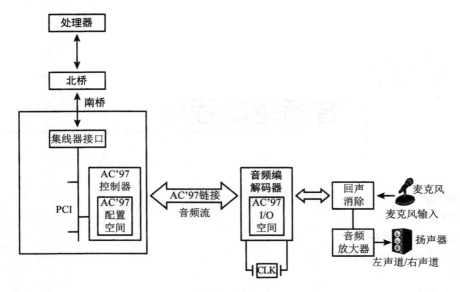

图13-1　PC环境下的音频

一个声卡可能同时支持一个或多个编解码器,每个编解码器反过来也以单声道或立体声的方式支持一个或多个音频子流。

AC'97和I^2S总线是连接音频控制器和编解码器的工业标准接口的一个例子。

- AC'97规范可从http://download.intel.com/下载,它规定了音频寄存器的含义和位置。配置寄存器是音频控制的一部分,I/O寄存器位于编解码器的内部。对I/O寄存器操作的请求由音频控制器经过AC'97链路向前传递给编解码器。比如说,控制音频线输入音量的寄存器就位于AC'97 I/O空间中偏移量为0x10的地方。图13-1中的PC系统使用AC'97与外部编解码器通信。

- I^2S规范可从www.nxp.com/acrobat_download/various/I2SBUS.pdf下载,是飞利浦公司提出的编解码器接口标准。图13-2所示的嵌入式设备使用I^2S将音频数据发送给编解码器。对编解码器的I/O寄存器的编程通过I^2C总线进行。

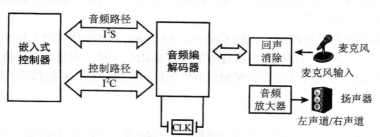

图13-2　嵌入式系统的音频连接

> AC'97对支持的信道数和比特率有限制。近期英特尔的南桥芯片组具有一种称为HD（High Definition，高保真）音频的新技术，它支持高清晰度、环绕立体声、多路音频的功能。

13.2 Linux声音子系统

ALSA（Advanced Linux Sound Architecture，高级Linux声音架构）是2.6版本内核中的声音子系统。2.4版本内核中的声音层OSS（Open Sound System，开放声音系统）——现在已经去除了。为了协助完成从OSS到ALSA的平滑过渡，ALSA还提供了OSS模拟，它允许应用程序不用改变OSS API就可以在ALSA上运行。Linux声音框架（比如ALSA和OSS）使音频应用程序与底层硬件无关，就像AC'97和I^2S等编解码器标准使得无需为每块声卡编写各自的音频驱动程序一样。

参见图13-3可以明白Linux声音子系统的架构。声音子系统各部分如下。

- 声音核心。它是代码基石，由例程和结构体组成，Linux声音层的其他部分均可调用。就像其他驱动程序子系统的核心层一样，声音核心有一定程度的隔离，使得声音子系统的每个部件都与其他部件无关。核心也提供了向应用层输出ALSA API的重要功能。图13-3中显示的/dev/snd/*设备结点由ALSA核心创建和管理：/dev/snd/controlC0是一个控制结点（应用程序用它来控制音量等），/dev/snd/pcmC0D0p是播放设备（设备名的最后字符p表示播放），/dev/snd/pcmC0D0c 是录音设备（设备名最后的字符c表示采样捕获）。这些设备名中，C后的整数是卡号，D后的是设备号。一个有话音编解码器和立体声音乐编解码器的ALSA驱动程序可能会为前者输出用于读声音流的/dev/snd/pcmC0D0p，为后者输出用于生成音乐声道的/dev/snd/pcmC0D1p。

- 与控制器硬件相关的音频控制器驱动程序。比如为驱动Intel ICH南桥芯片组中的音频控制器，使用snd_intel8x0驱动程序。

- 协助控制器和编解码器间通信的音频编解码接口。对AC'097编解码器，使用snd_ac97_codec和ac97_bus模块。

- 在OSS应用程序和由ALSA启用的内核之间充当通道的OSS模拟层。该层输出/dev结点，这些结点对2.4内核提供的OSS层进行映射。这些结点（比如/dev/dsp、/dev/adsp和/dev/mixer）允许OSS应用程序不用修改就在ALSA上运行。OSS结点/dev/dsp映射成ALSA节点/dev/snd/pcmC0D0*，/dev/adsp对应/dev/snd/pcmC0D1*，/dev/mixer对应/dev/snd/controlC0。

- procfs和sysfs接口实现，用于通过/proc/asound/ 和 /sys/class/sound/获取信息。

- 用户空间ALSA库alsa-lib。它提供了libasound.so对象。这个库通过提供一些访问ALSA驱动程序的封装例程，使ALSA应用程序编写者工作起来更加容易。

- alsa-utils工具包，包括alsamixer、amixer、alsactl、aplay等工具。alsamixer或amixer用于改变音频信号（如音频线输入、音频线输出、麦克风信号等）的音量，alsactl用于控制ALSA驱动程序的设置，aplay用于在ALSA上播放音频。

276 第 13 章　音频驱动程序

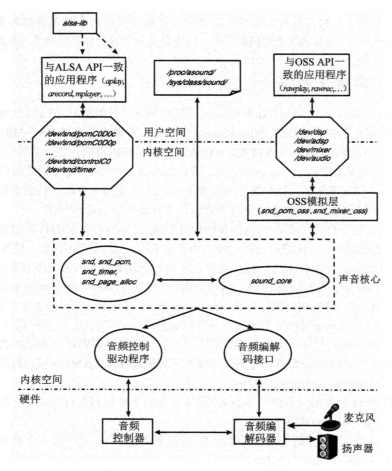

图13-3　Linux声音（ALSA）子系统

若想更好地理解Linux声音子系统的架构，请看一下运行在笔记本上的ALSA驱动程序模块（-->后为注释）：

```
bash> lsmod|grep snd
snd_intel8x0         33148  0                         -->Audio Controller Driver
snd_ac97_codec       92000  1 snd_intel8x0            -->Audio Codec Interface
ac97_bus              3104  1 snd_ac97_codec          -->Audio Codec Bus
snd_pcm_oss          40512  0                         -->OSS Emulation
snd_mixer_oss        16640  1 snd_pcm_oss             -->OSS Volume Control
snd_pcm              73316  3 snd_intel8x0,snd_ac97_codec,snd_pcm_oss
                                                      -->Core layer
snd_timer            22148  1 snd_pcm                 -->Core layer
snd                  50820  6 snd_intel8x0,snd_ac97_codec,snd_pcm_oss,
                             snd_mixer_oss,snd_pcm,snd_timer
                                                      -->Core layer
```

```
soundcore              8960     1 snd                      -->Core layer
snd_page_alloc        10344     2 snd_intel8x0,snd_pcm     -->Core layer
```

13.3 设备实例：MP3播放器

图13-4 显示了一个嵌入式SoC上的Linux蓝牙MP3播放器上的音频操作。你可以对Linux手机（我们在第6章和第12章中用过）进行编程，以便在夜里电话资费可能便宜时从因特网下载歌曲，并通过蓝牙接口上传到MP3播放器的CF（Compact Flash）卡，这样第二天你就能在上下班路上听歌了。

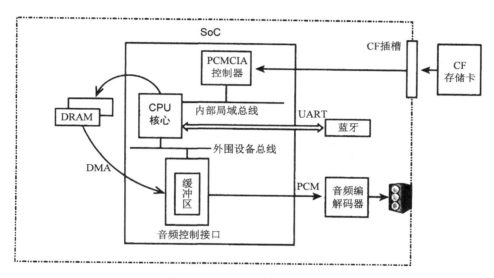

图13-4　Linux MP3播放器上的音频

我们的任务是为该设备开发音频软件，一个在播放器上从CF盘读取歌曲并将其解码到系统内存的应用程序。内核ALSA驱动程序从系统内存收集音乐数据，并将其发到SoC音频控制器的传输缓冲区。这个PCM数据被转发到编解码器，它通过设备扬声器播放音乐。同前一章讨论过的导航系统示例一样，我们假设Linux支持这个SoC，而且内核支持所有与体系架构相关的服务（如DMA）。

因此该MP3的音频软件由两部分组成。

(1) 解码从CF盘读取的MP3文件并将其转换成原始PCM码流的用户程序。要自己编写ALSA解码器程序，你可以利用alsa-lib库提供的函数接口。13.3.2节将介绍ALSA应用程序与ALSA驱动程序交互的例子。你也可以定制适合此设备的公共领域（public domain）MP3播放器，比如madplay（http://source forge.net/projects/mad/）。

(2) 一个底层内核ALSA音频驱动程序。下面就介绍怎样写这个驱动程序。

图13-4所示设备的一个可行的硬件实现是使用PowerPC 405LP SoC和德州仪器TLV320音频编解码器。它的CPU核心是405处理器，片上音频控制器是CSI（Codec Serial Interface，编解码串行接口）。SoC通常有一个高性能的内部局域总线以连接各控制器（比如DRAM和视频控制器）和一个单独的片上外部总线（以便与低速外围设备如串行端口、I^2C和GPIO对接）。就405LP而言，前者称为PLB（Processor Local Bus，处理器局域总线），后者是众所周知的OPB（On-chip Peripheral Bus，片上外围总线）。PCMCIA/CF控制器挂在PLB上，而音频控制器接口连接到OPB。

一个音频驱动程序由3个主要部分构成：
(1) 处理播放的例程；
(2) 处理录音的例程；
(3) 混音器控制功能。

我们的驱动程序实现了播放，但不支持录音，因为例中的MP3播放器没有麦克风。驱动程序也简化了混音器功能。它并不提供完整的音量控制功能（如针对扬声器、耳机、音频线输出），而只提供一个一般的音量控制。

表13-1列出的MP3播放器音频硬件的寄存器反映了这些假设和简化，并且没有遵循前面提到的AC'97标准。因此，编解码器有一个SAMPLING_RATE_REGISTER寄存器用于配置播放（数字-模拟）采样率，但没有设置录音（模拟-数字）的寄存器。VOLUME_REGISTER寄存器配置唯一的全局音量。

表13-1　图13-4中音频硬件的寄存器

寄存器名称	说　　明
VOLUME_REGISTER	控制编解码器的总音量
SAMPLING_RATE_REGISTER	设置数模转换时编解码器的采样速率
CLOCK_INPUT_REGISTER	设置编解码器的时钟源、分频器等
CONTROL_REGISTER	允许中断，配置中断原因（如缓冲区传输完成）、硬件复位、允许/禁止总线操作等
STATUS_REGISTER	编解码器音频事件的状态
DMA_ADDRESS_REGISTER	示例硬件支持一个单一的DMA缓冲区描述符，实际的声卡可能支持多个描述符，并可能有其他寄存器用于保存当前拥有的描述符、当前采样在内存中的位置等参数。音频控制器中的缓冲区用DMA方式传输，因此该寄存器存在于控制器的内存空间中
DMA_SIZE_REGISTER	保存从/向SoC进行DMA传输的数据量。该寄存器也在音频控制器中

代码清单13-1是MP3播放器的ALSA音频驱动程序框架，为了去除无关细节还使用了伪码（在注释中）。ALSA是一个复杂的框架，实现音频驱动程序通常要几千行代码。代码清单13-1只是让你入门的音频驱动程序，请深入研究sound/目录下的大量Linux音频源代码。

13.3.1　驱动程序函数和结构体

我们的示例驱动程序是作为一个平台（platform）驱动程序实现的。来看一下平台驱动程序probe()方法mycard_audio_probe()的执行步骤。我们会对每步遇到的相关概念和重要数据结

13.3 设备实例：MP3播放器

构稍做解释，期间会用到驱动程序的其他部分，这有助于将这些知识紧密联系在一起。

`mycard_audio_probe()`执行以下步骤。

(1) 通过调用`snd_card_new()`创建一个声卡实例：

```
struct snd_card *card = snd_card_new(-1, id[dev->id], THIS_MODULE, 0);
```

`snd_card_new()`的第一个参数是卡索引（这在多个声卡的系统中区别于其他卡的标志）。第二个参数是ID，它会被保存在返回的`snd_card`结构体的id字段中。第三个参数是所有者模块，最后一个参数是私有数据域的大小，保存在返回的`snd_card`结构体的`private_data`字段（通常用于保存芯片相关的数据，如中断级别和I/O地址）中。

`snd_card`表示创建的声卡，它定义在include/sound/core.h中，定义如下：

```
struct snd_card {
  int number;              /* Card index */
  char id[16];             /* Card ID */
  /* ... */
  struct module *module;   /* Owner module */
  void *private_data;      /* Private data */
  /* ... */
  struct list_head controls;
                           /* All controls for this card */
  struct device *dev;      /* Device assigned to this card*/
  /* ... */
};
```

和探测方法相对应的`remove()`（即`mycard_audio_remove()`）使用`snd_card_free()`将`snd_card`从ALSA框架中释放。

(2) 使用`snd_pcm_new()`创建PCM播放实例，并将它与步骤(1)中创建的卡绑定：

```
int snd_pcm_new(struct snd_card *card, char *id,
                int device,
                int playback_count, int capture_count,
                struct snd_pcm **pcm);
```

参数分别为步骤(1)中创建的声卡实例、标识字符串、设备索引、支持的播放流数目、支持的录音流数目（本例是0）、存放分配的PCM实例的指针。分配的PCM实例定义在include/sound/pcm.h中，定义如下：

```
struct snd_pcm {
  struct snd_card *card;           /* Associated snd_card */
  /* ... */
  struct snd_pcm_str streams[2];   /* Playback and capture streams of this PCM
                                      component. Each stream may support
                                      substreams if your h/w supports it */
  /* ... */
  struct device *dev;              /* Associated hardware device */
};
```

`snd_device_new()`例程在`snd_pcm_new()`和其他类似部件示例函数（component instantiation functions）的核心中，`snd_device_new()`将一个部件和一套操作与相关的`snd_card`［见步

骤(3)]绑定。

(3) 通过调用snd_pcm_set_ops()将播放操作与步骤(2)创建的PCM示例联系在一起。结构体snd_pcm_ops规定了将PCM音频传输到编解码器的操作，代码清单13-1中实现步骤的代码如下：

```
/* Operators for the PCM playback stream */
static struct snd_pcm_ops mycard_playback_ops = {
    .open = mycard_pb_open,         /* Open */
    .close = mycard_pb_close,       /* Close */
    .ioctl = snd_pcm_lib_ioctl,     /* Use to handle special commands, else
                                       specify the generic ioctl handler
                                       snd_pcm_lib_ioctl()*/
    .hw_params = mycard_hw_params,  /* Called when higher layers set hardware
                                       parameters such as audio format. DMA
                                       buffer allocation is also done from here */
    .hw_free = mycard_hw_free,      /* Free resources allocated in
                                       mycard_hw_params() */
    .prepare = mycard_pb_prepare,   /* Prepare to transfer the audio stream.
                                       Set audio format such as S16_LE
                                       (explained soon), enable interrupts,.. */
    .trigger = mycard_pb_trigger,   /* Called when the PCM engine starts,
                                       stops, or pauses. The second argument
                                       specifies why it was called. This
                                       function cannot go to sleep */
};

/* Connect the operations with the PCM instance */
snd_pcm_set_ops(pcm, SNDRV_PCM_STREAM_PLAYBACK, &mycard_playback_ops);
```

在代码清单13-1中，mycard_pb_prepare()为SAMPLING_RATE_REGISTER寄存器配置采样速率，为CLOCK_INPUT_REGISTER寄存器配置时钟源，为CONTROL_REGISTER配置传输完成中断启用。trigger()方法mycard_pb_trigger()用dma_map_single()将ALSA框架生成的音频缓冲区映射（我们在第10章中已经讨论过流式DMA映射）。被映射的DMA缓冲区地址被写入DMA_ADDRESS_REGISTER寄存器，该寄存器是SoC中音频控制器的一部分，不像前面的寄存器是在编解码器内部的。音频控制器将DMA的数据发到编解码器用于回放。

另一个有关的对象是结构体snd_pcm_hardware，它描述了PCM部件的硬件能力，对于我们的示例设备，代码清单13-1中的定义为：

```
/* Hardware capabilities of the PCM playback stream */
static struct snd_pcm_hardware mycard_playback_stereo = {
    .info = (SNDRV_PCM_INFO_MMAP | SNDRV_PCM_INFO_PAUSE |
            SNDRV_PCM_INFO_RESUME);   /* mmap() is supported. The stream has
                                         pause/resume capabilities */
    .formats = SNDRV_PCM_FMTBIT_S16_LE,/* Signed 16 bits per channel, little endian */
    .rates = SNDRV_PCM_RATE_8000_48000,/* DAC Sampling rate range */
    .rate_min = 8000,                  /* Minimum sampling rate */
    .rate_max = 48000,                 /* Maximum sampling rate */
    .channels_min = 2,                 /* Supports a left and a right channel */
    .channels_max = 2,                 /* Supports a left and a right channel */
    .buffer_bytes_max = 32768,         /* Max buffer size */
};
```

利用PCM运行时实例（runtime instance），这个对象与来自open()操作（即mycard_playback_open()）的snd_pcm绑定在一起。每个打开的PCM流有一个称为snd_pcm_runtime的运行时对象，它包含了管理该流所需的所有信息。该结构体容纳了一系列软硬件配置信息，其定义在include/sound/pcm.h中，并且snd_pcm_hardware也是它的一个字段。

(4) 使用snd_pcm_lib_preallocate_pages_for_all()预分配缓冲区。mycard_hw_params()用snd_pcm_lib_malloc_pages()从这个预分配缓冲区中获得DMA缓冲区，DMA缓冲区被存入到PCM第(3)步中的运行时实例。在开始PCM操作时，mycard_pb_trigger()映射这个缓冲区，在停止PCM操作时去映射这个缓冲区。

(5) 用snd_ctl_add()将声卡与一个混频控制单元关联，用于控制音量。

```
snd_ctl_add(card, snd_ctl_new1(&mycard_playback_vol, &myctl_private));
```

snd_ctl_new1()用结构体snd_kcontrol_new作为它的第一个参数，并返回一个指向snd_kcontrol结构体的指针。代码清单13-1中对snd_kcontrol_new的定义如下：

```
static struct snd_kcontrol_new mycard_playback_vol = {
  .iface = SNDRV_CTL_ELEM_IFACE_MIXER,
                            /* Ctrl element is of type MIXER */
  .name  = "MP3 volume",    /* Name */
  .index = 0,               /* Codec No: 0 */
  .info  = mycard_pb_vol_info, /* Volume info */
  .get   = mycard_pb_vol_get,  /* Get volume */
  .put   = mycard_pb_vol_put,  /* Set volume */
};
```

snd_kcontrol结构体描述了一个控制单元，我们的驱动程序用它作为音量控制的入口点。snd_ctl_add()注册一个具有ALSA框架的snd_kcontrol单元。控制函数在用户应用程序（如alsa混音器）执行时被调用。代码清单13-1中，snd_kcontrol的put()函数［即mycard_playback_volume_put()］将请求的音量设置写入编解码器的VOLUME_REGISTER寄存器。

(6) 最后，将声卡注册进ALSA框架：

```
snd_card_register(card);
```

codec_write_reg()（已用到，但代码清单13-1中还没有实现）通过连接SoC中的音频控制器和外部编解码器的总线，将值写入编解码器寄存器。例如，假设总线协议是I^2C或SPI，codec_write_reg()就使用第8章讨论过的接口函数。

如果你想在驱动程序中建立一个/proc接口，以便在调试时导出寄存器内容，或在正常操作时输出某个参数，就可以用snd_card_proc_new()和类似函数的服务。代码清单13-1没有使用/poc接口文件。

如果你编译并装载了代码清单13-1中的驱动程序模块，就会发现在MP3播放器中会出现两个新的节点：/dev/snd/pcmC0D0p 和 /dev/snd/controlC0。前者是音频播放的接口，后者是混音器控制的接口。MP3解码程序在alsa-lib的协助下，通过对这些设备结点操作，把音乐分成多个流。

代码清单13-1 Linux MP3播放器的ALSA驱动程序

```c
include <linux/platform_device.h>
#include <linux/soundcard.h>
#include <sound/driver.h>
#include <sound/core.h>
#include <sound/pcm.h>
#include <sound/initval.h>
#include <sound/control.h>

/* Playback rates supported by the codec */
static unsigned int mycard_rates[] = {
  8000,
  48000,
};
/* Hardware constraints for the playback channel */
static struct snd_pcm_hw_constraint_list mycard_playback_rates = {
  .count = ARRAY_SIZE(mycard_rates),
  .list = mycard_rates,
  .mask = 0,
};

static struct platform_device *mycard_device;
static char *id[SNDRV_CARDS] = SNDRV_DEFAULT_STR;

/* Hardware capabilities of the PCM stream */
static struct snd_pcm_hardware mycard_playback_stereo = {
  .info = (SNDRV_PCM_INFO_MMAP | SNDRV_PCM_INFO_BLOCK_TRANSFER),
  .formats = SNDRV_PCM_FMTBIT_S16_LE, /* 16 bits per channel, little endian */
  .rates = SNDRV_PCM_RATE_8000_48000, /* DAC Sampling rate range */
  .rate_min = 8000,                   /* Minimum sampling rate */
  .rate_max = 48000,                  /* Maximum sampling rate */
  .channels_min = 2,                  /* Supports a left and a right channel */
  .channels_max = 2,                  /* Supports a left and a right channel */
  .buffer_bytes_max = 32768,          /* Maximum buffer size */
};

/* Open the device in playback mode */
static int
mycard_pb_open(struct snd_pcm_substream *substream)
{
  struct snd_pcm_runtime *runtime = substream->runtime;

  /* Initialize driver structures */
  /* ... */
  /* Initialize codec registers */
  /* ... */
  /* Associate the hardware capabilities of this PCM component */
  runtime->hw = mycard_playback_stereo;

  /* Inform the ALSA framework about the constraints that
     the codec has. For example, in this case, it supports
     PCM sampling rates of 8000Hz and 48000Hz only */
  snd_pcm_hw_constraint_list(runtime, 0,
```

```c
                             SNDRV_PCM_HW_PARAM_RATE,
                             &mycard_playback_rates);
  return 0;
}
/* Close */
static int
mycard_pb_close(struct snd_pcm_substream *substream)
{
  /* Disable the codec, stop DMA, free data structures */
  /* ... */
  return 0;
}

/* Write to codec registers by communicating over
   the bus that connects the SoC to the codec */
void
codec_write_reg(uint codec_register, uint value)
{
  /* ... */
}
/* Prepare to transfer an audio stream to the codec */
static int
mycard_pb_prepare(struct snd_pcm_substream *substream)
{

  /* Enable Transmit DMA complete interrupt by writing to
     CONTROL_REGISTER using codec_write_reg() */

  /* Set the sampling rate by writing to SAMPLING_RATE_REGISTER */

  /* Configure clock source and enable clocking by writing
     to CLOCK_INPUT_REGISTER */

  /* Allocate DMA descriptors for audio transfer */

  return 0;
}

/* Audio trigger/stop/.. */
static int
mycard_pb_trigger(struct snd_pcm_substream *substream, int cmd)
{
  switch (cmd) {
  case SNDRV_PCM_TRIGGER_START:
    /* Map the audio substream's runtime audio buffer (which is an
       offset into runtime->dma_area) using dma_map_single(),
       populate the resulting address to the audio controller's
       DMA_ADDRESS_REGISTER, and perform DMA */
    /* ... */
    break;

  case SNDRV_PCM_TRIGGER_STOP:
    /* Shut the stream. Unmap DMA buffer using dma_unmap_single() */
```

```c
        /* ... */
        break;

    default:
        return -EINVAL;
        break;
    }

    return 0;
}
/* Allocate DMA buffers using memory preallocated for DMA from the
   probe() method. dma_[map|unmap]_single() operate on this area later on */
static int
mycard_hw_params(struct snd_pcm_substream *substream,
                 struct snd_pcm_hw_params *hw_params)
{
    /* Use preallocated memory from mycard_audio_probe() to
       satisfy this memory request */
    return snd_pcm_lib_malloc_pages(substream, params_buffer_bytes(hw_params));
}

/* Reverse of mycard_hw_params() */
static int
mycard_hw_free(struct snd_pcm_substream *substream)
{
    return snd_pcm_lib_free_pages(substream);
}

/* Volume info */
static int
mycard_pb_vol_info(struct snd_kcontrol *kcontrol,
                   struct snd_ctl_elem_info *uinfo)
{
    uinfo->type = SNDRV_CTL_ELEM_TYPE_INTEGER;
                                        /* Integer type */
    uinfo->count = 1;                   /* Number of values */
    uinfo->value.integer.min = 0;       /* Minimum volume gain */
    uinfo->value.integer.max = 10;      /* Maximum volume gain */
    uinfo->value.integer.step = 1;      /* In steps of 1 */
    return 0;
}

/* Playback volume knob */
static int
mycard_pb_vol_put(struct snd_kcontrol *kcontrol,
                  struct snd_ctl_elem_value *uvalue)
{
    int global_volume = uvalue->value.integer.value[0];

    /* Write global_volume to VOLUME_REGISTER
       using codec_write_reg() */
    /* ... */
    /* If the volume changed from the current value, return 1.
       If there is an error, return negative code. Else return 0 */
```

```c
}
/* Get playback volume */
static int
mycard_pb_vol_get(struct snd_kcontrol *kcontrol,
                  struct snd_ctl_elem_value *uvalue)
{
  /* Read global_volume from VOLUME_REGISTER
     and return it via uvalue->integer.value[0] */
  /* ... */
  return 0;
}

/* Entry points for the playback mixer */
static struct snd_kcontrol_new mycard_playback_vol = {
  .iface = SNDRV_CTL_ELEM_IFACE_MIXER,
                                /* Control is of type MIXER */
  .name  = "MP3 Volume",        /* Name */
  .index = 0,                   /* Codec No: 0 */
  .info  = mycard_pb_vol_info,  /* Volume info */
  .get   = mycard_pb_vol_get,   /* Get volume */
  .put   = mycard_pb_vol_put,   /* Set volume */
};

/* Operators for the PCM playback stream */
static struct snd_pcm_ops mycard_playback_ops = {
  .open      = mycard_playback_open,     /* Open */
  .close     = mycard_playback_close,    /* Close */
  .ioctl     = snd_pcm_lib_ioctl,        /* Generic ioctl handler */
  .hw_params = mycard_hw_params,         /* Hardware parameters */
  .hw_free   = mycard_hw_free,           /* Free h/w params */
  .prepare   = mycard_playback_prepare,  /* Prepare to transfer audio stream */
  .trigger   = mycard_playback_trigger,  /* Called when the PCM engine
                                            starts/stops/pauses */
};

/* Platform driver probe() method */
static int __init
mycard_audio_probe(struct platform_device *dev)
{
  struct snd_card *card;
  struct snd_pcm *pcm;
  int myctl_private;

  /* Instantiate an snd_card structure */
  card = snd_card_new(-1, id[dev->id], THIS_MODULE, 0);

  /* Create a new PCM instance with 1 playback substream
     and 0 capture streams */
  snd_pcm_new(card, "mycard_pcm", 0, 1, 0, &pcm);

  /* Set up our initial DMA buffers */
  snd_pcm_lib_preallocate_pages_for_all(pcm,
```

```c
                              SNDRV_DMA_TYPE_CONTINUOUS,
                              snd_dma_continuous_data
                              (GFP_KERNEL), 256*1024,
                              256*1024);

  /* Connect playback operations with the PCM instance */
  snd_pcm_set_ops(pcm, SNDRV_PCM_STREAM_PLAYBACK,
                  &mycard_playback_ops);

  /* Associate a mixer control element with this card */
  snd_ctl_add(card, snd_ctl_new1(&mycard_playback_vol,
                                 &myctl_private));

  strcpy(card->driver, "mycard");

  /* Register the sound card */
  snd_card_register(card);

  /* Store card for access from other methods */
  platform_set_drvdata(dev, card);

  return 0;
}

/* Platform driver remove() method */
static int
mycard_audio_remove(struct platform_device *dev)
{
  snd_card_free(platform_get_drvdata(dev));
  platform_set_drvdata(dev, NULL);
  return 0;
}

/* Platform driver definition */
static struct platform_driver mycard_audio_driver = {
  .probe = mycard_audio_probe,      /* Probe method */
  .remove = mycard_audio_remove,    /* Remove method */
  .driver = {
    .name = "mycard_ALSA",
  },
};

/* Driver Initialization */
static int __init
mycard_audio_init(void)
{
  /* Register the platform driver and device */
  platform_driver_register(&mycard_audio_driver);

  mycard_device = platform_device_register_simple("mycard_ALSA",
                                                  -1, NULL, 0);
  return 0;
}
```

```
/* Driver Exit */
static void __exit
mycard_audio_exit(void)
{
  platform_device_unregister(mycard_device);
  platform_driver_unregister(&mycard_audio_driver);
}

module_init(mycard_audio_init);
module_exit(mycard_audio_exit);
MODULE_LICENSE("GPL");
```

13.3.2 ALSA 编程

为了理解用户空间alsa-lib库是如何与内核空间ALSA驱动程序交互的，我们来写一个简单的设置MP3播放器音量的应用程序。我们将把应用程序用到的alsa-lib服务映射成代码清单13-1中定义的混音器控制方法。从装载驱动程序并检验混音器能力开始：

```
bash> amixer contents
...
numid=3,iface=MIXER,name="MP3 Volume"
     ; type=INTEGER,...
...
```

在音量控制程序中，先为执行音量控制操作必需的alsa-lib对象分配空间：

```
#include <alsa/asoundlib.h>
snd_ctl_elem_value_t  *nav_control;
snd_ctl_elem_id_t     *nav_id;
snd_ctl_elem_info_t   *nav_info;

snd_ctl_elem_value_alloca(&nav_control);
snd_ctl_elem_id_alloca(&nav_id);
snd_ctl_elem_info_alloca(&nav_info);
```

接下来对代码清单13-1里mycard_playback_vol结构中的SND_CTL_ELEM_IFACE_MIXER设置接口类型：

```
snd_ctl_elem_id_set_interface(nav_id, SND_CTL_ELEM_IFACE_MIXER);
```

现在为从上面混音器输出中的MP3音量设置numid：

```
snd_ctl_elem_id_set_numid(nav_id, 3); /* num_id=3 */
```

打开混音器结点/dev/snd/controlC0。其中snd_ctl_open()的第三个参数指定了结点名中的卡号：

```
snd_ctl_open(&nav_handle, card, 0);
/* Connect data structures */
snd_ctl_elem_info_set_id(nav_info, nav_id);
snd_ctl_elem_info(nav_handle, nav_info);
```

检查代码清单13-1里定义在 `mycard_pb_vol_info()` 中的 `snd_ctl_elem_info` 结构的 `type` 字段：

```
if (snd_ctl_elem_info_get_type(nav_info) !=
                    SND_CTL_ELEM_TYPE_INTEGER) {
  printk("Mismatch in control type\n");
}
```

通过与驱动程序的 `mycard_pb_vol_info()` 函数交互，得到编解码器支持的音量范围：

```
long desired_volume = 5;
long min_volume = snd_ctl_elem_info_get_min(nav_info);
long max_volume = snd_ctl_elem_info_get_max(nav_info);
/* Ensure that the desired_volume is within min_volume and
   max_volume */
/* ... */
```

按照代码清单13-1中 `mycard_pb_vol_info()` 的定义，上面alsa-lib辅助例程返回的最小值和最大值分别为0和10。

最后，设置需要的音量并将它写入编解码器：

```
snd_ctl_elem_value_set_integer(nav_control, 0, desired_volume);
snd_ctl_elem_write(nav_handle, nav_control);
```

对 `snd_ctl_elem_write()` 的调用会引起对 `mycard_pb_vol_put()` 的调用，它会将需要的音量写入编解码器的寄存器 `VOLUME_REGISTER`。

MP3解码复杂度

如图13-4所示，运行在播放器上的MP3解码程序需要CF盘有MP3帧速率大小的数据传输能力，以满足一般MP3的128KB/s采样速率要求。这对大部分MIPS较低的设备来说一般不是问题，但如果译码前要先在内存中缓冲每首歌，这就是问题了。（128KB/s速率的MP3帧每播放一分钟音乐需1MB。）

MP3解码不复杂，通常能迅速完成。但MP3编码是个繁重的任务，没有硬件的支持无法实时完成。但用于VoIP环境的音频编解码器（如G.711和G.729）能实时完成编码和解码音频数据。

13.4 调试

在内核配置菜单中，按Device Drivers→Sound→Advanced Linux Sound Architecture的顺序操作内核配置选项可以包含ALSA调试代码（`CONFIG_SND_DEBUG`）、详细的 `printk()` 打印信息（`CONFIG_SND_VERBOSE_PRINTK`）以及详细的procfs内容（`CONFIG_SND_VERBOSE_PROCFS`）以辅助ALSA的调试。

ALSA驱动程序的Procfs信息存于/proc/asound/目录。查看/sys/class/sound/可获得与各音频类设备有关的设备模型信息。

如果你发现了ALSA驱动程序的bug，将它发到alsa-devel邮件列表（http://mailman.alsa-project.org/mailman/listinfo/alsa-devel）。linux-audio-dev 邮件列表（http://music.columbia.edu/

mailman/listinfo/linux-audio-dev/）也称为Linux音频开发者（Linux Audio Developers，LAD）列表，它讨论与Linux声音架构和音频程序有关的问题。

13.5 查看源代码

声音核心、音频总线、架构以及已过时的OSS套件在sound/目录下都有各自分开的子目录。对AC'97接口实现，请查看sound/pci/ac97/。对基于I²S的音频驱动程序的例子，请查看sound/soc/at91/at91-ssc.c，它是基于ARM的嵌入式SoC中Atmel's AT91系列的音频驱动程序。如果你找不到最接近的驱动程序，用sound/drivers/dummy.c作为开发自己的ALSA驱动程序的起点。

Documentation/sound/* 包含了ALSA和OSS驱动程序的信息，Documentation/sound/alsa/DocBook/包含了编写ALSA驱动程序的内容。ALSA配置向导在Documentation/sound/alsa/ALSA-Configuration.txt中。Sound-HOWTO回答了一些关于Linux对音频设备支持的常见的问题，可从http://tldp.org/HOWTO/Sound-HOWTO/下载。

Madplay是一个MP3软件解码器和播放器，它同时支持ALSA和OSS。你可找到它的源代码，其中有用户空间音频编程的技巧。

两个可用于基本播放和录音的简单OSS工具是rawplay和rawrec，它们的源代码可从http://rawrec.sourceforge.net/下载。

Linux ALSA项目的主页见www.alsa-project.org。在那里你能找到最新的ALSA驱动程序新闻、ALSA编程API细节以及订阅相关邮件的信息。alsa-util和alsa-lib源代码能从该主页下载，这些有助于你开发ALSA应用程序。

表13-2包含了本章主要的数据结构和它们在源码树中的位置。表13-3列出了本章用到的主要内核编程接口以及它们的定义位置。

表13-2 数据结构小结

数据结构	位置	说明
snd_card	include/sound/core.h	表示一块声卡
snd_pcm	include/sound/pcm.h	PCM对象实例
snd_pcm_ops	include/sound/pcm.h	用于将操作与一个PCM对象关联
snd_pcm_substream	include/sound/pcm.h	当前音频流信息
snd_pcm_runtime	include/sound/pcm.h	音频流运行时的细节
snd_kcontrol_new	include/sound/control.h	表示一个ALSA控制元素

表13-3 内核编程接口小结

内核接口	位置	说明
snd_card_new()	sound/core/init.c	创建一个snd_card结构体实例
snd_card_free()	sound/core/init.c	释放一个snd_card结构体实例
snd_card_register()	sound/core/init.c	注册一个ALSA声卡
snd_pcm_lib_preallocate_pages_for_all()	sound/core/pcm_memory.c	为一块声卡预分配缓冲区

(续)

内核接口	位置	说明
snd_pcm_lib_malloc_pages()	sound/core/pcm_memory.c	为一块声卡预分配DMA缓冲区
snd_pcm_new()	sound/core/pcm.c	创建一个PCM对象实例
snd_pcm_set_ops()	sound/core/pcm_lib.c	将播放和录音操作函数与PCM对象绑定
snd_ctl_add()	sound/core/control.c	将混音器元素与声卡关联
snd_ctl_new1()	sound/core/control.c	分配结构体snd_kcontrol并用支持的控制操作函数初始化
snd_card_proc_new()	sound/core/info.c	创建/proc入口并将其指定给一个卡实例

第 14 章 块设备驱动程序

本章内容
- 存储技术
- Linux块I/O层
- I/O调度器
- 块驱动程序数据结构和方法
- 设备实例：简单存储控制器
- 高级主题
- 调试
- 查看源代码

块设备是一种能随机访问的存储介质。与字符设备不同，块设备能保存文件系统数据。本章介绍Linux是如何支持存储总线和设备的。

14.1 存储技术

首先回顾当今计算机系统中流行的存储技术，同时我们会将这些技术与内核源码树中相应设备驱动程序子系统联系起来。

IDE（Integrated Drive Electronics，集成驱动电子设备）是PC中常见的存储接口技术，ATA（Advanced Technology Attachment，高级技术配件）则是相关规范的官方名称。IDE/ATA标准的第一个版本是ATA-1，最新版本是支持最高带宽达133MB/s的ATA-7。其间的规范版本包括：引入了LBA（Logic Block Addressing，逻辑块设备寻址）的ATA-2，支持SMART功能的ATA-3，支持Ultra DMA的具有33MB/s吞吐量的ATA-4，最大传输速率达66MB/s的ATA-5，以及最大传输速率达100MB/s的ATA-6。

CD-ROM和磁带等存储设备则使用一种称为ATAPI（ATA Packet Interface，ATA包接口）[①]的特殊协议与标准IDE电缆相连接，ATAPI是在ATA-4中引入的。

在PC系统中，软盘控制器传统上一直是超级I/O芯片组的一部分，这个我们已经在第6章学习

---

① ATAPI协议更接近于SCSI而不是IDE。

过了。然而在当今的PC中，这些内部驱动器已经让位给更快的外部USB软盘启动器了。

图14-1显示了一个ATA-7磁盘驱动器连接到IDE适配器的情形，这个适配器是PC系统上南桥芯片组的一部分。同时也显示了与一个ATAPI CD-ROM驱动器和一个软盘驱动器的连接情形。

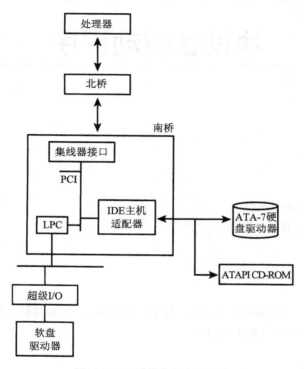

图14-1 PC系统中的存储媒介

第10章介绍PCIe时说过，IDE/ATA是一种并行总线技术（有时称为并行ATA或PATA），它不能扩展至高速传输。SATA（Serial ATA，串行ATA）是由PATA发展而来的现代串行总线技术，它支持300MB/s甚至更高的传输速度。除了有比PATA更高的传输速度外，SATA还支持热交换（hot swapping）等功能。SATA技术正在逐步取代PATA。有关内核中的新型ATA子系统——libATA的介绍见下面的补充内容。libATA能同时支持SATA和PATA。

---

libATA

libATA是Linux内核中的一种新型ATA子系统。它由一套ATA库例程和使用这个库例程的底层驱动程序组成。libATA同时支持SATA和PATA。libATA中的SATA驱动程序之前在drivers/scsi/目录下，但是从2.6.19内核版本开始，PATA驱动程序和新目录drivers/ata/已经囊括了所有libATA源代码。

如果你的系统支持SATA存储器，你需要libATA和SCSI子系统的服务。支持PATA的libATA仍处于试验阶段，默认情况下，PATA驱动程序继续使用原来的IDE驱动程序，它挂在driver/ide/

目录下。

假设系统在Intel ICH7南桥芯片组支持下具有SATA功能，你需要使能以下libATA部件来访问磁盘。

(1) libATA核心。要装载这个，请在内核配置阶段设置CONFIG_ATA。要查明核心提供的库函数列表，请在drivers/ata/目录下查找EXPORT_SYMBOL_GPL字符串。

(2) AHCI（Advanced Host Controller Interface，高级主机控制器接口）支持。AHCI规定了SATA主机适配器所支持的寄存器接口，可以在配置阶段通过选择CONFIG_AHCI来启用AHCI。

(3) 主机控制器适配驱动程序。对于ICH7，请启用CONFIG_ATA_PIIX。

另外，还需要中级和更高一级的SCSI驱动程序（CONFIG_SCSI及友员）。在下载了所有这些内核部件后，你的SATA磁盘分区在系统中会显示为/dev/sd*，就像SCSI或USB大存储分区一样。

libATA 项目的主页为 http://linux-ata.org/。Doc 文档是内核源码树的一部分，在 Documentation/DocBook/libata.tmp/ 目录下，libATA 开发手册可从 www.kernel.org/pub/linux/kernel/people/jgarzik/libata.pdf下载。

SCSI（Small Computer System Interface，小型计算机系统接口）是服务器和高端工作站选用的一种存储技术，SCSI比SATA要快一点，支持320MB/s的读写速度。SCSI传统上是一种并行接口标准，但是像ATA一样，随着SAS（Serial Attached SCSI，串行附加SCSI）总线技术的发展，它也在转向串行操作。

内核的SCSI子系统在结构上分为3层：介质（如磁盘、CD-ROM和磁带）所对应的顶层驱动程序；扫描SCSI总线或配置设备的中间层；底层主机适配器驱动程序。我们在11.6.1节中已经学习过这些层。参考图11-4可以明白SCSI子系统的这些不同部件间是如何进行互操作的[1]。USB大容量存储器内部使用闪存，但使用SCSI协议与主机通信。

RAID（Redundant Array of Inexpensive Disk，廉价磁盘冗余阵列）是某些SCSI和SATA控制器的一种内建技术，有了它就可以实现冗余性和可靠性。人们已经定义了各种RAID级别，如RAID-1规定了在分散磁盘上备份数据的磁盘镜像。Linux驱动程序能用于许多有RAID功能的磁盘驱动器。内核还提供了md（multidisk，多磁盘）驱动程序，它用软件方式实现了大部分的RAID级别。

在嵌入式消费电子领域常使用小型存储器，这些存储器的传输速度比迄今讨论的技术所提供的要慢得多。SD（Secure Digital，安全数码）卡和其衍生的外形更小的miniSD卡、microSD卡是相机、手机、播放器等设备广泛采用的存储介质[2]。遵循SD卡规范1.01版本的卡支持最高10MB/s的传输速率。SD存储器是从早期较慢的兼容性技术多媒体MMC（MultiMediaCard）卡（支持最高2.5MB/s的数据率）发展起来的。内核在/drivers/mmc/目录下包含了一个SD/MMC子系统。

---

[1] SCSI支持还将在本书的其他部分讨论。19.4节讨论sg（SCSI Generic，SISI通用）接口，有了它，就可以将命令从用户空间直接发送到SCSI设备。20.10.14节简要介绍iSCSI协议，它能将SCSI分组通过TCP/IP网络传输给远端块设备。

[2] 要了解基于SD形式的非存储技术，请参见第16章。

9.8节介绍了不同PCMCIA/CF存储卡的特点以及它们相应的内核驱动程序。PCMCIA记忆卡（如微硬盘机等）支持真正的IDE操作，不过这些卡内部用固态记忆体模拟IDE，并向内核呈现为IDE编程模型（IDE programming model）。这两种情形下内核的IDE子系统都可以用于启用存储卡。

表14-1总结了重要的存储技术以及相关设备驱动程序在内核源码树中的位置。

表14-1 存储技术及相关设备驱动程序

存储技术	说明	源文件
IDE/ATA	PC的存储接口技术，ATA-7支持133MB/s的速率	drivers/ide/ide-disk.c、drivers/ide/ide-io.c、drivers/ide/ide-prob.c或者drivers/ata/（实验性）
ATAPI	CD-ROM和磁带等存储设备，用ATAPI协议连接标准IDE电缆	drivers/ide/ide-cd.c或drivers/ata/（实验性）
软盘（内部）	软盘控制器存在于PC兼容系统LPC总线上的超级I/O芯片中，支持150KB/s的传输速率	drivers/block/floppy.c
SATA	IDE/ATA的串行演进，支持超过300MB/s的传输速率	drivers/ata/、drivers/scsi/
SCSI	服务器环境中流行的存储技术，Ultra320 SCSI支持320MB/s	drivers/scsi/
USB大容量存储技术	是指USB硬盘、笔驱动器、CD-ROM以及软盘驱动器。参见11.6.1节，USB 2.0设备能以最高60MB/s速度通信	drivers/usb/storage/和drivers/scsi/
RAID		
硬件RAID	为达到冗余性和可靠性在高端SCSI/SATA磁盘控制器中建立的功能	drivers/scsi/和drivers/ata/
软件RAID	在Linux中，md驱动程序用软件实现了几级RAID	drivers/md/
SD/miniSD/microSD	在相机、手机等消费电子设备中流行使用的小外形的介质，支持最高10MB/s的传输速率	drivers/mmc/
MMC	早期的可移动存储器标准，与SD卡兼容，支持2.5MB/s	drivers/mmc/
PCMCIA/ CF存储卡	PCMCIA/ CF迷你外形IDE驱动器，或模拟IDE的固态内存卡。参见第9章	drivers/ide/legacy/ide-cs.c或drivers/ata/pata_pcmcia.c（实验用的）
闪存上的块设备枚举	在闪存上模拟硬盘。参见17.6.1节	drivers/mtd/mtdblock.c和drivers/mtd/mtd_blkdevs.c
Linux上的虚拟块设备		
RAMDISK	实现对将一块RAM区域作为一个块设备的支持	drivers/block/rd.c
loopback设备	实现对将一个规则文件作为一个块设备的支持	drivers/block/loop.c

14.2 Linux 块 I/O 层

块I/O层在内核的2.4和2.6发布版本间做了大量的修改,重新设计的目的是因为块层相比于其他内核子系统更可能影响系统整体性能。

根据图14-2我们可以了解Linux块I/O层的工作。存储介质包含了驻留于文件系统(如EXT3或Reiserfs)中的文件。用户应用程序唤醒I/O系统调用来访问这些文件,相关文件系统操作在到达各自文件系统驱动程序前,会先经过通用VFS(Virtual File System,虚拟文件系统)层。高速缓冲区通过缓冲磁盘块来加速文件系统对块设备的访问。如果能够在高速缓冲区中找到块,就可以节省通过访问磁盘读取块的时间。每个块设备指定的数据在请求队列中排队。文件系统驱动程序将请求加入指定块设备的请求队列,同时块驱动程序从相应队列中取出请求。在这期间,I/O调度器操控请求队列,使磁盘访问延时最小,同时使吞吐量最大。

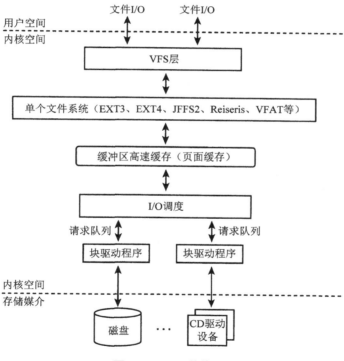

图14-2 Linux的块I/O

我们接下来介绍Linux系统中的I/O调度器。

14.3 I/O 调度器

块设备会有寻道时间,即磁头从当前位置移动到目标磁盘扇区花费的时间。I/O调度器的主要目标是通过尽量减少寻道时间来增加系统吞吐量。为此,I/O调度器维持一个排序过的请求队列,排序是将请求按相关磁盘扇区连续性进行排列。新的请求依据排序算法被插入到适当位置。如果队列中已有的某个请求正好要访问一个邻近的磁盘扇区,那么新请求就与它合二为一。因为这些属性,I/O调度器的运行方式跟电梯类似:电梯只会在一个方向上安排各个请求,直到队列中的最后一个请求者得到服务。

2.4内核中的I/O调度器简明地实现了这个算法,称为Linus电梯。然而实践证明,仅仅这么做是不够的,于是在2.6内核中被含4个调度器的一套算法所取代:限时式(deadline)、预测式(anticipatory)、完全公平排队(CFQ)、空操作(noop)。默认的调度器是预测式,不过这可以在内核配置时更改,或者通过改动/sys/block/[disk]/queue/scheduler的值来更改(比如,如果使用IDE磁盘,就将[disk]换成hda)。表14-2简要描述了Linux I/O调度器。

表14-2 Linux I/O调度器

I/O调度器	说 明	源 文 件
Linus电梯	标准的合并与排序I/O调度算法的直接实现	drivers/block/elevator.c(在2.4内核树中)
限时式	除了Linus电梯实现的之外,限时式调度器对每个请求还设置了溢出时间,以防止大量对同一磁盘区域的请求会"饿死"那些对远处区域访问的请求。并且,读操作被赋予比写操作更高的优先级,因为用户进程通常更多地会被阻塞,直到他们的读请求完成。限时调度器因此确保每个I/O请求能在一定时限内得到服务,这对一些数据库应用很重要	block/deadline-iosched.c(在2.6内核树中)
预测式	预测式调度器与限时式调度器类似,不同的是在为读请求服务后,它会等待一个预定的时间以期待未来的请求,这种调度技术适合于工作站/交互式的负荷	block/as-iosched.c(在2.6内核树中)
完全公平调度队列(CFQ)	与Linus电梯类似,不同的是CFQ会为每个操作进程维护一个请求队列,而不是所有进程使用一个公共队列。这确保了每个进程(或进程组)得到公平的I/O,防止一个进程"饿死"其他进程	block/cfq-iosched.c(在2.6内核树中)
空操作	空操作调度器不需要搜寻请求队列来找最优插入点,而只是简单地将新请求插入请求队列尾部。因此这种调度器对半导体存储介质是理想的,因为它们没有移动部件,没有寻道延时。例如DOM内部使用闪存	block/noop-iosched.c(在2.6内核树中)

从概念上看,I/O调度类似于进程调度。I/O调度让进程觉得它拥有磁盘,而进程调度则让进程觉得它拥有CPU。近年来,Linux的I/O和进程调度器都发生了很大变化。进程调度将在第19章中讨论。

14.4 块驱动程序数据结构和方法

现在我们将注意力集中到本章的主题块驱动程序。本节介绍重要的数据结构和驱动程序函数,这在你实现块设备驱动程序时可能会遇到。在下一节我们在实现一个虚拟存储控制器的块驱动程序时会使用这些结构体和方法。

下面是一个块驱动程序的主要数据结构。

14.4 块驱动程序数据结构和方法

(1) 内核用include/linux/genhd.h中定义的gendisk[通用磁盘（generic disk）的缩写]结构体表示一个磁盘：

```
struct gendisk {
  int major;                         /* Device major number */
  int first_minor;                   /* Starting minor number */
  int minors;                        /* Maximum number of minors.You have one
                                        minor number per disk partition */
  char disk_name[32];                /* Disk name */
  /* ... */
  struct block_device_operations *fops;
                                     /* Block device operations.Described soon. */
  struct request_queue *queue;       /* The request queue associated with this disk.
                                        Discussed next. */
  /* ... */
};
```

(2) 与每个块驱动程序相关的I/O请求队列用request_queue结构体描述，该结构体定义在include/linux/blkdev.h中。这是一个大的结构，但你可能只会用到域request结构体（稍后介绍）。

(3) 每个在request_queue队列中的请求用request结构体描述，该结构体定义在include/linux/blkdev.h中。

```
struct request {
  /* ... */
  struct request_queue *q;   /* The container request queue */
  /* ... */
  sector_t sector;           /* Sector from which data access is requested */
  /* ... */
  unsigned long nr_sectors;  /* Number of sectors left to submit */
  /* ... */
  struct bio *bio;           /* The associated bio. Discussed soon. */
  /* ... */
  char *buffer;              /* The buffer for data transfer */
  /* ... */
  struct request *next_rq;   /* Next request in the queue */
};
```

(4) block_device_operations是与file_operations结构体对应的块驱动程序结构体。后者用于字符驱动程序，前者包含了下面与块驱动程序相关的入口函数：

- 标准的函数，如open()、release()、ioctl()；
- 特别的函数，如支持可移动块设备的media_changed()和revalidate_disk()。

block_device_operations在include/linux/fs.h中定义，如下所示：

```
struct block_device_operations {
  int (*open) (struct inode *, struct file *);     /* Open */
  int (*release) (struct inode *, struct file *);  /* Close */
  int (*ioctl) (struct inode *, struct file *,
                unsigned, unsigned long);          /* I/O Control */
  /* ... */
```

```
int (*media_changed) (struct gendisk *);   /* Check if media is available or
                                              ejected */
int (*revalidate_disk) (struct gendisk *); /* Gear up for newly inserted media */
/* ... */
};
```

(5) 如果观察request结构体，会发现它关联了bio。bio结构体是块I/O操作在页级粒度的底层描述，它在include/linux/bio.h中的定义如下：

```
struct bio {
  sector_t         bi_sector;   /* Sector from which data access is requested */
  struct bio       *bi_next;    /* List of bio nodes */
  /* ... */
  unsigned long    bi_rw;       /* Bottom bits of bi_rw contain
                                   the data-transfer direction */
  /* ... */
  struct bio_vec   *bi_io_vec;  /* Pointer to an array of bio_vec structures */
  unsigned short   bi_vcnt;     /* Size of the bio_vec array */
  unsigned short   bi_idx;      /* Index of the current bio_vec in the array */
  /* ... */
};
```

块数据通过一个bio_vec结构体数组在内部被表示成I/O向量。每个bio_vec数组元素由三元组（页，页偏移，长度）组成，表示该块I/O的一个段。将I/O请求作为一个页向量有诸多优点，如更简洁的实现和高效的分散/聚集操作。

最后，让我们简单地看一下块驱动程序入口函数。大部分情况下使用3类方法构建块驱动程序。

- 常见的初始化和退出函数。
- 前述的block_device_operations中的部分函数。
- request函数。块驱动程序不像字符设备，它不支持read()/write()的数据传输方式，而是用称为"请求方法（request method）"的特殊方式实现磁盘访问。

块核心层提供了一套驱动程序方法可以使用的库例程，下一节的示例驱动程序会调用其中一些库例程的服务。

14.5 设备实例：简单存储控制器

考虑图14-3中表示的嵌入式设备。SoC包含了一个内建的与块设备通信的存储控制器。其结构类似于SD/MMC介质，不同的是我们的存储控制器实例用表14-3所列的基本寄存器集描述。SECTOR_NUMBER_REGISTER寄存器规定了请求所要访问的起始数据扇区[①]，SECTOR_COUNT_REGISTER寄存器存放了要传送的扇区数，数据经由DATA_REGISTER寄存器传输。COMMAND_REGISTER寄存器指定了存储控制器的操作（如从介质读或向介质写）。STATUS_REGISTER寄存器

---

① 我们的示例设备的存储介质采用扁平扇区空间布局，而IDE控制器是支持柱面磁头扇区（Cylinder Head Sector，CHS）布局的，它除了扇区号寄存器（sector number register）外，还由磁头寄存器（device head register）、低位柱面寄存器（low cylinder register）以及高位柱面寄存器（high cylinder register）一起指定。

包含了反映控制器是否正忙于进行操作的位。

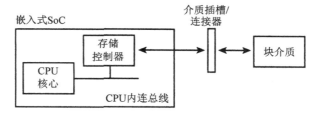

图14-3　嵌入式设备上的存储器

表14-3　存储控制器寄存器

寄存器名称	内容描述
SECTOR_NUMBER_REGISTER	下一个磁盘操作所在的扇区
SECTOR_COUNT_REGISTER	要读写的扇区数
COMMAND_REGISTER	要执行的操作（如读或写）
STATUS_REGISTER	操作结果、中断状态、错误标识
DATA_REGISTER	在读通道上，存储控制器将数据从磁盘读到内部缓冲区。驱动程序通过该寄存器访问内部缓冲区。在写通道上，由驱动程序写入寄存器的数据被转到内部缓冲区，控制器再将它从内部缓冲区复制到磁盘

示例存储控制器被命名为myblkdev。这个简单的设备既不是中断驱动的，也不支持DMA。假设介质是非移动的。我们的任务是为myblkdev编写块驱动程序。该驱动程序虽然简短，但很完整。它不处理电源管理，也不追求I/O性能。

14.5.1　初始化

代码清单14-1包含了驱动程序初始化方法，即myblkdev-int()，它执行以下步骤。

（1）用register_blkdev()注册块设备。该块库例程为myblkdev分配一个未使用的主设备号，并为设备在/proc/devices中增加一个入口。

（2）将一个请求方法与该设备关联。这是通过向blk_init_queue()提供myblkdev_request()的地址实现的。调用blk_init_queue()会返回myblkdev的请求队列request_queue。参考图14-2可以了解队列request_queue是如何与驱动程序相关联上的。blk_init_queue()的第二个参数（也就是myblkdev_lock）是自旋锁，用于保护request_queue队列不被同时访问。

（3）硬件执行磁盘事务是以扇区为单位的，而软件子系统(如文件系统)是以块为单位处理数据的。通常扇区大小是512B，块大小是4096B。需要将存储硬件所能支持的扇区大小和驱动程序在一次请求中能接收的最大扇区数通知块层，myblkdev_init()会通过分别调用blk_queue_hardsect_size()和blk_queue_max_sectors()完成这个通知。

（4）通过alloc_disk()分配一个与myblkdev对应的gendisk并初始化其成员。一个由myblkdev_init()提供的gendisk的重要成员是驱动程序的block_device_operations地址。

另一个由myblkdev_init()填写的参数是myblkdev的存储容量，其单位是扇区。这是通过调用set_capacity()完成的。每个gendisk还包含一个表示下层存储硬件属性的标识。比如说，如果驱动器是可移动的，那么gendisk的标识域应该被标记为GENHD_FL_REMOVABLE。

(5) 将步骤(4)中准备好的gendisk和步骤(2)中得到的request_queue队列关联，并将gendisk和设备的主/次设备号及名称连接起来。

(6) 调用add_disk()将磁盘添加到块I/O层。当这一步完成后，驱动程序就要准备接收请求了。因此这通常是初始化化过程的最后步骤。

现在设备/dev/myblkdev对系统来说是可用的了。如果设备支持多个磁盘分区，它们会显示成/dev/myblkdevX，其中X是分区号。

代码清单14-1 初始化驱动程序

```
#include <linux/blkdev.h>
#include <linux/genhd.h>

static struct gendisk *myblkdisk;         /* Representation of a disk */
static struct request_queue *myblkdev_queue;
                                          /* Associated request queue */
int myblkdev_major = 0;                   /* Ask the block subsystem
                                             to choose a major number */
static DEFINE_SPINLOCK(myblkdev_lock);    /* Spinlock that protects
                                             myblkdev_queue from
                                             concurrent access */

int myblkdisk_size      = 256*1024;       /* Disk size in kilobytes. For
                                             a PC hard disk, one way to
                                             glean this is via the BIOS */
int myblkdev_sect_size = 512;             /* Hardware sector size */
/* Initialization */
static int __init
myblkdev_init(void)
{
  /* Register this block driver with the kernel */
  if ((myblkdev_major = register_blkdev(myblkdev_major, "myblkdev")) <= 0) {
    return -EIO;
  }

  /* Allocate a request_queue associated with this device */
  myblkdev_queue = blk_init_queue(myblkdev_request, &myblkdev_lock);
  if (!myblkdev_queue) return -EIO;

  /* Set the hardware sector size and the max number of sectors */
  blk_queue_hardsect_size(myblkdev_queue, myblkdev_sect_size);
  blk_queue_max_sectors(myblkdev_queue, 512);

  /* Allocate an associated gendisk */
  myblkdisk = alloc_disk(1);
  if (!myblkdisk) return -EIO;
  /* Fill in parameters associated with the gendisk */
  myblkdisk->fops      = &myblkdev_fops;
```

```c
    /* Set the capacity of the storage media in terms of number of
       sectors */
    set_capacity(myblkdisk, myblkdisk_size*2);

    myblkdisk->queue  = myblkdev_queue;
    myblkdisk->major = myblkdev_major;
    myblkdisk->first_minor = 0;
    sprintf(myblkdisk->disk_name, "myblkdev");

    /* Add the gendisk to the block I/O subsystem */
    add_disk(myblkdisk);

    return 0;
}

/* Exit */
static void __exit
myblkdev_exit(void)
{
    /* Invalidate partitioning information and perform cleanup */
    del_gendisk(myblkdisk);

    /* Drop references to the gendisk so that it can be freed */
    put_disk(myblkdisk);

    /* Dissociate the driver from the request_queue. Internally calls
       elevator_exit() */
    blk_cleanup_queue(myblkdev_queue);

    /* Unregister the block device */
    unregister_blkdev(myblkdev_major, "myblkdev");
}

module_init(myblkdev_init);
module_exit(myblkdev_exit);
MODULE_LICENSE("GPL");
```

14.5.2 块设备操作

接下来看一下块驱动程序的block_device_operations操作中的主要方法。

块驱动程序的open()方法是在诸如挂载介质上的文件系统或执行文件系统检查（fsck）等操作期间调用的。在open()期间完成的许多任务是依赖于硬件的。比如CD-ROM驱动程序锁住驱动器门，SCSI驱动程序检查设备是否设置了写保护。如果是，开启写允许请求就会不成功。如果设备是可移除的，open()会调用check_disk_change()服务例程，检查介质是否已经改变。

如果驱动程序需要支持特殊命令，可以用ioctl()方法实现你的支持。比如，软盘驱动程序支持弹出介质的命令。

media_changed()方法会检查存储介质是否已经改变（因此myblkdev等固定介质与它无

关）。比如SCSI磁盘驱动程序的media_changed()方法会检查已经插入的USB笔驱动器是否已经改变等。

唯一被myblkdev支持的块设备操作是ioctl()方法，即myblkdev_ioctl()。块层处理一般I/O控制，或调用驱动程序的ioctl()方法处理设备相关的命令。在代码清单14-2中，myblkdev_ioctl()实现了GET_DEVICE_ID命令，该命令探知控制器的设备ID。该命令经COMMAND_REGISTER寄存器发出，ID数据从DATA_REGISTER寄存器获得。

代码清单14-2　块设备操作

```
#define GET_DEVICE_ID 0xAA00   /* Ioctl command definition */

/* The ioctl operation */
static int
myblkdev_ioctl (struct inode *inode, struct file *file,
             unsigned int cmd, unsigned long arg)
{
  unsigned char status;

  switch (cmd) {
  case GET_DEVICE_ID:
    outb(GET_IDENTITY_CMD, COMMAND_REGISTER);
    /* Wait as long as the controller is busy */
    while ((status = inb(STATUS_REGISTER)) & BUSY_STATUS);

    /* Obtain ID and return it to user space */
    return put_user(inb(DATA_REGISTER), (long __user *)arg);
  default:
    return -EINVAL;
  }
}

/* Block device operations */
static struct block_device_operations myblkdev_fops = {
  .owner = THIS_MODULE,       /* Owner of this structure */
  .ioctl = myblkdev_ioctl,
  /* The following operations are not implemented for our example
     storage controller: open(), release(), unlocked_ioctl(),
     compat_ioctl(), direct_access(), getgeo(), revalidate_disk(), and
     media_changed() */
};
```

14.5.3　磁盘访问

前面已经提过，块驱动程序使用request()方法进行磁盘访问操作。当块I/O子系统要处理驱动程序的request_queue队列中的请求时，它会调用驱动程序的request()方法。但request()函数并不是运行在发出数据传输请求的用户进程的上下文中。相关request_queue队列的地址被作为参数传递给request()函数。

14.5 设备实例：简单存储控制器

正如前文所述，内核在调用request()前先占有一个请求锁，这是保护相关request_queue队列不被并发访问。因此，如果你的request()函数要调用一个可能会引起睡眠的函数，就必须要在调用前先释放锁，并在它返回前重新获得锁。

代码清单14-3包含了该驱动程序的请求方法，即myblkdev_request()。这个函数使用elv_next_request()服务来从request_queue队列得到下一个请求。如果队列不再包含等待处理的请求，elv_next_request()返回NULL。已经介绍了，I/O调度算法会随电梯算法采用的基本方法的变化而变化，所以才有elv_next_request()这个名称。在处理完一个请求后，驱动程序通过调用end_request()告诉块层结束该请求的I/O。可以使用传给end_request()的第二个参数设置成功或失败代号。

request_queue队列中的请求包含了请求访问数据的起始扇区（代码清单14-3中的req->sector、需要执行I/O的扇区数（req->nr_sectors）、被传输数据所在的缓冲区（request_buffer）以及数据搬移方向（rq_data_dir(req)）。如代码清单14-3所示，myblkdev_request()在这些参数的帮助下运行了要求的寄存器程序。

代码清单14-3　请求函数

```
#define READ_SECTOR_CMD            1
#define WRITE_SECTOR_CMD           2
#define GET_IDENTITY_CMD           3

#define BUSY_STATUS                0x10

#define SECTOR_NUMBER_REGISTER     0x20000000
#define SECTOR_COUNT_REGISTER      0x20000001
#define COMMAND_REGISTER           0x20000002
#define STATUS_REGISTER            0x20000003
#define DATA_REGISTER              0x20000004

/* Request method */
static void
myblkdev_request(struct request_queue *rq)
{
  struct request *req;
  unsigned char status;
  int i, good = 0;

  /* Loop through the requests waiting in line */
  while ((req = elv_next_request(rq)) != NULL) {
    /* Program the start sector and the number of sectors */
    outb(req->sector, SECTOR_NUMBER_REGISTER);
    outb(req->nr_sectors, SECTOR_COUNT_REGISTER);

    /* We are interested only in filesystem requests. A SCSI command
       is another possible type of request. For the full list, look
       at the enumeration of rq_cmd_type_bits in
       include/linux/blkdev.h */
    if (blk_fs_request(req)) {
      switch (rq_data_dir(req)) {
```

```
            case READ:
                /* Issue Read Sector Command */
                outb(READ_SECTOR_CMD, COMMAND_REGISTER);
                /* Traverse all requested sectors, byte by byte */
                for (i = 0; i < 512*req->nr_sectors; i++) {
                /* Wait until the disk is ready. Busy duration should be
                   in the order of microseconds. Sitting in a tight loop
                   for simplicity; more intelligence required in the real
                   world */
                    while ((status = inb(STATUS_REGISTER)) & BUSY_STATUS);

                    /* Read data from disk to the buffer associated with the
                       request */
                    req->buffer[i] = inb(DATA_REGISTER);
                }
                good = 1;
                break;
            case WRITE:
                /* Issue Write Sector Command */
                outb(WRITE_SECTOR_CMD, COMMAND_REGISTER);

                /* Traverse all requested sectors, byte by byte */
                for (i = 0; i < 512*req->nr_sectors; i++) {
                    /* Wait until the disk is ready. Busy duration should be
                       in the order of microseconds. Sitting in a tight loop
                       for simplicity; more intelligence required in the real
                       world */
                    while ((status = inb(STATUS_REGISTER)) & BUSY_STATUS);

                    /* Write data to disk from the buffer associated with the
                       request */
                    outb(req->buffer[i], DATA_REGISTER);
                }
                good = 1;
                break;
            }
        }
        end_request(req, good);
    }
}
```

14.6 高级主题

我们的示例存储驱动程序是逐字节传输数据的，而对性能要求较高的块驱动程序用DMA传输数据。比如，Compaq SMART2控制器的磁盘阵列驱动程序的request()方法如下（2.6.23.1内核源码drivers/block/cpqarray.c）：

```
static do_ida_request(struct request_queue *q)
{
  struct request *creq;
  struct scatterlist tmp_sg[SG_MAX];
```

```
    cmdlist_t *c;
    ctrl_info_t *h = q->queuedata;
    int seg;

    /* ... */
    creq = elv_next_request(q);
    /* ... */
    c->rq = creq;
    seg = blk_rq_map_sg(q, creq, tmp_sg);
    /* ... */
    for (i=0; i<seq; i++)
    {
      c->req.sg[i].size = tmp_sg[i].length;
      c->req.sg[i].addr = (__u32) pci_map_page(h->pci_dev,
                                              tmp_sg[i].page,
                                              tmp_sg[i].offset,
                                              tmp_sg[i].length, dir);
    }
    /* ... */
}
```

DMA操作工作在bio级。如前文所述，I/O请求由多个bio组成。每个bio包含一个bio_vec数组，每个bio_vec依次存有连续内存页的信息。假设bio是指向一个与I/O请求相关的bio结构体，bio->bi_sector包含了请求数据访问的起始扇区，bio_current_sectors(bio)返回要执行I/O的扇区数，bio_data_dir(bio)提供了数据传输的方向，与数据缓冲区相关的物理页的地址由bio->bi_io_vec指向的bio_vecs数组描述。要对请求中的每个bio访问，可以用rq_for_each_bio()宏，使用bio_for_each_segment()可以进一步遍历每个bio中的页段。

在前述的代码片段中，blk_rq_map_sg()内部会调用rq_for_each_bio()和bio_for_each_segment()来遍历构成请求的所有页，并建立一个分散/聚集列表tmp_sg。pci_map_page()为分散/聚集列表中的每个页进行流式DMA映射。

与示例驱动程序是用"忙等待"的方式对待要完成的请求操作不同，cpqarray驱动程序实现了一个中断处理程序do_ida_intr()，这样，当命令完成时，驱动程序可以接收到来自硬件的提醒。

一些驱动程序是工作在虚拟块设备上的，比如ramdisk驱动程序（drivers/block/rd.c）和loopback驱动程序（driver/block/loop.c）。这些设备并不能从请求队列进行优化排序和合并操作中获益。这样的驱动程序完全绕过请求队列，用make_request()函数直接从块层获取bio。因此，drivers/block/rd.c不再用blk_init_queue()注册一个请求队列句柄，而是用如下的blk_queue_make_request()提供一个make_request()例程：

```
static int __init rd_init(void)
{
  /* ... */
  blk_queue_make_request(rd_queue[i], &rd_make_request);
  /* ... */
}
```

```
static int rd_make_request(struct request_queue *q, struct bio *bio)
{
    /* ... */
}
```

14.7 调试

hdparm从底层的内核驱动程序得到许多PATA/SATA磁盘参数。比如要测定一个SATA驱动器的磁盘读取速度，就应该这么做：

```
bash> hdparm -T -t /dev/sda
/dev/sda:
 Timing cached reads:  2564 MB in  2.00 seconds = 1283.57 MB/sec
 Timing buffered disk reads: 132 MB in  3.03 seconds =  43.61 MB/sec
```

要想知道hdparm的全部功能，参阅参考手册页。

许多现代ATA和SCSI磁盘系统内建了SMART（ Self-Monitoring, Analysis, and Reporting Technology，自监视、分析、报告技术），用于监视故障和执行自我检测。有SMART功能的磁盘可以在底层设备驱动程序的协助下采集信息，称为smartd的用户空间驻留程序再收集这些信息。要知道如何获得SMART磁盘的状况，请查看参考手册页的smartd、smartctl以及smart.conf页。

如果你使用的Linux发行版不包含hdpam和SMART工具，你可以分别从http://sourceforge.net/projects/hdparm/ 和 http://sourceforge.net/projects/smartmontools/下载。

/proc/ide/目录下的文件包含了系统中的IDE磁盘驱动程序的信息。比如，要获得第一块磁盘的几何拓扑，请查看/proc/ide/ide0/hda/geometry的内容。SCSI设备的信息在/proc/scsi/下。磁盘分区信息在/proc/partitions下。

IDE设备相关的sysfs目录是/sys/bus/ide/，SCSI的是/sys/bus/scsi/。并且，系统的每个块设备拥有/sys/block/下的一个子目录，它包含了关联的请求队列的参数、分区构成细节以及状态信息。

一些内核配置选项可以让块子系统输出调试信息。CONFIG_BLK_DEV_IO_TRACE选项有跟踪块层的能力，CONFIG_SCSI_CONSTANTS和CONFIG_SCSI_LOGGING可分别打开SCSI错误报告和日志功能。

linux-ide邮件列表是一个讨论Linux-IDE子系统相关问题的论坛。订阅linux-ide邮件列表并浏览它的文档可得到关于Linux-SCSI的讨论。

14.8 查看源代码

表14-1包含了各种存储技术的内核驱动程序源代码位置。参阅文档Documentation/ide.txt、Documentation/scsi/*和Documentation/cdrom/可获得相关存储驱动程序的信息。

一级目录block/包含了I/O调度算法和块核心层。表14-2列举了该目录下实现各种I/O调度器的源码文件，相关文档请查看Documentation/block/目录。

表14-4包含了本章用到的主要数据结构以及它们在源码树中的位置。表14-5列举了本章用到的主要内核编程接口以及它们的定义位置。

表14-4 数据结构小结

数据结构	位置	说明
gendisk	include/linux/genhd.h	代表一个磁盘
request_queue	include/linux/blkdev.h	与gendisk相关的I/O请求队列
request	include/linux/blkdev.h	request_queue请求队列中的每个请求用这个结构体描述
block_device_operations	include/linux/fs.h	块设备驱动程序方法
bio	include/linux/bio.h	块I/O操作的底层描述

表14-5 内核编程接口小结

内核接口	位置	说明
register_blkdev()	block/genhd.c	向内核注册一个块驱动程序
unregister_blkdev()	block/genhd.c	从内核注销一个块驱动程序
alloc_disk()	block/genhd.c	分配一个gendisk
add_disk()	block/genhd.c	向内核块层增加生成的gendisk
del_gendisk()	fs/partitions/check.c	释放一个gendisk
blk_init_queue()	block/ll_rw_blk.c	分配request_queue队列并注册请求处理函数request()
blk_cleanup_queue()	block/ll_rw_blk.c	blk_init_queue()的逆功能
blk_queue_make_request()	block/ll_rw_blk.c	注册make_request()函数,它绕过请求队列直接从块层获取请求
rq_for_each_bio()	include/linux/blkdev.h	遍历每个请求的bio
bio_for_each_segment()	include/linux/bio.h	循环一个bio中的每个页段
blk_rq_map_sg()	block/ll_rw_blk.c	遍历组成一个请求的所有bio段,并建立分散/聚集列表
blk_queue_max_sectors()	block/ll_rw_blk.c	为一个请求队列中的请求设置最大的扇区数
blk_queue_hardsect_size()	block/ll_rw_blk.c	存储硬件支持的扇区尺寸
set_capacity()	include/linux/genhd.h	根据扇区数设置存储介质容量
blk_fs_request()	include/linux/blkdev.h	检查从请求队列中提取的请求是否是一个文件系统请求
elv_next_request()	block/elevator.c	获得请求队列的下一个入口
end_request()	block/ll_rw_blk.c	结束一个请求的I/O

第 15 章 网络接口卡

本章内容
- 驱动程序数据结构
- 与协议层会话
- 缓冲区管理和并发控制
- 设备实例：以太网NIC
- ISA网络驱动程序
- ATM
- 网络吞吐量
- 查看源代码

连接传授智慧。如今几乎没有不支持任何网络形式的计算机了。本章将集中讨论LAN（Local Area Network，局域网）中承载IP（Internet Protocol，网际协议）流的NIC（Network Interface Card，网络接口卡）的设备驱动程序。本章大部分内容是总线无关的，如果涉及总线，则为PCI总线。为了帮助你掌握其他网络技术，我们也触及ATM（Asynchronous Transfer Mode，异步传输模式），并在章末介绍性能和吞吐量的衡量。

NIC驱动程序与其他驱动程序的不同点在于，它们不依赖 /dev 或 /sys来与用户空间通信，应用程序是通过网络接口（例如作为第一个网络接口的eth0）与NIC驱动程序互操作的。网络接口对底层的协议栈进行了抽象。

15.1 驱动程序数据结构

在为一个NIC写设备驱动程序时，必须操作3类数据结构。

(1) 形成网络协议栈构造块的数据结构。套接字缓冲区，即定义在include/linux/sk_buff.h文件中的结构体`sk_buff`，是内核TCP/IP栈使用的关键结构体。

(2) 定义NIC驱动程序和协议栈间接口的数据结构。定义在include/linux/netdevice.h文件中的结构体`net_device`是构成该接口的核心结构体。

(3) 与I/O总线相关的结构体。PCI及其派生总线是如今NIC使用的常见总线。

在下两节我们会仔细看一下套接字缓冲区和net_device接口。在第10章已经介绍了PCI数据结构，因此这里就不再赘述。

15.1.1 套接字缓冲区

sk_buff为Linux网络层提供了高效的缓冲区处理和流量控制机制。像DMA描述符包含DMA缓冲区的元数据一样，sk_buff拥有描述对应内存缓冲区的控制信息（该内存缓冲区存放了网络数据包）。sk_buff是一个庞大的结构，拥有许多成员，但在这一章我们仅关注网络设备驱动程序编写者感兴趣的那些。sk_buff用5个主要的域将它自身与数据包缓冲区联系起来：

- head，用于指向数据包的开始；
- data，用于指向数据包载荷的开始；
- tail，用于指向数据包载荷的结束；
- end，用于指向数据包的结束；
- len，数据包包含的数据量。

设skb指向一个sk_buff。当数据包穿过协议栈各层时，skb->head、skb->data、skb->tail以及skb->end在数据包相关缓冲区上移动。例如，指向正在处理数据包的协议层的头部。当一个数据包通过接收路径到达IP层时，skb->data指向IP头部，当数据包继续到达TCP层时，skb->data就移到TCP头部的起始处。在数据包增加或去除不同协议的头部数据传输的同时，skb->len也要更新。sk_buff也包含了不同于前面提到的4个主要指针的指针。比如skb->nh记录网络协议头部的位置，它与skb->data当前位置无关。

图15-1显示了数据接收路径上的数据变换，以说明NIC驱动程序是如何与sk_buff一起工作的。为了简便，它只是假设示例的操作是顺序执行的。然而，实际上为了提高执行效率，前两步（dev_alloc_skb()和skb_reserve()）是在初次预分配环形接收缓冲区时执行的，第3步是由NIC硬件在将DMA接收数据存入预分配的sk_buff时完成的，最后两步（skb_put()和netif_rx()）则从接收中断服务程序开始执行。

图15-1用dev_alloc_skb()创建sk_buff来存放接收到的数据包。这是一个可在中断上下文执行的函数，它为sk_buff分配内存并将其与一个数据包载荷缓冲区关联。dev_kfree_skb()完成dev_alloc_skb()的相反功能。图15-1接下来调用skb_reserve()在数据包缓冲的起始和载荷的开始之间增加一个2B的填充位。这使IP头能在16B边界处开始（这通常意味着性能更佳），因为前面的以太网头部是14B。图15-1中剩下的代码用收到的数据包填充载荷缓冲区，并移动skb->data、skb->tail和skb->len来表示这种操作。

还有更多与NIC驱动程序相关的sk_buff访问例程。例如skb_clone()创建skb_buff的一份副本，但不复制相关数据包缓冲区的内容。从net/core/skbuff.c中可以找到sk_buff库函数的全部列表。

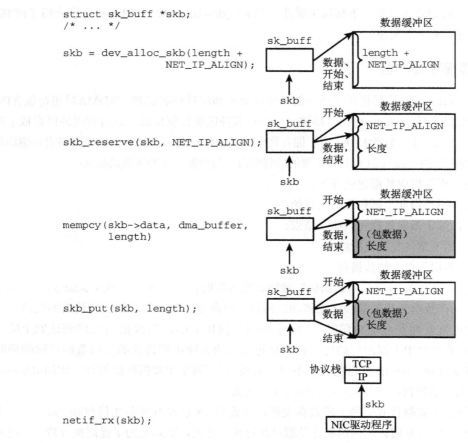

图15-1 sk_buff操作

15.1.2 网络设备接口

NIC驱动程序使用标准接口与TCP/IP协议栈互操作。net_device结构体定义了这个通信接口,它甚至比sk_buff结构体更大。为了做好浏览net_device结构体内部的准备,让我们先跟踪NIC驱动程序初始化时的步骤,参考代码清单15-1中的init_mycard()。

- 驱动程序用alloc_netdev()分配一个net_device结构体,不过更常见的是它为alloc_netdev()做适当的封装。比如一个以太网NIC驱动程序调用alloc_etherdev(),一个WiFi(在下一章讨论)调用alloc_ieee80211(),一个IrDa驱动程序调用alloc_irdadev()。所有这些函数用私有数据的大小作为参数,除创建net_device自身外,还分配了私有数据的内存。

```
struct net_device  *netdev;
struct priv_struct *mycard_priv;
```

```
netdev      = alloc_etherdev(sizeof(struct   priv_struct));
mycard_priv = netdev->priv; /* Private area created by alloc_etherdev() */
```

- 接下来，驱动程序在分配的net_device中填充多个成员，并用register_netdev(netdev)向网络层注册net_device。
- 驱动程序从EEPROM读取NIC的MAC（Media Access Control，媒体接入控制）地址，如果需要，还得配置WOL（Wake-On-LAN，网络唤醒）。正如图15-2所示，以太网控制器通常用EEPROM保存信息，例如MAC地址和WOL模式。前者是一个48比特的全球唯一地址。后者是一个魔幻（magic）序列，如果它存在于收到的数据中，就会唤醒处于挂起模式的NIC。
- 如果NIC需要卡上（on-card）固件，驱动程序就用request_firmware()下载它，如4.3.4节所述。

现在看一下在net_device接口中定义的方法，为简便起见我们将它们按6类头归类。无论哪里用到，你都可以参见15.4节中的代码清单15-1 NIC驱动程序。

15.1.3 激活

net_device接口需要用到传统方法，如open()、close()和ioctl()。如果用ifconfig等工具激活它，内核会打开一个接口：

bash>ifconfig eth0 up

open()函数会设置接收/发送DMA描述符和一些其他数据结构。它也通过调用request_irq()注册NIC中断处理程序。net_device结构体将被作为devid参数传给request_irq()，这样中断处理程序可以直接访问相关的net_device。（具体实现参见代码清单15-1中的mycard_open()和mycard_interrupt()。）

销毁一个活动的网络接口时，内核调用close()，它完成与调用open()相反的功能。

15.1.4 数据传输

数据传输函数是net_device接口的关键组件。在传输路径上，驱动程序提供一个称为hard_start_xmit的函数，协议层在发送时调用它来向下传递数据包：

```
netdev->hard_start_xmit = &mycard_xmit_frame; /* 传输函数. 参见代码清单15-1 */
```

一直到目前为止，网络驱动程序都没有在net_device结构体中提供一个搜集接收数据的成员函数，它只是异步地中断协议层，并向其告知数据包载荷。但这个老的接口已经被NAPI（New API，新API）取代了。NAPI是中断驱动的驱动程序所采用的"推"模式和轮询驱动程序协议所采用的"拉"模式的混合。一个支持NAPI的驱动程序需要提供poll()函数以及一个控制轮询公平度的相关weight（权重）：

```
netdev->poll   = &mycard_poll; /* Poll Method. See Listing 15.1 */
netdev->weight = 64;
```

我们在15.2节中详细介绍数据传输函数。

15.1.5 看门狗

网络设备接口提供一个钩子,用于向操作状态(operational state)返回无应答的NIC。如果协议层在预定的传输时间内没有感觉到传输操作,它就假设NIC已经挂起,然后调用驱动程序提供的复位函数来重启卡。驱动程序通过netdev->watchdog_timeo设置看门狗超时,然后通过netdev->tx_timeout注册复位函数的地址:

```
netdev->tx_timeout = &mycard_timeout; /* Method to reset the NIC */
netdev->watchdog_timeo = 8*HZ;        /* Reset if no response
                                         detected for 8 seconds */
```

因为复位函数在定时器中断上下文中执行,所以它通常将重启卡的任务调度到该上下文之外执行。

15.1.6 统计

为了让用户能搜集网络统计数据,NIC驱动程序生成了一个net_device_stats结构体,并提供了get_stats()函数来接收它。实质上驱动程序做了以下工作。

(1) 从相关入口点更新不同类型的统计数据:

```
#include <linux/netdevice.h>
struct net_device_stats mycard_stats;

static irqreturn_t
mycard_interrupt(int irq, void *dev_id)
{
  /* ... */
  if (packet_received_without_errors) {
    mycard_stats.rx_packets++;   /* One more received packet */
  }
  /* ... */
}
```

(2) 实现get_stats()方法来接收统计数据:

```
static struct net_device_stats
*mycard_get_stats(struct net_device *netdev)
{
   /* House keeping */
   /* ... */
   return(&mycard_stats);
}
```

(3) 向高层提供接收方法:

```
netdev->get_stats = &mycard_get_stats;
/* ... */
register_netdev(netdev);
```

要从你的NIC卡收集统计数据,可以通过执行适当的用户模式命令来触发mycard_get_stats()的调用。比如要从eth0接口得到接收的数据包数,可这样做:

```
bash> cat /sys/class/net/eth0/statistics/rx_packets
124664
```

WiFi驱动程序需要跟踪一些与传统NIC不相关的参数,因此它们除get_stats()外还实现了称为get_wireless_stats()的统计数据收集方法。注册get_wireless_stats()的机制给支持WiFi的用户空间工具提供了便利。其注册机制在16.3节讨论。

15.1.7 配置

NIC驱动程序需要支持用户空间工具(user space tool)。这些工具负责设置和提取设备参数。ethtool工具可以为以太网NIC配置参数。为了支持ethtool,底层的NIC驱动程序做了以下工作:

(1) 填充包含前述入口点的ethtool_ops结构体,定义在include/linux/ethtool.h 中:

```c
#include <linux/ethtool.h>

/* Ethtool_ops methods */
struct ethtool_ops mycard_ethtool_ops = {
  /* ... */
  .get_eeprom = mycard_get_eeprom, /* Dump EEPROM contents */
  /* ... */
};
```

(2) 实现作为ethtool_ops成员的函数:

```c
static int
mycard_get_eeprom(struct net_device *netdev,
                  struct ethtool_eeprom *eeprom,
                  uint8_t *bytes)
{
   /* Access the accompanying EEPROM and pull out data */
   /* ... */
}
```

(3) 输出ethtool_ops的地址:

```c
netdev->ethtool_ops = &mycard_ethtool_ops;
/* ... */
register_netdev(netdev);
```

当这些完成后,ethtool就能在你的以太网NIC上运行了。要使用ethtool查看EEPROM的内容,这样做:

```
bash> ethtool -e eth0
Offset          Values
------          ------
0x0000          00 0d 60 79 32 0a 00 0b ff ff 10 20 ff ff ff ff
...
```

ethtool是与某些发行版一起打包的,如果你没有,可以从http://sourceforge.net/projects/gkernel/下载,也可以从参考手册中了解它的全部功能。

NIC驱动程序还为上层提供了更多与配置相关的函数。改变网络接口MTU大小的函数就是一个例子,需实现net_device的如下成员:

```
netdev->change_mtu = &mycard_change_mtu;
/* ... */
register_netdev(netdev);
```

当执行一个可以改变卡的MTU的用户命令时，内核会调用mycard_change_mtu()：

```
bash> echo 1500 > /sys/class/net/eth0/mtu
```

15.1.8 总线相关内容

下面是总线相关的内容，比如NIC板上内存起始地址和内存大小。对一个PCI总线的NIC驱动程序，这个配置如下：

```
netdev->mem_start = pci_resource_start(pdev, 0);
netdev->mem_end   = netdev->mem_start + pci_resource_len(pdev, 0);
```

我们在第10章已经讨论过PCI资源函数。

15.2 与协议层会话

前一节已经介绍了net_device接口需要的驱动程序方法，现在让我们进一步弄清网络数据是如何流经这个接口的。

15.2.1 接收路径

在第4章你已经知道软中断是对性能要求较高的子系统用到的底半部机制。NIC驱动程序用NET_RX_SOFTIRQ转移了将收到数据包投递到协议层的工作，它是通过从接收中断处理程序中调用netif_rx()实现这个机制的。

```
netif_rx(skb);    /* struct sk_buff *skb */
```

前面提到的NAPI改进了这种传统的中断驱动的接收方式，它可以降低CPU利用率。当网络负载很重时，系统可能会忙于大量的中断处理。NAPI的策略是当网络活动频繁时用轮询模式，而当流量变小时转回到中断模式。支持NAPI的驱动程序根据网络负载在中断模式和轮询模式间切换，过程如下。

(1) 在中断模式下，中断处理程序通过调度NET_RX_SOFTIRQ向协议层投递收到的数据包，然后屏蔽NIC中断，接着通过向轮询列表增加设备来切换到轮询模式：

```
if (netif_rx_schedule_prep(netdev)) /* Housekeeping */ {
  /* Disable NIC interrupt */
  disable_nic_interrupt();
  /* Post the packet to the protocol layer and add the device to the poll list */
  __netif_rx_schedule(netdev);
}
```

(2) 驱动程序通过它的net_device结构体提供一个poll()方法。

(3) 在轮询模式下，驱动程序的poll()方法处理接收队列中的数据包。当队列变空时，驱动程序重新启用中断，并通过调用netif_rx_complete()切回到中断模式。

要了解NAPI，请参见代码清单15-1中的`mycard_interrupt()`、`init_mycard()`以及`mycard_poll()`。

15.2.2 发送路径

对于数据发送，协议层和NIC驱动程序间的互操作是直接的，协议栈以`sk_buff`作为输出参数调用驱动程序的`hart_start_xmit()`方法，驱动程序用DMA方式将数据包数据取出送给NIC。DMA和PCI NIC驱动程序相关数据结构的管理在第10章已经讨论过了。

驱动程序在完成预定数量数据包的传输后，设置NIC向处理器发出中断请求。只有当表示传输操作完成的传输完成中断（transmit-complete interrupt）出现时，驱动程序才能收回或释放资源，比如DMA描述符、DMA缓冲区以及与传输数据包相关的`sk_buff`。

15.2.3 流量控制

驱动程序分别通过调用`netif_start_queue()`和`netif_stop_queue()`来告知它已准备好或还不能接收协议数据。

在设备执行`open()`函数期间，NIC驱动程序通过调用`netif_start_queue()`向协议层请求为发送队列增加发送数据包。但在通常的操作期间，驱动程序可能偶尔会要求发送队列停止。这种情况发生在当驱动程序正在重填数据结构的时候，或当它正在关闭设备的时候。要减少下行流量，可以调用`netif_stop_queue()`。NIC驱动程序调用`netif_wake_queue()`向网络栈请求重新开动发送队列，这在系统还有足够空闲缓冲区的时候有用。调用`netif_queue_stopped()`可以检查当前流控状态。

15.3 缓冲区管理和并发控制

一个高性能NIC驱动程序是一个需要复杂数据结构管理的软件综合体。正如在10.5.2节中讨论的，NIC驱动程序维护一个发送和接收DMA描述符的链表（或"环"），并为缓冲管理执行释放和占用缓冲池。为了将缓冲维持在一定的级别上，驱动程序通常要多管齐下：在设备打开期间预分配环形DMA描述符和相关`sk_buff`；当可用缓冲区低于预定水平线时重组空闲缓冲池；当NIC发送完成时回收用过的缓冲区到空闲池，并接收中断。

举个例子，NIC驱动程序接收环中的每个成员是这样生成的：

```
/* Allocate an sk_buff and the associated data buffer. See Figure 15.1 */
skb = dev_alloc_skb(MAX_NIC_PACKET_SIZE);
/* Align the data pointer */
  skb_reserve(skb, NET_IP_ALIGN);
/* DMA map for NIC access. The following invocation assumes a PCI
   NIC. pdev is a pointer to the associated pci_dev structure */
pci_map_single(pdev, skb->data, MAX_NIC_PACKET_SIZE,
               PCI_DMA_FROMDEVICE);
/* Create a descriptor containing this sk_buff and add it to the RX ring */
/* ... */
```

在接收期间，NIC将DMA的数据放到前面预分配环中的`sk_buff`，并向处理器发中断请求。

中断接收处理程序接着将数据包传给更高的协议层。开发环数据结构会使读者更容易理解上述内容以及下一节的驱动程序实例，drivers/net/e1000/目录中的Intel PRO/1000驱动程序源代码包含了完整的实现。

在发送、接收、发送完成中断、接收中断、NAPI轮询等多个执行线索同时存在时，并发访问保护将紧紧地与复杂数据结构管理联系在一起。我们在第2章已经讨论了一些并发控制技术。

15.4 设备实例：以太网 NIC

既然已经了解了背景知识，现在就综合前面讨论的各方面内容写一个驱动程序。代码清单15-1实现了一个以太网NIC驱动程序框架。它只实现了主要的net_device方法，其他方法的开发请参考前面提到的e1000驱动程序。代码清单15-1大体上与底层I/O总线无关，但稍稍倾向于PCI总线。如果准备写PCI NIC驱动程序，你必须综合使用第10章的示例PCI驱动程序与代码清单15-1。

代码清单15-1　一个以太网NIC驱动程序

```
#include <linux/netdevice.h>
#include <linux/etherdevice.h>
#include <linux/skbuff.h>
#include <linux/ethtool.h>

struct net_device_stats mycard_stats;   /* Statistics */

/* Fill ethtool_ops methods from a suitable place in the driver */
struct ethtool_ops mycard_ethtool_ops = {
  /* ... */
  .get_eeprom = mycard_get_eeprom,      /* Dump EEPROM contents */
  /* ... */
};

/* Initialize/probe the card. For PCI cards, this is invoked
   from (or is itself) the probe() method. In that case, the
   function is declared as:
   static struct net_device *init_mycard(struct pci_dev *pdev, const
                                  struct pci_device_id *id)
*/
static struct net_device *
init_mycard()
{
  struct net_device *netdev;
  struct priv_struct mycard_priv;

  /* ... */
  netdev = alloc_etherdev(sizeof(struct priv_struct));
  /* Common methods */
  netdev->open = &mycard_open;
  netdev->stop = &mycard_close;
  netdev->do_ioctl = &mycard_ioctl;

  /* Data transfer */
```

15.4 设备实例：以太网 NIC

```
  netdev->hard_start_xmit = &mycard_xmit_frame; /* Transmit */
  netdev->poll = &mycard_poll;                  /* Receive - NAPI  */
  netdev->weight = 64;                          /* Fairness */

  /* Watchdog */
  netdev->tx_timeout = &mycard_timeout;         /* Recovery function */
  netdev->watchdog_timeo = 8*HZ;                /* 8-second timeout */

  /* Statistics and configuration */
  netdev->get_stats = &mycard_get_stats;        /* Statistics support */
  netdev->ethtool_ops = &mycard_ethtool_ops;    /* Ethtool support */
  netdev->set_mac_address = &mycard_set_mac;    /* Change MAC */
  netdev->change_mtu = &mycard_change_mtu;      /* Alter MTU */

  strncpy(netdev->name, pci_name(pdev),
          sizeof(netdev->name) - 1);            /* Name (for PCI) */

  /* Bus-specific parameters. For a PCI NIC, it looks as follows */
  netdev->mem_start = pci_resource_start(pdev, 0);
  netdev->mem_end   = netdev->mem_start + pci_resource_len(pdev, 0);

  /* Register the interface */
  register_netdev(netdev);

  /* ... */

  /* Get MAC address from attached EEPROM */
  /* ... */

  /* Download microcode if needed */
  /* ... */
}


/* The interrupt handler */
static irqreturn_t
mycard_interrupt(int irq, void *dev_id)
{
  struct net_device *netdev = dev_id;
  struct sk_buff *skb;
  unsigned int length;

  /* ... */

  if (receive_interrupt) {
    /* We were interrupted due to packet reception. At this point,
       the NIC has already DMA'ed received data to an sk_buff that
       was pre-allocated and mapped during device open. Obtain the
       address of the sk_buff depending on your data structure
       design and assign it to 'skb'. 'length' is similarly obtained
       from the NIC by reading the descriptor used to DMA data from
       the card. Now, skb->data contains the receive data. */
    /* ... */
```

```c
        /* For PCI cards, perform a pci_unmap_single() on the
           received buffer in order to allow the CPU to access it */
        /* ... */

        /* Allow the data go to the tail of the packet by moving
           skb->tail down by length bytes and increasing
           skb->len correspondingly */
        skb_put(skb, length)

        /* Pass the packet to the TCP/IP stack */
#if !defined (USE_NAPI)   /* Do it the old way */
        netif_rx(skb);
#else                     /* Do it the NAPI way */
        if (netif_rx_schedule_prep(netdev))) {
            /* Disable NIC interrupt. Implementation not shown. */
            disable_nic_interrupt();

            /* Post the packet to the protocol layer and
               add the device to the poll list */
            __netif_rx_schedule(netdev);
        }
#endif
    } else if (tx_complete_interrupt) {
        /* Transmit Complete Interrupt */
        /* ... */
        /* Unmap and free transmit resources such as
           DMA descriptors and buffers. Free sk_buffs or
           reclaim them into a free pool */
        /* ... */

    }
}

/* Driver open */
static int
mycard_open(struct net_device *netdev)
{
    /* ... */

    /* Request irq */
    request_irq(irq, mycard_interrupt, IRQF_SHARED,
                netdev->name, dev);

    /* Allocate Descriptor rings */
    /* See the section, "Buffer Management and Concurrency Control" */
    /* ... */

    /* Provide free descriptor addresses to the card */
    /* ... */

    /* Convey your readiness to accept data from the
       networking stack */
    netif_start_queue(netdev);
```

```c
  /* ... */
}

/* Driver close */
static int
mycard_close(struct net_device *netdev)
{
  /* ... */

  /* Ask the networking stack to stop sending down data */
  netif_stop_queue(netdev);

  /* ... */
}
/* Called when the device is unplugged or when the module is
   released. For PCI cards, this is invoked from (or is itself)
   the remove() method. In that case, the function is declared as:
   static void __devexit mycard_remove(struct pci_dev *pdev)
*/
static void __devexit
mycard_remove()
{
  struct net_device *netdev;

  /* ... */
  /* For a PCI card, obtain the associated netdev as follows,
     assuming that the probe() method performed a corresponding
     pci_set_drvdata(pdev, netdev) after allocating the netdev */
  netdev = pci_get_drvdata(pdev); /*

  unregister_netdev(netdev);  /* Reverse of register_netdev() */

  /* ... */

  free_netdev(netdev);       /* Reverse of alloc_netdev() */

  /* ... */
}


/* Suspend method. For PCI devices, this is part of
   the pci_driver structure discussed in Chapter 10 */
static int
mycard_suspend(struct pci_dev *pdev, pm_message_t state)
{
  /* ... */
  netif_device_detach(netdev);
  /* ... */
}
/* Resume method. For PCI devices, this is part of
   the pci_driver structure discussed in Chapter 10 */
static int
mycard_resume(struct pci_dev *pdev)
```

```c
{
  /* ... */
  netif_device_attach(netdev);
  /* ... */
}

/* Get statistics */
static struct net_device_stats *
mycard_get_stats(struct net_device *netdev)
{
  /* House keeping */
  /* ... */

  return(&mycard_stats);
}

/* Dump EEPROM contents. This is an ethtool_ops operation */
static int
mycard_get_eeprom(struct net_device *netdev,
                  struct ethtool_eeprom *eeprom, uint8_t *bytes)
{
  /* Read data from the accompanying EEPROM */
  /* ... */
}

/* Poll method */
static int
mycard_poll(struct net_device *netdev, int *budget)
{
   /* Post packets to the protocol layer using
      netif_receive_skb() */
   /* ... */

   if (no_more_ingress_packets()){
     /* Remove the device from the polled list */
     netif_rx_complete(netdev);

     /* Fall back to interrupt mode. Implementation not shown */
     enable_nic_interrupt();

     return 0;
   }
}
/* Transmit method */
static int
mycard_xmit_frame(struct sk_buff *skb, struct net_device *netdev)
{
  /* DMA the transmit packet from the associated sk_buff to card memory */
  /* ... */
  /* Manage buffers */
  /* ... */
}
```

以太网PHY

以太网控制器实现MAC层功能，而且必须与PHY（Physical layer，物理层收发器）联合使用。前者与OSI（Open System Interconnect，开放系统互联）的数据链路层相关，而后者实现物理层功能。某些SoC集成了MAC，以连接外部的PHY。MII（Media Independent Interface，媒体无关接口）是连接快速以太网MAC和PHY的标准接口。以太网设备驱动程序通过MII与PHY通信，以配置PHY ID、速率、双工模式、自动协商等参数。想了解MII注册定义参见include/linux/mii.h。

15.5 ISA 网络驱动程序

现在让我们看一下ISA NIC。CS8900是Crystal Semiconductor（现在的Cirrus Logic）公司的一款10Mbit/s以太网控制器芯片。这款芯片常用于有以太网功能的嵌入式设备，尤其用于调试目的。图15-2显示了一个CS8900与周边的连接框图。由于主板上的处理器以及对应CS8900的片选信号的不同，CS8900寄存器将被映射到CPU的I/O地址空间的不同区域。该控制器的设备驱动程序是一个ISA型的驱动程序（参见20.5节），它检测候选地址区域来探测控制器是否存在。ISA探测方法通过查找一个签名（signature）（如芯片ID）来探出控制器的I/O基地址。

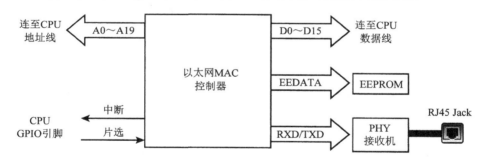

图15-2 CS8900以太网控制器与周边设备的连接图

CS8900驱动程序的源代码参见drivers/net/cs89x0.c。cs89x0_probe1()探测I/O基地址范围，然后读出芯片当前配置。在这个步骤中，它会访问CS8900的EEPROM并获得控制器的MAC地址。同代码清单15-1中的驱动程序类似，通过使用netif_*()和skb_*()接口例程就可以建立cs89x0.c。

有些使用CS8900的平台支持DMA方式。与PCI不同，ISA设备没有DMA控制功能，因此它们需要外部DMA控制器来传输数据。

15.6 ATM

ATM（Asynchronous Transfer Mode，异步传输模式）是一种高速的、面向连接的骨干网技术。ATM保证高的QoS（Qulity of Service，服务质量）和低延时，因此它除传输数据外还被用于传输音频和视频流。

　　ATM协议可简单总结如下：ATM以53B的信元为单位进行通信，每个信元以一个VPI（Virtual Path Identifier，虚路径标识符）和VCI（Virtual Circuit Identifier，虚电路标识）的5B头部开始。ATM连接或者是SVC（Switched Virtual Circuit，虚电路交换）或者是PVC（Permanent Virtual Circuit，永久虚电路）。在SVC建立期间，VPI/VCI对在ATM交换机间配置，以便将到达的信元路由到适当的输出端口。对于PVC，VPI/VCI对在ATM交换机中永久配置，无需对每个连接建立和释放。

　　在ATM上传输TCP/IP的方法有3种，Linux-ATM都能支持。

　　(1) RFC[①]1577中规定的CLIP（Classical IP over ATM，传统IP异步传输模式）。

　　(2) 在ATM网上模拟局域网，这称为LANE（LAN Emulation，虚拟局域网）。

　　(3) MPoA（Multi Protocol over ATM，ATM网承载多种协议）。这是一种能改进性能的路由技术。

　　Linux-ATM是处于实验阶段的项目，它包含内核驱动程序、用户空间工具和守护进程。你可以在 drivers/atm/ 和 net/atm/ 下的源码树中分别找到ATM驱动程序和协议的源码。http://linux-atm.sourceforge.net/上有使用Linux-ATM需要的用户空间程序。Linux也包含了由SVC套接字（`AF_ATMSVC`）和PVC套接字（`AF_ATMPVC`）组成的ATM套接字API。

　　一个称为MPLS（MultiProtocol Label Switching，多协议标签交换）的协议正逐步取代ATM，Linux_MPLS项目（见http://mpls-linux.sourceforge.net/）还没有成为主线内核的一部分。

　　我们在下一节考虑ATM相关的吞吐量问题。

15.7　网络吞吐量

　　有许多可以评测网络性能的工具。Netperf可以从www.netperf.org免费获得，它能建立复杂TCP/UDP连接场景。你可以用脚本来控制协议参数、同时进行的会话数、数据块大小等几个特性。通过比较实际吞吐量和网络技术支持的最大实际带宽，可以实现评测工作。比如，考虑到ATM信元头大小、ATM适配层AAL的开销以及由物理SONET（Synchronous Optical NETworking，同步光网络）层发送的少量维护信元，一个155Mb/s的ATM适配器能生成最大吞吐量为135Mb/s的IP数据。

　　要获得最优吞吐量，你必须在设计NIC驱动程序时追求高性能。另外，你需要深刻理解你的驱动程序依赖的网络协议。

15.7.1　驱动程序性能

　　让我们关注一下一些会影响NIC"马力"的驱动程序设计问题。

　　❑ 为快速NIC设计驱动程序时，在主要数据路径上使指令数目最小是一个关键准则。设想一个有1MB板载内存的1Gb/s以太网适配器。在线性速率下，卡内存能支持最多8ms的接收数据。这可直接转换成最大允许的指令路径长度（instruction path length）。在此路径长度

[①] RFC（Request For Comment）是规定网络标准的文档。

内，到达的数据包必须被重组、DMA到内存、被驱动程序处理、受到并发访问保护、分发到更高的协议层次。

- 在执行PIO期间，数据在被写入内存之前，经历了从设备到CPU的所有通路。并且一旦设备需要传输数据，CPU就需要被打断，这导致了传输延时和上下文切换延时。DMA方式不会有这些瓶颈，但如果被传输的数据少于某个阈值，代价可能会比PIO更大。这是因为小的DMA具有高的相对开销，这些开销用于建立描述符、缓冲数据一致性需要的相应处理器缓冲线。一个追求性能的设备驱动程序在经过试验确定阈值后，可能对小数据包使用PIO，对大数据包使用DMA。
- 对于具有DMA控制功能的PCI网卡，你必须决定最优的DMA突发大小（burst size），即网卡连续控制总线的这一段时间。如果网卡突发传输较长一段时间，它可能会占用总线，阻碍处理器不能及时处理先前DMA过来的数据。PCI驱动程序通过PCI配置空间中的一个注册表设定突发大小。通常NIC的突发大小设成与处理器高速缓存行（cache line）大小一致，即当处理器缓存未命中时，处理器从系统内存读取的字节数。但实际上，你可能需要连接一个总线分析器来决定合适的突发持续时间，因为有些因素［如系统上分裂总线（类似于ISA和PCI的多总线类型）］的存在会影响最优值。
- 许多高速NIC由硬件提供了计算协议栈中TCP校验值的功能（通常此类计算的CPU消耗很大）。一些支持DMA分散/聚集，这在第10章已经遇见过了。驱动程序需要充分发挥这些能力，以达到底层网络能提供的最大实际带宽。
- 如果不考虑高层协议实现细节，有时驱动程序优化可能会引起预料不到的速度颠簸。譬如一个装有高速NIC的计算机上运行的NFS文件系统。假设NIC驱动程序为减少延时只捕获偶尔到来的传输完成中断，但NFS服务器使用传输缓冲区的释放作为流控机制。因为驱动程序只在传输完成中断时释放NFS传输缓冲区，经由NFS的文件复制将变慢，而且互联网下载也会快速低于最大吞吐量。

15.7.2 协议性能

现在让我们深入探讨会增加或减少网络吞吐量的与协议有关的特性。

- TCP窗口大小会影响吞吐量。窗口大小是对收到应答前能传输的数据量的限度。对快速NIC，小的窗口可能导致TCP空闲，等待已发送数据包的应答。对于大窗口，少量丢失的TCP包也会影响其性能，因为丢失帧会以线性速度占满窗口。对UDP而言，窗口尺寸是没有影响的，因为UDP不支持应答。然而，因为缺少流控机制，少量包的丢失可能会导致大的速率下降。
- 当写入TCP套接字的应用程序数据块尺寸增加时，从用户空间向内核空间复制的缓冲区数量会减少。这降低了对处理器的使用需求，对性能有好处。但如果块尺寸超过相应网络协议的MTU，处理器周期会在分段（fragmentation）上浪费一部分。因此合适的块大小是接口的MTU，或者是沿IP路径传输时无需分段的最大包长度（启用路径MTU发现机制）。例如，当在ATM上传输IP包时，因为ATM适配层有64KB的MTU，所以实际上没有块大小上限（RFC1626默认为9180）。但如果你在ATM LAN上传输IP包，块大小应该映射成各LAN的MTU大小，这对标准以太网应该是1500B，对吉比特以太网是8000B，对16Mb/s令牌环是18KB。

15.8 查看源代码

drivers/net/目录包含了各种NIC驱动程序的源代码。drivers/net/e1000/目录包含了一个NIC驱动程序实例。在net/目录中可以找到网络协议实现细节。sk_buff访问函数在net/core/skbuff.c中。库函数在net/core/dev.c和include/linux/netdevice.h中，它有助于实现驱动程序的net_device接口。

TUN/TAP驱动程序

TUN/TAP设备驱动程序drivers/net/tun.c（用于协议隧道）是一个虚拟网络驱动程序和伪字符驱动程序的联合体。伪字符设备（/dev/net/tun）作为虚拟网络接口（tunX）的底层硬件工作，所以TUN网络驱动程序不是向物理层网络传输帧，而是将它发送到正从/dev/net/tun读数据的应用程序。同样地，TUN驱动程序也不是从物理层网络接收数据，而是从正向/dev/net/tun写数据的应用程序接收数据。更多说明和使用场景参见Documentation/networking/tuntap.txt。由于该程序中的网络设备驱动和字符设备驱动部分都不需要处理复杂的硬件交互，它成为一个简单易读的驱动实例。

用/sys/class/net/下的文件可以操作NIC驱动程序参数。使用/proc/sys/net/下的节点可配置协议相关变量。比如要设置最大TCP传输窗口大小，只需向/proc/sys/net/core/wmem_max文件回传一个预期的值。/proc/net/目录有系统相关的网络信息集合，要取得系统中所有NIC的统计数据，可以查看/proc/net/dev，要取得ARP表可以查看/proc/net/arp。

表15-1包含本章用到的主要数据结构以及它们在源码树的位置。表15-2列出了本章用到的主要内核编程接口和它们定义的位置。

表15-1 数据结构小结

数据结构	位置	说明
sk_buff	include/linux/skbuff.h	sk_buff向Linux网络层提供了充分的缓冲区处理及流控机制
net_device	include/linux/netdevice.h	NIC驱动程序和TCP/IP协议栈的接口
net_device_stats	include/linux/netdevice.h	附属于某个网络设备的统计信息
ethtool_ops	include/linux/ethtool.h	将NIC驱动程序与ethtool工具绑定的函数集合

表15-2 内核编程接口小结

内核接口	位置	说明
alloc_netdev()	net/core/dev.c	分配 net_device
alloc_etherdev()	net/ethernet/eth.c	alloc_netdev()的封装
alloc_ieee80211()	net/ieee80211/ieee80211_module.c	
alloc_irdadev()	net/irda/irda_device.c	

（续）

内核接口	位置	说明
`free_netdev()`	net/core/dev.c	`alloc_netdev()`的反向操作
`register_netdev()`	net/core/dev.c	注册`net_device`
`unregister_netdev()`	net/core/dev.c	注销`net_device`
`dev_alloc_skb()`	include/linux/skbuff.h	为`sk_buff`分配内存，并为其关联数据包负载缓冲区
`dev_kfree_skb()`	include/linux/skbuff.h net/core/skbuff.c	`dev_alloc_skb()`的反向操作
`skb_reserve()`	include/linux/skbuff.h	在数据包缓冲区和有效负载的开头之间增加填充
`skb_clone()`	net/core/skbuff.c	创建`sk_buff`的副本，但是不复制关联的数据包缓冲区的内容
`skb_put()`	include/linux/skbuff.h	让数据进入数据包的尾部
`netif_rx()`	net/core/dev.c	将网络数据包传递给TCP/IP栈
`netif_rx_schedule_prep()` `netif_rx_schedule()`	include/linux/netdevice.h net/core/dev.c	将网络数据包传递给TCP/IP栈（NAPI）
`netif_receive_skb()`	net/core/dev.c	从`poll()`函数将数据包传递给协议层（NAPI）
`netif_rx_complete()`	include/linux/netdevice.h	在轮询列表中移除设备（NAPI）
`netif_device_detach()`	net/core/dev.c	分离设备（通常在电源挂起时调用）
`netif_device_attach()`	net/core/dev.c	附着设备（通常在电源恢复时调用）
`netif_start_queue()`	include/linux/netdevice.h	表明准备从网络栈接收数据
`netif_stop_queue()`	include/linux/netdevice.h	要求网络栈停止下传数据
`netif_wake_queue()`	include/linux/netdevice.h	重新开动发送队列
`netif_queue_stopped()`	include/linux/netdevice.h	检查流控状态

第 16 章 Linux无线设备驱动

本章内容
- 蓝牙
- 红外
- WiFi
- 蜂窝网络
- 当前趋势

许多小设备因无线技术和Linux的组合而变得强大。蓝牙、红外、WiFi以及蜂窝网络等都已建立无线技术标准，并且也得到了Linux的支持。蓝牙不用电缆就能将智能注入到愚笨的设备，开启了开发各类新颖应用的大门。红外是一种低功耗、小范围、中速率的无线技术，能将笔记本计算机、手持设备组网，或将文档发往打印机。WiFi是以太网的无线衍生物。蜂窝网络利用GPRS或CDMA使你在移动情况下还能接入因特网，只要你的移动在服务提供商的覆盖范围内。

因为这些无线技术被广泛地用于各种设备，你早晚会碰到一张不能在Linux上运行的卡。在你开始让卡可以在Linux上工作之前，你需要详细了解内核是如何支持相关技术的。在这一章，我们来学习Linux如何支持蓝牙、红外、WiFi和蜂窝网络。

本章部分内容会重点关注"系统编程"而不是设备驱动程序。这是因为协议栈的相关内容（比如蓝牙RFCOMM和红外组网）已经在内核中做了介绍，相比于开发协议内容或设备驱动程序，你可能更关心用户模式的定制。

无线技术选用权衡

蓝牙、红外、WiFi和GPRS用于不同的环境，可根据速率、范围、成本、功耗、软硬件协同设计、PCB布板面积等因素进行选择。

表16-1为这些因素的选择提供了思路，但当你现场测量这些数据时会有部分出入。列出的速度是理论最大值，标出的功耗是相对的，在真实世界中它们还依赖生产厂家的实现技术、技术子集（technology subclass）、操作模式。经济成本取决于芯片制造因素和芯片是否包含实现部分协议层的内建微码。布板面积不仅取决于芯片组，还取决于收发机、天线以及是否用了OTS（Off-The-Shelf）模块。

表16-1　无线技术选用权衡

	速度	范围	功耗	成本	协同设计难度	布板面积
蓝牙	720kbit/s	10~100m	**	**	**	**
红外数据	4Mbit/s（快速红外）	1m以内，30度锥角内	*	*	*	*
WiFi	54Mbit/s	室内150m	****	***	***	***
GPRS	170kbit/s	服务商覆盖范围	***	****	*	***

注：后四列是相对的测量值（与符号*的数目有关），而不是绝对值。

16.1　蓝牙

蓝牙是一种短距离无线技术，它能传输数据和语音，支持最高723kbit/s（非对称）和432kbit/s（对称）的速率。第3类蓝牙设备有10m的传输距离，第1类的发射机最远能传100m。

设计蓝牙是为了去掉碍事的电缆线，比如它能将你的手表变成装在背包中的GPS的前端显示，或者让你用手持设备浏览一份演讲稿。如果你想将笔记本计算机作为一个集线器将蓝牙MP3播放器连接到因特网，就可以选择蓝牙。如果你的手表、手持设备、笔记本计算机或MP3播放器是运行Linux系统的，对Linux蓝牙协议内部的了解有助于你最大程度发挥设备的性能。

按照蓝牙规范，协议栈由图16-1所示的各层构成。无线电、链路控制器、链路管理器大致与OSI参考模型的物理层、数据链路层、网络层对应。HCI是对硬件读/写数据的协议，因此映射到传输层。蓝牙L2CAP（Logical Link Control and Adaptation Protocol，逻辑链路控制和自适应协议）为会话层。串行端口模拟器使用RFCOMM（Radio Frequency COMMunication，射频通信）。以太网模拟使用BNEP（Bluetooth Network Encapsulation Protocol，蓝牙网络封装协议），SDP（Service Discovery Protocol，服务发现协议）是功能丰富的表示层的一部分。协议栈的顶层是各应用程序环境，称为profile。无线电、链路控制器、链路管理器通常是蓝牙硬件的一部分，因此操作系统的支持从HCI层开始。

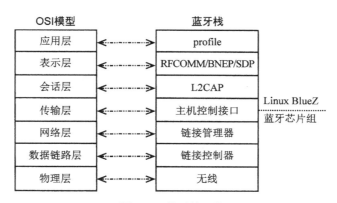

图16-1　蓝牙协议栈

连接蓝牙硬件和微控制器的一个常用方法是将芯片组数据线连接到控制器的UART引脚。第13章中的图13-4显示了MP3播放器上的一个蓝牙芯片通过UART与处理器通信的情况。USB是另一种与蓝牙芯片组通信的媒介。第11章中的图11-2显示了一个嵌入式设备上蓝牙芯片通过USB与处理器连接的情况。不管你是否用UART或USB（我们在后面会介绍这两种设备），用作传输蓝牙数据的包格式都是HCI。

16.1.1 BlueZ

BlueZ蓝牙功能是传统内核的一部分，也是官方Linux蓝牙协议栈。图16-2显示了BlueZ是如何将蓝牙协议层映射到内核模块、内核线程、用户空间守护进程（daemon）、配置工具、应用程序和库的。主要BlueZ部件解释如下。

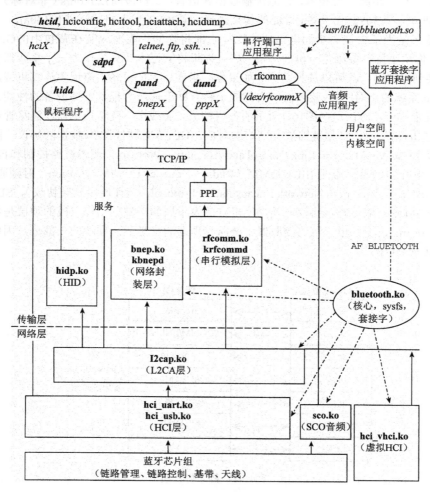

图16-2 蓝牙协议层与BlueZ内核模块的关系

(1) bluetooth.ko 包含了核心 BlueZ 基础结构。所有其他BlueZ 模块都使用它的服务。它还负责将蓝牙套接字系列（AF_BLUETOOTH）导出到用户空间，负责生成相关sysfs入口。

(2) 在UART上传输蓝牙HCI包的相应BlueZ HCI实现是hci_uart.ko。用于USB传输的则是hci_usb.ko。

(3) l2cap.ko 完成 L2CAP 适配层。它负责分段和重组，也对不同高层协议实现多路复用。

(4) 要在蓝牙上运行TCP/IP 应用程序，你必须通过基于BNEP的L2CAP模拟以太网端口。这由bnep.ko完成。为完成BNEP连接，BlueZ创建了一个称为kbnepd的内核线程。

(5) 为在蓝牙上运行串行端口应用程序（如终端仿真器），你需要在L2CAP上模拟串行端口。这由rfcomm.ko完成。RFCOMM也是支持在PPP上联网的重要支柱。为向RFCOMM连接提供服务，rfcomm.ko创建了一个称为krfcommd的内核线程。要建立和维护单个RFCOMM通道的连接，请使用rfcomm程序。

(6) HID（Human Interface Devices，用户接口设备）层通过 hidp.ko实现。用户空间守护进程（即hidd）辅助BlueZ处理蓝牙鼠标等输入设备。

(7) 通过 SCO（Synchronous Connection Oriented，面向同步连接层）处理音频，其驱动模块为sco.ko。

现在我们对两个蓝牙设备实例（CF卡和USB适配器）跟踪内核代码流。

16.1.2 设备实例：CF 卡

Sharp 蓝牙CF卡是基于Silicon Wave芯片组制造的，并串行传输HCI包。HCI包的传输有3种不同方式。

(1) H4（UART）。它是Sharp CF卡使用的，是蓝牙规范定义的在UART上传输蓝牙数据的标准方法。drivers/bluetooth/hci_h4.c中有BlueZ的实现。

(2) H3（RS232）。使用H3的设备很难找到，BlueZ不支持H3。

(3) BCSP（BlueCore Serial Protocol，BlueCore串行协议）。它是来自Cambridge Silicon Radio（CSR）公司的私有协议，支持错误检测和重传。BSCP用于基于CSR BlueCore芯片的非USB设备，包括PCMCIA和CF卡。BlueZ BSCP的实现在drivers/bluetooth/hci_bcsp.c中。

Sharp蓝牙卡数据读取路径显示在图16-3中。卡和内核间的第一个连接点是UART驱动程序。如第9章中的图9-5所示，串行卡服务驱动程序drivers/serial/serial_cs.c使操作系统的其他部分能将Sharp卡看成一个串行设备。串行驱动程序将HCI包发给BlueZ，BlueZ根据内核线路规程（line discipline）实现HCI的处理。第6章已经介绍过，线路规程在串行驱动程序上层，并规定了它的行为。HCI线路规程调用相关协议例程（这里就是H4），用它协助数据处理。然后，L2CAP和更高的BlueZ层开始接管。

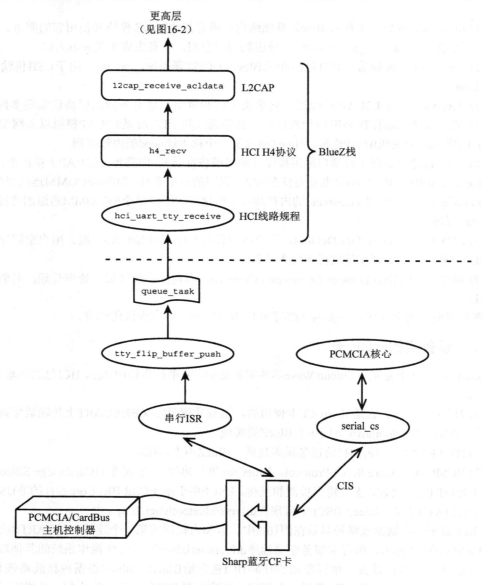

图16-3 从Sharp蓝牙CF卡读取数据的流程

16.1.3 设备实例:USB 适配器

现在介绍一个用USB传输HCI包的设备,即Belkin蓝牙USB适配器,是一个gadget设备。在本例中,Linux USB 层(drivers/usb/*)、HCI USB传输驱动程序(drivers/bluetooth/hci_usb.c)以及BlueZ协议栈(net/bluetooth/*)是主要数据传输和调用程序。我们看一下这3个内核层是如何交互的。

第11章已经介绍过，USB通过4种管道中的一种或多种管道交换数据。对蓝牙USB设备来说，每个管道负责传输特殊类型的数据：

(1) 控制管道用于传输HCI命令；

(2) 中断管道用于传输HCI事件；

(3) 批量管道用于传输ACL（asynchronous connectionless，异步无连接）蓝牙数据；

(4) 同步管道传输SCO语音数据。

你在第11章也看到了，当USB设备插入到系统之后，主机控制器驱动程序用控制管道枚举它们，并分配一个1～127的端口地址。由USB子系统读取（在枚举期间读）的配置描述符包含了设备信息，比如它的`Class`、`Subclass`、`Protocol`。蓝牙规范对蓝牙USB设备规定了（`Class`、`Subclass`、`Protocol`）的编码为（`0xE, 0x01, 0x01`）。HCI USB传输驱动程序（hci_usb）在初始化期间向USB核心注册这些值。当Belkin USB适配器插入时，USB核心从设备配置描述符读取（`Class`、`Subclass`、`Protocol`）信息。因为这个信息与注册的值一致，因此这个驱动程序就附着到Belkin USB适配器。hci_usb从前面提到的4种USB管道读取蓝牙数据，并将它发到BlueZ协议栈。Linux应用程序现在就无缝地运行在这个设备上，如图16-2显示的那样。

16.1.4 RFCOMM

RFCOMM在蓝牙上模拟串行端口。终端仿真器等应用程序以及PPP等协议不用改变就能运行在RFCOMM创建的虚拟串行接口上。

设备实例：配药机

假设有一个支持蓝牙的配药机。当你从配药机弹出一片药时，它通过蓝牙RFCOMM信道发送一个消息。Linux手机（比如第6章的图6-5所示的那个）用一个与配药机建立了RFCOMM连接的简单程序读取这个信息，然后通过GPRS接口发到挂在互联网上的保健中心服务器。

Linux手机上的这个利用BlueZ套接字API读取配药机数据的程序框架显示在代码清单16-1中，它假设你熟悉基本套接字编程。

代码清单16-1 通过RFCOMM与配药机通信

```
#include <sys/socket.h>
#include <bluetooth/rfcomm.h>   /* For struct sockaddr_rc */

void
sense_dispenser()
{
  int pillfd;
  struct sockaddr_rc pill_rfcomm;
  char buffer[1024];

  /* ... */

  /* Create a Bluetooth RFCOMM socket */
  if ((pillfd = socket(PF_BLUETOOTH, SOCK_STREAM, BTPROTO_RFCOMM))
      < 0) {
```

```
    printf("Bad Bluetooth RFCOMM socket");
    exit(1);
  }

  /* Connect to the pill dispenser */
  pill_rfcomm.rc_family  = AF_BLUETOOTH;
  pill_rfcomm.rc_bdaddr  = PILL_DISPENSER_BLUETOOTH_ADDR;
  pill_rfcomm.rc_channel = PILL_DISPENSER_RFCOMM_CHANNEL;

  if (connect(pillfd, (struct sockaddr *)&pill_rfcomm,
              sizeof(pill_rfcomm))) {
    printf("Cannot connect to Pill Dispenser\n");
    exit(1);
  }
  printf("Connection established to Pill Dispenser\n");
  /* Poll until data is ready */
  select(pillfd, &fds, NULL, NULL, &timeout);

  /* Data is available on this RFCOMM channel */
  if (FD_ISSET(pillfd, fds)) {

    /* Read pill removal alerts from the dispenser */
    read(pillfd, buffer, sizeof(buffer));

    /* Take suitable action; e.g., send a message to the health
       care provider's server on the Internet via the GPRS
       interface */
    /* ... */
  }

  /* ... */
}
```

16.1.5 网络

跟踪图16-2中的telnet/ftp/ssh框中的代码路径可以知道网络是如何在BlueZ蓝牙上架设的，并且可以知道，在蓝牙上有两种不同的建网方法。

(1) 直接在BNEP上运行TCP/IP。这样的网络称为PAN（Personal Area Network，个域网）。

(2) 在RFCOMM上的PPP上运行TCP/IP，这称为DUN（DialUp Networking，拨号网）。

蓝牙网络的内核实现不大会引起设备驱动程序编写者的兴趣，这里就不介绍了。表16-2展示了将两个笔记本计算机用PAN联网的必需步骤，用DUN联网与此类似，就不列了。两台具有蓝牙功能的笔记本计算机分别使用Sharp CF卡和Belkin USB适配器。你可以用CF-PCMCIA适配器将CF卡插入到第一台笔记本计算机的PCMCIA插槽。对照表16-2查看图16-2可以明白相应BlueZ部件的映射关系。表16-2使用bash-sharp>和bash-belkin>作为两台计算机各自的提示符。

16.1 蓝牙

表16-2　使用蓝牙PAN联网两台笔记本计算机

装 Sharp 蓝牙 CF 卡的笔记本计算机	(1) 启动HCI和服务发现守护程序
	bash-sharp> hcid
	bash-sharp> sdpd
	因为设备有UART接口，你必须将BlueZ栈附着到适当的串行端口，在本例中，假设serial_cs已经将/dev/ttyS3分配给卡：
	bash-sharp> hciattach ttyS3 any
	(2) 确认HCI接口已准备好
	bash-sharp> hciconfig -a
	  hci0: Type: UART
	  BD Address: 08:00:1F:10:3B:13 ACL MTU: 60:20 SCO MTU: 31:1
	  UP RUNNING PSCAN ISCAN
	  ...
	  Manufacturer: Silicon Wave (11)
	(3) 确认基本BlueZ模块已经装载
	bash-sharp> lsmod
	  Module Size Used by
	  hci_uart 16728 3
	  l2cap 26144 2
	  bluetooth 47684 6 hci_uart,l2cap
	  ...
	(4) 插入用于网络封装的BlueZ模块
	bash-sharp> modprobe bnep
	(5) 监听PAN连接的到来①
	bash-sharp> pand -s

装 Belkin USB蓝牙适配器的笔记本计算机	(1) 启动守护程序，比如hcid和sdpd，加载必要的内核模块，比如bluetooth.ko 和 l2cap.ko
	(2) 因为这是USB设备，你不需要调用hciattach，但要保证hci_usb.ko模块已经加载
	(3) 确认HCI接口已经准备好
	bash-belkin> hciconfig -a
	    hci0: Type: USB
	  BD Address: 00:02:72:B0:33:AB ACL
	  MTU: 192:8 SCO MTU: 64:8
	  UP RUNNING PSCAN ISCAN
	  ...
	    Manufacturer: Cambridge Silicon Radio (10)
	(4) 搜索，发现周围的设备
	bash-belkin> hcitool -i hci0 scan --flush
	    Scanning....
	    08:00:1F:10:3B:13 bash-sharp
	(5) 与第一台笔记本计算机建立PAN连接。你可以从它的hciconfig输出得到蓝牙地址（08:00:1F:10:3B:13）
	bash-belkin> pand -c 08:00:1F:10:3B:13
	如果你现在在两台计算机上看ifconfig命令的输出，你会发现都出现了一个叫bnep0的新接口。为每个接口分配IP地址，并准备好telnent和FTP

---

① pand命令的一个有用选项是--persist，当连接断开时它会自动重连。更多的选项请看操作手册。

16.1.6 HID

请看7.2.2节和7.2.3节关于蓝牙人机接口设备的介绍。

16.1.7 音频

我们以HBH-30 Sony Ericsson 蓝牙头戴式耳机为例介绍蓝牙SCO音频。头戴耳机在开始与Linux设备通信之前，后者的蓝牙链路层必须发现前者。为此，按下设备搜寻按钮，使耳机进入搜索模式。另外，你需在/etc/bluetooth/pin中添加PIN，以便为BlueZ配置耳机的识别号。这样Linux设备就可以使用BlueZ SCO API的应用程序发射音频数据到耳机了。音频数据的格式是耳机能理解的。HBH-30使用A律PCM（Pulse Code Modulation，脉冲编码调制）格式。有许多公开的PCM音频格式转换专用程序。

蓝牙芯片组通常不但有HCI传输接口，还有PCM接口引脚。如果设备支持，比如同时支持蓝牙和GSM，从GSM芯片组出来的PCM线可以直接接到蓝牙芯片的PCM音频线。这样可能需要配置蓝牙芯片，以在它的HCI接口而不是PCM接口接收和发送SCO音频包。

16.1.8 调试

有两种BlueZ调试工具。

(1) hcidump。它从后到前地拆分HCI包，并解析成用户可阅读的形式。下面是一个设备查询的例子：

```
bash> hcidump -i hci0
HCIDump - HCI packet analyzer ver 1.11
device: hci0 snap_len: 1028 filter: 0xffffffff
   HCI Command: Inquiry (0x01|0x0001) plen 5
   HCI Event: Command Status (0x0f) plen 4
   HCI Event: Inquiry Result (0x02) plen 15
   ...
   HCI Event: Inquiry Complete (0x01) plen 1 < HCI Command:
   Remote Name Request (0x01|0x0019) plen 10
```

(2) 虚拟HCI驱动程序（hci_vhci.ko），如图16-2所示。当没有真实硬件时，可用它仿真蓝牙接口。

16.1.9 关于源代码

BlueZ底层驱动程序位于drivers/bluetooth/目录下。浏览net/bluetooth/ 可了解到BlueZ协议的实现。

蓝牙应用程序根据它们的行为归纳为不同协议。比如，无绳电话类规定了蓝牙设备如何实现无绳电话功能。我们讨论了PAN和串行接入的类别，但还有很多其他的类别，比如传真协议、GOEP（通用对象交换）协议、SAP（SIM卡存取）协议。bluez工具包可从www.bluez.org下载，它支持多种蓝牙协议。

蓝牙官方主页是www.bluetooth.org，其中有蓝牙规范文档和蓝牙SIG（Bluetooth Special Interest Group，蓝牙特别兴趣组）的相关信息。

Affix 是Linux上的候补蓝牙栈。可以从http://affix.sourceforge.net/下载Affix。

16.2 红外

红外（IR）线是一种光波，其电磁频谱在可见光和微波之间。IR的一种用途是点对点数据通信。利用IR，你可以在PDA间交换名片，连接两台笔记本计算机，或将文档发给打印机。IR的通信范围在1m以内的30度锥角以内，从－15度到＋15度。

IR通信有两种流行的方式：SIR（Standard IR，标准IR），它支持最高115.20kbaud；FIR（Fast IR，快速IR）有4Mbit的传输带宽。

图16-4 显示了笔记本计算机的IR连接。超级I/O芯片组中的UART1具有IR功能，因此IR收发机直接连接到它。没有IR支持的电脑可能要借助一个与连接到UART0类似的外部IR dongle（参见16.2.3节）。图16-5显示了一个嵌入式SoC上的连接情况，它的内建IR dongle与一个系统UART连接在一起。

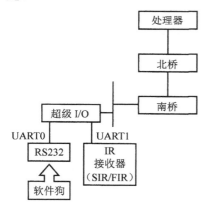
图16-4 一个笔记本计算机的IrDA

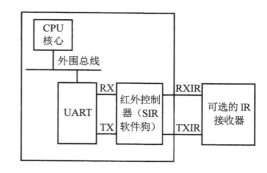
图16-5 一个嵌入式设备（如EP7211）上的IrDA

Linux在两个层面上支持IR通信。

（1）用IrDA（Infrared Data Association，红外数据协会）规定的协议进行智能数据传输。这由Linux-IrDA项目实现。

（2）通过远程控制的控制程序。这由LIRC（Linux Infrared Remote Control，Linux红外远程控制）项目实现。

本节主要介绍Linux-IrDA，但在开始前先概述一下LIRC。

16.2.1 Linux-IrDA

Linux-IrDA项目（http://irda.sourceforge.net/）使内核具备了IrDA能力。要了解Linux-IrDA部件是如何将IrDA协议栈和相关硬件配置联系在一起的，我们一起来分析图16-6。

336   第 16 章 Linux 无线设备驱动

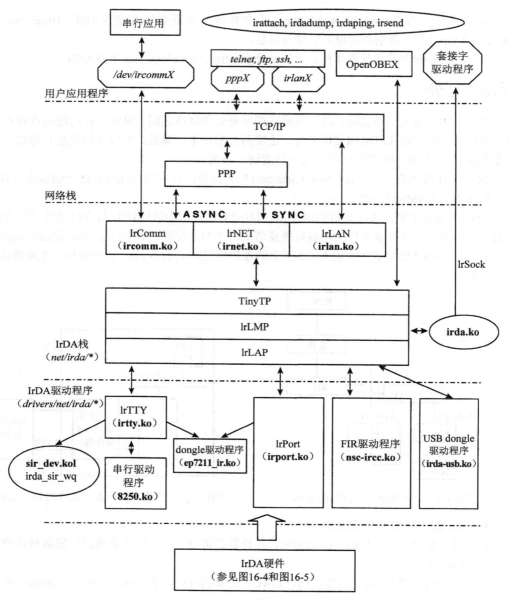

图16-6 Linux-IrDA上的通信

(1) 设备驱动程序构成最低层,与16550兼容的SIR芯片组在用IrDA线路规程IrTTY规范它的行为后,可以重用本身的Linux串行驱动程序。上述方式也可以用IrPort驱动程序代替。FIR芯片组有它们自身的特定驱动程序。

(2) 接下来是核心协议栈。它由IR IrLAP(IR Link Access Protocol,链路访问协议)、IrLMP

（IR Link Management Protocol，IR链路管理协议）TinyTP（Tiny Transport Protocol，微小传输协议）以及IrSock（IrDA socket，IrDA套接字）接口组成。IrLAP提供了可靠的传输以及一个状态机，可用于发现周边设备。IrLMP是基于IrLAP的多路复用器。TinyTP提供了分段、重组以及流控功能，IrSock在IrLMP和TinyTP上提供了套接字接口。

(3) 栈的高层部分连接IrDA与数据传输程序。IrLAN和IrNET能够联网，而IrComm支持串行通信。

(4) 你还需要最终能利用或破坏该技术的应用程序。openobex（网站为http://openobex.sourceforge.net/）是这种应用的一个实例，它实现了OBEX（OBject EXchange，对象交换）协议，用于交换文档和名片等对象。要配置Linux-IrDA，你需要irda-utils工具包（捆绑在许多发行版中），其中提供了irattach、irdadump和irdaping等工具。

16.2.2 设备实例：超级 I/O 芯片

要想感受一下Linux-IrDA，我们拿两台笔记本计算机用IR通信。每台计算机装有具有IR功能的美国国家半导体公司的 NSC PC87382 超级I/O芯片[1]。图16-4中的UART1显示了连接场景。PC87382芯片能工作在SIR和FIR两种模式，我们分别介绍一下。

SIR芯片向主机提供了一个UART接口。为了用SIR模式通信，将每台计算机的相关UART端口（本例中的/dev/ttyS1）附着到IrDA栈：

```
bash> irattach /dev/ttyS1 -s
```

确认IrDA内核模块（irda.ko、sir_dev.ko和irtty_sir.ko）已经加载，并且irda_sir_wq内核线程已经启动，从ifconfig命令的输出中可以看到irda0接口。命令irattach的-s选项会启动对周边IR活动情况的搜索。如果你将笔记本计算机移动到它们IR收发机的锥角范围内，它们就能相互识别：

```
bash> cat /proc/net/irda/discovery
nickname: localhost, hint: 0x4400, saddr: 0x55529048, daddr: 0x8fefb350
```

另一个笔记本计算机会有类似输出，但源地址和目的地址（saddr和daddr）是反的。可以在ttyS1上用stty设置想要的通信速率。如设置波特率为19 200：

```
bash> stty speed 19200 < /dev/ttyS1
```

最简单的搜索周边IR活动性的方法是使用调试工具irdadump。下面是在连接建立期间显示协商参数的样例：

```
bash> irdadump -i irda0
...
22:05:07.831424 snrm:cmd ca=fe pf=1 6fb7ff33 > 2c0ce8b6 new-ca=40
LAP QoS: Baud Rate=19200bps Max Turn Time=500ms Data Size=2048B Window Size=7 Add
BOFS=0 Min Turn Time=5000us Link Disc=12s (32)
```

---

[1] 除支持IrDA外，超级I/O芯片组通常还支持许多外围设备，如串行端口、并行端口、MIDI（Musical Instrument Digital Interface，乐器数字接口）和软盘控制器。

```
22:05:07.987043 ua:rsp ca=40 pf=1 6fb7ff33 < 2c0ce8b6
LAP QoS: Baud Rate=19200bps Max Turn Time=500ms Data Size=2048B Window Size=7 Add
BOFS=0 Min Turn Time=5000us Link Disc=12s (31)
...
```

也能在/proc/sys/net/irda/debug中用控制打印调试信息级别的方法从IrDA栈输出信息。

要设置笔记本计算机处于FIR模式,去除ttyS1与串行驱动程序的关联,并将其附着到NSC FIR驱动程序nsc-ircc.ko:

```
bash> setserial /dev/ttyS1 uart none
bash> modprobe nsc-ircc dongle_id=0x09
bash> irattach irda0 -s
```

`dongle_id`取决与你的IR硬件,它可以在硬件文档中找到。如在SIR中所做的,查看/proc/net/irda/discovery 可以知道目前情况是否良好。有时FIR通信在较高速度时会宕机。如果irdadump显示通信宕机了,就需要修复代码,或通过调整 /proc/sys/net/irda/max_baud_rate降低协商的速度。

注意,与蓝牙物理层能建立单对多的连接不同,一个物理设备的IR只支持一个连接。

16.2.3 设备实例:IR Dongle

dongle是能插到串行端口或USB端口的IR设备。有些微控制器(比如图16-5中Cirrus Logic公司的 EP7211)具有连接到UART的片上IR控制器,它们也被称为dongle。

dongle驱动程序是一套负责改变通信速率等操作的一套控制方法,它们有4个入口点:`open()`、`reset()`、`change_speed()`和`close()`。这些入口点定义为结构体`dongle_driver`的一部分,并从IrDA内核线程`irda_sir_wq`的上下文中调用。dongle驱动程序中的这些函数允许被阻塞,因为它们是在无需取得锁的进程上下文中调用的。IrDA核心为dongle驱动程序提供了3个辅助函数:用于和相应UART交换控制数据的`sirdev_raw_write()`和`sirdev_raw_read()`,用于调整连接到UART的调制解调器控制线的`sirdev_set_dtr_rts()`。

因为相比于修改Linux-IrDA的其他部分,你更可能向内核添加对dongle的支持。我们来实现一个dongle驱动程序示例。假设你正准备让一个速率只在192 000或57 600 baud、暂不被系统支持的简单串行IR dongle得到支持,并假设用户想将波特率调整到两者之间,你必须让UART的RTS引脚保持低电平50μs,然后跳到高电平并保持25ms。代码清单16-2为该设备实现了dongle驱动程序。

代码清单16-2 实例dongle驱动程序

```c
#include <linux/delay.h>
#include <net/irda/irda.h>
#include "sir-dev.h"    /* Assume that this sample driver lives in
                           drivers/net/irda/ */

/* Open Method. This is invoked when an irattach is issued on the
   associated UART */
static int
```

```c
mydongle_open(struct sir_dev *dev)
{
  struct qos_info *qos = &dev->qos;

  /* Power the dongle by setting modem control lines, DTR/RTS. */
  sirdev_set_dtr_rts(dev, TRUE, TRUE);

  /* Speeds that mydongle can accept */
  qos->baud_rate.bits &= IR_19200|IR_57600;

  irda_qos_bits_to_value(qos); /* Set QoS */
  return 0;
}

/* Change baud rate */
static int
mydongle_change_speed(struct sir_dev *dev, unsigned speed)
{
  if ((speed == 19200) || (speed = 57600)){
    /* Toggle the speed by pulsing RTS low
       for 50 us and back high for 25 us */
    sirdev_set_dtr_rts(dev, TRUE, FALSE);
    udelay(50);
    sirdev_set_dtr_rts(dev, TRUE, TRUE);
    udelay(25);
    return 0;
  } else {
    return -EINVAL;
  }
}

/* Reset */
static int
mydongle_reset(struct sir_dev *dev)
{
  /* Reset the dongle as per the spec, for example,
     by pulling DTR low for 50 us */
  sirdev_set_dtr_rts(dev, FALSE, TRUE);
  udelay(50);
  sirdev_set_dtr_rts(dev, TRUE, TRUE);
  dev->speed = 19200; /* Reset speed is 19200 baud */
  return 0;
}

/* Close */
static int
mydongle_close(struct sir_dev *dev)
{
  /* Power off the dongle as per the spec,
     for example, by pulling DTR and RTS low.. */
  sirdev_set_dtr_rts(dev, FALSE, FALSE);
  return 0;
}

/* Dongle Driver Methods */
```

```c
static struct dongle_driver mydongle = {
  .owner     = THIS_MODULE,
  .type      = MY_DONGLE,              /* Add this to the enumeration
                                          in include/linux/irda.h */
  .open      = mydongle_open,          /* Open */
  .reset     = mydongle_reset,         /* Reset */
  .set_speed = mydongle_change_speed,  /* Change Speed */
  .close     = mydongle_close,         /* Close */
};

/* Initialize */
static int __init
mydongle_init(void)
{
  /* Register the entry points */
  return irda_register_dongle(&mydongle);
}
/* Release */
static void __exit
mydongle_cleanup(void)
{
  /* Unregister entry points */
  irda_unregister_dongle(&mydongle);
}

module_init(mydongle_init);
module_exit(mydongle_cleanup);
```

实际运行的例子请参见drivers/net/irda/tekram.c和drivers/net/irda/ep7211_ir.c。

物理层已经运行起来了,现在我们学习IrDA协议。

16.2.4 IrCOMM

IrComm能模拟串行端口。终端仿真器等应用程序和PPP等协议可以不用改变就能运行在由IrComm创建的虚拟串行接口上。IrComm是由两个相关的模块实现的,即ircomm.ko和ircomm_tty.ko。前者提供了对核心协议的支持,后者创建和管理虚拟的串行端口节点/dev/ircommX。

16.2.5 联网

有3种方法可以让TCP/IP程序运行在IrDA上:
(1) 在IrDA上运行异步PPP;
(2) 在IrNET上运行同步PPP;
(3) 在IrLAN上进行以太网模拟。

在IrComm上联网就是在一个串行端口上运行异步PPP,因此没有什么特别问题。

异步PPP需要用某种技术标识帧的起始和结束,比如字节填充技术,但如果PPP运行在数据链路比如以太网上,它不应该因帧协议的开销而降低效率。这就是所谓的同步PPP,它被用于在

IrNET联网配置[1]。穿过PPP层的包提供了按需配置IP地址、压缩、认证等功能。

要启动IrNET，请加载irnet.ko。这同时也创建了字符设备节点/dev/irnet。它是一条控制信道，通过它可以附着PPP守护程序：

```
bash> pppd /dev/irnet 9600 noauth a.b.c.d:a.b.c.e
```

这会在IP地址分别为a.b.c.d 和 a.b.c.e的终端上生成pppX网络接口，这个接口现在能发送TCP/IP包了。

IrLAN在IrDA上提供了原始以太网仿真，要用IrLAN为笔记本计算机联网，在两台机器上都执行下列操作。

- 加载irlan.ko。这会创建网络接口irlanX，其中X是分配的接口号。
- 配置irlanX接口。要设置IP地址，执行：

```
bash> ifconfig irlanX a.b.c.d
```

或通过在/etc/sysconfig/network-scripts/-ifcfg-irlan0[2]添加下面一行自动实现：

```
DEVICE=irlanX IPADDR=a.b.c.d
```

现在你可以通过irlanX接口和对方进行网络交流了。

16.2.6　IrDA 套接字

要在IrDA上开发客户程序，请使用IrSock接口。要在TinyTP上创建一个套接字，这样做：

```
int fd = socket(AF_IRDA, SOCK_STREAM, 0);
```

对IrLMP上的数据报套接字，这样做：

```
int fd = socket(AF_IRDA, SOCK_DGRAM, 0);
```

要了解代码实例，请查看irda-utils包中的irsockets/目录。

16.2.7　LIRC

LIRC项目的目标是让你能用遥控器控制Linux计算机。比如，你可以通过遥控器上的按钮，用LIRC控制MP3歌曲或DVD电影播放程序。LIRC的结构包含如下组成部分。

(1) 称为lirc_dev的基本LIRC模块。

(2) 与硬件有关的物理层驱动程序。IR硬件用lirc_serial实现串行端口连接。为了让lirc_serial做这个工作而不受到内核串行驱动程序的影响，需像前面为FIR所做的那样，去掉后者的绑定：

```
bash> setserial /dev/ttySX uart none
```

你可能要用更合适的底层LIRC驱动程序替换lirc_serial，这取决于你的IR设备。

(3) 一个称为lircd的用户空间守护程序运行在底层LIRC驱动程序上。lircd对来自遥控器的信

---

[1] 关于在IrNET上联网的学术讨论，参见www.hpl.hp.com/personal/Jean_Tourrilhes/Papers/IrNET.Demand.html。
[2] 该文件的位置取决于具体的发行版。

号解码,它是LIRC的核心。对多遥控器支持的实现是以用户空间驱动程序的形式实现的,它是lircd的一部分。lircd向高层程序输出Unix专用套接字接口/dev/lircd。通过/dev/lircd连接到lircd是编写LIRC应用程序的关键。

(4) 一个称为lircmd的LIRC鼠标守护程序运行在lircd的顶层。lircmd将lircd的消息转换成鼠标事件。这些事件可从命名管道/dev/lircm读取,并输入到程序,如gpm或X Windows。

(5) irrecord和irsend等工具。前者记录从遥控器收到的信号,为新的遥控器产生IR配置文件。后者将来自Linux机器的IR命令汇成流。

访问LIRC主页www.lirc.org可下载所有这些内容,并获得设计和使用的细节。

IR字符驱动程序

如果你的嵌入式设备只需简单的红外接收能力,它可能用迷你化的IR接收机(比如Vishay Semiconductors公司的TSOP1730芯片)。设备实例是装在医院房间的IR定位器,它读取护士佩戴的IR证章发射的数据。在这种情况下,IrDA栈是无关紧要的,因为没有IrDA协议交互。如果它用轻量级的私有协议分析收到的数据,可能也会使定位器的LIRC端口过量使用。一个简单的解决办法是实现一个只读的字符或混杂(misc)驱动程序,它通过/dev 或 /sys接口向相应程序输出原始IR数据。

16.2.8 查看源代码

IrDA底层驱动程序位于drivers/net/irda/目录下,协议实现位于net/irda/目录下,头文件位于include/net/irda/目录下。用/proc/sys/net/irda/*可做调整IrDA栈的试验,浏览/proc/net/irda/* 可得知不同IrDA层的状态信息。

表16-3包含了本节主要的数据结构和它们在源码树中的位置。表16-4列出了本节用到的主要内核编程接口以及它们的定义位置。

表16-3 数据结构摘要

数据结构	位置	说明
dongle_driver	drivers/net/irda/sir-dev.h	dongle驱动程序入口点
sir_dev	drivers/net/irda/sir-dev.h	标识一个SIR设备
qos_info	include/net/irda/qos.h	QoS信息

表16-4 内核编程接口摘要

内核接口	位置	说明
irda_register_dongle()	drivers/net/irda/sir_dongle.c	注册dongle驱动程序
irda_unregister_dongle()	drivers/net/irda/sir_dongle.c	注销dongle驱动程序
sirdev_set_dtr_rts()	drivers/net/irda/sir_dev.c	在连接到IR设备的串行端口上调整调制解调器控制线
sirdev_raw_write()	drivers/net/irda/sir_dev.c	向连接到IR设备的串行端口上写数据
sirdev_raw_read()	drivers/net/irda/sir_dev.c	从连接到IR设备的串行端口上读数据

16.3 WiFi

WiFi也称为WLAN（wireless local-area network，无线局域网），是有线LAN的补充，常在公寓内使用。IEEE 802.11a WLAN标准使用5GHz ISM（Industrial, Scientific, Medical）频段，支持最高54Mb/s的速率。802.11b 和 802.11g标准使用2.4GHz频段，分别支持11Mb/s和54Mb/s的速率。

WLAN类似有线以太网，它们都从同一个地址池分配MAC地址，都作为网络接口出现在操作系统中。比如ARP（Address Resolution Protocol，地址解析协议）表就包含了WLAN MAC地址和以太网MAC地址。

但WLAN和有线以太网在链路层有显著不同。

- 802.11 WLAN 标准使用冲突避免 (CSMA/CA)机制，而有线以太网使用冲突检测机制。
- 与以太网帧不同，WLAN 帧需要确认（ACK）。
- 由于无线网络环境恶劣，WAN使用称为WEP（Wired Equivalent Privacy，有线等效加密）的加密手段，来保证与有线以太网相同的安全性。WEP结合一个40bit或104bit的密钥以及一个随机的24bit初始化向量，用于加密或解密数据。

WLAN 支持两种通信模式。

(1) Ad-hoc模式，此时一组相邻站无需通过接入点就可以直接相互通信

(2) 有基础设施模式，此时数据交互需经过一个接入点进行。接入点周期性地广播SSID（Service Set IDentifier，服务集标识符，也缩写为ESSID），它将不同WLAN区别开。

我们现在来了解Linux是如何支持WLAN的。

16.3.1 配置

无线扩展项目（Wireless Extensions）定义了通用Linux API，用于以设备无关的方式配置WLAN设备驱动程序。它也提供了一套用于设置和访问来自WLAN驱动程序信息的公共工具。各厂家的私有驱动程序实现了对无线扩展的支持，这样它们就可以与公共接口连接，进而与工具连接。

基于无线扩展项目，主要有3种与WLAN驱动程序通信的方式。

(1) 标准操作使用工具iwconfig。为使驱动程序与iwconfig结合，需要实现前述与设置参数（如ESSID和WEP密钥）命令对应的功能。

(2) 特殊操作使用iwpriv。要在驱动程序上使用iwpriv，请定义与硬件相关的私有ioctl，并实现对应的处理函数。

(3) WiFi专用统计用/proc/net/wireless。为此，请在驱动程序中实现`get_wireless_stats()`方法。这是对NIC驱动程序实现的`get_stats()`方法的补充，后者用于一般统计收集，这在15.1.6节中已有描述。

WLAN驱动程序将这3类信息写在结构体 `iw_handler_def` 中，该结构体定义见include/net/iw_handler.h。它的地址在初始化期间通过设备结构体net_device（第15章讨论过）被放进内核。代码清单16-3显示了一个支持无线扩展的WLAN驱动程序的实现框架，并对其中的相

关代码做了注释。

代码清单16-3　支持无线扩展

```c
#include <net/iw_handler.h>
#include <linux/wireless.h>

/* Populate the iw_handler_def structure with the location and number
   of standard and private handlers, argument details of private
   handlers, and location of get_wireless_stats() */
static struct iw_handler_def mywifi_handler_def = {
  .standard          = mywifi_std_handlers,
  .num_standard      = sizeof(mywifi_std_handlers) /
                       sizeof(iw_handler),
  .private           = (iw_handler *) mywifi_pvt_handlers,
  .num_private       = sizeof(mywifi_pvt_handlers) /
                       sizeof(iw_handler),
  .private_args      = (struct iw_priv_args *)mywifi_pvt_args,
  .num_private_args  = sizeof(mywifi_pvt_args) /
                       sizeof(struct iw_priv_args),
  .get_wireless_stats = mywifi_stats,
};

/* Handlers corresponding to iwconfig */
static iw_handler mywifi_std_handlers[] = {
  NULL,                   /* SIOCSIWCOMMIT */
  mywifi_get_name,        /* SIOCGIWNAME */
  NULL,                   /* SIOCSIWNWID */
  NULL,                   /* SIOCGIWNWID */
  mywifi_set_freq,        /* SIOCSIWFREQ */
  mywifi_get_freq,        /* SIOCGIWFREQ */
  mywifi_set_mode,        /* SIOCSIWMODE */
  mywifi_get_mode,        /* SIOCGIWMODE */
  /* ... */
};
#define MYWIFI_MYPARAMETER    SIOCIWFIRSTPRIV

/* Handlers corresponding to iwpriv */
static iw_handler mywifi_pvt_handlers[] = {
  mywifi_set_myparameter,
  /* ... */
};

/* Argument description of private handlers */
static const struct iw_priv_args mywifi_pvt_args[] = {
  { MYWIFI_MYPARAMATER,
    IW_PRIV_TYPE_INT | IW_PRIV_SIZE_FIXED | 1, 0, "myparam"},
}

struct iw_statistics mywifi_stats; /* WLAN Statistics */

/* Method to set operational frequency supplied via mywifi_std_handlers. Similarly
   implement the rest of the methods */
mywifi_set_freq()
```

```
{
  /* Set frequency as specified in the data sheet */
  /* ... */
}

/* Called when you read /proc/net/wireless */
static struct iw_statistics *
mywifi_stats(struct net_device *dev)
{
  /* Fill the fields in mywifi_stats */
  /* ... */
  return(&mywifi_stats);
}


/*Device initialization. For PCI-based cards, this is called from the
  probe() method. Revisit init_mycard() in Listing 15.1 in Chapter 15
  for a full discussion */
static int
init_mywifi_card()
{
  struct net_device *netdev;
  /* Allocate WiFi network device. Internally calls
     alloc_etherdev() */
  netdev = alloc_ieee80211(sizeof(struct mywifi_priv));
  /* ... */

  /* Register Wireless Extensions support */
  netdev->wireless_handlers = &mywifi_handler_def;

  /* ... */
  register_netdev(netdev);
}
```

当无线扩展支持被编译进驱动程序时，你就可以用iwconfig配置ESSID和WEP密钥、查看支持的私有命令，查看网络统计数据：

```
bash> iwconfig eth1 essid blue key 1234-5678-9012-3456-7890-1234-56

bash> iwconfig eth1
eth1    IEEE 802.11b ESSID:"blue" Nickname:"ipw2100"
        Mode:Managed Frequency:2.437 GHz Access Point: 00:40:96:5E:07:2E
        ...
        Encryption key:1234-5678-9012-3456-7890-1234-56
        Security mode:open
        ...
bash> dhcpcd eth1

bash> ifconfig
eth1    Link encap:Ethernet  Hwaddr 00:13:E8:02:EE:18
        inet addr:192.168.0.41   Bcasr:192.168.0.255
        Mask:255.255.255.0
        ...
bash> iwpriv eth1
```

```
eth1      Available private ioctls:
          myparam    (8BE2) : set 2 int  & get 0

bash> cat /proc/net/wireless
Inter-| sta-| Quality          | Discarded packets             | Missed | WE
 face | tus |link level noise|nwid  crypt    frag   retry  misc| beacon | 19
  eth1: 0004  100. 207. 0.     0     0       0      2     1     0
```

本地iwconfig参数（比如ESSID和WEP密钥）应该与接入点的配置一致。

还有一个与无线扩展有类似目标的项目叫cfg80211，它从2.6.22内核发布版开始已被融入内核。

16.3.2 设备驱动程序

市场上有几百个WLAN的OEM（Original Equipment Manufacturer，原始设备制造商），而且卡也有多种形式，如PCI、迷你PCI、CardBus、PCMCIA、CF、USB和SDIO（参见补充内容"SDIO上的WiFi"）。但是作为这些设备核心的控制芯片的数目以及相应Linux设备驱动程序的数目却相对较少。Intersil Prism 芯片组、Lucent Hermes芯片组、Atheros芯片组以及Intel Pro/Wireless都是广泛使用的WLAN控制器。下面是使用这些控制器的设备例子。

- Intersil Prism的 WLAN CF卡。Orinoco WLAN 驱动程序是内核源码树的一部分，它同时支持基于Prism的和基于Hermes的卡。源代码文件请查看drivers/net/wireless/中的orinoco.c和hermes.c，其中orinoco_cs为PCMCIA/CF卡服务提供支持。

- Cisco Aironet 的卡总线（CardBus）适配器。该卡使用Atheros芯片组。Madwifi项目（http://madwifi.org/）为基于Atheros控制器制造的硬件提供了Linux驱动程序。因许可问题，Madwifi源码不是内核源码树的一部分。Madwifi驱动程序的一个模块称为HAL（Hardware Access Layer，硬件访问层），它是保密的。因为Atheros芯片能运行在许可的ISM频段范围以外，且能以各种功耗级别工作。FCC（Federal Communications Commission，美国联邦通信委员会）要求这类设置不能被用户轻易改变。HAL的某些部分只能以二进制形式发布，以遵循FCC的规定。这些二进制文件与内核版本无关。

- 许多笔记本计算机中都有的Intel Pro/Wireless迷你PCI（以及PCIe迷你）卡。内核源码树包含了这些卡的驱动程序。2100和2200 BG系列的驱动程序分别是drivers/net/wireless/ipw2100.c和drivers/net/wireless/ipw2200.c。这些设备需有卡上固件才能工作，你可以从http://ipw2100.sourceforge.net/ 或 http://ipw2200.sourceforge.net/下载2100和2200的固件，4.3.4节已经介绍了将固件下载到这些卡上的步骤。Intel的固件下载是有限制的。

- WLAN USB 设备。Atmel USB WLAN 驱动程序（http://atmelwlandriver.sourceforge.net/）支持基于Atmel 芯片组制造的USB WLAN设备。

WLAN驱动程序的任务是让你的卡显得像通常网络接口一样。驱动程序的实现一般分为以下几个部分。

(1) 与Linux网络栈通信的接口。我们在15.1.2节已经详细讨论过这个接口。你可以用15章中的代码清单15-1作为实现WLAN驱动程序这一部分的模板。

(2) 结构因素相关的代码。如果你的卡是PCI卡，它需要遵循第10章描述的内核PCI子系统构建。类似地，PCMCIA和USB也必须遵循各自核心层。

(3) 芯片组特定的部分。它是WLAN驱动程序的基石，是基于芯片数据手册中的寄存器规格的。许多公司没有发布足够多的用于编写开放源代码驱动程序的文档，因此一些Linux WLAN驱动程序的这一部分至少在一定程度上是基于逆向工程的。

(4) 对无线扩展的支持。前面的代码清单16-3实现了一个例子。

802.11与硬件无关的那部分在不同驱动程序上是可重用的，因此它们是作为公共库函数集实现的，放在net/ieee80211/目录中。ieee80211是核心协议模块，但如果你想通过iwconfig命令配置WEP密钥，必须装载ieee80211_crypt 和ieee80211_crypt_wep。要从802.11栈中输出调试信息，请在配置内核时启用CONFIG_IEEE80211_DEBUG。你可以用/proc/net/ieee80211/debug_level设置你希望看到的调试信息。从2.6.22发布版开始，内核有一个802.11栈（net/mac80211/，由Devicescape公司提供）的可选项。以后WiFi设备驱动程序也许会移植到这个新栈。

SDIO上的WiFi

就像PCMCIA卡已经从存储器扩展到其他用途一样，SD卡也不再仅限于作为消费电子产品的存储空间。SDIO（Secure Digital Input/Output，安全数字输入/输出）标准为SD领域带来了新技术，如WiFi、蓝牙、GPS。Linux-SDIO项目（http://sourceforge.net/ projects/sdio-linux/）为许多SDIO卡提供了驱动程序。

SD卡协会主页为www.sdcard.org。被协议采纳的最新标准是microSD和miniSD，它们是SD卡的迷你结构版本。

16.3.3 查看源代码

WiFi设备驱动程序在drivers/net/wireless/目录下。无线扩展的实现以及新的cfg80211配置接口位于net/wireless/目录下。两个Linux 802.11栈分别在net/ieee80211/ 和net/mac80211/目录下。

16.4 蜂窝网络

GSM（Global System for Mobile Communications，全球移动通信系统）是主要的数字蜂窝标准。GSM网络称为2G或第二代网络，GPRS代表2G演进到了2.5G。与2G网络不同，2.5G网络是"随时在线"的。相比于GSM的9.6kb/s的吞吐量，GPRS理论上支持170kb/s的速率。2.5G的GPRS现在已经让位给基于CDMA技术的能提供更高速率的3G网络。

本节介绍GPRS和CDMA。

16.4.1 GPRS

因为GPRS芯片是手机调制解调器，它们提供了与系统连接的UART接口，而且通常不需要特别的Linux驱动程序。下面介绍Linux是如何支持普通GPRS硬件的。

(1) 对一个有内建GPRS支持的系统，比如一块具有Siemens MC-45模块的板子，模块通过线路连接到微控制器的UART通道,传统的Linux串行驱动程序能驱动这个链路。

(2) 对一个PCMCIA/CF GPRS 设备,比如Options GPRS卡serial_cs,通用串行卡服务驱动程序(Card Services driver)能使操作系统的其他部分将卡视为一个串行设备,第一个未使用的串行设备(/dev/ttySX)被分配给该卡,详细说明请见第9章的图9-5。

(3) 对USB GPRS 调制解调器,USB-串行端口转换器通常将USB端口转换成一个虚拟串行端口。usbserial驱动程序使系统将USB调制解调器视为一个串行设备(/dev/ttyUSBX)。11.6.2节讨论了USB-串行端口转换器。

上述驱动程序的叙述也适用于GPS接收机和GSM上的联网。

当串行链路可用后,你也许要通过AT命令建立网络连接。(AT命令是与调制解调器通信的标准语言。)蜂窝设备支持一个扩展的AT命令集。确切的命令顺序与使用的特定蜂窝技术有关,比如考虑要在GPRS上进行连接的AT字符串。在进入数据模式和通过GGSN(Gateway GPRS Support Node,网关GPRS支持结点)连接到一个外部网络前,一个GPRS设备必须用AT命令定义一个上下文,下面是上下文字符串的例子:

```
'AT+CGDCONT=1,"IP","internet1.voicestream.com","0.0.0.0",0,0'
```

这里1代表上下文编号;IP是包的类型;nternet1.voicestream.com是APN(Access Point Name,接入点名称),它与服务提供商有关;0.0.0.0表示请服务提供商选择IP地址。最后两个参数与数据和头部压缩相关,用户名和密码通常不需要。

正如第9章所示,PPP是在GPRS上传输TCP/IP负载的工具。常见的调用PPP守护程序(即pppd)的语法是这样的:

```
bash> pppd ttySX call connection-script
```

这里ttySX是PPP运行所依赖的串行端口,connection-script是/etc/ppp/peers/[①]中的文件,它包含了建立链路的AT命令顺序。在建立连接并完成认证后,PPP启动NCP(Network Control Protocol,网络控制协议),比如IPCP(Internet Protocol Control Protocol,因特网协议控制协议)。当IPCP成功协商了IP地址后,PPP开始与TCP/IP栈通信。

/etc/ppp/peer/gprs-seq有一个PPP连接脚本的例子,它以57 600波特率的速率连接GPRS服务提供商。脚本中命令行的语义请参见pppd的操作手册。

```
57600
connect "/usr/sbin/chat -s -v "" AT+CGDCONT=1,"IP",
"internet2.voicestream.com","0.0.0.0",0,0 OK AT+CGDATA="PPP",1"
crtscts
noipdefault
modem
usepeerdns
defaultroute
connect-delay 3000
```

[①] 路径名会因你用的版本不同而不同。

16.4.2 CDMA

因性能原因，许多CDMA PC卡有一个内部USB控制器，CDMA调制解调器是通过它连接的。当这样的卡被插入时，系统会在PCI总线上发现一个或多个新的PCI-USB桥接器。我们以华为CDMA CardBus卡为例。当在笔记本计算机的CardBus插槽上插入该卡后，可以在lspci命令的输出中见到其他入口：

```
bash> lspci -v
...
07:00:0 USB Controller: NEC Corporation USB (rev 43) (prog-if 10 [OHCI])
07:00:1 USB Controller: NEC Corporation USB (rev 43) (prog-if 10 [OHCI])
07:00:2 USB Controller: NEC Corporation USB 2.0 (rev 04) (prog-if 20 [EHCI])
```

这些是标准的OHCI和EHCI控制器，因此主机控制器驱动程序可以无缝地与它们通信。但如果一个CDMA卡使用内核不支持的主机控制器，你就得写一个新的USB主机控制器驱动程序。我们来进一步看一下上面lspci输出中的新USB总线，看看我们是否能找到连接到它们的所有设备：

```
bash> cat /proc/bus/usb/devices
T:  Bus=07 Lev=00 Prnt=00 Port=00 Cnt=00 Dev#=  1 Spd=480 MxCh= 2
B:  Alloc=  0/800 us ( 0%), #Int=   0, #Iso=   0
D:  Ver= 2.00 Cls=09(hub  ) Sub=00 Prot=01 MxPS=64 #Cfgs=  1
...
T:  Bus=06 Lev=00 Prnt=00 Port=00 Cnt=00 Dev#=  1 Spd=12  MxCh= 1
B:  Alloc=  0/900 us ( 0%), #Int=   0, #Iso=   0
D:  Ver= 1.10 Cls=09(hub  ) Sub=00 Prot=00 MxPS=64 #Cfgs=  1
...
T:  Bus=05 Lev=00 Prnt=00 Port=00 Cnt=00 Dev#=  1 Spd=12  MxCh= 1
B:  Alloc=  0/900 us ( 0%), #Int=   1, #Iso=   0
D:  Ver= 1.10 Cls=09(hub  ) Sub=00 Prot=00 MxPS=64 #Cfgs=  1
...
T:  Bus=05 Lev=01 Prnt=01 Port=00 Cnt=01 Dev#=  3 Spd=12  MxCh= 0
D:  Ver= 1.01 Cls=00(>ifc ) Sub=00 Prot=00 MxPS=16 #Cfgs=  1
P:  Vendor=12d1 ProdID=1001 Rev= 0.00
S:  Manufacturer=Huawei Technologies
S:  Product=Huawei Mobile
C:* #Ifs= 2 Cfg#= 1 Atr=e0 MxPwr=100mA
I:  If#= 0 Alt= 0 #EPs= 3 Cls=ff(vend.) Sub=ff Prot=ff Driver=pl2303
E:  Ad=81(I) Atr=03(Int.) MxPS=  16 Ivl=128ms
E:  Ad=8a(I) Atr=02(Bulk) MxPS=  64 Ivl=0ms
E:  Ad=0b(O) Atr=02(Bulk) MxPS=  64 Ivl=0ms
I:  If#= 1 Alt= 0 #EPs= 2 Cls=ff(vend.) Sub=ff Prot=ff Driver=pl2303
E:  Ad=83(I) Atr=02(Bulk) MxPS=  64 Ivl=0ms
E:  Ad=06(O) Atr=02(Bulk) MxPS=  64 Ivl=0ms
```

最上面的3个入口（bus7、bus6和bus5）与CDMA卡中的3个主机控制器相对应，最后的入口说明一个全速（12Mb/s）USB设备连接到bus5，这个设备的制造商ID是0x12d1，产品ID是0x1001。从前面的输出可知，USB核心将该设备与pl2303驱动程序绑定。如果查看PL2303 Prolific USB-串行端口转换适配器驱动程序的源代码文件（drivers/usb/serial/pl2303.c），你会在usb_device_id表中找到下列成员：

```
static struct usb_device_id id_table [] = {
  /* ... */
  {USB_DEVICE(HUAWEI_VENDOR_ID, HUAWEI_PRODUCT_ID)},
  /* ... */
};
```

浏览同一个目录下的pl2303.h文件可以确定，HUAWEI_VENDOR_ID和HUAWEI_PRODUCT_ID与你在/proc/bus/usb/devices中收集到的值一致。pl2303驱动程序在检测到的USB-串行端口转换器上生成了一个串行接口/dev/ttyUSB0，你可以在该接口上给CDMA调制解调器发送AT命令。将pppd附着到这个设备并连接到网络，现在就可以在3G网络上冲浪了！

16.5 当前趋势

当前网络连接朝两个方向发展，一头是连接蜂窝网和WiFi以提供更廉价的联网方案，另一头是在GPRS手机中集成蓝牙、红外等技术，使消费电子设备能连到因特网。图16-7展示了这样一种场景。

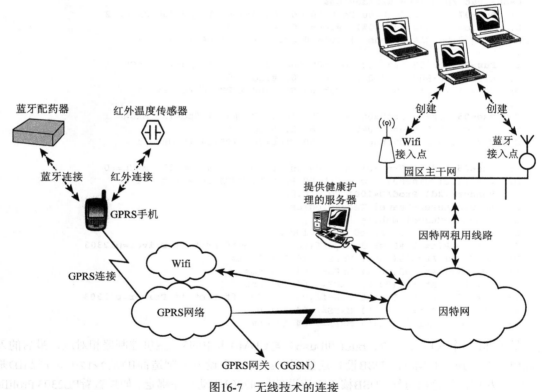

图16-7 无线技术的连接

在综合现有标准和技术的同时，人们还在探索无线领域的新通信标准。
Zigbee（www.zigbee.org）采用新的802.15.4标准对嵌入式领域进行无线互联，它适用于范围小、移动速度低、功耗小、代码量少的嵌入式应用领域，主要瞄准家庭和工业自动化。在本章讨论的无线协议中，Zigbee与蓝牙最接近，但它被认为是蓝牙的补充而不是竞争者。

基于IEEE 802.16的WiMax（Worldwide interoperability for Microwave access，全球互通微波存取）是一个MAN（metropolitan-area network，城域网），具有几千米的覆盖范围。它为家庭和办公室提供固定连接，对移动用户则提供移动接入。WiMax是解决最后一千米接入问题（好比从最近的地铁站到达你家）的一种有效方法，并首创了大范围宽带接入。WiMax论坛为www.wimaxforum.org。

MIMO（Multiple In Multiple Out，多输入多输出）是一种新的多天线技术，可用于WiFi或WiMax产品，以增强它们的连接速度、覆盖范围和连通性。

工作组还在开发被称为第四代网络（或称4G）的新技术。4G意味是许多通信技术的综合。

某些新通信技术对操作系统来说是透明的，并且不需要改变现有驱动程序和协议栈，而另一些（如Zigbee）需要新的驱动程序和协议栈，但目前还没有普遍接受的开放的实现源代码。Linux与时俱进，因此在以后的内核发布版中会寻求对这些新技术的支持。

第 17 章 存储技术设备

本章内容
- 什么是闪存
- Linux-MTD子系统
- 映射驱动程序
- NOR芯片驱动程序
- NAND芯片驱动程序
- 用户模块
- MTD工具
- 配置MTD
- XIP
- FWH
- 调试
- 查看源代码

当你按下手持设备的电源开关时，它很可能是从闪存启动的。当你在手机上按动某些按钮以保存数据时，几乎可以肯定，你的数据是存在闪存内的。如今，Linux已经渗入到嵌入式领域，而不再仅限于台式机和服务器。Linux在PDA、音乐播放器、机顶盒甚至医疗设备中的使用都较多。内核的MTD（Memory Technology Devices，存储技术设备）子系统负责系统与设备中各类型的闪存的连接。在这一章，我们通过一个Linux手持设备示例学习MTD。

17.1 什么是闪存

闪存是无需依靠供电保持信息的可擦写的存储器。闪存的存储体通常被组织成扇区（sector）。与传统存储器不同，向闪存地址写之前要先擦掉该地址的内容，并且对闪存的擦除粒度是单个扇区。因此，闪存最好与经过裁剪的、合适的设备驱动程序和文件系统一起使用。在Linux系统中，这种特别设计的驱动程序和文件系统是由MTD子系统提供的。

闪存芯片有两种形式：NOR和NAND。NOR用于存储嵌入式设备上的固件映像（firmware image），而NAND用作大容量、高密度、廉价的、但有瑕疵[①]的存储器，通常是固态大容量存储介质，如USB笔驱动器和DOM。NOR闪存芯片通过与通常RAM类似的地址线和数据线连接到处理器，但NAND闪存芯片是通过I/O和控制线与设备连接的。因此在NOR闪存上的代码能直接执行，而NAND闪存上的代码必须要先复制到RAM才能执行。

[①] NAND闪存上有坏块实际上是常见的，详见17.5节。

17.2 Linux-MTD 子系统

内核的MTD子系统如图17-1所示,它支持闪存和类似的非易失性固态存储器,包含以下部分。
- MTD核心。它是关键部分,由库例程和数据结构组成,被MTD子系统的其他部分使用。
- 映射（map）驱动程序。它决定在收到闪存访问请求时处理器应该做什么。
- NOR芯片驱动程序。它知道与NOR闪存芯片通信所需的命令。
- NAND芯片驱动程序。它实现了NAND闪存控制器的底层支持。
- 用户模块。它是与用户空间程序交互的层。
- 某些特殊闪存芯片的私有设备驱动程序。

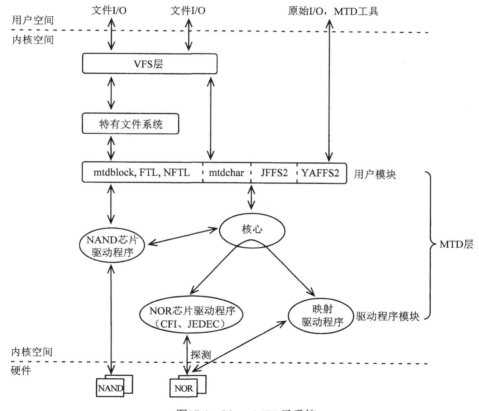

图17-1 Linux MTD子系统

17.3 映射驱动程序

为了使设备支持MTD,首先的任务是告诉MTD如何访问闪存设备。为此,你必须映射闪存范围以便CPU访问,并提供操作闪存的方法。下一个任务是告诉MTD闪存上的不同存储区域。与

PC兼容系统的硬盘不同,闪存上没有标准的分区表,因此,磁盘分区工具(如fdisk和cfdisk[①])不能用于闪存设备的分区。实际上,分区信息的实现是内核代码的一部分[②]。这些任务是在MTD映射驱动程序的协助下完成的。

为了更好地理解映射驱动程序的功能,让我们看一个例子。

设备实例:手持设备

考虑一个图17-2所示的Linux手持设备。其中的闪存大小为32MB,并被映射到处理器的地址空间0xC0000000。它包括3个分区,分别用于引导装入程序、内核和根文件系统。引导装入程序(Bootloader)分区从闪存的顶部开始,内核分区从偏移MY_KERNEL_START处开始,根文件系统从偏移MY_FS_START[③]处开始。引导装入程序和内核放在只读分区以防被破坏,而文件系统分区是可读写的。

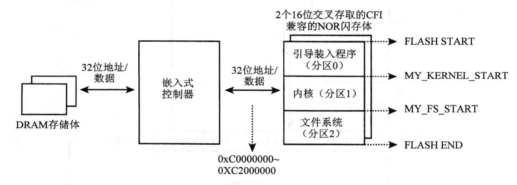

图17-2 示例Linux手持设备上的闪存

我们先创建闪存映射,然后开始驱动程序初始化。映射驱动程序必须将图中的闪存布局转变成mtd_partition结构体。代码清单17-1包含了与图17-2对应的mtd_partition定义。注意mask_flags字段标识是否允许写,MTD_WRITEABLE表示一个只读分区。

代码清单17-1 创建一个MTD分区映射

```
#define FLASH_START          0x00000000
#define MY_KERNEL_START      0x00080000 /* 512K for bootloader */
#define MY_FS_START          0x00280000 /* 2MB for kernel */
#define FLASH_END            0x02000000 /* 32MB */
static struct mtd_partition pda_partitions[] = {
  {
    .name        = "pda_btldr",        /* This string is used by
                                          /proc/mtd to identify
```

---

① fdisk 和 cfdisk 用于操作PC系统第一个硬盘扇区上的分区表。
② 如果在内核配置期间启用CONFIG_MTD_CMDLINE_PARTS,你可能还会通过命令行参数mtdpart=将分区信息传给MTD。具体使用语法参见drivers/mtd/cmdlinepart.c。
③ 某些设备还有额外分区,用于保存引导装入程序参数、额外文件系统和还原内核。

```
                                      the bootloader partition */
    .size:       = (MY_KERNEL_START-FLASH_START),
    .offset      = FLASH_START,        /* Start from top of flash */
    .mask_flags  = MTD_WRITEABLE       /* Read-only partition */
  },
  {
    .name        = "pda_krnl",         /* Kernel partition */
    .size:       = (MY_FS_START-MY_KERNEL_START),
    .offset      = MTDPART_OFS_APPEND, /* Start immediately after
                                          the bootloader partition */
    .mask_flags  = MTD_WRITEABLE       /* Read-only partition */
  },
  {
    .name:       = "pda_fs",           /* Filesystem partition */
    .size:       = MTDPART_SIZ_FULL,   /* Use up the rest of the flash */
    .offset      = MTDPART_OFS_NEXTBLK,/* Align this partition with
                                          the erase size */
  }
};
```

代码清单17-1使用MTDPART_OFS_APPEND表示新分区将从与前一个分区邻接的地址开始，但可写分区的开始地址需要与闪存芯片的扇区边界对齐。为此，文件系统分区使用MTD_OFS_NEXTBLK而不是MTD_OFS_APPEND。

现在生成了mtd_partition结构，我们接着为示例手持设备完成一个基本的映射驱动程序。代码清单17-2向MTD核心注册映射驱动程序。它是作为一个平台驱动程序实现的，并假设架构相关的代码注册了一个同名的平台设备。关于平台设备和平台驱动程序的讨论请看6.2.1节。platform_device在有关的架构相关代码中定义如下：

```
struct resource pda_flash_resource = { /* Used by Listing 17.3 */
  .start = 0xC0000000,                 /* Physical start of the
                                          flash in Figure 17.2 */
  .end   = 0xC0000000+0x02000000-1,    /* Physical end of flash */
  .flags = IORESOURCE_MEM,             /* Memory resource */
};
struct platform_device pda_platform_device = {
  .name = "pda",                       /* Platform device name */
  .id   = 0,                           /* Instance number */
  /* ... */
  .resource = &pda_flash_resource,     /* See above */
};
platform_device_register(&pda_platform_device);
```

代码清单17-2   注册映射驱动程序

```
static struct platform_driver pda_map_driver = {
  .driver = {
    .name    = "pda",             /* ID */
  },
  .probe     = pda_mtd_probe,     /* Probe */
```

```
  .remove      = NULL,         /* Release */
  .suspend     = NULL,         /* Power management */
  .resume      = NULL,         /* Power management */
};

/* Driver/module Initialization */
static int __init pda_mtd_init(void)
{
  return platform_driver_register(&pda_map_driver);
}

/* Module Exit */
static int __init pda_mtd_exit(void)
{
  return platform_driver_uregister(&pda_map_driver);
}
```

因为内核发现代码清单17-2中的平台驱动程序名称与已注册的平台设备一致,它就调用探测(probe)方法pda_mtd_probe()(在代码清单17-3中)。这个例程的含义如下。

- 用request_mem_region()预留闪存地址范围,并调用ioremap_nocache(),使CPU能访问此段内存,这已经在第10章介绍过了。
- 生成一个包含如闪存起始地址和大小等信息的map_info结构体(后面讨论)。结构体中的信息在下一步的探测执行时会用到。
- 通过合适的MTD芯片驱动程序(下一节讨论)探测闪存。只有当芯片驱动程序知道如何询问芯片并发出访问所需的命令之后,芯片才会尝试不同的总线宽度和交叉(interleave)存取方式。在图17-2中,2个16位的闪存体被并行连接在一起用于填充32位的处理器总线宽度,因此需要2路交叉存取。
- 向MTD核心注册先前生成的mtd_partition结构。

在看代码清单17-3之前,我们先看一下map_info结构体。它包含了地址、大小、闪存宽度以及访问例程:

```
struct map_info {
  char * name;                /* Name */
  unsigned long size;         /* Flash size */
  int bankwidth;              /* In bytes */
  /* ... */
  /* You need to implement custom routines for the following methods
     only if you have special needs. Else populate them with built-
     in methods using simple_map_init() as done in Listing 17.3 */
  map_word (*read)(struct map_info *, unsigned long);
  void     (*write)(struct map_info *, const map_word,
                    unsigned long);
  /* ... */
};
```

虽然我们是在讨论访问闪存芯片,但还是应该简要回顾一下在第4章中讨论过的内存屏障。

对指令进行看起来似乎对编译器（或处理器）没有改变的重新排序，其实际效果可能并非如此。因此，最好不要变更闪存的数据操作顺序。比如你不想写完闪存扇区后进行擦除，而是想反过来做。或者，希望相同的闪存芯片及其设备驱动程序能被用于有不同指令排序算法的嵌入式处理器。因为这些原因，MTD驱动程序是硬件内存屏障的著名用户。simple_map_write()是用于映射驱动程序的通用例程，可作为前面提到的map_info结构体中的write()方法使用。它在返回前调用mb()，这就确保了处理器没有跨越屏障重排读写顺序。

代码清单17-3　映射驱动程序探测方法

```
#include <linux/mtd/mtd.h>
#include <linux/mtd/map.h>
#include <linux/ioport.h>

static int
pda_mtd_probe(struct platform_device *pdev)
{
  struct map_info *pda_map;
  struct mtd_info *pda_mtd;
  struct resource *res = pdev->resource;

  /* Populate pda_map with information obtained
     from the associated platform device */
  pda_map->virt = ioremap_nocache(res->start,
                                  (res->end - res->start + 1));
  pda_map->name = pdev->dev.bus_id;
  pda_map->phys = res->start;
  pda_map->size = res->end - res->start + 1;
  pda_map->bankwidth = 2;    /* Two 16-bit banks sitting on a 32-bit bus */
  simple_map_init(&pda_map);  /* Fill in default access methods */

  /* Probe via the CFI chip driver */
  pda_mtd = do_map_probe("cfi_probe", &pda_map);
  /* Register the mtd_partition structure */
  add_mtd_partitions(pda_mtd, pda_partitions, 3); /* Three Partitions */

  /* ... */
}
```

如果觉得代码清单17-3中的CFI探测比较深奥，不用担心，下一节学习NOR芯片驱动程序时还会讨论它。

MTD现在知道你的闪存设备是如何组织和如何访问的了。当你用映射驱动程序引导内核时，用户空间程序可以分别把你的引导装入程序、内核、文件系统分区看作是/dev/mtd/0、/dev/mtd/1和/dev/mtd/2。因此，如果想在你的手持设备上测试存放一个内核映像，可以这样做：

```
bash> dd if=zImage.new of=/dev/mtd/1
```

> **引导装入程序中的闪存分区**
>
> Redboot引导装入程序维持一个装有闪存布局的分区表，因此如果你在手持设备上使用Redboot，就可以在引导装入程序中配置闪存分区，而不用写MTD映射驱动程序。如果想让MTD从Redboot的分区表中分析闪存映射信息，请在内核配置阶段打开CONFIG_MTD_REDBOOT_PARTS选项。

17.4 NOR芯片驱动程序

你也许已经注意到，本手持设备用到的NOR闪存芯片（图17-2）标识为CFI兼容。CFI表示公共闪存接口（Common Flash Interface），它是一个省去了为支持不同厂商芯片而需开发不同驱动程序麻烦的规范。软件能查询CFI兼容的闪存芯片并能自动检测块大小、定时参数以及用于通信的命令集。实现这类规范的驱动程序如CFI和JEDEC称为芯片驱动程序。

根据CFI规范，为初始化查询，软件必须将0x98写到地址为0x55的闪存位置。查看代码清单17-4可以知道MTD是如何实现CFI查询的。

代码清单17-4　查询CFI兼容的闪存

```
/* Snippet from cfi_probe_chip() (2.6.23.1 kernel) defined in
   drivers/mtd/chips/cfi_probe.c, with comments added */

/* cfi is a pointer to struct cfi_private defined in
   include/linux/mtd/cfi.h */

/* ... */

/* Ask the device to enter query mode by sending
   0x98 to offset 0x55 */
cfi_send_gen_cmd(0x98, 0x55, base, map, cfi,
                 cfi->device_type, NULL);

/* If the device did not return the ASCII characters
   'Q', 'R' and 'Y', the chip is not CFI-compliant */
if (!qry_present(map, base, cfi)) {
  xip_enable(base, map, cfi);
  return 0;
}

/* Elicit chip parameters and the command-set, and populate
   the cfi structure */
if (!cfi->numchips) {
  return cfi_chip_setup(map, cfi);
}
/* ... */
```

CFI规范定义了各种兼容芯片能执行的命令集，部分常见命令集如下。

❑ 命令集0001，Intel和Sharp闪存芯片支持。

- 命令集0002，在AMD和Fujitsu闪存芯片中实现。
- 命令集0020，用于ST闪存芯片。

MTD将这些命令集作为内核模块支持，你可以在内核配置菜单中启用闪存芯片支持的命令集。

17.5 NAND芯片驱动程序

NAND技术用在USB笔驱动器、DOM、CF内存卡和SD/MMC卡等设备中，模拟标准存储接口，比如基于NAND闪存的SCSI或IDE，因此你无需开发与它们通信的NAND驱动程序[①]，但板载NAND闪存芯片需要特殊的驱动程序，这就是本节的主题。

前文已经介绍过，NAND闪存芯片与NOR不同，它们不是通过数据线和地址线连接到CPU的，而是通过一个称为NAND闪存控制器的特别电子元件与CPU对接的，许多嵌入式处理器集成了NAND控制器。要从NAND闪存读取数据，CPU向NAND控制器发出一个读命令。控制器从请求的闪存位置将数据发到内部RAM存储器，它也是控制器的一部分。数据传输以闪存芯片页大小为单位传输（比如2KB）。一般情况下，闪存芯片越密集，它的页就越大。注意页大小与闪存芯片的块大小不同，后者是最小可擦除的存储单位（比如16KB）。当发送操作完成后，CPU从内部RAM读出NAND内容。除了控制器是从内部RAM向闪存发送数据外，NAND闪存的写操作类似。嵌入式设备中的NAND闪存的连接图见图17-3。

由于这种寻址方式与众不同，所以需要对NAND存储器使用特殊的驱动程序。MTD提供了这样的驱动程序，用于管理NAND存储数据。如果使用的是一块内核已经支持的芯片，只需启用合适的底层MTD NAND驱动程序。但如果你正在编写一个NAND闪存驱动程序，就需浏览两份数据手册：NAND闪存控制器和NAND闪存芯片。

NAND闪存芯片不支持用协议（如CFI）进行自动配

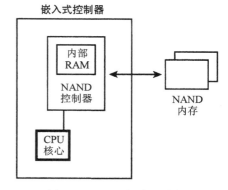

图17-3　NAND闪存的连接

置。你必须手动在drivers/mtd/nand/nand_ids.c的`nand_flash_ids[]`表的入口添加定义，让MTD了解NAND芯片的属性。表中的每个入口由识别名、设备ID、页大小、擦除块大小、芯片大小以及一些选项如总线宽度组成。

与NAND存储器密切相关的另一个特点是，NAND闪存芯片与NOR芯片不同，它有瑕疵。NAND闪存上存在有问题位或坏块是正常的。为处理这个问题，NAND设备对每个闪存页关联一个备用区域（比如每个2KB的数据页关联64B备用区域）。备用区域包含了OOB（out-of-band，带外）信息，用于帮助坏块管理和纠错。OOB区域包含ECC（Error Correcting Code，纠错码），用

[①] 除非你正为存储介质本身写驱动程序。假设一个设备准备将其NAND分区输出到外部，比如一个USB大容量存储设备，如果要在这样的设备上嵌入Linux，确实需要编写NAND驱动程序。

于错误检测和纠正，ECC算法纠正单位错误，并能检测多位错误[①]。定义在include/mtd/mtd-abi.h 的布局结构体nand_ecc规定了OOB空闲区域的布局：

```
struct nand_ecclayout {
    uint32_t eccbytes;
    uint32_t eccpos[64];
    uint32_t oobavail;
    struct   nand_oobfree oobfree[MTD_MAX_OOBFREE_ENTRIES];
};
```

在这个结构体中，eccbytes保存了记录ECC数据的OOB的字节数，eccpos是OOB区域的偏移量数组。oobfree记录了OOB区域未使用的字节数，闪存文件系统在这些未使用的字节上存储标识，比如清除标记，它用于标识擦除操作是否成功完成。

特定NAND驱动程序根据芯片的属性初始化它们的nand_ecclayout。图17-4说明了页大小为2KB的NAND闪存芯片的布局。图中使用的OOB语义是页大小为2KB的芯片的默认值，它定义在通用NAND驱动程序drivers/mtd/nand/nand_base.c中。

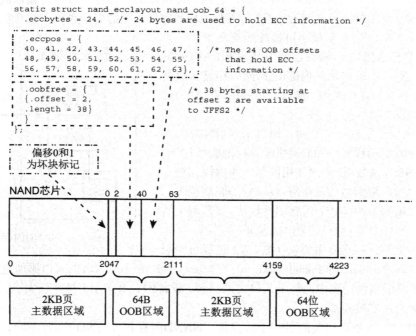

图17-4　NAND闪存芯片的布置

通常，NAND控制器是通过硬件在OOB区域的ECC字段执行错误检测和纠正的。但如果你的NAND控制器不支持错误管理，你需要让MTD在软件上做这些工作。MTD nand_ecc驱动程序

[①] 原作者这一部分的讲解有误，具体的检测和纠错能力取决于所使用的算法，如目前许多NAND控制器支持的RS码就支持多位纠错。——译者注

（drivers/mtd/nand/nand_ecc.c）实现软件ECC。

图17-4也显示了包含坏块标记的OOB存储字节。这些标记用于标识坏的闪存块，通常位于每块第一页的OOB区域。OOB区域中的标记位置与芯片属性有关。坏块标记或者在制造期间由工厂设置，或者在软件侦测到坏块时进行设置。MTD在drivers/mtd/nand/nand_bbt.c中实现坏块管理。

代码清单17-1中被图17-2 NOR闪存用到的`mtd_partition`结构体也适用于NAND存储器。当将NAND闪存挂入MTD子系统后，你就可以用标准设备节点（如/dev/mtd/X和/dev/mtdblock/X）访问连续的分区。如果硬件同时使用NOR和NAND存储器，X既可以是NOR，也可以是NAND分区。如果有总数超过32个的闪存分区，请相应更改include/linux/mtd/mtd.h中的`MAX_MTD_DEVICES`的值。

为了有效使用NAND存储器，你需要使用为NAND访问而调整过的文件系统，比如JFFS2或YAFFS2。我们在接下来的一节中讨论这些文件系统。

17.6 用户模块

添加了映射驱动程序并选择了正确的芯片驱动程序后，上层就能使用闪存了。执行文件I/O的用户空间程序需要能将闪存设备当作磁盘一样对待，而实现原始I/O的程序却希望能像访问字符设备一样访问闪存。MTD里实现这些甚至更多功能的层，称为用户模块，如图17-1所示。我们来看一下组成这个层的各部分。

17.6.1 块设备模拟

MTD子系统提供了一个称为mtdblock的块驱动程序，它在闪存上模拟一块磁盘。你可以将任何文件系统（比如EXT2）放在模拟的闪存磁盘上。mtdblock隐藏了复杂的闪存访问过程（比如写之前先擦除相关扇区内容）。被mtdblock创建的设备节点命名为/dev/mtdblock/X，其中X是分区号。要在手持设备的pda_fs分区上建立一个EXT2文件系统，如图17-2所示，运行以下代码：

```
bash> mkfs.ext2 /dev/mtdblock/2      → Create an EXT2 filesystem
                                       on the second partition
bash> mount /dev/mtdblock/2 /mnt     → Mount the partition
```

你很快就会看到，用JFFS2而不是EXT2在闪存文件系统分区上保存文件是更好的选择。

FTL（File Translation Layer，文件转换层）和NFTL（NAND File Translation Layer，NAND文件转换层）执行一个称为耗损平衡（wear leveling）的变换。闪存扇区只能耐受一定次数的擦除操作（在10万次左右）。耗损平衡通过平摊使用扇区从而延长闪存寿命。与mtdblock类似，FTL和NFTL也提供了设备接口，在这类接口上可放置常规的文件系统。相关设备节点命名为/dev/nftl/X，其中X是分区号。该模块的某些算法是有专利的，因此可能会有使用限制。

17.6.2 字符设备模拟

mtdchar驱动程序使底层闪存设备呈现出线性特点，与文件系统要求的块特性不同。mtdchar建立的设备节点命名为/dev/mtd/X，其中X是分区号。在相关mtdchar接口上使用dd命令就可以在

图17-2所示的手持设备上更新引导装入程序分区：

```
bash> dd if=bootloader.bin of=/dev/mtd/0
```

一个原始mtdchar分区的使用示例是保存POST错误日志，它是嵌入式设备上的引导装入程序生成的。另一个在嵌入式系统上使用字符闪存分区的例子是保存类似PC系统中的CMOS、EEPROM信息，包括引导顺序、开机密码、VPD（Vital Product Data，重要产品数据）（如设备序列号和型号）。

17.6.3 JFFS2

JFFS（Journaling Flash File System，日志结构闪存文件系统）被认为是闪存最合适的文件系统。当前使用的是版本2（JFFS2），JFFS3正在开发中。JFFS最初是为NOR闪存芯片写的，但在2.6内核中出现了对NAND设备的支持。

普通Linux文件系统是为台式机设计的，其关机过程很从容。JFFS2是为嵌入式系统设计的，其断电往往是突然的，并且存储设备只能容忍有限次擦除。在闪存擦除期间，当前扇区内容被保存在RAM中。如果在这个较慢的擦除过程中突然断电，该扇区的整个内容会丢失。JFFS2通过使用日志结构设计解决了这个问题。新数据被加到放在已擦除区域中的日志的后面，每个JFFS2节点包含了元数据，以跟踪文件被分散存放的位置。垃圾回收机制会周期性地回收存储空间。有了这个设计，写闪存就不必执行保存—擦除—写入的过程，断电可靠性也得到了提高。日志结构通过分散写操作也延长了闪存的寿命。

要在具有256KB擦除粒度的闪存芯片上对/path/to/filesystem/目录下的树建立JFFS2映像，按以下方式使用mkfs.jffs2：

```
bash> mkfs.jffs2 -e 256KiB -r /path/to/filesystem/ -o jffs2.img
```

JFFS2包含了一个GC（Garbage Collector，垃圾回收器），它回收不再使用的闪存区域。垃圾回收算法与擦除尺寸有关，因此提供一个精确的值可以让它工作起来更有效率。要获得闪存分区的擦除尺寸，你可能需要/proc/mtd的帮助。图17-2显示的Linux手持设备的输出如下：

```
bash> cat /proc/mtd
dev:    size     erasesize   name
mtd0:   00100000 00040000    "pda_btldr"
mtd1:   00200000 00040000    "pda_krnl"
mtd2:   01400000 00040000    "pda_fs"
```

JFFS2支持压缩。为选择合适的压缩器，请启用CONFIG_JFFS2_COMPRESSION_OPTIONS下的相关选项，它们的实现请参见fs/jffs2/compr*.c。

注意，JFFS2文件系统映像通常是在主机上创建的。你在主机上做交叉开发，并通过合适的下载机制（如串行端口、USB、NFS）下载到目标机的既定闪存分区。关于JFFS2文件的更多内容请见第18章。

17.6.4 YAFFS2

2.6内核中JFFS2的实现包括了能在NAND闪存限制下工作的特性，但YAFFS（Yet Another Flash File System，另一种闪存文件系统）是为在NAND存储器特定限制下能够工作而设计的。YAFFS不是主线内核的一部分，但某些内核发行版支持当前YAFFS版本，即YAFFS2。

你可以从www.yaffs.net下载YAFFS2源代码和文档。

17.7 MTD-Utils

MTD-Utils工具包可从ftp://ftp.infradead.org/pub/mtd-utils/下载，它包含了一些工作在具有MTD的闪存之上的有用工具，如flash_eraseall、nanddump、nandwrite和sumtool。

要在NOR或NAND设备上擦除第二个闪存分区，可以按以下方式使用flash_eraseall：

```
bash> flash_eraseall -j /dev/mtd/2
```

因为NAND芯片可能包含坏块，请使用支持ECC的程序（比如nandwrite和nanddump）复制原始数据，而不要用一般的工具如dd。要在第二个NAND分区上存储你先前创建的JFFS2映像，可以这么做：

```
bash> nandwrite /dev/mtd/2 jffs2.img
```

用sumtool工具并在内核配置时打开CONFIG_JFFS2_SUMMARY选项可在JFFS2映像中插入摘要信息，并由此减少JFFS2挂载时间。要把带摘要的映像写入前面的NAND闪存，运行以下代码：

```
bash> sumtool -e 256KiB -i jffs2.img -o jffs2.summary.img
bash> nandwrite /dev/mtd/2 jffs2.summary.img
bash> mount -t jffs2 /dev/mtdblock/2 /mnt
```

17.8 配置 MTD

若要由MTD来启用内核，你必须选择合适的配置选项。对于图17-2的闪存芯片，必要的选项如下：

```
CONFIG_MTD=y                    → 启用MTD子系统
CONFIG_MTD_PARTITIONS=y         → 支持多个分区
CONFIG_MTD_GEN_PROBE=y          → 芯片探测的一般例程
CONFIG_MTD_CFI=y                → 启用CFI芯片驱动程序
CONFIG_MTD_PDA_MAP=y            → 启用映射驱动程序的选项
CONFIG_JFFS2_FS=y               → 启用JFFS2
```

CONFIG_MTD_PDA_MAP是为了启用我们前面写的映射驱动程序而新增的选项。这些功能中的每一个部分都可以作为一个单独的内核模块建立，除非你有一个MTD常驻的根文件系统。为了将图17-2中的文件系统分区在引导时作为根设备挂载，请在引导装入程序中为命令行字符串添加root=/dev/mtdblock/2。

去除冗余探测可以减小内核尺寸。我们的示例设备在32位物理总线上有两个并排的16位存储体（这会产生两种交叉存取和一个2B的存储体宽度），可以使用以下附加选项进行优化：

```
CONFIG_MTD_CFI_ADV_OPTIONS=y
CONFIG_MTD_CFI_GEOMETRY=y
CONFIG_MTD_MAP_BANK_WIDTH_2=y
CONFIG_MTD_CFI_I2=y
```

CONFIG_MTD_MAP_BANK_WIDTH_2选项允许一个CFI总线宽度为2，CONFIG_MTD_CFI_I2选项设置交叉存取次数为2。

17.9　XIP

XIP（eXecute In Place，片上执行）时，你能直接从闪存上运行内核。因为去掉了从内核复制到RAM的额外步骤，内核引导会更快。但其缺点是闪存容量要求更高，因为要存放非压缩的内核。在决定采用XIP之前，也要注意更慢的闪存指令读取速度会影响运行性能。

17.10　FWH

PC兼容系统使用称为FWH（FirmWare Hub，固件集线器）的NOR闪存芯片保存BIOS。FWH不是直接连接到处理器的地址和数据总线，而是与LPC（Low Pin Count，低引脚数）总线对接，它是南桥芯片组的一部分。连接图如图17-5所示。

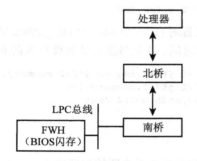

图17-5　PC兼容系统的FWH

MTD子系统包括用FWH与处理器对接的驱动程序。FWH通常与CFI规范不兼容，它遵循JEDEC（Joint Electron Device Engineering Council，联合电子设备工程委员会）标准。要告知MTD一个还不支持的JEDEC芯片，请为drivers/mtd/chips/jedec_probe.c中的jedec_table数组增加一个入口，其中包括芯片制造商ID和命令设置ID信息。下面是个例子：

```
static const struct amd_flash_info jedec_table[] = {
  /* ... */
  {
    .mfr_id    = MANUFACTURER_ID,   /* E.g.: MANUFACTURER_ST */
    .dev_id    = DEVICE_ID,         /* E.g.: M50FW080 */
    .name      = "MYNAME",          /* E.g.: "M50FW080" */
    .uaddr     = {
      [0] = MTD_UADDR_UNNECESSARY,
    },
    .DevSize   = SIZE_1MiB,         /* E.g.: 1MB */
```

```
            .CmdSet      = CMDSET,        /* Command-set to communicate with the
                                             flash chip e.g., P_ID_INTEL_EXT */
            .NumEraseRegions = 1,         /* One region */
            .regions = {
              ERASEINFO (0x10000, 16),/* Sixteen 64K sectors */
            }
        },
        /* ... */
    };
```

在jedec_table中设置了芯片详细信息后，MTD应该能识别闪存，前提是选择了正确的内核配置选项。下面的配置使内核识别FWH，它经过Intel ICH2或ICH4南桥芯片组与处理器对接：

```
CONFIG_MTD=y                    → 启用MTD子系统
CONFIG_MTD_GEN_PROBE=y          → 芯片探测的一般例程
CONFIG_MTD_JEDECPROBE=y         → JEDEC芯片驱动程序
CONFIG_MTD_CFI_INTELEXT=y       → 与芯片通信的命令集
CONFIG_MTD_ICHXROM=y            → 映射驱动程序
```

CONFIG_MTD_JEDECPROBE选项启用JEDEC MTD芯片驱动程序，CONFIG_MTD_ICH2ROM选项添加MTD映射驱动程序，它将FWH映射到处理器地址空间。另外，需要加入适当的命令集实现（比如为Intel扩展命令添加CONFIG_MTD_CFI_INTELEXT选项）。

这些模块被加载后，你就可以从用户空间应用程序通过MTD输出的设备节点与FWH对话了。比如，你可以从用户空间用一个简单的程序对BIOS编程，如代码清单17-5所示。注意，这个程序的不当操作可能会使BIOS崩溃，从而导致无法引导系统！

代码清单17-5对与FWH关联的MTD字符设备进行操作，它假设MTD字符设备是/dev/mtd/0，该程序处理3个MTD相关的ioctl命令：

- MEMUNLOCK，用于在编程前解锁闪存扇区；
- MEMERASE，用于在重写之前擦除闪存扇区；
- MEMLOCK，用于编程后重新锁住扇区。

代码清单17-5 更新BIOS

```c
#include <linux/mtd/mtd.h>
#include <stdio.h>
#include <fcntl.h>
#include <asm/ioctl.h>
#include <signal.h>
#include <sys/stat.h>

#define BLOCK_SIZE      4096
#define NUM_SECTORS     16
#define SECTOR_SIZE     64*1024

int
main(int argc, char *argv[])
{
  int fwh_fd, image_fd;
```

```c
    int usect=0, lsect=0, ret;
    struct erase_info_user fwh_erase_info;
    char buffer[BLOCK_SIZE];
    struct stat statb;
    /* Ignore SIGINTR(^C) and SIGSTOP (^Z), lest
       you end up with a corrupted flash and an
       unbootable system */
    sigignore(SIGINT);
    sigignore(SIGTSTP);

    /* Open MTD char device */
    fwh_fd = open("/dev/mtd/0", O_RDWR);
    if (fwh_fd < 0) exit(1);

    /* Open BIOS image */
    image_fd = open("bios.img", O_RDONLY);
    if (image_fd < 0) exit(2);

    /* Sanity check */
    fstat(image_fd, &statb);
    if (statb.st_size != SECTOR_SIZE*NUM_SECTORS) {
      printf("BIOS image looks bad, exiting.\n");
      exit(3);
    }

    /* Unlock and erase all sectors */
    while (usect < NUM_SECTORS) {
      printf("Unlocking & Erasing Sector[%d]\r", usect+1);

      fwh_erase_info.start = usect*SECTOR_SIZE;
      fwh_erase_info.length = SECTOR_SIZE;

      ret = ioctl(fwh_fd, MEMUNLOCK, &fwh_erase_info);
      if (ret != 0) goto bios_done;

      ret = ioctl(fwh_fd, MEMERASE, &fwh_erase_info);
      if (ret != 0) goto bios_done;
      usect++;
    }

     /* Read blocks from the BIOS image and dump it to the Firmware Hub */
    while ((ret = read(image_fd, buffer, BLOCK_SIZE)) != 0) {
      if (ret < 0) goto bios_done;
      ret = write(fwh_fd, buffer, ret);
      if (ret <= 0) goto bios_done;
    }
    /* Verify by reading blocks from the BIOS flash and comparing
       with the image file */

    /* ... */

    bios_done:
```

```
    /* Lock back the unlocked sectors */
    while (lsect < usect) {
      printf("Relocking Sector[%d]\r", lsect+1);

      fwh_erase_info.start = lsect*SECTOR_SIZE;
      fwh_erase_info.length = SECTOR_SIZE;

      ret = ioctl(fwh_fd, MEMLOCK, &fwh_erase_info);
      if (ret != 0) printf("Relock failed on sector %d!\n", lsect);
      lsect++;
    }

    close(image_fd);
    close(fwh_fd);
}
```

17.11 调试

要调试闪存相关问题，请在内核配置阶段启用CONFIG_MTD_DEBUG项（Device Drivers→Memory Technology Devices→Debugging），之后可以在0到3之间设置调试信息级别。

Linux-MTD项目主页为www.linux-mtd.infradead.org，其中列出了FAQ、各类文档以及为JFFS2设计提供深入了解的Linux-MTD JFFS HOWTO。linux-mtd邮件列表是讨论MTD设备驱动程序相关问题的地方。邮件列表文档请查看http://lists.infradead.org/pipermail/linux-mtd/。

17.12 查看源代码

在内核树中，drivers/mtd/目录包含了MTD层的源代码，映射、芯片以及NAND驱动程序分别在drivers/mtd/maps/、drivers/mtd/chips/和drivers/mtd/nand/子目录中，大部分MTD数据结构定义在include/linux/mtd/下的头文件中。

想要在Linux系统中访问一个不支持的BIOS FWH，可以用drivers/mtd/maps/ichxrom.c作为你的起点来实现一个驱动程序。

从用户空间操作NAND OOB数据的例子请看MTD工具包中的的nanddump.c和nandwrite.c。

表17-1列出了本章用到的主要数据结构和它们在源码树中的位置。表17-2列出了本章用到的主要内核编程接口以及它们的定义位置。

表17-1 数据结构小结

数据结构	位置	说明
mtd_partition	include/linux/mtd/partitions.h	标识闪存芯片的分区情况
map_info	include/linux/mtd/map.h	由映射驱动程序实现的底层访问例程通过这个结构体传递给芯片驱动程序
mtd_info	include/linux/mtd/mtd.h	一般设备相关信息

(续)

数据结构	位置	说明
erase_info, erase_info_user	include/linux/mtd/mtd.h, include/mtd/mtd-abi.h	用于闪存擦除管理的结构
cfi_private	include/linux/mtd/cfi.h	由NOR芯片驱动程序维护的设备相关信息
amd_flash_info	drivers/mtd/chips/jedec_probe.c	为JEDEC芯片驱动程序提供的设备相关信息
nand_ecclayout	include/mtd/mtd-abi.h	NAND芯片组的OOB空闲区域布局

表17-2 内核编程接口小结

内核接口	位置	说明
simple_map_init()	drivers/mtd/maps/map_funcs.c	用一般闪存访问方法初始化一个map_info结构
do_map_probe()	drivers/mtd/chips/chipreg.c	通过芯片驱动程序探测NOR闪存
add_mtd_partitions()	drivers/mtd/mtdpart.c	向MTD核心注册一个mtd_partition结构

第 18 章 嵌入式Linux

本章内容
- 挑战
- 元器件选择
- 工具链
- Bootloader
- 内存布局
- 内核移植
- 嵌入式驱动程序
- 根文件系统
- 测试基础设施
- 调试

Linux正在进入工业领域，比如消费类电子产品、电信、网络、国防军工、卫生保健等。随着它在嵌入式领域的广泛使用，我们更要运用Linux设备驱动程序技能使嵌入式设备工作，而不仅仅是将它作为传统上的系统运用。在这一章里，让我们从设备驱动程序开发者的视角进入嵌入式Linux世界。我们来了解一个常见嵌入式Linux解决方案的软件组成，以及前面章节中看述的设备类是如何与一般嵌入式硬件结合的。

18.1 挑战

嵌入式系统对软件提出了许多重大挑战。
- 嵌入式软件只能通过交叉编译后再下载到目标设备才能测试和验证。
- 嵌入式系统与PC兼容计算机不同，它没有快的处理器、大的缓存以及健全的存储器。
- 通常很难找到免费的成熟的开发和调试工具。
- Linux社区在x86平台上有许多经验，但对于嵌入式计算机，你不太可能从社区获得即时的在线帮助。
- 硬件的开发是分阶段进行的。你可能不得不在待验证的原型机或参考板上开始做软件开发，然后逐渐移到工程级的调试硬件，再移到产品级硬件。

所有这些都导致开发周期更长。

从设备驱动程序的角度看，嵌入式软件开发者常常需要面对传统计算机不常遇到的接口，图18-1（它是第4章中的图4-2的扩展版）显示了一个假想的嵌入式设备，它可以是手持设备、智能电话、POS终端、售货机、导航系统、游戏机、汽车仪表板上的遥测器、IP电话、音乐播放器、数字机顶盒甚至电子起搏器编程机。该设备围绕一个SoC建立，并有闪存、SDRAM、LCD、触摸屏、USB OTG、串行端口、音频编解码器、SD/MMC控制器、CF卡、I^2C设备、SPI设备、JTAG、智能卡接口、键盘垫、LED开关以及与工业领域相关的电子设备。修改或调试这些设备的驱动程序比通常情况要复杂得多：NAND闪存驱动程序需要处理坏块和错误位的问题，这就与标准IDE存储驱动程序不同；基于闪存的文件系统（如JFFS2）调试起来比EXT2或EXT3文件系统要复杂得多；USB OTG驱动程序比USB OHCI驱动程序要投入更多精力；内核的SPI子系统不如串行层成熟，并且使用嵌入式设备的工业领域可能有一些类似于快速响应和快速启动的需求。

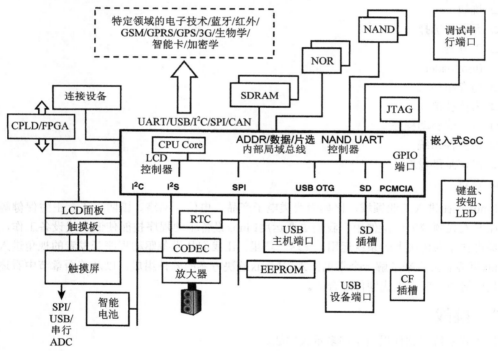

图18-1 一个假想嵌入式设备的结构图

18.2 元器件选择

评估和选择元器件是一个项目在概念阶段的重要任务。硬件设计者和产品管理者在为构建嵌入式设备选择元器件时要考虑的一些重要因素请参见下面的补充内容"选择处理器和外围设备"。在当今世界里，投放市场的时间常常是促使设备设计的关键因素，软件工程师在元器件选择上也有大量的设想。Linux发行版的可用性会影响处理器的选择，设备驱动程序或接近的可参照的驱动程序的存在与否会影响外围芯片组的选择。

尽管内核工程师需要严格评估一些Linux发行版（甚至操作系统），但如果他认为使用熟悉的版本会降低风险，就可能会放弃使用技术上更高的版本。如果是相关工业领域内极其重要的产品，他可能因内核bug问题宁愿使用有法律保护的版本。电子工程师可以将评估范围限定在已选好了的发行版所支持的处理器和外围芯片组内。

选择处理器和外围设备

我们来看一下电子工程师和产品管理者在为一个嵌入式设备选择元器件时常会问的一些问题。假设有一个处理器P，因为它能满足基本产品需求（如功耗和封装）而入围，P和相关的外围芯片组会被做以下评估。

性能。处理器主频是否足够驱动目标应用程序？如果嵌入式设备要完成CPU消耗较大的任务，对所有软件子系统的MIPS预算是否与处理器的MIPS速率匹配？例如，如果目标设备需要高分辨率的图像，兆赫兹级的图像处理是否会降低其他子系统（比如网络）的性能？

成本。在元器件上节约一美元是否会导致在外围电子器件上多花费两美元？比如，P是否另外需要一个控制器？我是否会因P没有内建的访问控制器（比如RTC芯片）而要另外添加？P是否比其他处理器有更多的针脚（这会导致板密集度更高，需要更多层的板，继而提高制版成本）？P的功耗和发热是否更多（从而需要更大的电源和更耐受的元器件）？数据手册中是否有增加软件开发成本可能性的芯片勘误？

功能。P能寻址的最大DRAM、SRAM、NOR和NAND存储器地址是多少？

商业计划。P的制造商是否能提供引脚兼容的更高级别芯片的升级，以便直接替换？制造商是否稳定？

供应商。只有一个厂家提供该元器件吗？如果是，供应商是否稳定？生产这些部件的交货时间是什么时候？

寿命。P有可能在嵌入式设备期望的生命期前过时吗？

信用度。P是可接受的元器件吗？评估的外围芯片组是否有工业部门支持？正在考虑的LCD可能被用到汽车仪表板吗？

可靠性。元器件需要是军用级的还是工业级的？

需要根据所有这些来评估不同的候选元器件，并判定最佳组合。

18.3 工具链

因为目标设备不太可能与主机开发平台兼容，所以必须用工具链交叉编译嵌入式软件。建立完整的工具链需包括以下几项。

(1) GCC（GNU Cross-Compiler，GNU C交叉编译器）。GCC支持所有Linux运行平台，但必须配置和构建GCC，这样才能生成目标架构所需的代码。实际上，就是要编译编译器并生成合适的交叉编译器。

(2) Glibc。这是一套C语言库函数，在你构建目标设备应用程序时会用到。

(3) Binutils。它包括交叉汇编器和objdump等工具。

及时获得开发工具链在几年前不是一件容易的事情，但现在一般不是问题，因为Linux发布时为各种架构提供了预编译的二进制文件和易于安装的工具。

18.4 Bootloader

Bootloader设计通常是嵌入软件开发的起点，你必须决定是新写一个bootloader还是通过裁剪一个现有开源代码的bootloader来满足你的需要。各个待选的bootloader可能是基于不同理念建立的：尺寸小、易携带、快速引导或支持某些特殊功能的能力。有了方向后，你就可以设计和完成设备相关的一些修改了。

在这一节，我们用术语bootloader表示引导套件，它包括以下部分。
- BIOS，如果有的话。
- Bootstrap代码，用于将bootloader放置到启动设备。
- bootloader的一个或多个实际阶段①。
- 在一个与bootloader通信的（以便将固件下载到目标设备）外部主机上执行的程序。

bootloader至少要完成以下工作：负责处理器和板相关的初始化、加载内核以及一个可选的初始存储器硬盘到内存并将控制权交给内核。另外，bootloader可能负责提供BIOS服务、完成POST、将固件下载到目标机、将内存布局和配置信息发给内核。对于因安全原因使用加密固件映像的嵌入式设备，bootloader可能还要解密固件。有些bootloader还可以调试监视程序（monitor），完成加载和调试独立代码到目标机中的任务。你可能还要决定是否在bootloader中建立一个故障恢复机制，这就可以现场恢复崩溃的内核。

通常情况下，bootloader结构与处理器、硬件平台上的芯片组、引导设备、运行的操作系统有关。为了说明处理器对引导套件的影响，考虑以下情形。
- 围绕StrongARM处理器设计的设备的bootloader必须知道它是引导还是唤醒系统，因为处理器在这两种情况下都是从地址空间顶层（bootloader）开始执行的。如果系统是从睡眠中唤醒bootloader，就将控制传给保存了系统状态的内核代码；如果系统是复位后启动bootloader，就从引导设备加载内核。
- x86 bootloader可能需要切换到保护模式来加载大于1MB实模式限制的内核。
- 基于非x86平台的嵌入式系统不能使用传统BIOS的服务，因此如果你想引导嵌入式设备，比如从一个外部USB设备引导，就必须将USB功能构建进你的bootloader。
- 即使两个平台都是基于相似的处理器核心，bootloader结构可能也会因SoC而不同。比如考虑两个基于ARM的设备Compaq iPAQ H3900 PDA和Darwin Jukebox。前者有一个基于ARMv5核心的XScale CPU，后者则使用了Cirrus Logic EP7312控制器，该控制器使用ARMv3核心。XScale支持JTAG［依据联合测试行动组（Joint Test Action Group）命名，

---

① 在嵌入式引导装入程序用语中，两阶段引导装入程序的第一个阶段有时称为IPL（Initial Program Loader，初始程序加载器），第二个阶段称为SPL（Secondary Program Loader，第二程序加载器）。

该组织设计了这个硬件辅助调试标准]来装载bootloader到闪存,而EP7312有一个bootstrap模式来完成同样的任务。

引导套件需要一种将bootloader映像从主机开发系统传送到目标引导设备的方式,这称为bootstapping。如果成功引导进入操作系统后崩溃或更新,bootstapping在PC兼容系统中就是直接进行的,在此类系统中,在成功启动到操作系统后,如果BIOS闪存崩溃或有更新版本,我们可以通过外部烧录机对其编程。但嵌入式设备没有这样的一般bootstapping方法。

为了说明嵌入式系统的bootstapping,以Cirrus Logic EP7211控制器为例(它是前文讨论过的EP7312的前身)。当EP7211在bootstrap模式下上电后,它从一个128B的内部存储器执行代码。这个128B代码经串行端口从主机下载bootstrap映像到一个板载的2KB SRAM,并把控制权交给它。引导套件就此在结构上被分成三阶段,每个阶段从不同地址加载。

- 第一阶段(128B映像)是处理器固件的一部分。
- 第二阶段运行于片上SRAM,因此最高能达2KB,这就是bootstrapper。
- bootstrapper从外部主机下载实际的bootloader映像到闪存顶部。当处理器用正常操作模式上电时,bootloader获得控制权。

注意驻存在处理器内的微代码(第一阶段)本身不能用作bootstrapper,因为bootstrapper需要有对闪存编程的能力。因为一个处理器可以使用多种类型的闪存芯片,所以bootstrapper代码必须与板相关。

许多控制芯片不支持bootstrap模式,它们的bootloader是通过JTAG接口写入到闪存的。你可以用JTAG调试器的命令接口访问处理器的调试逻辑,并将bootloader烧写到目标设备的闪存。更多JTAG调试的详细讨论参见21.1.5节。

也有同时支持引导程序执行模式和JTAG的控制器,基于ARM9核心的Freescale i.MX21(以及它的升级版iMX27)就是这样一款控制器。

当bootloader被烧录到闪存上后,它就能像其他固件组件(如内核和根文件系统)一样更新自己。bootloader能直接与主机通信,并通过接口如UART、USB或以太网下载固件组件。

表18-1列举了ARM、PowerPC和x86的一些Linux bootloader例子。

表18-1 Linux bootloader

处理器平台	Linux bootloader
ARM	RedBoot(www.cygwin.com/redboot)是ARM架构硬件常用的bootloader。Redboot是基于硬件抽象的,由eCos操作系统(http://ecos.sourceware.org/)提供。BLOB(Boot Loader OBject,bootloader对象)(http://sourceforge.net/projects/blob/)原先是为StrongARM架构的板开发的,现在也常被移植用于其他ARM架构的平台。BLOB编译成两个映像,一个执行最小的初始化工作,第二个具有bootloader的功能。第一个映像将第二个映像重定位到RAM,因此bootloader能方便地更新自己
PowerPC	嵌入式设备上使用的PowerPC芯片包括IBM的405LP和440GP以及Motorola的MPC7xx和MPC8xx等SoC。PowerPC架构上的bootloader包括U-Boot(http://sourceforge.net/projects/u-boot/)、SLOF和PIBS等

（续）

处理器平台	Linux bootloader
x86	大部分x86系统从磁盘驱动器引导，嵌入式x86板卡可能会从固态磁盘而非机械驱动器上引导。驻留于磁盘的bootloader的第一阶段由一个扇区大小的块组成，由BIOS加载，这就是称为主引导记录的MBR（Master Boot Record，主引导记录），它包含最多446B的代码、4个分区表入口（每个16B）、2B标识符（组成一个512B扇区）。MBR负责装载bootloader的第二阶段。每个中间阶段有自己的任务，但最后一阶段允许你选择内核映像和命令行参数，并装载内核和初始ramdisk到内存，然后将控制权转交给内核。作为说明，我们看一下x86硬件上引导Linux常用的3个bootloader： ❑ Linux Loader或LILO（http://freshmeat.net/projects/lilo/）。它是随Linux一起打包发布的。当bootloader的第一个阶段被写入到引导扇区时，LILO预先计算第二阶段和内核所在的磁盘位置。如果建立了一个新的内核映像，就需要重写引导扇区。第二阶段允许用户交互式地选择内核映像并配置命令行参数，然后将内核装载到内存中 ❑ GRUB（www.gnu.org/software/grub）。它与LILO不同之处在于内核映像可以位于任何支持的文件系统中，并且内核映像改变时引导扇区无需重写。GRUB有一个额外的1.5阶段，它能理解存有引导映像的文件系统。当前支持的文件系统有 EXT2、DOS FAT、BSD FFS、IBM JFS、SGI XFS、Minix、Reiserfs。GRUB遵从多引导（multiboot）规范，它允许任何遵循规范的操作系统用任何遵循规范的bootloader引导。第2章已经介绍了一个GRUB配置样例文件 ❑ SYSLINUX（http://syslinux.zytor.com/）。它是没有修饰过的Linux bootloader。它能理解FAT文件系统，因此可以将内核映像和第二阶段bootloader保存在一个FAT分区上

仔细考虑bootloader套件的设计和结构能为嵌入式软件开发打下坚实的基础。关键点是选择正确的bootloader作为你的切入点，它带来的好处有：软件开发周期更短、功能丰富以及设备健壮。

18.5 内存布局

图18-2显示了一个嵌入式设备的内存布局例子。bootloader位于NOR闪存的顶端，紧接着的是参数块，它是内核命令行参数经静态编译得到的二进制映像。然后是压缩的内核映像。文件系统占据了剩余的可用闪存。在内核开发的最初阶段，文件系统通常是压缩的存储磁盘（initrd或initramfs），因为用基于闪存的文件系统必须配置内核MTD子系统并让它运行起来。

启动期间，图18-2中的bootloader解压缩内核并将其加载到地址为`0xc0200000`的DRAM中，然后加载ramdisk到地址`0xc0280000`（除非如第2章中所介绍的，将一个initramfs编译进基本内核），最后它就从参数块获得了命令行参数并将控制权交给内核。

因为你可能不得不以非传统的控制台和内存分区在嵌入式设备上工作，所以必须将正确的命令行参数传给内核。对于图18-2中的设备，可能是这样的命令行：

```
console=/dev/ttyS0,115200n8 root=/dev/ram initrd=0xC0280000
```

如果内核MTD驱动程序能够识别闪存分区，作为存储磁盘的闪存区域就可以包含一个基于JFFS2的文件系统，此时你就不必加载initrd到DRAM。假如你已经将bootloader、参数块、内核以及文件系统映射到各自的MTD分区，命令行看起来就会是这个样子：

```
console=/dev/ttyS0,115200n8 root=/dev/mtdblock3
```

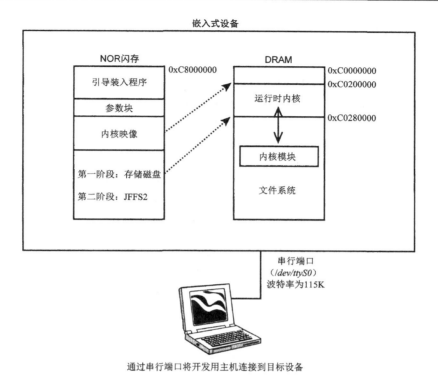

图18-2 嵌入式设备的内存布局例子

另一种将参数从bootloader传到内核的方法参见下面的补充内容"ATAG"。

ATAG

在ARM内核上，不赞成使用命令行参数，而改用标签化的参数列表。这个机制称为ATAG，它在文档Documentation/arm/Booting中有描述。为了将参数传给内核，需从bootloader在系统存储区创建相关标签（tag），同时提供一个内核函数用于分析标签，并将后者用__tagtable()宏添加到标签分析函数列表中。标签结构及相关内容定义在include/asm-arm/ setup.h中，而arch/arm/kernel/setup.c包含了那些分析一些预定义ATAG的函数。

18.6 内核移植

与安装工具链类似，几年前将内核移植（porting）到目标设备不是件容易的事情，必须要评估架构相应的内核树的稳定性、打上还没有成为主线一部分的相关补丁、修改相关内容同时祈求好运。但如今不但能为你的SoC找到一个接近的开发起点，而且会为与你的硬件板类似的硬件板找到一个。比如，如果你正围绕Freescale i.MX21处理器设计一个嵌入式设备，可以选择处理器厂商提供的基于i.MX21的参考板的内核（arch/arm/-mach-imx/）。因此如果从适用于类似板的标准或发布版内核开始开发，你就不必处理复杂的内核bring-up问题。

但即使有了接近的版本，你还得面对内存映射修改、不同芯片选择、与板相关的GPIO分配、不同时钟源、不同闪存体、新LCD面板定时要求或不同调试UART端口带来的问题。比如时钟的改变会透过多个寄存器进行，进而影响到一些I/O设备的操作。你可能需要深入阅读CPU参考手册才能解决这个问题。为了弄清不同GPIO分配导致的中断引脚路由（interrupt pin routing）变化，你可能要仔细研读板卡流程图。为了调整LCD控制器的HSYNC和VSYNC到合适的值，你可能要将示波器连接到板子并领会收集到的信息。

根据设备的要求，你可能还需要对内核做些与bring-up无关的改动。比如为了用procfs输出一些信息，要做一些简单修改；为了快速引导，要做一些复杂的改动。

有了基本的运行内核之后，你就可以把注意力集中到不同I/O接口的驱动程序上来了。

---

uClinux

uClinux是Linux内核的一个分支，它用于没有内存管理单元MMU的低端微处理器。uClinux可移植于H8、Blackfin以及Dragonball等处理器中。大部分uClinux分支被合并到主线2.6版本内核中。

uClinux项目主页为www.uclinux.org。该网站包含了补丁、文档、代码、支持的架构以及订阅uclinux-dev邮件列表的信息。

18.7 嵌入式驱动程序

在嵌入式产品中Linux如此流行的一个原因是，它具有与硬件平台无关的强大应用层，这得益于应用层之下的内核抽象层，因此，如图18-3所示，为获得一个多功能的嵌入式系统，所有你需要做的事情就是实现位于抽象层和硬件之间的底层设备驱动程序。你需为设备的每个外围接口完成下列内容之一。

- 评审现有驱动程序，测试并验证它是否可以如期工作。
- 寻找一个接近的驱动程序，并将其修改成与你硬件相适应。
- 重新编写驱动程序。

假设一个内核工程师参与元器件选择，对于大部分外围设备你可能有现成的或足够接近的驱动程序。为了充分利用现有驱动程序，请仔细查看硬件的块结构图和原理图，识别不同芯片组，并生成工作内核配置文件（它是启用合适的驱动程序的）。根据映像大小或引导时间需求，将可行的设备驱动程序编译为模块，或将它们编译进基本内核。

为了学习嵌入式硬件常见I/O接口的设备驱动程序，我们围绕图18-1嵌入式控制器结构图顺时针介绍，从NOR闪存开始。

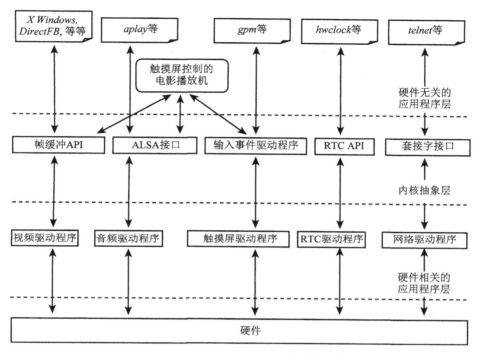

图18-3 硬件无关的应用程序和硬件相关的驱动程序

18.7.1 闪存

图18-2所示的嵌入式设备从闪存引导，它有存放于闪存上的文件系统数据。许多设备用一个小的NOR闪存部件存放前者（引导程序），用NAND闪存存放后者（文件系统）[①]。NOR存储器因此具备了bootloader和基本内核，而NAND存储器包含文件系统分区和设备驱动程序模块。

闪存驱动程序由内核的MTD子系统支持，在第17章已经讨论过。如果你使用的是支持MTD的芯片，你只需编写MTD映射驱动程序，以对闪存合理划分bootloader、内核以及文件系统的区域。第17章中的代码清单17-1、代码清单17-2和代码清单17-3为图17-2所示的Linux手持设备实现了一个映射驱动程序。

18.7.2 UART

UART负责串行通信，几乎所有微控制器上都有这个接口。UART被认为是基本硬件，因此内核包为所有微控制器提供了UART驱动程序。在嵌入式设备上，UART用于在处理器和调试串行端口、调制解调器、触摸控制器、GPRS芯片组、蓝牙芯片组、GPS设备、测量电子设备等之间提供接口。

---

① 在如今的嵌入式市场，原材料成本成为最重要因素，仅仅包含NAND存储器的设备屡见不鲜，这样的设备也是从NAND闪存引导的。NAND引导需同时得到处理器和bootloader的支持。

对Linux串行子系统的详细讨论请查看第6章。

18.7.3 按钮和滚轮

你的设备可能有多个外围设备，如小键盘（以通常QWERTY方式排列的微型键盘、常见于手机的有重叠键的输入设备、拥有ABC类型布局的小键盘等）、LED、滚轮以及按钮。这些I/O设备通过GPIO线或CPLD（请看18.5.11节）与CPU连接。这些外围设备的驱动程序通常是直接的字符或混合驱动程序。有些驱动程序通过procfs或sysfs而不是/dev结点进行设备访问。

18.7.4 PCMCIA/CF

PCMCIA或CF插槽是嵌入式设备常见的外加插口。比如对带WiFi的嵌入式设备来说，使用CF卡的好处是，当WiFi控制器损坏时，不用重新制板，并且因为PCMCIA/CF外形有各种形式，以后可以随意改变WiFi和其他如蓝牙等技术的连接方式。这种方式的不利之处在于，即使用机械固定，插槽方式本身还是不太可靠的，在撞击或振动时卡可能会松动，导致连接中断。

PCMCIA和CF设备驱动程序在第9章中讨论过。

18.7.5 SD/MMC

许多嵌入式处理器包含与SD/MMC介质通信的控制器。SD/MMC存储器用NAND闪存制造。像CF卡一样，SD/MMC卡可以为设备增加几吉字节的存储量。它们同时也提供了简便的存储器升级途径，因为SD/MMC卡的存储密度在不断提高。

第14章介绍了内核的SD/MMC子系统。

18.7.6 USB

传统计算机支持USB主机模式，通过它可与大部分类型的USB设备通信。嵌入式系统经常也需要支持USB设备模式，此时系统本身也作为一个USB设备并能插到其他主机。

正如第11章所述，许多嵌入式控制器支持USB OTG，它能使设备工作在USB主机或USB设备方式。比如它可以使USB笔驱动器连接到嵌入式设备，也允许嵌入式设备作为USB驱动器，在有外部访问时输出部分存储内容。Linux USB子系统为USB OTG提供了驱动程序，对于与OTG不兼容的硬件，USB Gadget项目（现在是主线内核的一部分）提供了USB设备能力。

18.7.7 RTC

许多嵌入式SoC支持RTC，以便追踪墙上时间，但有些则依赖于一个外部RTC芯片。与基于x86的计算机RTC是南桥芯片组的一部分不同，嵌入式控制器通常经低速的串行总线与外部RTC对接，如I^2C或SPI。你可以编写客户端驱动程序，通过使用第8章讨论过的I^2C或SPI核心的服务驱动这些RTC。第2章和第5章讨论了x86系统对RTC的支持。

18.7.8 音频

正如第13章所述，音频编解码器将数字音频数据转换成声音信号，用于扬声器播放，并在用麦克风录音时完成相反的功能。编解码器与CPU的连接取决于嵌入式控制器支持的数字音频接口，与编解码器的通信通常经总线实现，比如AC'97或I^{2}S。

18.7.9　触摸屏

在一些嵌入式设备中触摸是首选的输入机制。许多PDA提供了软键盘输入数据。在第6章我们为一个串行触摸控制器开发了驱动程序，在第7章介绍了一个经SPI总线与CPU对接的触摸控制器。

如果你的驱动程序使用输入API，那么将其与图形用户接口绑定是显而易见的，但你可能需要自己添加对触摸面板校准和线性化的支持。

18.7.10　视频

有些嵌入式系统没有显示器，但大部分是有的。合适的（如场景或人像）LCD面板会连接到嵌入式SoC内嵌的视频控制器。许多LCD面板包含了集成的触摸屏。

如第12章所述，帧缓冲隔离了应用程序和显示硬件。因此，只要你的显示驱动程序遵从帧缓冲接口，就很容易将兼容的GUI移植到设备中。

18.7.11　CPLD/FPGA

CPLD（Complex Programmable Logic Device，复杂可编程逻辑设备）或它们的计算部件FPGA（Field Programmable Gate Array，现场可编程门阵列），可以增加一个快速OS无关逻辑（OS-independent logic）层。你可以用一种语言如VHDL（Very high speed integrated circuit Hardware Description Language，非常高速的集成电路硬件描述语言）对CPLD和FPGA编程。处理器和外围设备间信号的传输经由CPLD，因此通过对CPLD适当地编程，OS能获得一流的寄存器接口，用于执行复杂的I/O操作。CPLD中的VHDL代码在执行必要的控制逻辑后获得数据总线。

比如一个外部串行LCD控制器，对每个像素进行移位就可以驱动它。这类设备的Linux驱动程序在每发送一个像素或命令字节到串行LCD控制器时，因需多次进行时钟和I/O引脚信号切换而要大量时间。如果该LCD控制器经CPLD连接到处理器，VHDL代码就能为每个位提供时钟，并依据此时钟完成串行移位，同时为命令和数据提供一个与OS接口的并行寄存器。有了这些虚拟的LCD命令和数据寄存器，LCD驱动程序就容易实现了。实际上，CPLD是将繁琐的串行LCD控制器转变成简洁的并行LCD控制器。

如果CPLD工程师和Linux驱动程序开发员合作，他们就可以在VHDL程序和Linux驱动程序间找到节约时间和成本的最佳点。

18.7.12　连接性

连接性意味着能输入信息，因此现在很少有嵌入式设备没有通信能力的。嵌入式设备常用的网络技术有WiFi、蓝牙、蜂窝、以太网和无线通信。

第15章介绍了一些网络设备驱动程序，第16章介绍了针对无线通信技术的驱动程序。

18.7.13 专用领域电子器件

你的设备可能包含了应用行业领域专用的电子器件,如医疗设备测量接口、车载设备的传感器、安防用的生物测定器、蜂窝电话的GPRS或导航系统的GPS。这些外围设备通常用标准I/O接口与嵌入式控制器通信,比如UART、USB、I²C、SPI或CAN(Controller Area Network,控制器局域网)。对于用UART接口的设备,在设备驱动程序层通常要做少量工作,因为通用的UART驱动程序层要负责通信。对于指纹传感器这样用USB接口的设备,可能只需要写USB客户端驱动程序。但你可能还会碰到私有接口,比如网络处理器的开关矩阵,在这种情况下就需要编写全部的驱动程序了。

在数字媒体领域,电缆或DTH(Direct-To-Home)接口系统通常用于STB(Set-Top Box,机顶盒)芯片组。这些芯片通常具有个人视频录制(录制多通道视频到硬盘、观看一路视频的同时录制另一路视频等)和有条件访问(允许服务提供商依据端用户订购情况控制其观看内容)等功能。为此,STB芯片同时拥有处理器核心和强大的图形引擎,后者用硬件实现MPEG编解码。这类音视频编解码器能解码压缩的数字媒体标准如MPEG2和MPEG4(MPEG是运动图像专家组Moving Picture Experts Group的简称,他们负责开发运动图像标准)。如果要在STB上嵌入Linux,需要驱动这类音视频编解码器。

18.7.14 更多驱动程序

如果你的设备用于医疗保健领域,则系统内存可能需要有ECC功能。关于ECC请见第20章。

如果你的嵌入式设备是靠电池供电的,则可能需要动态调整CPU的工作频率以便节能。第20章也讨论了CPU频率驱动程序和电源管理。

大部分嵌入式处理器有内建的硬件看门狗,它在系统死机时恢复系统。看门狗驱动程序请看第5章。可以选择drivers/char/watchdog/目录下合适的驱动程序作为实现系统看门狗驱动程序的起点。

如果你的嵌入式设备包含了低压警报(brownout)①电路,则可能需要在内核加入判读条件并采取相应动作的功能。

一些嵌入式SoC包含了内建的PWM(Pulse-Width Modelator,脉冲宽度调制器)。有了PWM,就可以用数字方式控制模拟设备,如蜂鸣器。通过编程PWM的占空比(PWM输出波形中ON时间与周期的比例),输入目标设备的电压可以变化。LCD背光控制功能是另一个使用PWM的例子。根据目标设备和使用场景,实现PWM的字符或misc驱动程序接口。

18.8 根文件系统

在Linux发布前,将紧凑的应用程序集裁剪成适合存储区限制大小并打包本身就是一个项目,必须将最少功能套件、库、工具以及守护程序一起制作,确保它们的版本兼容,之后再交叉编译。如今的发布版本提供了为不同处理器制作的应用程序集,并提供了以包的粒度挑选组件的工具。

---

① 低压警报是指输入电压下降到阈值以下时的情形(掉电,是指突然没有了供电)。当设备是靠特殊技术供电(如PoE)而不是一般的墙上插座供电时,会涉及低压检测。

当然，你可能还希望实现定制功能和工具以补充发行版提供的应用程序。

在嵌入式设备上，闪存（在第17章介绍过）是保存应用程序集常用的媒介，它在引导过程结束时作为根设备挂载。硬盘是不常用的，因为它们对电源需求大、体积大，并且有运动部件不能耐受冲击和振动。嵌入式设备上保存根文件系统的地方如下。

- 初始存储磁盘（initramfs或initrd），它通常是其他根设备驱动程序工作前的起点，也用于开发目的。
- NFS挂载根文件系统，它是比用ramdisk更强大的一种开发策略，我们在下一节详细讨论。
- 存储介质，如闪存芯片、SD/MMC卡、CF卡、DOC以及DOM。

注意让所有数据保存在根分区可能不是一个好的想法。通常将文件分开到不同存储分区存放并打上读写或只读保护标识（针对那些有可能突然关闭的设备）。

18.8.1 NFS挂载的根文件系统

NFS挂载根文件系统是一个加速嵌入式开发周期的催化剂，此根文件系统位于开发主机而不是目标机，因此它的大小是不受目标机存储器容量限制的。下载设备驱动程序模块或应用程序到目标机并上传日志就像在开发主机上将其复制到/path/to/target/rootfilesystem/一样简单。如此简单的测试和调试方式是你为什么坚持在甚至不支持以太网功能的产品的工程级硬件上要有以太网功能的理由。板卡上有了以太网功能，bootloader就能用TFTP（Trivial File Transfer Protocol，简单文件传输协议）通过网络下载内核映像到目标机。

表18-2[①]列出了使嵌入式设备具备TFTP和NFS功能的常用步骤。它假设开发主机也用作TFTP、NFS以及DHCP服务器，并且bootloader（本例是BLOB）支持嵌入式设备使用的以太网芯片组。

表18-2 用TFTP和NFS节省开发时间

	目标嵌入式设备	主机开发平台

TFTP上的内核引导	在bootloader提示符后配置目标机和服务器（即主机）IP地址
	`/* Target IP */`
	`blob> ip 4.1.1.2`
	`/* Host IP */`
	`blob> server 4.1.1.1`
	`/* Kernel image */`
	`blob> TftpFile /tftpdir/zImage`
	`/* Pull the Kernel over the net */`
	`blob> tftp`
	`TFTPing`
	`/tftpboot/zImage............Ok`
	`blob>`
		配置主机IP地址
		`bash> ifconfig eth0 4.1.1.1`
		安装并配置TFTP服务器（实际步骤与发行版本有关）
		`bash> cat /etc/xinetd.conf/tftp`
		`service tftp`
		`{`
		`  socket_type  = dgram`
		`  protocol     = udp`
		`  wait         = yes`
		`  user         = root`
		`  server       = /usr/sbin/in.tftpd`
		`  server_args  = /tftpdir`
		`  disable      = no`
		`  per_source   = 11`
		`  cps          = 100 2`
		`  flags        = IPv4`
		`}`
		确保TFTP服务出现在/usr/sbin/in.tftpd中且xinetd激活
		以NFS使能方式编译目标机内核并将其复制到/tftpdir/zImage

---

① 表18-2中用的文件名和目录名与发布版本有关。

(续)

目标嵌入设备	主机开发平台

NFS上的根文件系统	`blob> boot console=/dev/ttyS0,115200n8 root=/dev/nfs ip=dhcp`
	`/*Kernel boot messages*/`
	`/* ... */`
	`VFS: Mounted root (nfs filesystem)`
	`/* ... */`
	`login:`
		输出 /path/to/target/root/ 用于NFS访问
		`bash> cat /etc/exports`
		`/path/to/target/root/ *(rw,sync,no_root_squash,no_all_squash)`
		开始 NFS
		`bash> service nfs start`
		配置DHCP服务器。嵌入式设备上的内核在引导期间靠它分配IP地址4.1.1.2并提供/path/to/target/root/
		`bash> cat /etc/dhcpd.conf`
		`...`
		`subnet 4.1.1.0 netmask 255.255.255.0 {`
		`  range 4.1.1.2 4.1.1.10`
		`  max-lease-time 43200`
		`  option routers 4.1.1.1`
		`  option ip-forwarding off`
		`  option broadcast-address 4.1.1.255`
		`  option subnet-mask 255.255.255.0`
		`  group {`
		`    next-server 4.1.1.1`
		`    host target-device {`
		`    /* MAC of the embedded device */`
		`      hardware Ethernet AA:BB:CC:DD:EE:FF;`
		`      fixed-address 4.1.1.2;`
		`      option root-path`
		`      "/path/to/target/root/";`
		`    }`
		`}`
		`...`
		`bash> service dhcpd start`
		`bash>`

18.8.2 紧凑型中间件

受制于内存限制的嵌入式设备更倾向于用中间件实现，因为它们的二进制文件更小，且运行时要求的内存更少。折中的方案一般是在功能特色、标准兼容性以及速度间进行取舍。我们看一下一些流行的紧凑型中间件（compact middleware）解决方案，它们可能是生成根文件系统的候选方案。

BusyBox是内存有限的嵌入式系统上常用的提供多功能（multi-utility）环境的工具。它去掉了某些功能，但为一些shell工具（shell utility）进行了优化从而可替代其原始版本。

uClibc是GNU C库的压缩版本，它最初是为uClinux开发的。uClibc也工作于普通Linux系统之上，经LGPL授权。如果你的嵌入式设备空间不足，就放弃glibc，试试uClibc。

需运行X Windows服务器的嵌入式系统一般依赖TinyX，它是与XFree86 4.0代码一起发行的空间占用量少的X服务器。Tiny运行在帧缓冲驱动程序之上，可以用于类似于第12章中图12-6所示的设备。

Thttpd是轻巧的HTTP服务器，它对CPU和内存资源的需求很小。

即使你用8位无MMU微控制器创建非Linux解决方案，你仍可能希望与Linux实现互操作。比如，假设你为一个红外钥匙链型存储器编写嵌入式固件，该存储器能保存吉字节的个人数据，并能通过红外在Linux笔记本计算机中用网页浏览器访问。如果运行压缩的TCP/IP协议栈，比如在红外上的最小IrDA协议栈（Pico-IrDA）上运行uIP，你就必须确保它们能与相应Linux协议栈互操作。

表18-3列出了本节用到的紧凑型中间件项目的主页。

表18-3 紧凑型中间件示例

名 称	说 明	下载位置
BusyBox	小存储空间shell环境	www.busybox.net
uClibc	Glibc的简化版本	www.uclibc.org
TinyX	内存紧缺设备的X服务器	部分X Windows源码树可从ftp://ftp.xfree86.org/pub/XFree86/4.0/下载
Thttpd	微型HTTP服务器	www.acme.com/software/thttpd
uIP	微控制器的压缩型TCP/IP协议栈	www.sics.se/~adam/uip
Pico-IrDA	微控制器的最小IrDA协议栈	http://blaulogic.com/pico_irda.shtml

18.9 测试基础设施

大部分使用嵌入式设备的行业受制定规章制度的委员会管理。拥有一个可扩展的和健壮的测试基础设施与修改内核和驱动程序一样重要。测试基础设施一般负责如下内容。

(1) 证明兼容性以获取证书。假如你的设备是用于美国市场的医疗设备，测试设施的目标就是获得FDA（Food and Drug Administration，美国食品药品管理局）的证书。

(2) 大部分美国市场用的电子设备必须符合电磁辐射标准，如FCC（Federal Communications Commission，美国联邦通信委员会）制定的电磁干扰和电磁兼容标准。为了证明符合这些标准，设备必须能在一个模拟不同操作环境的房间中通过一系列测试。你可能还要验证静电枪指着设备不同部位时系统是否还能正常运行。

(3) 建立验证测试。完成了可交付的软件时，提交给QA进行测试。

(4) 制造测试。当设备完工后，必须用一套测试流程验证它的功能。这些测试在批量生产前非常重要。

为了使所有这些步骤有一个公共的测试基础，基于Linux现有功能实现测试工具而不独自开发套件是个不错的想法。独自的代码不容易升级或扩展。一个ping下一跳路由器的简单测试在Linux测试系统上只是一个5行的脚本，但若用独自的测试工具，则需要编写网络驱动程序和协议栈。

测试工程师不必是精通内核的人，他只需从开发小组了解实现信息并进行批判性的思考。

18.10 调试

本章最后简单介绍一下与调试嵌入式软件相关的一些内容。

18.10.1 电路板返工

查看电路板原理图和数据手册是在嵌入式设备上提供bootloader和内核时必需的重要调试技术。在用示波器调试可能的硬件问题或需要少量修改电路板时，理解电路板的布局图（placement plot，它是展示芯片在电路板上的位置的文件）能带来很大的帮助。零件序号（reference designator，如图18-4中的U10和U11所示）将图示中的芯片与布局图联系起来。PCB（Printed Circuit Board，印制电路板）通常由丝印层（silk screen）覆盖，丝印层在每个芯片附近都印有零件序号。

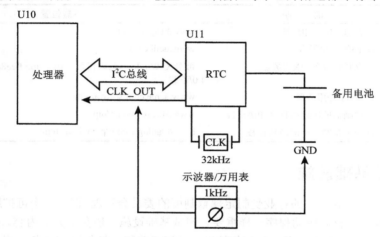

图18-4　调试嵌入式系统上的一个I^2C RTC

设想这样一个情景：你的电路板在测试时不能枚举USB。USB集线器驱动程序探测到有设备插入但却无法为其分配端点地址。仔细研读原理图发现，从USB收发器SPEED和MODE引脚出来的连接线因出错弄反了。分析布局图可在PCB上找到收发器的位置，通过比对布局图和丝印层上收发器的零件序号找到焊接飞线的地方，以修复错误的连接线。

万用表和示波器是值得配备的嵌入式调试工具。为了说明，我们考虑一个与第8章的图8-3中I^2C RTC有关的例子。该图中，添加了万用表/示波器对感兴趣的位置安置的探针。设想这样一个情形：你已经为RTC芯片编写了一个I^2C客户端驱动程序，就像在8.5节中描述的。但当在板子上运行驱动程序时，它导致系统不能启动，重启时bootloader不能出现，JTAG调试器也不能连接到目标机。为了弄清导致这种似乎致命的错误的原因，我们进一步查看连接图。因为RTC和CPU都需要一个外部时钟，电路板提供了一个单一32kHz的晶振，但这个32kHz时钟需要被缓冲。RTC缓冲该时钟，并依据它提供一个可用的输出引脚（CLK_OUT），该引脚能将时钟送给处理器。在CLK_OUT和地线之间连接一个示波器（或能测量频率的万用表）用于检验处理器频率。如图18-4所示，示波器读到的是1kHz而不是预想的32kHz！错在哪里呢？

RTC控制寄存器包含了设置CLK_OUT频率的位。当探测芯片（在第8章中myrtc_attach()的那些行上）时，驱动程序对这些位进行了错误地初始化，导致在CLK_OUT上产生了1kHz的时钟。RTC寄存器因有电池供电不会丢失数据，因此控制寄存器即使重启仍保存着这些错误值。这些偏移的时钟足以导致系统不能启动。取出RTC电池使寄存器掉电再放回电池,用示波器可以验证CLK_OUT已经恢复为32kHz时钟,因此,请修复驱动程序代码再重启!

18.10.2 调试器

将Linux嵌入到设备时,可以利用将在第21章中介绍的大部分调试技术。内核调试器可用于一些处理器平台,第21章中会提到的JTAG调试器比内核调试器更强大,在调试bootloader、基本内核以及设备驱动程序模块方面用得很多。

第 19 章 用户空间的驱动程序

本章内容
- 进程调度和响应时间
- 访问I/O区域
- 访问内存区域
- 用户模式SCSI
- 用户模式USB
- 用户模式I^2C
- UIO
- 查看源代码

大部分设备驱动程序倾向于工作在拥有特权的内核模式，但有些则无所谓，能自如应对这些不确定因素。SCSI、USB以及I^2C等内核子系统在一定程序上支持用户模式驱动程序，因此你可能不必写一行内核代码就能控制这些设备。

尽管用户空间没有特权可用，但用户模式驱动程序还是享有一定便利条件的。它们开发和调试起来比较容易，在引用了一个无效指针后无需重启系统。只要设备子系统使用标准用户空间程序库，有些用户模式驱动程序甚至可以跨操作系统工作。以下是一些有助于决定驱动程序是否应该放在用户空间的经验。

- 采用可能性测试。在用户空间能做的程序就放在用户空间。
- 如果需要与大量低速设备通信，并且性能需求一般，就尝试在用户空间实现驱动程序的可能性。如果有时间性要求，就放在内核。
- 如果程序需要用到内核API的服务、访问内核变量或与中断处理有关，那么一般都放在内核空间。
- 如果代码所做的大部分工作都是策略而非机制，用户空间可能是其合理的放置位置。
- 如果内核需要调用程序的服务，可能就要放在内核中。
- 在内核中不容易做浮点运算，但在用户空间可以使用FPU（Floating-Point Unit，浮点单元）指令。

也就是说，在用户空间无法实现很多工作，许多重要设备（如存储器和网络适配器）无法从用户空间驱动。但即使一个内核驱动程序是合适的方案，将其移到内核之前也应该尽可能在用户空间建模和测试。因为测试周期更短，更容易遍历全部可能的代码分支，代码也更容易保证清晰。

在本章，术语用户空间驱动程序或用户模式驱动程序是在一般意义下使用的，它不是严格遵照本书目前所指的驱动程序含义的。一个应用程序（其功能本可在内核实现）被认为是一个用户模式驱动程序。

2.6内核对用户空间驱动程序特别感兴趣的子系统做了大改动。新的进程调度器为用户模式程序提供了极好的响应时间，因此我们从它开始。

19.1 进程调度和响应时间

许多用户模式驱动程序需要在一定的时间段内完成工作，但对用户空间程序而言，由于频繁发生的调度和页替换，因而执行时间不能完全确定。为了明白如何才能最大程度地减少这些影响，我们深入探讨最新的Linux调度器，理解底层本质。

19.1.1 原先的调度器

在2.4以及更早的版本中，调度器常常在选取任务之前先计算每个任务的调度参数，因此这个算法所用的时间会随系统任务数的增加而线性增加，也就是说它的耗费时间为o(n)，其中n是活动任务数。对于高负载运行的系统，这会是很大一笔开销。2.4版本的算法在SMP系统也不太适用。

19.1.2 O(1)调度器

o(n)算法耗费的时间与输入的大小成正比，o(n²)算法与输入大小的平方成正比，但o(1)与输入多少无关，因此适应性好。2.6版本的调度器用o(1)算法代替了o(n)算法。除了更好的可扩展性外，该调度器还包含了"试探器"，它通过优先处理I/O消耗型任务来提高用户响应性。有两类进程：I/O消耗型和CPU消耗型。I/O消耗型的任务通常是睡眠-等待I/O输入的，而CPU消耗型任务对处理器来说是一直工作的。为了达到快速响应的目的，"懒惰"的任务被调度器给予奖励，而"勤奋"的任务则遭遇打击。查看补充内容"o(1)调度器的特点"，了解它的一些重要特色。

O(1)调度器的特点

下面是o(1)调度器的一些重要特点。

- 该算法使用由140个优先级组成的两个运行队列：一个是保存仍有剩余时间片的任务的活动队列，一个是保存时间片到期的任务的期满队列。当一个任务的时间片结束时，它根据优先级序号被插入到期满队列，当活动队列为空时就转变为期满队列。为了决定下一次运行哪个进程，调度器不搜索整个队列，而选择活动队列中具有最高优先级的任务。因此选择任务的计算开销不是取决于活动任务的数量，而是取决于优先级的数目，这就是使得o(1)算法是时间固定的。

- 调度器支持两种优先级范围：Unix系统支持的标准nice值和内部优先级。前者的范围为−20~+19，后者为0~139。这两种都是低值意味着高优先级。前100个（0~99）内部优先级为实时（RT）任务保留，后40个（100~139）分配给普通任务。40个nice值被映射到后40个内部优先级。普通任务的内部优先级可以被调度器动态改变，而nice值是由用户静态设置的。每个内部优先级绑定一个相关的运行列表。

- 调度器使用试探器查明一个进程是I/O需求型的还是CPU需求型的。简单地说，如果任务经常睡眠，它就可能是I/O需求型的；但如果它快速消耗它的时间片，它就是CPU需求型的。当调度器发现一个任务有典型的I/O特点时，它就动态增加该任务的内部优先级作为奖励，而对CPU型则反之。
- 分配的时间片数目直接与优先级成比例，高优先级的任务有更多的时间片。
- 一个任务只要它还有时间片就不会被调度器抢占。如果它在用完时间片配额前放弃了处理器，剩余时间片会延期到下次运行时使用。因为I/O型进程经常放弃CPU，这就提高了交互性能。
- 调度器支持RT调度策略。RT任务会抢占普通（SCHED_OTHER）任务。RT策略的任务可以不顾调度器的动态优先级分配。与SCHED_OTHER任务不同，它们的优先级不会被内核重新计算。RT调度有两种方式：SCHED_FIFO和SCHED_RR，它们用于产生软实时行为，而不是严格的硬实时保证。SCHED_FIFO没有时间片的概念，SCHED_FIFO任务一直运行直到为I/O休眠一等待或放弃处理器。SCHED_RR是SCHED_FIFO的时间片轮转变体，它也分配时间片给RT任务。用完时间片的SCHED_RR任务会被附加到相应优先级链表的末尾。
- 调度器通过用单CPU运行队列和单CPU同步提高了SMP性能。

19.1.3 CFS

在2.6.23内核中又一次改写了Linux调度器。用于SCHED_OTHER类型任务的CFS（Completely Fair Scheduler，完全公平调度器）去掉了O(1)调度器有关的大部分复杂性。它放弃了优先级矩阵、时间片、交互式探索以及对HZ的依赖。CFS的目标是保证所有调度实体的公平性，这是通过为每个任务提供平摊的CPU能力（CPU能力除以运行任务数）而做到的。对CFS的分析超过了本章的讨论范围，读者可浏览Documentation/sched-design-CFS.txt进一步了解CFS。

19.1.4 响应时间

作为一个用户模式驱动程序开发者，你有以下这些可以提高程序响应时间的选择。

- 使用RT调度策略会比使用一般策略有更好的控制粒度。查看sched_setscheduler()及其相关操作手册内容可以详细了解软RT响应时间。
- 如果用非RT调度策略，可以调整不同进程的nice值以达到期望的性能均衡。
- 如果用有CFS调度器的2.6.23或更新内核，可能要调整/proc/sys/kernel/sched_granularity_ns。如果用2.6.23以前的内核，请在kernel/sched.c和include/linux/sched.h中小心修改#define宏定义，以满足程序的需要。调度器的使用场景很复杂，对某些任务有利的设置可能会损害其他任务，因此你可能需要反复试验。

- 响应时间并不仅仅由调度器独自管辖,它们还取决于解决方案的架构。比如,如果将一个繁忙的中断处理程序标记为快中断,就会频繁禁止其他本地中断,从而降低其他IRQ上的数据获取和发送性能。

我们通过一个例子来理解用户模式驱动程序是如何通过预防调度和页替换引起的不确定性而实现快速响应的。由第2章可知,RTC是一个高精度产生周期性中断的时钟源。代码清单19-1实现了一个例子,它用来自/dev/rtc的中断报告以微秒级精度周期性地完成工作,并以奔腾TSC(Time Stamp Counter,时戳计数器)测量响应时间。

代码清单19-1中的程序先用sched_setscheduler()改变其调度策略为SCHED_FIFO,然后调用mlockall()锁住内存中所有的映射页,以确保页交换不会在确定时间进行。只有超级用户才能调用sched_setscheduler()和mlockall(),并以高于64Hz的频率请求RTC中断。

代码清单19-1 以微秒级精度周期性工作

```
#include <linux/rtc.h>
#include <sys/ioctl.h>
#include <sys/time.h>
#include <fcntl.h>
#include <pthread.h>
#include <linux/mman.h>

/* Read the lower half of the Pentium Time Stamp Counter
   using the rdtsc instruction */
#define rdtscl(val) __asm__ __volatile__ ("rdtsc" : "=A" (val))


main()
{
  unsigned long ts0, ts1, now, worst; /* Store TSC ticks */
  struct sched_param sched_p;         /* Information related to
                                         scheduling priority */
  int fd, i=0;
  unsigned long data;
/* Change the scheduling policy to SCHED_FIFO */
sched_getparam(getpid(), &sched_p);
sched_p.sched_priority = 50; /* RT Priority */
sched_setscheduler(getpid(), SCHED_FIFO, &sched_p);

/* Avoid paging and related indeterminism */
mlockall(MCL_CURRENT);

/* Open the RTC */
fd = open("/dev/rtc", O_RDONLY);

/* Set the periodic interrupt frequency to 8192Hz
   This should give an interrupt rate of 122uS */
ioctl(fd, RTC_IRQP_SET, 8192);

/* Enable periodic interrupts */
ioctl(fd, RTC_PIE_ON, 0);
```

```
    rdtscl(ts0);
    worst = 0;

    while (i++ < 10000) {

      /* Block until the next periodic interrupt */
      read(fd, &data, sizeof(unsigned long));

      /* Use the TSC to precisely measure the time consumed.
         Reading the lower half of the TSC is sufficient */
      rdtscl(ts1);
      now = (ts1-ts0);

      /* Update the worst case latency */
      if (now > worst) worst = now;
      ts0 = ts1;

      /* Do work that is to be done periodically */
      do_work(); /* NOP for the purpose of this measurement */
    }

    printf("Worst latency was %8ld\n", worst);

    /* Disable periodic interrupts */
    ioctl(fd, RTC_PIE_OFF, 0);
  }
```

代码清单19-1中的代码迭代循环10 000次，然后打印执行期间出现的最坏延时。在奔腾1.8GHz上的输出结果为240 899，约等于133ms。根据RTC芯片组的数据手册，频率为8 192Hz的时钟应该每122ms产生一次中断，两者比较接近。请用SCHED_OTHER策略在不同负载下重复运行代码并观察结果的偏离度。

你可能会在RT模式下运行内核线程，为此在启动线程时运行以下代码：

```
static int
my_kernel_thread(void *i)
{
  daemonize();
  current->policy = SCHED_FIFO;
  current->rt_priority = 1;
  /* ... */
}
```

19.2 访问 I/O 区域

PC兼容系统拥有64KB I/O端口，所有这些端口都能从用户空间驱动。在Linux上用户访问I/O端口受两个函数控制：ioperm()和iopl()。ioperm()控制0x3ff前的端口访问许可，iopl()更新调用进程的权限，这样就可以使一些进程无限制地访问所有端口。只有高级用户才能调用这些函数。

用outb()、outw()、outl()以及相关函数可以向I/O端口写数据，用inb()、inw()、inl()以及相关函数可以从I/O端口读数据。我们来实现一个从RTC芯片内读时间（以秒为单位）的小程序。PC CMOS中的I/O区域（RTC是其中的一部分）通过索引端口（0x70）和数据端口（0x71）访问，如第5章中的表5-1所示。为了从I/O地址范围内的某一偏移处读取一字节的数据，向索引端口写命令并从数据端口读数据。代码清单19-2读取了RTC的秒字段，但若要用它从其他I/O区域获得数据，需要适当改动传给dump_port()的参数。

代码清单19-2　从一个I/O区域读出数据的程序

```c
#include <linux/ioport.h>

void
dump_port(unsigned char addr_port, unsigned char data_port,
          unsigned short offset, unsigned short length)
{
  unsigned char i, *data;

  if (!(data = (unsigned char *)malloc(length))) {
    perror("Bad Malloc\n");
    exit(1);
  }

  /* Write the offset to the index port
     and read data from the data port */
  for(i=offset; i<offset+length; i++) {
    outb(i, addr_port );
    data[i-offset] = inb(data_port);
  }

  /* Dump */
  for(i=0; i<length; i++)
    printf("%02X ", data[i]);

  free(data);
}

int
main(int argc, char *argv[])
{
  /* Get access permissions */
  if( iopl(3) < 0 )  {
    perror("iopl access error\n");
    exit(1);
  }

  dump_port(0x70, 0x71, 0x0, 1);
}
```

也可以通过操作/dev/port完成相同的任务，但这会降低系统性能，因为代码需要经过内核驱动程序，但不使用iopl()就可以在设备节点上控制访问许可。下面是与代码清单19-2等同的/dev/port操作：

```c
#include <unistd.h>
#include <fcntl.h>

int
main(int argc, char *argv[])
{
  char seconds=0;
  char data = 0;
  int fd = open("/dev/port", O_RDWR);

  lseek(fd, 0x70, SEEK_SET);
  write(fd, &data, 1);

  lseek(fd, 0x71, SEEK_SET);
  read(fd, &seconds, 1);
  printf("%02X ", seconds);
}
```

第5章已经介绍了通过内核驱动程序与计算机并口通信,现在我们来实现从用户空间与一个并口交互的程序。内核并口子系统提供了被称为ppdev的字符驱动程序,它将并口访问输出到用户空间。ppdev创建了设备节点/dev/parportX,这里X是并口号。应用程序可以打开/dev/parportX,通过`read()`/`write()`系统调用交换数据并处理各种`ioctl()`命令。用内核接口(如ppdev)是比用`ioperm()`、`iopl()`或`/dev/port`直接操作I/O端口更好的方式。它是一种更安全的技术,可跨架构工作,并能在各类设备上工作,如USB—并行端口转换器。

回想第5章用到的简单LED板,它有8个LED,分别连接到标准25引脚并行连接器的第2至第9引脚。代码清单19-3实现了一个简单的用户程序,它用ppdev接口在该并行端口LED板上使二极管交替发光。它是与第5章中代码清单5-6实现的内核驱动程序功能一致的用户空间程序。

代码清单19-3 从用户空间控制并行端口LED板

```c
#include <stdio.h>
#include <linux/ioctl.h>
#include <linux/parport.h>
#include <linux/ppdev.h>
#include <fcntl.h>

int main(int argc, char *argv[])
{
  int led_fd;
  char data = 0xAA; /* Bit pattern to glow alternate LEDs */

  /* Open /dev/parport0. This assumes that the LED connector board
     is connected to the first parallel port on your computer */
  if ((led_fd = open("/dev/parport0", O_RDWR)) < 0) {
    perror("Bad Open\n");
    exit(1);
  }

  /* Claim the port */
  if (ioctl(led_fd, PPCLAIM)) {
```

```
  perror("Bad Claim\n");
  exit(2);
}

/* Set pins to forward direction and write a
   byte to glow alternate LEDs */
if (ioctl(led_fd, PPWDATA, &data)) {
  perror("Bad Write\n");
  exit(3);
}

/* Release the port */
if (ioctl(led_fd, PPRELEASE)) {
  perror("Bad Release\n");
  exit(4);
}

/* Close /dev/parport0 */
close(led_fd);
}
```

19.3 访问内存区域

对一个文件进行内存映射（mmaping）将使它与用户空间的一段虚拟内存区域相关联。因为Linux把设备当作文件，你也可以将设备内存映射到RAM，然后从用户空间直接操作它。下面是Linux上需要用到mmap()的地方。

(1) 图形用户接口，比如X Windows（www.xfree86.org）和SVGAlib（www.svgalib.org），将视频内存做内存映射，并直接访问图形硬件。

(2) madplay是MP3播放器，可运行在几个系统上。内存映射提高了吞吐量，因此madplay对MP3文件做内存映射以便更快地访问，这有助于高质量音乐播放维持所需的校验比特率。

(3) MPEG解码器通过直接操作映射帧缓冲播放视频。

mmap()系统调用原型如下：

```
void *mmap(void *start, size_t length, int prot, int flag,
           int fd, off_t offset);
```

这要求内核将文件描述符fd指定的设备文件与start处开始的用户内存块关联（start可自由选择，通常设成0，mmap()返回实际关联的内存）。内核对指定文件中的offset处开始的length字节做内存映射。prot规定了访问保护，flag描述了映射类型，MAP_SHARED标识符将你的修改镜像给相同内存区域的其他用户，而MAP_PRIVATE将你的修改保留给你自己。

并非被映射的所有页都必须存在于物理内存中，没有访问的区域可放在交换空间，等需要时再进行页替换。设备驱动程序通过实现mmap()方法可以控制mmap()系统调用的语义。

代码清单19-4是图像显示程序，阐明了mmap()的使用方式。

❑ 内存映射一个帧缓冲。（帧缓冲驱动程序在第12章中已做过讨论。）
❑ 对一个图像文件进行内存映射。

❑ 根据图像文件的属性（没有在代码清单中列出）执行必要的转换之后，将后者传送到前者。

代码清单19-4　用mmap显示一个图像

```c
#include <fcntl.h>
#include <sys/stat.h>
#include <sys/mman.h>      /* For definition of mmap() */
#include <linux/fb.h>      /* For frame buffer structures and ioctls */


int
main(int argc, char *argv[])
{
  int imagefd, fbfd;                   /* File descriptors */
  char *imagebuf, *fbbuf;              /* mmap buffers */
  struct fb_var_screeninfo vinfo;      /* Variable Screen info */
  struct stat statbuf;                 /* Image info */
  int fbsize;                          /* Frame buffer size */

  /* Open image file */
  if ((imagefd = open(argv[1], O_RDONLY)) < 0) {
    perror("Bad image open\n");
    exit(1);
  }

  /* Get the size of the image file */
  if (fstat(imagefd, &statbuf) < 0) {
    perror("Bad fstat\n");
    exit(1);
  }


  /* mmap the image file */
  if ((imagebuf = mmap(0, statbuf.st_size, PROT_READ, MAP_SHARED,
                       imagefd, 0)) == (char *) -1){
    perror("Bad image mmap\n");
    exit(1);
  }
  /* Open video memory */
  if ((fbfd = open("/dev/fb0", O_RDWR)) < 0) {
    perror("Bad frame buffer open\n");
    exit(1);
  }

  /* Get screen attributes such as resolution and depth */
  if (ioctl(fbfd, FBIOGET_VSCREENINFO, &vinfo)) {
    perror("Bad vscreeninfo ioctl\n");
    exit(1);
  }

  /* Size of video memory =
     (X-resolution * Y-resolution * Bytes per pixel) */
  fbsize = (vinfo.xres * vinfo.yres * vinfo.bits_per_pixel)/8;
```

```
    /* mmap the video memory */
    if ((fbbuf = mmap(0, fbsize, PROT_WRITE, MAP_SHARED, fbfd, 0))
       == (char *) -1){
      perror("Bad frame buffer mmap\n");
      exit(1);
    }

    /* Transfer imagebuf to fbbuf after applying transformations
       dependent on the format, resolution, depth, data offset,
       and other properties of the image file. Not implemented in
       this listing */
    copy_image_to_fb();

    msync(fbbuf, fbsize, MS_SYNC); /* Flush changes to device */

    /* ... */

    /* Unmap frame buffer memory */
    munmap(fbbuf, fbsize);
    close(fbfd);

    /* Unmap image file */
    munmap(imagebuf, statbuf.st_size);
    close(imagefd);

}
```

19.4 用户模式 SCSI

有了sg（SCSI Generic）接口就可以从用户空间直接发送SCSI命令。sg驱动程序输出一个字符接口，因此应用程序可以使用open()、close()、read()、write()、ioctl()、poll()、fcntl()和mmap()系统调用与底层设备通信。SCSI设备（如CD刻录机和扫描仪）的驱动程序在用户空间中实现，真实sg用户使用的cdrtools（以前称为cdrecord）的源代码可从http://freshmeat.net/projects/cdrecord/下载。

我们通过一个例子来学习如何使用sg接口。代码清单19-5实现了一个用户程序，它发送READ_CAPACITY SCSI命令到一个存储设备，比如SCSI硬盘或USB存储驱动器，来获取它的容量。READ_CAPACITY命令由10B组成，从命令代码0x25开始。出于学习目的，我们设置其余字节为0。当一个SCSI设备收到READ_CAPACITY命令时，它以8B答复，前4B包含了最后逻辑块的地址，后4B包含了块的长度。

sg设备结点命名为/dev/sgX，其中X是设备号，因此代码清单19-5打开/dev/sg0，假定它是与你SCSI存储设备相应的sg字符结点。然后开始生成sg_io_hdr_t结构体，该结构体是sg用户必须管理的主要数据结构。read()、write()和ioctl()调用要用一个该结构体的指针（定义在/usr/include/scsi/sg.h中）作为参数。sg_io_hdr_t的cmdp字段设成命令块的地址，该命令块保存了10B的READ_CAPACITY命令。dxferp字段提供了缓冲区的地址，该缓冲区保存来自设备的响应数据。sbp字段包含了返回请求操作状态的缓冲区地址。interface_id必须设成S，timeout保存了sg放弃命令前等待的毫秒数。

SG_IO是一个sg支持的常用ioctl命令。它写一个命令到设备，等待响应，再将接收的回复读到一个用户提供的缓冲区中。在代码清单19-5中，SG_IO发送了一个READ_CAPACITY命令，并将8B的响应读到rcap_buff[]，程序通过解释rcap_buff[]中的数据计算和打印磁盘容量。

代码清单19-5 通过sg获得磁盘容量

```
#include <stdio.h>
#include <fcntl.h>
#include <sys/ioctl.h>
#include <scsi/sg.h>

#define RCAP_COMMAND        0x25
#define RCAP_COMMAND_LEN    10
#define RCAP_REPLY_LEN      8

int
main(int argc, char *argv[])
{
  int fd, i;
  /* READ_CAPACITY command block */
  unsigned char RCAP_CmdBlk[RCAP_COMMAND_LEN]= {RCAP_COMMAND, 0,0,0,0,0,0,0,0,0};
  sg_io_hdr_t sg_io;
  unsigned char rcap_buff[RCAP_REPLY_LEN];
  unsigned int lastblock, blocksize;
  unsigned long long disk_cap;
  unsigned char sense_buf[32];

  /* Open the sg device */
  if ((fd = open("/dev/sg0", O_RDONLY)) < 0) {
    printf("Bad Open\n");
    exit(1);
  }

  /* Initialize */
  memset(&sg_io, 0, sizeof(sg_io_hdr_t));

  /* Command block address and length */
  sg_io.cmdp = RCAP_CmdBlk;
  sg_io.cmd_len = RCAP_COMMAND_LEN;

  /* Response buffer address and length */
  sg_io.dxferp = rcap_buff;
  sg_io.dxfer_len = RCAP_REPLY_LEN;

  /* Sense buffer address and length */
  sg_io.sbp = sense_buf;
  sg_io.mx_sb_len = sizeof(sense_buf);
  /* Control information */
  sg_io.interface_id = 'S';
  sg_io.dxfer_direction = SG_DXFER_FROM_DEV;
```

```
  sg_io.timeout = 10000; /* 10 seconds */

  /* Issue the SG_IO ioctl */
  if (ioctl(fd, SG_IO, &sg_io) < 0) {
    printf("Bad SG_IO\n");
    exit(1);
  }

  /* Obtain results */
  if ((sg_io.info & SG_INFO_OK_MASK) == SG_INFO_OK) {
    /* Address of last disk block */
    lastblock =  ((rcap_buff[0]<<24)|(rcap_buff[1]<<16)|
                  (rcap_buff[2]<<8)|(rcap_buff[3]));

    /* Block size */
    blocksize =  ((rcap_buff[4]<<24)|(rcap_buff[5]<<16)|
                  (rcap_buff[6]<<8)|(rcap_buff[7]));

    /* Calculate disk capacity */
    disk_cap  = (lastblock+1);
    disk_cap *= blocksize;
    printf("Disk Capacity = %llu Bytes\n", disk_cap);

  }
  close(fd);
}
```

SG_IO命令的完整列表参见include/scsi/scsi.h和drivers/scsi/sg.c。sg接口的深入阐述见Linux SCSI Generic HOWTO。从http://sg.torque.net/sg/sg3_utils.html下载sg3_utils包并浏览源代码可以找到许多在sg上运行的有用的程序。

19.5 用户模式 USB

usbfs虚拟文件系统允许从用户空间以原始方式访问USB设备。usbfs通常挂载在/proc/bus/usb/上，usbfs树包含了系统中与每个USB控制器（或总线）对应的目录，每个目录依次包含了与该总线上的USB设备相对应的结点。

为了更好地理解usbfs，我们看一下包含英特尔ICH4南桥芯片组的系统。如第11章所述，USB控制器是PC系统中南桥芯片组的1部分。ICH4支持1个USB EHCI（高速USB 2.0）控制器和3个USB UHCI控制器，能与6个物理USB端口连接。EHCI控制器能与6个端口通信，每个UHCI控制器能与2个端口通信。我们称EHCI控制器为bus1，3个UHCI控制器分别为bus2、bus3和bus4。现在假设系统只有2个物理USB端口，它们与bus3相应的UHCI控制器连接（符号→后是对命令输出的说明）。

```
bash> ls -lR /proc/bus/usb
/proc/bus/usb:
total 0
dr-xr-xr-x  2 root root 0 Dec  2 12:44 001    → EHCI. Can talk to
                                                 any physical port
```

```
dr-xr-xr-x   2 root root 0 Dec   2 12:44 002    → No corresponding
                                                  physical ports
dr-xr-xr-x   2 root root 0 Dec   2 12:44 003    → UHCI bus for the 2
                                                  physical USB ports
                                                  on this system
dr-xr-xr-x   2 root root 0 Dec   2 12:44 004    → No corresponding
                                                  physical ports
-r--r--r--   1 root root 0 Dec   2 20:02 devices

/proc/bus/usb/001:
total 0
-rw-r--r--   1 root root 43 Dec   2 12:44 001   → Root Hub (bus1)

/proc/bus/usb/002:
total 0
-rw-r--r--   1 root root 43 Dec   2 12:44 001   → Root Hub (bus2)

/proc/bus/usb/003:
total 0
-rw-r--r--   1 root root 43 Dec   2 12:44 001   → Root Hub (bus3)

/proc/bus/usb/004:
total 0
-rw-r--r--   1 root root 43 Dec   2 12:44 001   → Root Hub (bus4)
```

我们将一个全速尼康数码相机和高速希捷USB 2.0硬盘连接到系统上的2个USB。先看一下/proc/bus/usb/devices，找到相关入口：

```
bash> ls -lR /proc/bus/usb/devices
...
T:  Bus=03 Lev=01 Prnt=01 Port=01 Cnt=01 Dev#=  5 Spd=12  MxCh= 0
D:  Ver= 1.10 Cls=00(>ifc ) Sub=00 Prot=00 MxPS=64 #Cfgs=  1
P:  Vendor=04b0 ProdID=0205 Rev= 1.00
S:  Manufacturer=NIKON
S:  Product=NIKON DSC E5200
S:  SerialNumber=2507597
C:* #Ifs= 1 Cfg#= 1 Atr=c0 MxPwr=   2mA
I:  If#= 0 Alt= 0 #EPs= 2 Cls=08(stor.) Sub=06 Prot=50
    Driver=usb-storage
E:  Ad=01(O) Atr=02(Bulk) MxPS=  64 Ivl=0ms
E:  Ad=82(I) Atr=02(Bulk) MxPS=  64 Ivl=0ms
...
T:  Bus=01 Lev=01 Prnt=01 Port=02 Cnt=01 Dev#= 12 Spd=480 MxCh= 0
D:  Ver= 2.00 Cls=00(>ifc ) Sub=00 Prot=00 MxPS=64 #Cfgs=  1
P:  Vendor=0bc2 ProdID=0501 Rev= 0.01
S:  Manufacturer=Seagate
S:  Product=USB Mass Storage
S:  SerialNumber=000000062459
C:* #Ifs= 1 Cfg#= 1 Atr=c0 MxPwr=   0mA
I:  If#= 0 Alt= 0 #EPs= 2 Cls=08(stor.) Sub=06 Prot=50
    Driver=usb-storage
E:  Ad=02(O) Atr=02(Bulk) MxPS= 512 Ivl=0ms
E:  Ad=88(I) Atr=02(Bulk) MxPS= 512 Ivl=0ms
```

请看前面输出的T:行，它显示了拓扑信息。正如期望的那样，硬盘连接到了EHCI总线bus1，相机出现在UHCI总线bus3上。下面是现在usbfs树看起来的样子：

```
bash> ls -lR /proc/bus/usb
/proc/bus/usb:
total 0
dr-xr-xr-x   2 root root   0 Dec   2 12:44 001
dr-xr-xr-x   2 root root   0 Dec   2 12:44 002
dr-xr-xr-x   2 root root   0 Dec   2 12:44 003
dr-xr-xr-x   2 root root   0 Dec   2 12:44 004
-r--r--r--   1 root root   0 Dec   2 19:51 devices
/proc/bus/usb/001:                         →   EHCI: bus1
total 0
-rw-r--r--   1 root root  43 Dec   2 12:44 001
-rw-r--r--   1 root root  50 Dec   2 19:51 007  →   High-speed disk

/proc/bus/usb/002:                         →   UHCI: bus2
total 0
-rw-r--r--   1 root root  43 Dec   2 12:44 001

/proc/bus/usb/003:                         →   UHCI: bus3
total 0
-rw-r--r--   1 root root  43 Dec   2 12:44 001
-rw-r--r--   1 root root  50 Dec   2 19:16 003  →   Full-speed camera

/proc/bus/usb/004:                         →   UHCI: bus4
total 0
-rw-r--r--   1 root root  43 Dec   2 12:44 001
```

与插入设备相应的usbfs文件包含了相关的USB设备及配置描述符。在前面的例子中，读取/proc/bus/usb/003/003可获得相机的描述符信息，读取/proc/bus/usb/001/007可获得硬盘描述符信息。但管理usbfs文件并不是那么简单的，因为设备文件名在设备拔出后需要重新使用。解决办法是用libusb库，它封装使用usbfs。使用libusb而不直接操作usbfs还有一个好处：只要操作系统支持这个库，你的驱动程序无需改动就可以在其他操作系统中运行。如果发行版中没有包含libusb库，可从http://libusb.sourceforge.net/下载它的源代码。该库的全部USB访问功能清单在libusb源代码的doc/目录下。

代码清单19-6利用常用的libusb编程模板实现了数码相机的用户空间驱动程序框架。相机制造商ID（0x04b0）和设备ID（0x0205）从前面列出的/proc/bus/usb/devices输出中获得。

代码清单19-6 使用libusb的一个用户空间USB驱动程序框架

```c
#include <usb.h>                         /* From the libusb package */

#define DIGICAM_VENDOR_ID    0x04b0 /* From /proc/bus/usb/devices */
#define DIGICAM_PRODUCT_ID   0x0205 /* From /proc/bus/usb/devices */
int
main(int argc, char *argv[])
{
  struct usb_dev_handle *mydevice_handle;
  struct usb_bus *usb_bus;
  struct usb_device *mydevice;
```

```
    /* Initialize libusb */
    usb_init();
    usb_find_buses();
    usb_find_devices();

    /* Walk the bus */
    for (usb_bus = usb_buses; usb_bus; usb_bus = usb_bus->next) {
      for (mydevice = usb_bus->devices; mydevice;
           mydevice = mydevice->next) {
        if ((mydevice->descriptor.idVendor == DIGICAM_VENDOR_ID) &&
          (mydevice->descriptor.idProduct == DIGICAM_PRODUCT_ID)) {

          /* Open the device */
          mydevice_handle = usb_open(mydevice);

          /* Send commands to the camera. This is the heart of the
             driver. Getting information about the USB control
             messages to which your device responds is often a
             challenge since many vendors do not readily divulge
             hardware details */
          usb_control_msg(mydevice_handle, ...);
          /* ... */

          /* Close the device */
          usb_close(mydevice_handle);
        }
      }
    }
  }
```

19.6 用户模式 I^{2}C

在第8章已经介绍了为I^{2}C设备开发内核模式驱动程序，但如果需要能支持大量低速I^{2}C设备，从用户空间驱动它们就有意义了。i2c-dev模块有助于开发用户模式I^{2}C/SMBus设备驱动程序。用户空间代码能通过设备结点访问I^{2}C主机适配器。为了操作第n块适配器，请打开/dev/i2c-n。在获得了与主机适配器设备结点绑定的文件描述符后，可以通过ioctl命令把它连接到指定的附着从设备，然后就可以用数据访问函数与从设备交换数据。

代码清单19-7是一个简单用户模式驱动程序，它从用户空间在I^{2}C EEPROM上完成普通操作。EEPROM与第8章中讨论过的相同，有两个存储体，每个存储体有相应的从地址。代码清单用i2c-dev.h中的内联函数操作与存储体关联的设备结点。从lm-sensors包（在第8章也讨论过）可得到该头文件。这个文件包含了与表8-1中列出的所有内核空间I^{2}C访问函数对等的用户空间访问函数。

代码清单19-7 一个用户空间I^{2}C/SMBus驱动程序

```
#include <linux/i2c.h>
#include <linux/i2c-dev.h>
```

```c
/* Bus addresses of the memory banks */
#define SLAVE_ADDR1  0x60
#define SLAVE_ADDR2  0x61

int main(int argc, char *argv[])
{
  /* Open the host adapter */
  if ((smbus_fp = open("/dev/i2c-0", O_RDWR)) < 0) {
    exit(1);
  }

  /* Connect to the first bank */
  if (ioctl(smbus_fp, I2C_SLAVE, SLAVE_ADDR1) < 0) {
    exit(1);
  }

  /* ... */
  /* Dump data from the device */
  for (reg=0; reg < length; reg++) {
    /* See i2c-dev.h from the lm-sensors package for the
       implementation of the following inline function */
    res = i2c_smbus_read_byte_data(smbus_fp, (unsigned char) reg);
    if (res < 0) {
      exit(1);
    }

    /* Dump data */
    /* ... */
  }

  /* ... */

  /* Switch to bank 2 */
  if (ioctl(smbus_fp, I2C_SLAVE, SLAVE_ADDR2) < 0) {
    exit(1);
  }

  /* Clear bank 2 */
  for (reg=0; reg < length; reg+=2){
    i2c_smbus_write_word_data(smbus_fp, (unsigned char) reg, 0x0);
  }

  /* ... */

  close(smbus_fp);
}
```

19.7 UIO

从2.6.23版开始,内核包含了一个称为UIO(Userspace I/O,用户空间I/O)的子系统,它方便了一些用户空间驱动程序的实现。有了UIO,就可以开发用于中断处理等任务的超级简短的内核驱动程序，并将大部分设备I/O逻辑放到用户空间。UIO对某些工业I/O卡特别有用。

drivers/uio/目录下有UIO源代码。用户手册在Documentation/DocBook/uio-howto.tmpl目录下。本章不再深入介绍UIO。

19.8 查看源代码

Linux调度器代码见kernel/sched.c。SCSI的通用实现代码见drivers/scsi/sg.c，drivers/usb/core/devio.c负责支持用户空间USB驱动程序。用于支持用户模式I^2C编程的i2c-dev驱动程序位于drivers/i2c/i2c-dev.c。

表19-1列出了本章用到的主要数据结构，表19-2列出了我们使用的有助于用户模式驱动程序开发的函数。

表19-1 数据结构小结

数据结构	位置（用户空间）	说　　明
sched_param	/usr/include/bits/sched.h	与调度优先级相关的信息
fb_var_screeninfo	/usr/include/linux/fb.h	用于在帧缓冲上运行。包含了各种屏幕信息，如分辨率和像素时钟，更多细节见第11章
sg_io_hdr_t	/usr/include/scsi/sg.h	用于管理SCSI通用设备的信息
usb_dev_handle usb_bus usb_device	libusb包中的头文件	从用户空间操作USB设备的结构体

表19-2 用户空间函数小结

用户空间函数	说　　明
sched_getparam()	获得给定进程的调度参数
sched_setscheduler()	设置给定进程的调度参数
mlockall()	锁住调用进程的内存页，以避免页缺失
ioperm()	控制对0x3FF之前的I/O端口的访问权限
iopl()	控制所有I/O端口的访问权限
outb()/outw()/outl()	向一个指定端口输出一字节/字/长字
inb()/inw()/inl()	从一个指定端口输入一字节/字/长字
mmap()	将一个文件或一个设备地址区域与一块用户空间虚拟内存绑定
msync()	写回对被映射的内存区域的改动
munmap()	Mmap()的逆功能
usb_init() usb_find_buses() usb_find_devices() usb_open() usb_control_msg() usb_close()	libusb库提供的用于在usbfs上运行的函数
i2c_smbus_read_byte_data() i2c_smbus_write_word_data()	用户空间I^2C/SMBus数据访问函数，是lm-sensors包的一部分

第 20 章 其他设备和驱动程序

本章内容
- ECC 报告
- 频率调整
- 嵌入式控制器
- ACPI
- ISA 与 MCA
- 火线
- 智能输入/输出
- 业余无线电
- VoIP
- 高速互联

到目前为止,我们都是用一整章介绍各种主要的设备驱动程序类型,但drivers/目录下还有一些尚未介绍的子目录,本章将简要介绍其中的部分内容。

20.1 ECC 报告

有些内存控制器内含了利用ECC(Error Correcting Codes,纠错编码)测量存储数据正确性的单元。EDAC(Error Detection And Correction,错误检测与纠正)驱动程序子系统报告内存错误事件的出现,该事件由支持ECC的内存控制器产生。典型的ECC DRAM芯片具有纠正SBE(Single-Bit Error,单比特错误)的能力,并能检测MBE(Multibit Error多比特错误)。用EDAC用语说,前一个叫CE(Correctable Error,可纠正错误),后者叫UE(Uncorrectable Error,不可纠正错误)。

ECC操作对操作系统是透明的,这意味着如果DRAM控制器支持ECC,错误检测与纠正不需要操作系统参与就能实现。EDAC的任务是报告这类事件,并允许用户自己制定错误处理策略(比如替换可疑DRAM芯片)。

EDAC驱动程序子系统包含以下内容。
- 一个称为edac_mc的核心模块,用于提供一套库例程。
- 与支持的内存控制器交互的各个驱动程序。比如与作为Intel 82860北桥芯片一部分的内存控制器一起工作的称为i82860_edac的驱动程序模块。

EDAC利用sysfs目录/sys/devices/system/edac/中的文件报告错误,它也生成可从内核错误日志中收集到的消息。

DRAM芯片的布局是根据内存控制器选择的芯片数和内存控制器与CPU间的数据传输带宽

（或通道）而定的。DRAM芯片阵列中的行数取决于前者，列数取决于后者。EDAC的一个主要目标是指出有问题的DRAM芯片，因此EDAC sysfs节点结构是根据物理芯片布局设计的：/sys/devices/system/edac/mc/mcX/csrowY/表示内存控制器X中的片选行Y。每个这样的目录都包含了详细信息，比如检测到的CE数（ce_count）、UE数（ue_count）、通道位置以及其他属性。

设备实例：支持ECC的内存控制器

我们来为一个不支持EDAC的内存控制器增加对EDAC的支持。假设你正准备将Linux安装到基于x86的嵌入式医疗设备上。板上的北桥芯片组（内含第12章的补充内容"北桥"中讨论过的内存控制器）是Intel 855GME，它有ECC报告功能。所有连接到855GME上的DRAM存储体都是有ECC功能的芯片，因为这是一个至关重要的设备。EDAC目前还不支持855GME，因此我们尝试着实现它。

ECC DRAM控制器有两个主要的ECC相关寄存器，一个是错误状态寄存器，一个是错误地址指针寄存器，如表20-1所示。当一个ECC错误出现时，前者就包含了错误状态（此时错误是一个SBE或一个MBE），而后者会包含错误出现的物理地址。EDAC核心周期性地检查这些寄存器，并通过sysfs向用户空间报告结果。从配置的角度看，855GME中的所有设备好像都是在PCI总线0上的。DRAM控制器位于这个总线的设备0上。DRAM接口控制寄存器（包括ECC有关的寄存器）映射到相应PCI配置空间。为了给855GME增加EDAC功能，要增加读取这些寄存器的钩子，如代码清单20-1所示。PCI设备驱动程序方法和数据结构的解释请参考第10章。

表20-1 DRAM控制器上的ECC相关寄存器

位于DRAM控制器的PCI配置空间中的ECC相关寄存器	描述
I855_ERRSTS_REGISTER	错误状态寄存器，当ECC错误出现时它给出标识，表明错误是一个SBE还是MBE
I855_EAP_REGISTER	错误地址指针寄存器，包含了最近ECC错误出现的物理地址

代码清单20-1 855GME的EDAC驱动程序

```
/* Based on drivers/edac/i82860_edac.c */

#define I855_PCI_DEVICE_ID      0x3584 /* PCI Device ID of the memory
                                          controller in the 855 GME */
#define I855_ERRSTS_REGISTER 0x62  /* Error Status Register's offset
                                      in the PCI configuration space */
#define I855_EAP_REGISTER    0x98  /* Error Address Pointer Register's
                                      offset in the PCI configuration space */
struct i855_error_info {
  u16 errsts;    /* Error Type */
  u32 eap;       /* Error Location */
};

/* Get error information */
static void
```

```c
i855_get_error_info(struct mem_ctl_info *mci,
                    struct i855_error_info *info)
{
  struct pci_dev *pdev;

  pdev = to_pci_dev(mci->dev);
  /* Read error type */
  pci_read_config_word(pdev, I855_ERRSTS_REGISTER, &info->errsts);
  /* Read error location */
  pci_read_config_dword(pdev, I855_EAP_REGISTER, &info->eap);
}

/* Process errors */
static int
i855_process_error_info(struct mem_ctl_info *mci,
                        struct i855_error_info *info,
                        int handle_errors)
{
  int row;

  info->eap >>= PAGE_SHIFT;
  row = edac_mc_find_csrow_by_page(mci, info->eap); /* Find culprit row */

  /* Handle using services provided by the EDAC core.
     Populate sysfs, generate error messages, and so on */
  if (is_MBE()) {          /* is_MBE() looks at I855_ERRSTS_REGISTER and checks
                              for an MBE. Implementation not shown */
    edac_mc_handle_ue(mci, info->eap, 0, row, "i855 UE");
  } else if (is_SBE()) {   /* is_SBE() looks at I855_ERRSTS_REGISTER and checks
                              for an SBE. Implementation not shown */
    edac_mc_handle_ce(mci, info->eap, 0, info->derrsyn, row, 0, "i855 CE");
  }

  return 1;
}

/* This method is registered with the EDAC core from i855_probe() */
static void
i855_check(struct mem_ctl_info *mci)
{
  struct i855_error_info info;

  i855_get_error_info(mci, &info);
  i855_process_error_info(mci, &info, 1);
}

/* The PCI driver probe method, part of the pci_driver structure */
static int
i855_probe(struct pci_dev *pdev, int dev_idx)
{
  struct mem_ctl_info *mci;

  /* ... */
  pci_enable_device(pdev);
```

```c
  /* Allocate control memory for this memory controller.
     The 3 arguments to edac_mc_alloc() correspond to the
     amount of requested private storage, number of chip-select
     rows, and number of channels in your memory layout */
  mci = edac_mc_alloc(0, CSROWS, CHANNELS);
  /* ... */
  mci->edac_check = i855_check; /* Supply the check method to the EDAC core */
  /* Do other memory controller initializations */
  /* ... */
  /* Register this memory controller with the EDAC core */
  edac_mc_add_mc(mci, 0);
  /* ... */
}

/* Remove method */
static void __devexit
i855_remove(struct pci_dev *pdev)
{
  struct mem_ctl_info *mci = edac_mc_find_mci_by_pdev(pdev);
  if (mci && !edac_mc_del_mc(mci)) {
    edac_mc_free(mci); /* Free memory for this controller. Reverse
                          of edac_mc_alloc() */
  }
}

/* PCI Device ID Table */
static const struct pci_device_id i855_pci_tbl[] __devinitdata = {
  {PCI_VEND_DEV(INTEL, I855_PCI_DEVICE_ID),
   PCI_ANY_ID, PCI_ANY_ID, 0, 0,},
  {0,},
};

MODULE_DEVICE_TABLE(pci, i855_pci_tbl);

/* pci_driver structure for this device.
   Re-visit Chapter 10 for a detailed explanation */
static struct pci_driver i855_driver = {
  .name     = "855",
  .probe    = i855_probe,
  .remove   = __devexit_p(i855_remove),
  .id_table = i855_pci_tbl,
};

/* Driver Initialization */
static int __init
i855_init(void)
{
  /* ... */
  pci_rc = pci_register_driver(&i855_driver);
  /* ... */
}
```

EDAC源代码文件请看drivers/edac/*，EDAC sysfs结点的详细解释请看Documentation/drivers/edac/edac.txt。

20.2 频率调整

CPU频率（cpufreq）驱动程序子系统通过调整CPU的使用频率协助电源管理，如果使用合适的调整算法（称为调速器），设备的电池就可以工作得更久。cpufreq支持x86、ARM、PowerPC等架构。为了获得cpufreq功能，你还需要合适的处理器驱动程序（比如，如果用Pentium M等有SpeedStep功能的CPU，Intel Enhanced SpeedStep就是合适的处理器驱动程序）。

你可以通过/sys/devices/system/cpu/cpuX/cpufreq/目录下的文件控制cpufreq的行为，其中X是CPU号。为了设置最大和最小的频率调整范围，请为scaling_max_freq与scaling_min_freq写入想要的值。要想了解支持cpufreq的调速器，请看scaling_available_governors的内容。内核支持以下策略。

- 性能策略，静态设置scaling_max_freq为CPU频率。
- 节能策略，将scaling_min_freq设为CPU频率。
- 按需策略，根据CPU负载调整频率。
- 稳健策略，是按需调速器的一个变体，它平滑地逐级改变速度。
- 用户空间策略，允许应用程序指定调整技术。有些发行版将调速器设成用户空间，然后通过引导期间生成的称作cpuspeed的守护进程实现调整算法。
- 也可以通过cpufreq_register_governor()接口实现自己的内核策略。

每个支持的策略作为一个内核模块实现。为了了解cpufreq的行为，为其分配一个策略并改变系统负载：

```
bash> cd /sys/devices/system/cpu/cpu0/cpufreq
bash> cat scaling_max_freq          → Maximum frequency
1700000
bash> cat scaling_min_freq          → Minimum frequency
600000
bash> cat cpuinfo_cur_freq          → Current frequency
600000
bash> cat scaling_governor          → Scaling algorithm in use
powersave
bash> cat scaling_available_frequencies
1700000 1400000 1200000 1000000 800000 600000
bash> cat scaling_available_governors
conservative ondemand powersave userspace performance
bash> echo conservative > scaling_governor
                                    → Assign 'conservative' governor
bash> ls -lR /                      → Switch to another terminal and
                                      load your system by recursively
                                      traversing all directories
```

如果现在通过查看/sys/devices/system/cpu/cpu0/cpufreq/cpuinfo_cur_freq监视运行频率，你会看到它在根据CPU负载不断变化。

CPU调整代码位于drivers/cpufreq/目录。要了解cpufreq sysfs结点的详细含义，请查看Documentation/cpu-freq/*。

20.3　嵌入式控制器

笔记本计算机上一般有一个内建的EC（Embedded Controller，嵌入式控制器），用以担负各种任务，比如：
- 与键盘控制器对接；
- 管理温度事件；
- 处理特殊按钮和LED；
- 控制系统和CPU风扇速度；
- 监视电池电压。

其中的大部分功能是与OEM的硬件实现有关的。不同OEM用不同的EC，比如联想的IBM/Lenovo笔记本计算机嵌入了Renesas H8微控制器以协助主处理器。但访问EC的接口是标准的，与控制器的制造无关。BIOS和操作系统从0x80 I/O端口读取来自EC的信息，从0x81 I/O端口向EC写入数据。在台式机中，这些端口提供了对键盘控制器而不是一个通用目的的EC的访问。

20.4节会提到一个驱动程序例子，它是通过访问EC内存空间来检测遥测强度的。

20.4　ACPI

ACPI（Advanced Configuration and Power Interface，高级配置与电源接口）是一个电源管理规范，它取代了早期的标准如APM（Advanced Power Management，高级电源管理）。ACPI负责在电源状态间转换系统，也负责与连接到EC的设备和传感器接口任务，这类设备称为ACPI设备，为之分配的内存称为ACPI空间。

在本书其他章节已经介绍过，底层代码不宜实现策略。这是APM遇到的主要问题，APM中的大部分电源管理策略都是BIOS固件的一部分。ACPI为策略提高了一个级别，到操作系统级。通过使用称为acpid的守护进程，ACPI甚至允许策略能再提高一级，达到用户空间配置文件。通过在acpid配置文件中增加规则，你可以决定当热键被按下时要做什么。

即使有ACPI，底层BIOS固件仍负责与硬件接口并检测ACPI事件，如电源按钮按下或热传感器报告。为此，BIOS使用了一个特殊的由SMI（System Management Interrupts，系统管理中断）触发的x86执行模式。SMI执行模式对操作系统是透明的，为了通知操作系统在SMI模式下检测到的ACPI事件，BIOS声明了一个SCI（System Control Interrupt，系统控制中断）。申请SCI IRQ的Linux ACPI代码请查看drivers/acpi/osl.c。

Linux ACPI 组件包括以下内容。

(1) 一个提供ACPI要素如AML（ACPI Machine Language，ACPI机器语言）解释器的核心层。ACPI相关BIOS代码用AML编写，它是运行在由操作系统的AML解释器实现的虚拟机上的语言。

(2) 与标准组件如EC（drivers/acpi/ec.c）、按钮（drivers/acpi/button.c）、风扇（drivers/acpi/fan.c）接口的ACPI驱动程序。OEM相关的驱动程序提供了标准ACPI驱动程序没有支持的功能，比如

drivers/misc/thinkpad_acpi.c[①]是OEM相关的驱动程序，它为IBM/Lenovo Thinkpad实现了额外功能。在IBM/Lenovo Thinkpad上，/proc/acpi/下的文件由标准ACPI驱动程序生成，而/proc/acpi/ibm/的文件由OEM相关的驱动程序生成。因此若要了解当前温度，执行以下代码：

```
bash> cat /proc/acpi/thermal_zone/THM0/temperature
temperature:             39 C
```

但若要打开LCD显示器上方的夜灯，请在OEM相关驱动程序中寻找帮助：

```
bash> echo on > /proc/acpi/ibm/light
```

(3) 一个kacpid内核线程，ACPI用它排队执行工作。

(4) 利用ACPI的服务以响应系统电源状态变化的私有设备驱动程序。为此，驱动程序要向内核设备模式注册`suspend()`和`resume()`方法。我们在讨论第6章中的`platform_driver`结构体、第8章中的`spi_driver`结构体、第9章中的`pcmcia_driver`结构体和第10章的`pci_driver`结构体时提到过这些方法。

(5) 用户空间工具如acpitool，它报告各ACPI设备状态，显示温度信息，并根据不同睡眠状态挂起系统：

```
bash> acpitool
Battery #1       : charging, 69.08%, 01:14:02
AC adapter       : on-line
Thermal zone 1   : ok, 38 C
```

(6) acpid守护进程，它是ACPI事件的策略使能者。它在/proc/acpi/events上侦听内核报告的电源管理事件。当按下电源按钮或温度事件出现时，内核ACPI驱动程序通过/proc/acpi/events向用户空间发送一个事件。acpid读取这个事件，交给/etc/acpi/events/中的配置脚本，然后执行相应动作。假设当笔记本计算机合上盖子时需要执行一个特别的程序（/bin/lidhandler），为此，向/etc/acpi/events/acpi_handler.sh添加下述内容：

```
event=button/lid.*
action=/bin/lidhandler
```

你可能要与ACPI一起使用cpufreq。比如你可以在/bin/lidhandler中添加下列代码，以便在合上笔记本时降低处理器频率：

```
echo powersave > /sys/devices/system/cpu/cpu0/cpufreq/scaling_governor
```

可以从www.acpi.info网站下载ACPI规范。

做一个练习，假设嵌入式笔记本计算机上有一个内建的遥测卡[②]，并且EC已连接到测量遥测强度的传感器。为了通过/proc/acpi/（或/sys/bus/acpi/）访问遥测强度，请更新drivers/misc/下相应笔记本模块的"额外"驱动程序。比如假设你的板子是IBM/Lenovo Thinkpad的，请相应修改drivers/misc/thinkpad_acpi.c。可以使用`ec_read()`和`ec_write()`两个内核函数访问EC的ACPI空间中存放遥测强度的区域。

[①] 2.6.22版本之前，这个驱动程序是drivers/acpi/ibm_acpi.c。
[②] 我们在第11章中为示例遥测卡开发了一个驱动程序。

20.5 ISA 与 MCA

ISA（Industries Standard Architecture，工业标准架构）开始是一个连接I/O设备与PC的总线，但后来发展成事实上的总线标准。本来在多年前就应用单独章节叙述ISA驱动程序，但如今随着PCI总线的出现，ISA几乎要消失了。

ISA设备驱动程序有两个主要的总线规范需要遵守。

- ISA没有为驱动程序提供标准的用于侦测资源信息（由硬件连线决定或引导固件分配）的接口。实现复杂的探测逻辑（经常要利用设备本身的特性）仍是ISA驱动程序初始化的一项重要内容。与PCI总线不同的是，PCI设备驱动程序能清楚识别资源（如中断请求线、引导固件分配的I/O基地址）身份，这在第10章讨论PCI配置空间时已经介绍了。在15.5节我们也简要分析了ISA探测方法。

不过，ISA PnP（Plug-and-Play，即插即用）规范尝试着引入一定程度的自动配置能力。

- ISA总线宽度为24位，因此设备只能访问低16MB的系统内存。比如为了从ISA以太网卡使用DMA方式传输网络数据，DMA缓冲区只能位于称作ZONE_DMA的低16MB范围内。但EISA（Extended Industry Standard Architecture，扩展工业标准架构）将ISA总线扩展到了32位，可将ISA设备插到EISA插槽。

如今的PC兼容系统中，LPC总线已经取代了ISA总线来连接传统外围设备和CPU。我们在前几章已经讨论过LPC设备，如Super I/O芯片组、固件集线器、温度传感器。

MCA（Micro-Channel Architecture，微通道架构）总线克服了ISA系列的许多限制，它支持总线控制、自动配置以及32位总线宽度。尽管技术上比ISA先进，但因版权原因MCA没有推广开。

令牌环卡的ISA驱动程序例子参见drivers/net/tokenring/skisa.c，IBM令牌环驱动程序drivers/net/tokenring/ibmtr.c支持ISA、PnP以及IBM令牌环硬件的MCA形式。3COM以太网驱动程序drivers/net/3c509.c能驱动MCA、PnP以及3COM以太网卡的EISA形式。内核为PnP、EISA和MCA驱动程序提供了核心例程，这些实现分别位于drivers/pnp/、drivers/eisa/、drivers/mca/目录下。

20.6 火线

火线（FireWire，也就是IEEE 1394）是苹果公司发明的将外围设备连接到系统的高速串行总线协议。它提供了最高800Mbit/s（IEEE 1394b）的数据率。第10章的图10-1显示了基于x86的笔记本计算机的火线控制器的连接。

火线与USB 2.0有点相似，比如都支持高速率的外部I/O总线，都支持热拔插。但是火线是一个端对端协议，与主-从型的USB 2.0不同，因此两个有火线功能的设备无需PC的介入就可以交换信息。（但是，如第11章所述，USB 2.0的On-The-Go扩充也有端对端功能。）因为有这个特性，火线在多媒体设备如摄像机上特别流行。

Linux上的火线组织结构如下。

- 与火线控制器连接的设备驱动程序，如ohci1394。
- 应用（如存储器、视频和网络）的协议驱动程序。SBP2（FireWire Serial Bus Protocol 2，

火线串行总线协议2）驱动程序是一个底层的火线协议驱动程序，可以像用一个SCSI磁盘或USB存储设备一样使用火线存储介质。SBP2必须与高级SCSI驱动程序如sd_mod（用于磁盘）或sr_mod（用于CD-ROM）一起使用。应用（比如CD烧录）工作在火线CD驱动器之上就像是工作在USB CD驱动器之上一样。dv1394和video1394协议驱动程序能通过火线捕捉视频，eth1394协议驱动程序可以在火线上运行TCP/IP。

- 能提供前两个服务的火线核心。
- 有助于开发火线应用程序的用户空间库，如libraw1394。

火线内核源代码请查看drivers/ieee1394/*目录，细节文档请登录www.linux1394.org。

从2.6.22发布版开始，内核有一个位于drivers/firewire/目录的可替代的类似火线栈。

20.7 智能输入/输出

智能输入/输出（或I2O）是一个标准，它将主处理器的I/O负载分担到一个位于I2O适配器上的I/O协处理器上。如今大部分I2O已经不存在了，I2O SIG（Special Interest Group，I2O特别兴趣组）也已经解散了，但包括Linux在内的许多操作系统仍然继续支持I2O。

I2O硬件可用于SCSI、RAID以及网络等技术。I2O将软件架构划分为运行在主处理器上的OS相关模块（OSM）和在I2O适配器上执行的硬件相关模块（HDM）。HDM是与OS无关的，能在不同操作系统间重用，因此OSM显得更简单。

Linux以I2O核心、I2O适配器驱动程序以及各种OSM的形式支持I2O。更多细节请看Linux I2O主页http://i2o.shadowconnect.com以及位于drivers/message/i2o/目录下的源代码。

20.8 业余无线电

业务无线电是一种无线分组技术，被无线电爱好者用于全球通信。它也常用于洪水和飓风等灾难时的通信。为了在Linux上使用业余无线电，需要包含以下内容。

- 一个用于无线访问的底层调制解调器驱动程序。一些业余无线电设备的调制解调器驱动程序位于drivers/net/hamradio/。
- 一个或多个分组协议，如AX.25、Rose、Netrom。AX.25协议是X.25协议在业余无线电的适配协议。对该协议的解释请看Linux Amateur Radio AX.25 HOWTO，源代码请看net/ax25/目录，AX.25上的用户空间功能和库见http://hams.sourceforge.net。Rose（net/rose/）和Netrom（net/netrom/）是网络协议，它们将AX.25作为数据链路层。你可以分别用AF_AX25、AF_ROSE和AF_NETROM协议家族编写运行于AX.25、Rose和Netrom之上的Linux套接字程序。

20.9 VoIP

VoIP（Voice over Internet Protocol，基于网际协议的语音传输）是一种使用因特网传输语音的技术。VoIP能以低廉的价格实现语音质量的电话呼叫。PC环境下有多种基于PCI、PC卡和USB的VoIP解决方案。Linux上有一些这些卡的设备驱动程序，但集成到主线内核的不多。

drivers/telephony/目录包含了一些VoIP设备的驱动程序以及后续驱动程序可用的注册API。

随着Linux在嵌入式通信中的使用量的不断增加，如今市场上已有一些Linux IP电话。图20-1显示了一个有VoIP功能的设备，它有硬件语音编解码器，用于实现G.711和G.729等标准，这些标准对语音流进行编码和解码。设备用称为PoE（Power over Ethernet，基于以太网的电源）的技术供电，该技术可沿以太网线传输电能。设备驱动程序与VoIP硬件通信。

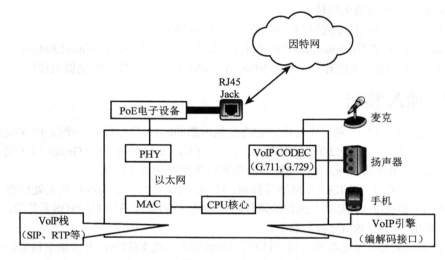

图20-1　一个VoIP电话

VoIP驱动程序与传输协议［比如RTP（Real Time Transport Protocol，实时传输协议）］一起工作，并调用控制信令栈［如SIP（Session Initiation Protocol，会话发起协议）］和H.323。这些协议的顶部是各种IP电话应用。

用软件实现VoIP编解码在嵌入式产品中也比较流行。它们通常位于用户空间，并与下述内容交互：

- 使用OSS或ALSA API的内核声音驱动程序；
- 使用套接字API的内核网络驱动程序。

面向V2IP（Video-and-Voice over IP）市场的SoC通常包含支持视频编解码器（如H.264）的硬件。如果你在V2IP电话上使用Linux，还需要完成与这类编解码器接口的驱动程序。

20.10　高速互联

InfiniBand、RapidIO、Hyper-Transport等高速互联技术以及10Gbit以太网在PC或低端嵌入式环境中是不常用的，而在集群、高性能服务器、游戏系统、交换机以及高速路由器中能找到它们。而使用SAN（Storage-Area Networks，存储领域网络）服务的企业环境中则可能采用光纤通道和iSCSI（Internet SCSI）等网络技术。

我们来简单看一下这些技术对应的驱动程序子系统。

20.10.1　InfiniBand

InfiniBand是一种高速串行总线标准，其最初目的是取代PCI。但PCI Express已被接受为未来系统总线。如今，InfiniBand技术在为高性能存储和光纤互联而设计的服务器上比较常用。InfiniBand支持RDMA（Remote DMA，远程DMA），它允许数据从一个计算机系统的内存DMA到另一个计算机系统。

Linux InfiniBand子系统包含了支持InfiniBand的核心、主机信道适配器的设备驱动程序、一个IP over InfiniBand的实现。要了解Linux InfiniBand子系统请看drivers/infiniband/，相关文档请看Documentation/infiniband/*。

20.10.2　RapidIO

RapidIO是另一种高速串行总线技术，通过一块背板连接板卡。它支持10Gbit/s数量级的速率。支持RapidIO的处理器的一个例子是Freescale公司的MPC8540，它为网络路由器和交换机等嵌入式设备而制定。

Linux RapidIO子系统提供了一套核心例程，用于在RapidIO总线上驱动设备。在RapidIO互联的设备间通信有两种方式。

(1) 使用门铃（doorbell）的短小的带外消息。RapidIO核心提供的门铃服务有`rio_request_inb_dbell()`、`rio_release_inb_dbell()`、`rio_request_outb_dbell()`和`rio_release_outb_dbell()`。

(2) 使用邮箱（mailbox）的高带宽数据分发。RapidIO核心提供的邮箱服务有`rio_request_inb_mbox()`、`rio_release_inb_mbox()`、`rio_request_outb_mbox()`和`rio_release_outb_mbox()`。

源代码请查看drivers/rapidio/目录。

20.10.3　光纤通道

光纤通道是一种现代高速串行总线协议，用于与存储系统的通信。光纤通道接口卡有光纤-光端口，用于与SAN上的存储设备通信。光纤通道与SCSI兼容，因此光纤通道设备驱动程序本质上是SCSI驱动程序，只是要额外处理光纤通道。

Linux支持光纤通道核心和设备驱动程序，以便驱动光纤通道硬件。源代码请查询drivers/fc4/。

20.10.4　iSCSI

iSCSI是另一种SAN技术，它允许在TCP/IP网络上传输SCSI包。有了iSCSI，一个远程块设备在系统看来就像是本地存储器。拥有存储器的远程系统称为iSCSI目标机，使用存储器的本地系统称为iSCSI发起机。

Linux通过一个内核驱动程序drivers/scsi/iscsi_tcp.c和一个称为iscsid的用户空间守护程序支持iSCSI。Linux-iSCSI项目主页为http://linux-iscsi.sourceforge.net。

第 21 章 调试设备驱动程序

本章内容
- kdb
- 内核探测器
- kexec与kdump
- 性能剖析
- 跟踪
- LTP
- UML
- 诊断工具
- 内核修改配置选项
- 测试设备

到目前为止，我们已经学习了怎样实现各种各样的设备驱动程序。现在来介绍一下调试技术。在开始编码之前花费一些时间进行逻辑设计和软件工程规划会尽量减少甚至消除bug。但是，说易行难，人非圣贤，开发者还是要借助调试工具的。本章将介绍各种内核代码的调试方法。

RAS

很多系统，特别是那些执行关键任务的系统，都有RAS（Reliability, Availability, Serviceability，可靠性、可用性和可维护性）的需求。Linux在RAS方面的努力导致了数款功能强大的工具的开发。像LTP（Linux Test Project，Linux测试项目）这样的试验程序评估内核移植的可靠性和健壮性。CPU热插拔和Linux HA（High Availability，高可用性）项目可依据可用性找到。kprobe、kdump、EDAC和LTT（Linux Trace Toolkit Linux跟踪工具包）等内核调试器属于可维护性的范围。这些分类的标准有时有些过细，你可以使用任意一种或多种方法的组合以适应调试的需要。例如，从内核性能剖析器如OProfile输出的信息能够用于查找有效的代码瓶颈（可靠性），也可用于调试现场问题（可维护性）。

21.1 kdb

Linux内核没有集成对调试器的支持。内核邮件列表中经常争论是否将调试器作为内核默认的一部分。指令级的kdb（kernel debugger，内核调试器）和源码级的kgdb（kernel GNU debugger，内核GNU调试器）是两个主要的Linux内核调试器。当前无论是使用kdb还是kgdb，都需要下载相关的补丁并将其加入内核源码中。即使你想远离对内核打补丁以支持调试的争论，你也可以通过普通的gdb（GNU debugger，GNU调试器）来收集有关内核故障的信息并查看内核变量。JTAG调试器使用硬件辅助调试，功能强大，但价格昂贵。

内核调试器使内核内幕更为清晰。你可以单步执行指令，反汇编指令，显示并修改内核变量，查看栈回溯。本章通过一些实例介绍内核调试器的基本知识。

21.1.1 进入调试器

可以通过多种方式进入内核调试器。一种是在引导过程中，传递命令行参数要求内核进入调试器。另一种方式是软件或硬件断点。断点是一个地址，在此地址要执行停止命令并将控制切换至调试器。软件断点在地址处用其他会引起异常的代码代替了原指令。设置软件断点可以通过调试器命令，也可以直接将其插入代码。对于基于x86的系统，可以在内核源码中通过如下方式设置软件断点：

```
asm(" int $3");
```

也可以调用BREAKPOINT宏设置软件断点。宏将被转换成与特定处理器结构相关的指令。

如果需要停止的指令位于闪存中，由于其中的指令不能被调试器替换，所以可以使用硬件断点来代替软件断点。硬件断点需要处理器的支持。相应的地址必须加入调试寄存器。可设置的硬件断点个数不能超过处理器支持的调试寄存器的数目。

你也可以让调试器设置对某个变量的观察点（watchpoint）。只要指令修改了观察点所在地址的数据，调试器就会停止执行指令。

另一个进入调试器的常用方法是按下热键（attention key），但此方法在某些情况下无效。如果禁止中断后代码位于死循环中，内核将没有机会处理热键并进入调试器。假设代码如下所示，就不能通过热键进入调试器：

```
unsigned long flags;

local_irq_save(flags);
while (1) continue;
local_irq_restore(flags);
```

当控制转移至调试器后，你就可以使用各种调试器命令开始分析了。

21.1.2 kdb

kdb是一个指令级的调试器，用于调试内核代码和设备驱动程序。在使用之前，你需要为内核打补丁，让它支持kdb，同时要重新编译内核（有关下载kdb补丁的信息请参考21.1.6节）。kdb主要的长处是其易于搭建，因为不需额外的用于调试的机器（kgdb则需要）。主要的不足是需要使源程序与反汇编代码相关联（kgdb则不需要）。

让我们借助于一个实例在实践中学习kdb。"犯罪现场"如下：你修改了内核的串行驱动程序，用于在基于x86的硬件上运行，但驱动程序不能运行，你希望在kdb的帮助下抓获罪犯。

我们在串行驱动程序的open()入口点设置断点，开始搜寻指纹。需要记住，由于kdb不是源码级的调试器，你必须打开源码，试着将C代码和指令相匹配。让我们列出有嫌疑的代码片段：

drivers/serial/myserial.c:

```
static int rs_open(struct tty_struct *tty, struct file *filp)
{
  struct async_struct *info;

  /* ... */
  retval = get_async_struct(line, &info);
  if (retval) return(retval);
  tty->driver_data = info;
  /* Point A */

  /* ... */
}
```

按Pause键进入kdb，看看rs_open()反汇编后的模样。像以往一样，在本章中演示的所有调试过程中→符号后为代码注释。

```
Entering kdb (current=0xc03f6000, pid 0) on processor 0 due to Keyboard Entry

kdb> id rs_open                 → Disassemble rs_open
0xc01cce00 rs_open:             sub $0x1c, %esp
0xc01cce03 rs_open+0x03:        mov $fffffed, %ecx
...
0xc01cce4b rs_open+0x4b:        call 0xc01ccca0, get_async_struct
...
0xc01cce56 rs_open+0x56:        mov 0xc(%esp,1), %eax
0xc01cce5a rs_open+0x5a:        mov %eax, 0x9a4(%ebx)
...
```

源代码中的Point A是添加断点的理想位置，因为可以窥见tty结构体和info结构体，观察发生了什么情况。

对照源代码看反汇编代码，rs_open+0x5a关联着A点。如果内核编译时未使用优化标志，那么此关联较为简单。

在rs_open+0x5a（地址为0xc01cce5a）处设置断点，然后退出调试器继续执行：

```
kbd> bp rs_open+0x5a            → Set breakpoint
kbd> go                         → Continue execution
```

现在需要使内核调用rs_open()以触发断点。为了触发此过程，执行相应的用户空间的程序。在本例中，回送一些字符给相应的串行端口（/dev/ttySX）：

```
bash> echo "kerala monsoons" > /dev/ttySX
```

这将引起rs_open()的调用。断点被触发，kdb开始控制：

```
Entering kdb on processor 0 due to Breakpoint @ 0xc01cce5a
kdb>
```

让我们找到info结构体的内容。如果查看反汇编代码，在断点（rs_open+0x56）前的一条指令将会发现EAX寄存器包括info结构体的地址。让我们看看寄存器的内容：

```
kbd> r                          → Dump register contents
```

```
eax = 0xcf1ae680 ebx = 0xce03b000 ecx = 0x00000000
...
```

因此，0xcf1ae680是info结构体的地址。使用md命令输出其内容：

```
kbd> md 0xcf1ae680              → Memory dump
0xcf1ae680 00005301 0000ABC 00000000 10000400
...
```

为了弄清dump的内容，查看相应结构体的定义。info在include/linux/serialP.h中被定义为struct async_struct：

```
struct async_struct {
  int            magic;  /* Magic Number */
  unsigned long  port;   /* I/O Port */
  int            hub6;
  /* ... */
};
```

如果你用此定义匹配dump信息，0x5301是幻数，0xABC是I/O端口。好了，太有意思了！0xABC看起来并不像一个有效的端口。如果你经常调试串行端口，就会知道基于x86的硬件的I/O端口的基地址和IRQ在include/asm-x86/serial.h中配置。将端口定义修改为恰当的值，重新编译内核，继续测试吧！

21.1.3　kgdb

kgdb是一个源码级的调试器。由于不需要花费时间去对照汇编和源代码，因此它比kdb好用。然而，因为它需要额外的用于前台调试的机器，所以也较难设置。

必须将gdb和kgdb结合在一起使用以调试内核代码。gdb运行于主机，同时打过kgdb补丁（参考21.1.6节了解下载kgdb补丁的信息）的内核运行于目标硬件。主机和目标机通过串行null-modem电缆连接在一起，如图21-1所示[①]。

图21-1　kgdb设置

必须通过命令行参数通知内核有关串行端口标识和波特率的信息。根据所使用的引导程序，添加如下内核参数到syslinux.cfg、lilo.conf或grub.conf：

```
kgdbwait kgdb8250=X,115200
```

---

① 也可以通过以太网启动kgdb调试。

在和主机侧的gdb之间的连接建立起来前，kgdbwait会请求内核一直等待。X是和主机相连的串行端口，115200是通信的波特率。

现在在主机侧配置同样的波特率：

```
bash> stty speed 115200 < /dev/ttySX
```

如果主机是不带串行端口的笔记本计算机，可以使用USB-串行端口转接头调试。在此情况下，使用的不是/dev/ttySX，而是由usbserial驱动程序创建的/dev/ttyUSBX结点。第6章中的图6-4演示了此场景。

让我们通过一个有bug的内核模块实例来学习基本的kgdb。因为整个内核在修改后需要重新编译，因此调试模块要容易一些，但需要记住编译相应模块时用-g选项产生符号信息。由于模块是动态加载的，需要告知调试器模块包含的符号信息。代码清单21-1包含了一个有bug的trojan_function()。假设它在drivers/char/my_module.c中定义。

代码清单21-1　有bug的函数

```
char buffer;

int
trojan_function()
{
  int *my_variable = 0xAB, i;

  /* ... */
Point A:
  i = *my_variable; /* Kernel Panic: my_variable points
                       to bad memory */
  return(i);
}
```

将my_module.ko加载到目标机，并查看/sys/module/my_module/sections/，破译ELF（Executable and Linking Format，可执行链接格式）各个段（section）的地址[①]。ELF文件中的.text段包含代码，.data包含已经初始化的变量，.rodata包含已经初始化的只读变量（如字符串），.bss包含启动时未初始化的变量。如果在内核配置期间使能了CONFIG_KALLSYMS选项，这些段地址可从/sys/module/my_module/sections/目录下以文件.text、.data、.rodata和.bss的形式获得。例如，

---

① 如果使用的是2.4内核，在insmod中使用-m选项获取段地址：

```
bash> insmod my_module.o -m
Using /lib/modules/2.x.y/kernel/drivers/char/my_module.o
Sections:    Size       Address    Align
.this        00000060   e091a000   2**2
.text        00001ec0   e091a060   2**4
...
.rodata      0000004c   e091d1fc   2**2
.data        00000048   e091d260   2**5
.bss         000000e4   e091d2c0   2**5
...
```

为了获得代码段地址，运行以下代码：

```
bash> cat /sys/module/my_module/sections/.text
0xe091a060
```

更多的模块加载信息见/proc/modules和/proc/kallsyms目录。

有了这些段地址后，在主机上调用gdb：

```
bash> gdb vmlinux              → vmlinux is the uncompressed kernel
(gdb) target remote /dev/ttySX → Connect to the target
```

因为将kgdbwait作为内核命令行参数传递，当内核在目标机上引导时，gdb就获取了控制。现在使用add-symbol-file命令通知gdb前述的段地址：

```
(gdb) add-symbol-file drivers/char/mymodule.ko 0xe091a060
      -s .rodata 0xe091d1fc -s .data 0xe091d260 -s .bss 0xe091d2c0

add symbol table from file "drivers/char/my_module.ko" at
      .text_addr = 0xe091a060
      .rodata_addr = 0xe091d1fc
      .data_addr = 0xe091d260
      .bss_addr = 0xe091d2c0
(y or n) y
Reading symbols from drivers/char/mymodule.ko ...done.
```

为了调试内核故障，在trojan_function()中设置断点：

```
(gdb) b trojan_function        → Set breakpoint
(gdb) c                        → Continue execution
```

当kgdb运行至断点时，查看堆栈跟踪，单步执行至A点，显示my_variable的值：

```
(gdb) bt                       → Back (stack) trac
#0 trojan_function () at my_module.c :124
#1 0xe091a108 in my_parent_function (my_var1=438, my_var2=0xe091d288)
..

(gdb) step
(gdb) step                     → Continue to single-step up to Point A
(gdb) p my_variable
$0 = 0
```

此处有一个明显的bug。由于trojan_function()忘记为my_variable分配内存，my_variable指向NULL。使用kgdb为其分配内存，绕过内核崩溃，并继续测试：

```
(gdb) p &buffer                → Print address of buffer
$1 = 0xe091a100 ""
(gdb) set my_variable=0xe091a100 → my_variable = &buffer
(gdb) c                        → Continue your testing
```

> x86、ARM和PowerPC等多个体系架构都可使用kgdb。当使用kgdb调试一个目标嵌入式设备（而不是图21-1中显示的PC）时，在主机系统上运行的gdb前端需要被编译，以和目标平台一起工作。例如，为了调试一个在基于x86的主机开发系统上开发的基于ARM的嵌入式设备的驱动程序，你需要用相应的gdb，通常命名为arm-linux-gdb。确切的名字取决于你使用的Linux发行版本。

21.1.4　gdb

正如前文提到的，你可以使用普通的gdb收集内核调试信息。然而不能单步执行内核代码，设置断点，或者修改内核变量。让我们用gdb去调试由于代码清单21-1中的有bug的函数引起的内核故障，但这次设定`trojan_function()`被编译为内核的一部分，而不是作为一个模块，因为使用gdb就不可能轻易窥见模块的内部。

下面是`trojan_function()`执行时产生的oops信息的一部分：

```
Unable to handle kernel NULL pointer dereference at
virtual address 000000ab
 ...
 eax: f7571de0   ebx: ffffe000   ecx: f6c78000   edx: f98df870
 ...
 Stack: c019d731 00000000
        ...
        bfffbe8 c0108fab
Call Trace:      [<c019d731>] [<c013b8ac>] [<c0108fab>]
...
```

将关键的oops消息复制到oops.txt，并使用ksymoops工具获取更多的详细输出。如果系统挂起了，你可能需要手工复制。

```
bash> ksymoops oops.txt
Code;  c019d710 <trojan_function+0/10>
00000000 <_EIP>:
Code;  c019d710 <trojan_function+0/10>   <=====
   0:    a1 ab 00 00 00           mov    0xab,%eax   <=====
Code;  c019d715 <trojan_function+5/10>
   5:    c3                       ret
```

如果在内核配置期间启用了`CONFIG_KALLSYMS`，那么2.6内核输出的oops不需要利用ksymoops译码就可使用。

查看前述的输出，oops发生在`trojan_function()`内部。可以使用gdb获取更多的信息。在下面的调用中，vmlinux是未压缩的内核映像，/proc/kcore是内核地址空间：

```
bash> gdb vmlinux /proc/kcore
(gdb) p xtime            → Test the waters by printing a kernel variable
$0 = 1113173755
```

由于gdb使用高速缓存访问机制，对同一变量的重复访问不会引起值的更新。使用gdb的core-file命令重新读取内核文件就可以强制执行更新访问。现在查看`trojan_function()`的反汇编：

```
(gdb) x/2i trojan_function          → Disassemble trojan_function
0xc019d710 <trojan_function>:       mov 0xab, %eax
0xc019d715 <trojan_function+5>:     ret
```

由于编译器的优化，trojan_function()的汇编看起来很简洁。将地址0xab中的内容复制到EAX寄存器中是有效的，在基于x86的系统上，EAX寄存器保存函数的返回值。但0xab看起来不像有效的内核地址。通过给my_variable重新分配有效的地址空间来修复bug，重新编译，继续进行测试。

21.1.5　JTAG 调试器

JTAG调试器利用硬件辅助调试代码。你需要专门的监控硬件[1]和前端的用户接口（一些JTAG调试器使用gdb作为前端）去调试代码。JTAG也有其他的用途，而不仅仅是调试，例如，如第18章中所讨论的，烧写代码至电路板上的闪存。JTAG接插件在开发用的电路板上很常见，但通常不是产品的一部分。

JTAG调试器通常通过串行端口、USB或以太网与目标硬件相连接。通过以太网，你可以远程访问JTAG调试器，进而访问目标板，即使目标板自身未带网络接口。

图21-2演示了一个实际使用的基于JTAG的远程调试案例。在此场景中的JTAG调试器支持gdb前端。调试主机和JTAG硬件通过局域网连接在一起。目标硬件上的调试串行端口和JTAG盒上的串行端口相连。图21-2中的Linux开发主机使用5个终端会话实现了远程调试。终端1运行gdb，使用远程登录服务通过网络与JTAG盒相连：

```
(gdb) target remote 10.1.1.2:1001   → 10.1.1.2 is the IP address of
                                      the JTAG hardware. 1001 is the
                                      JTAG TCP port that listens to
                                      incoming gdb connections
```

例如，为了调试内核的引导部分，在start_kernel()上设置gdb断点（可以从System.map找到其地址。System.map是在构建内核时产生的，位于用来构建内核的源码树的根目录下）。

终端2将一个串行控制台和目标机关联起来。一个运行于终端2上的远程登录客户端和JTAG盒上预定的TCP端口相连，此端口被配置（使用终端3）为给通过串行端口到达的数据提供隧道：

```
bash> telnet 10.1.1.2 50            → 10.1.1.2 is the IP address of
                                      the JTAG hardware. 50 is the
                                      JTAG TCP port that tunnels data
                                      arriving via its serial port
```

这相当于在将目标板的调试串行端口与主机（而不是像图21-2中所演示的与JTAG盒连接）直接连接后，运行类似于minicom的仿真器，但后者要求主机与目标机在物理上毗邻。

终端3远程登录至JTAG盒，提供调试器特定的操作。例如，你可以用它完成如下操作。

- 通过TFTP从主机获取一个JTAG定义脚本，并在JTAG引导时执行此脚本。JTAG定义脚本通常初始化处理器、时钟寄存器、片选寄存器以及内存体。完成这些后，JTAG硬件准备

---

[1] 如果更换调试器和目标板连接的探测过程，一些JTAG调试器可用于多个处理器架构上。

好下载代码至目标机并执行代码。JTAG制造商通常为所有支持的平台提供定义脚本，因此应该有适合你所用电路板的脚本。
- 通过TFTP从主机下载引导程序、内核或独立（stand-alone）的代码至目标机上的闪存或RAM。JTAG通常支持ELF和二进制文件格式。
- 单步执行代码，设置断点，检查寄存器，并dump内存区域。
- 重启目标机。

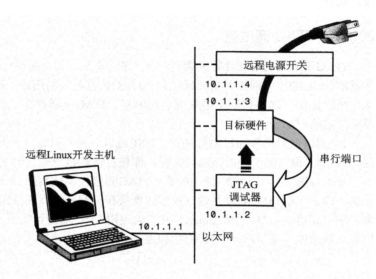

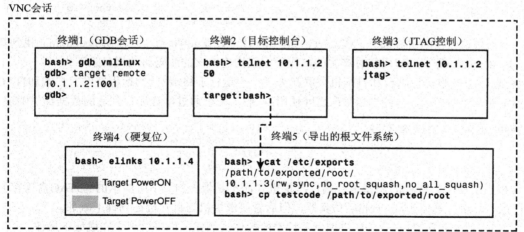

图21-2　基于JTAG的远程调试设置实例

JTAG调试有时会出现异常，因此如果是远程调试，像图21-2所演示的，通过远程供电控制开关对目标机供电是个不错的主意。此方式下，可以从主机上利用网页浏览器对目标机硬复位，如终端4所演示的。你也可以选择通过远程供电开关对JTAG硬件供电。那就可以直接从闪存运行引导程序，而不需要JTAG及其定义文件的干预。

假如目标板带有网络接口，它就可以从开发主机通过NFS（参考18.8.1节获取具体细节）加载根文件系统。主机上的终端5在本地操作导出的根文件系统[①]。

如果你的团队成员不在一起工作，就要在一个开发环境内如VNC（Virtual Network Computing）上运行终端1~5。若VNC不是你所使用的发行版的一部分，可从www.realvnc.com下载。这样设置后，就可以在家中舒适的环境里调试远程电路板了。一些JTAG提供商提供包含前述所有功能的、复杂的集成开发环境[②]，因此如果使用这样的开发环境，你就不需要管理VNC终端会话。

在硬件开发期间，在移植bootloader或其他的独立代码至目标机过程中，在从闪存运行之前，首先产生一个ELF映像并从RAM对其调试是个不错的想法。然而，需要记住的是，不要让bootloader初始化时重复由JTAG定义脚本完成的工作。

JTAG调试器的主要好处是你可以利用一个工具去调试整个固件的所有部分。因此，可以使用相同的调试器在源码级调试BIOS、引导驱动程序、基本的内核、设备驱动模块和用户空间程序。

21.1.6 下载

可以从http://oss.sgi.com/projects/kdb下载x86和IA64架构的kdb补丁。每个支持的内核版本需要两个补丁：一个通用补丁和一个体系架构相关的补丁。

Kgdb项目的主页是http://kgdb.sourceforge.net。此站点也包含关于配置和使用kgdb的文档。

如果你的Linux发行版本未包含gdb，可以登录www.gnu.org/software/gdb/gdb.html下载gdb。

21.2 内核探测器

内核探测器能够进入内核函数的内部，并提取调试信息或使用诊断补丁。它对于在客户现场调查那些难以解释的行为并加以调试是个有用的补充，特别是当你不可以重启系统时。Linux支持一个通用形式的内核探测器kprobe，以及两个专用的内核探测器——jprobe和返回探针。

21.2.1 kprobe

通过提供动态输出数据结构或将代码插入进运行中的内核，kprobe帮助你免除编译然后启动调试内核的麻烦。例如，你可以为调度器动态添加一些printk，而不用重新编译内核。你甚至可以在火星探测器上对某个bug打补丁而不用重新启动。

为了将一个kprobe插入内核函数，需要执行如下步骤。

(1) 在内核配置菜单里打开CONFIG_KPROBES（Instrumentation Support→Kprobes）。

(2) 实现一个在需要关注的指令处注册kprobe的内核模块。你需要注册一个预处理例程pre_handler（在执行至被探测指令之前kprobe将运行）和一个事后处理例程post_handler（在执行

[①] 根据调试场景，你可以使用更多的终端。例如，如果你使用的示波器有远程显示功能，就可以在另一终端上通过网页浏览器对其进行操作。

[②] 尽管JTAG硬件独立于目标机的操作系统，但前台的界面很可能是和操作系统相关的。

完被探测的指令之后kprobe将会运行）。你也需要支持一个容错处理例程fault_handler（在执行预处理例程或事后处理例程时检测到故障后，容错处理例程将会执行，因为你不想由于一个调试bug而输出oops）。

当一个kprobe注册后，它保存被探测的指令，并用产生断点（基于x86的系统上为int 0x03）的指令替换。当遇到断点后，内核产生一个死亡通知（在第3章中介绍过通知链）。kprobe将自身插入死亡通知链，因此它被通知遇到断点。

被通知后，kprobe执行注册的预处理例程。接着它单步执行被探测指令的副本。由于SMP（对称多处理器）一致性的原因，它执行一个副本，而不是用断点指令交换被探测的指令。最后，它运行事后处理例程。预处理例程和事后处理例程窗口是提供给kprobe用于用户插入调试代码的钩子（hook）。处理例程可以动态注册或卸载，因此可维护性不仅仅是在编译时静态的，而且在运行时也是可编程的。

让我们借助于例子学习kprobe。考虑代码清单21-2中的代码片段。这是一个内核线程。只要SIGUSR1信号传送给它，它就将npages数量的页面添加至空闲内存池。因为大部分的逻辑与我们的演示目的不相关，因此从代码清单上删减了。假设是在客户现场调试由此代码报告的问题。如果只要npages超过10就出现问题，就得使用一个运行时补丁将其限制为10。

代码清单21-2　问题代码（mydrv.c）

```
int npages=0;
EXPORT_SYMBOL(npages);

static int memwalkd(void *unused)
{
  long curr_pfn = (64*1024*1024 >> PAGE_SHIFT);
  struct page *curr_page;
  /* ... */

  daemonize("memwalkd"); /* kernel thread */

  sigfillset(&current->blocked);
  allow_signal(SIGUSR1);

  for (;;) {
    /* Dequeue a signal if it's pending */
    if (signal_pending(current)) {
      sig = dequeue_signal(current, &current->blocked, &info);
      /* Point A */
      /* Free npages pages when SIGUSR1 is received */
      if (sig == SIGUSR1) {
      /* Point B */
       /* Problem manifests when npages crosses 10 in the following
          loop. Let's apply run time medication here via Kprobes */
        for (i=0; i < npages; i++, curr_pfn++) {
          /* ... */
        }
      }
      /* ... */
```

```
    }
    /* ... */
}
```

代码清单21-3 注册kprobe处理例程

```c
#include <linux/kernel.h>
#include <linux/module.h>
#include <linux/kprobes.h>
#include <linux/kallsyms.h>
#include <linux/sched.h>

extern int npages; /* Defined in Listing 21.2 */

/* Per-probe structure */
static struct kprobe bandaid;

/* Pre Handler: Invoked before running probed instruction */
int bandaid_pre(struct kprobe *p, struct pt_regs *regs)
{
  if (npages > 10) npages = 10;
  return 0;
}

/* Post Handler: Invoked after running probed instruction */
void bandaid_post(struct kprobe *p, struct pt_regs *regs,
                  unsigned long flags)
{
  /* Nothing to do */
}
/* Fault Handler: Invoked if the pre/post-handlers
   encounter a fault */
int bandaid_fault(struct kprobe *p, struct pt_regs *regs,
                  int trapnr)
{
  return 0;
}

int init_module(void)
{
  int retval;

  /* Fill the kprobe structure */
  bandaid.pre_handler   = bandaid_pre;
  bandaid.post_handler  = bandaid_post;
  bandaid.fault_handler = bandaid_fault;

  /* Arrive at the target address as explained */
  bandaid.addr = (kprobe_opcode_t*)
                 kallsyms_lookup_name("memwalkd") + 0xaa;

  if (!bandaid.addr) {
```

```
    printk("Bad Probe Point\n");
    return -1;
  }

  /* Register the kprobe */
  if ((retval = register_kprobe(&bandaid)) < 0) {
    printk("register_kprobe error, return value=%d\n",
           retval);
    return -1;
  }
  return 0;
}

void module_cleanup(void)
{
  unregister_kprobe(&bandaid);
}

MODULE_LICENSE("GPL"); /* You can't link the Kprobes API
                          unless your user module is GPL'ed */
```

代码清单21-3用kprobe在kallsyms_lookup_name("memwalkd") + 0xaa处插入一个补丁，将npages限制为10。为了明白如何到达探测地址，再看看代码清单21-2。需要将此补丁插入至Point B。为了得到Point B处的内核地址，使用objdump反汇编mydrv.ko：

```
bash> objdump -D mydrv.ko

mydrv.ko:     file format elf32-i386

Disassembly of section .text:

00000000 <memwalkd>:
   0:   55                      push   %ebp
   1:   bd 00 40 00 00          mov    $0x4000,%ebp
   6:   57                      push   %edi
   7:   56                      push   %esi
   8:   53                      push   %ebx
   9:   bb 00 f0 ff ff          mov    $0xfffff000,%ebx
   e:   81 ec 90 00 00 00       sub    $0x90,%esp
   ...
   ...
  7a:   83 f8 0a                cmp    $0xa,%eax       → Point A
  7d:   74 2b                   je     aa <memwalkd+0xaa>
  7f:   83 f8 09                cmp    $0x9,%eax
  82:   75 cc                   jne    50 <memwalkd+0x50>
   ...
  a9:   c3                      ret
  aa:   a1 00 00 00 00          mov    0x0,%eax        → Point B
  af:   85 c0                   test   %eax,%eax
  b1:   0f 8e b5 00 00 00       jle    16c <memwalkd+0x16c>
  b7:   81 fd 7b f6 00 00       cmp    $0xf67b,%ebp
   ...
  fa:   a1 00 00 00 00          mov    0x0,%eax
```

> 如果你是为和主机不同的处理器平台做交叉编译，就需要使用特定体系架构的objdump。如果你正为基于ARM的目标设备反汇编交叉编译的二进制文件，就需要类似于arm-linux-objdump的objdump，传递-S选项给objdump，以便反汇编的输出中带有源代码：
>
> ```
> bash> arm-linux-objdump -d -S mydrv.ko
> ```

如果试着将反汇编输出与代码清单21-2中的C代码相匹配，就可以将显示的内核地址关联上Point A和Point B。kallsyms_lookup_name()[①]定位memwalkd()的地址，0xaa是Point B所在处的偏移，因此将kprobe放置于kallsyms_lookup_name("memwalkd") + 0xaa处。

在注册kprobe后，memwalkd()如下所示：

```
static int memwalkd(void *unused)
{
  /* ...*/
  for (;;) {
    /* ... */
    /* Point A */
    /* Free npages pages when SIGUSR1 is received */
    if (sig == SIGUSR1) {
    /* Point B */
      if (npages > 10) npages = 10; /* The medicated patch! */

      for (i=0; i < npages; i++, curr_pfn++) {
        /* ... */
      }
    }
    /* ... */
  }
  /* ... */
}
```

只要npages被赋予超过10的值，打过kprobe的补丁将其值重新赋为10，因此就绕过了此问题。在下两节中，让我们看看两个辅助组件，它们用于在函数的入口处与出口处简化kprobe的使用。

21.2.2 jprobe

jprobe是一种专用的kprobe。当调查点在内核函数的入口点时，它简化了添加探测器的工作。jprobe处理例程与被探测的函数有相同的原型。它被调用时使用与被探测函数相同的参数列表，因此你能够从jprobe处理例程轻松访问这些函数参数。如果你使用的是kprobe而不是jprobe，想象一下探测处理例程将经历的麻烦：为了提取函数参数在函数堆栈的黑暗小巷中艰难跋涉。并且进入堆栈提取参数值的代码必然与具体函数紧密相关，更不用提和体系架构相关以及不可移植了。

为了学习如何使用jprobe，让我们举一个例子。假设你正在通过查看printk()输出的消息来调试一个网络设备驱动程序（构建为内核的一部分）。此驱动程序正用八进制数输出一些关键的值，但麻烦的是，此驱动程序编写者犯了拼写错误，将打印格式字符串中的%o误写为%0，因此我

[①] 为了获得此函数的服务，需要在内核配置期间启用CONFIG_KALLSYMS。

们将看到如下消息：

```
Number of Free Receive buffers = %O.
```

使用 jprobe 来挽救。不需要重新编译或重启内核，在几秒钟内就能修复此问题。首先，查看 kernel/printk.c 中 printk() 的定义：

```
asmlinkage int printk(const char *fmt, ...)
{
  va_list args;
  int r;

  va_start(args, fmt);
  r = vprintk(fmt, args);
  va_end(args);
  return r;
}
```

在 printk() 的入口添加一个简单的 jprobe，将每个 %O 转换成 %o。代码清单 21-4 完成了此任务。需要注意的是 jprobe 处理例程需要有与 printk() 相同的原型。所有函数都用 asmlinkage 来标记，表示要求通过堆栈而不是 CPU 寄存器传递参数。

代码清单 21-4　注册 jprobe 处理例程

```
#include <linux/kernel.h>
#include <linux/module.h>
#include <linux/kprobes.h>
#include <linux/kallsyms.h>

/* Jprobe the entrance to printk */
asmlinkage int
jprintk(const char *fmt, ...)
{
  for (; *fmt; ++fmt) {
    if ((*fmt=='%')&&(*(fmt+1) == 'O')) *(char *)(fmt+1) = 'o';
  }
  jprobe_return();
  return 0;
}

/* Per-probe structure */
static struct jprobe jprobe_eg = {
  .entry = (kprobe_opcode_t *) jprintk
};

int
init_module(void)
{
  int retval;

  jprobe_eg.kp.addr = (kprobe_opcode_t*)
                      kallsyms_lookup_name("printk");
```

```
  if (!jprobe_eg.kp.addr) {
    printk("Bad probe point\n");
    return -1;
  }

  /* Register the Jprobe */
  if ((retval = register_jprobe(&jprobe_eg) < 0)) {
    printk("register_jprobe error, return value=%d\n",
           retval);
    return -1;
  }
  printk("Jprobe registered.\n");
  return 0;
}

void
module_cleanup(void)
{
  unregister_jprobe(&jprobe_eg);
}

MODULE_LICENSE("GPL");
```

当代码清单21-4调用 `register_jprobes()` 注册jprobe时,一个kprobe被插入在 `printk()` 的开始。当遇到此探测器后,kprobe使用注册的jprobe处理例程jprintk()替换保存的返回地址,然后复制堆栈与返回值的一部分,这样就用printk()的参数列表将控制传递给了jprintk()。当jprintk()调用 `jprobe_return()` 时,原来的调用状态被恢复,printk()继续正常执行。

当插入此jprobe用户模块时,网络驱动程序不再发出无用的宣称%0缓冲区的消息,而是打印正常的信息:

```
Number of Free Receive buffers = 12.
```

21.2.3 返回探针

返回探针(在kprobe术语中称为kretprobe)是另一个专用的kprobe辅助工具。当需要探测一个函数的返回点时,它简化了插入kprobe的工作。如果使用普通的kprobe去调查返回点,可能需要在多个地方进行注册,因为一个函数可能有多条返回路径。然而,如果使用返回探针,仅需要插入一个kretprobe而不用注册,用kprobe的话就需要注册20个kprobe去覆盖一个函数的20条返回路径。

定义于drivers/char/tty_io.c的 `tty_open()` 函数有7条返回路径。成功的路径返回0,其他的返回错误值如-ENXIO和-ENODEV。一个kretprobe足够用于提醒你失败的信息,而不必考虑相应的代码路径。代码清单21-5实现了此kretprobe。

代码清单21-5 注册返回探针处理例程

```
#include <linux/kernel.h>
#include <linux/module.h>
```

```c
#include <linux/kprobes.h>
#include <linux/kallsyms.h>

/* kretprobe at exit from tty_open() */
static int
kret_tty_open(struct kretprobe_instance *kreti,
              struct pt_regs *regs)
{
  /* The EAX register contains the function return value
     on x86 systems */
  if ((int) regs->eax) {
    /* tty_open() failed. Announce the return code */
    printk("tty_open returned %d\n", (int)regs->eax);
  }
  return 0;
}

/* Per-probe structure */
static struct kretprobe kretprobe_eg = {
  .handler = (kretprobe_handler_t)kret_tty_open
};

int
init_module(void)
{
  int retval;

  kretprobe_eg.kp.addr = (kprobe_opcode_t*)
                         kallsyms_lookup_name("tty_open");

  if (!kretprobe_eg.kp.addr) {
    printk("Bad Probe Point\n");
    return -1;
  }

  /* Register the kretprobe */
  if ((retval = register_kretprobe(&kretprobe_eg) < 0)) {
    printk("register_kretprobe error, return value=%d\n",
           retval);
    return -1;
  }
  printk("kretprobe registered.\n");
  return 0;
}

void module_cleanup(void)
{
  unregister_kretprobe(&kretprobe_eg);
}

MODULE_LICENSE("GPL");
```

当代码清单21-5调用register_kretprobes()时,一个kprobe就在内部被插入tty_open()

的开始。当遇到此探测器时，内部的kprobe处理例程用一个专用的例程［在kprobe术语中称为蹦床（trampoline）］替换函数的返回地址。查看arch/your-arch/kernel/kprobes.c可看到蹦床的具体实现。

当tty_open()通过7条返回路径中的任一条返回时，控制回到蹦床而不是调用函数。蹦床调用代码清单21-5中注册的kretprobe处理例程kret_tty_open()，如果tty_open()没有成功返回，它将打印返回值。

21.2.4 局限性

kprobe有其局限性。有些局限很明显。例如，如果将kprobe插入至内联函数的内部，就看不到期望的结果。当然，你也不能探测kprobe代码。

使用kprobe时，在基础内核应用探针会更有用。如果待监测的代码是动态可加载模块的一部分，你需要重写并重新编译模块，而不是编写并编译一个新的模块去对其使用kprobe。然而，一些情况下，有可能破坏模块是不可接受的，而你仍想使用kprobe。

也有几个不明显的局限性。在编译时会进行优化，然而kprobe是在运行时插入的。因此通过kprobe插入指令与在原始源文件中添加代码是不同的。例如，如下的有bug的代码片段：

```
volatile int *integerp = 0xFF;
int integerd = *integerp;
```

被编译器简化为：

```
mov 0xff, %eax
```

因此，如果想使用kprobe，在这两行C代码之间分配一个字的内存，将integerp指向已分配的字，同时还要避免内核崩溃，就不太容易了。

> SystemTap（http://sourceware.org/systemtap/）是一个方便kprobe使用的诊断工具。

21.2.5 查看源代码

kprobe由通用部分及体系架构相关部分组成，前者定义于kernel/kprobes.c（和include/linux/kprobes.h），后者定义于arch/your-arch/kernel/kprobes.c（和include/asm-your-arch/kprobes.h）。

浏览Documentation/kprobes.txt可看到更多关于kprobe、jprobe和kretprobe的信息。

21.3 kexec 与 kdump

现在你已经学会如何使用kprobe了，让我们继续学习Linux RAS的其他内容。kexec与kdump是在2.6内核中引入的可维护性特性。

kexec使用Unix中exec()系统调用的映像覆盖机制，在正在运行的内核上重新发起一个新的内核，并免除了引导固件的开销。因为引导固件需要花费一些指令周期去遍历总线和识别设备，因此免去此过程可节省一些重新引导的时间。重启延迟越少，系统宕机时间越短；这是开发kexec的主要目的之一。然而kexec最常用的使用者是kdump。在内核崩溃后收集转储在本质上是不可靠的，因为访问转储设备的内核代码可能处于不稳定的状态。kdump利用kexec，通过在引导进入了一个正常的内核后才开始收集转储而避开了此问题。

21.3.1 kexec

在对内核使用kexec命令之前，需要做一些准备工作。

(1) 编译并引导进入一个有kexec支持的内核。为此，在内核配置菜单中打开CONFIG_KEXEC（Processor Type and Features→Kexec System Call）。此内核被称为第一内核或运行中的内核。

(2) 准备将要被kexec引导的内核。此第二内核可以与第一内核相同。

(3) 从www.kernel.org/pub/linux/kernel/people/horms/kexec-tools/kexec-tools-testing.tar.gz下载kexec工具包的tar ball格式文件。构建并生成用户空间的kexec工具。

步骤(3)中构建的kexec工具在两个阶段被调用。第一个阶段是将第二内核映像加载进运行中内核的缓冲区，第二阶段会覆盖运行中的内核。

(1) 使用kexec命令加载第二（覆盖）内核：

```
bash> kexec -l /path/to/kernelsources/arch/x86/boot/bzImage --
append="root=/dev/hdaX" --initrd=/boot/myinitrd.img
```

bzImage就是第二内核，hdaX是根设备，myinitrd.img是初始的根文件系统。此阶段内核的实现大部分是与体系架构无关的。此阶段的核心是sys_kexec()系统调用。kexec命令使用此系统调用提供的服务将新内核映像加载进运行中内核的缓冲区。

(2) 引导进入第二内核：

```
bash> kexec -e
...                   → Kernel boot up messages
```

kexec会唐突地启动新内核，在此之前并不会温文尔雅地中止正在运行的操作系统。为了在重启之前关机，从终止脚本的底部调用kexec（通常是/etc/rc.d/rc0.d/S01halt）并改为调用终止脚本。

第二阶段的内核实现是与体系架构相关的。此阶段的难题是reboot_code_buffer，它包含汇编代码，这样就可将新内核置于合适的位置并引导它。

kexec绕过了调用引导固件提供的服务的初始内核代码，直接跳至保护模式的入口点（对x86处理器而言）。实现kexec的一个重要难点是内核与引导固件（例如，基于x86系统的BIOS，基于POWER机器上的Openfirmware）之间的交互。在x86系统上，诸如e820内存映射这类由BIOS传递给内核的信息（请参考附录B）也需要提供给kexec引导的新内核。

21.3.2　kdump 与 kexec 协同工作

当kexec与kdump一起使用时，其调用方法有些特别。在此情况下，当kexec遇到内核故障后，需要自动重启一个新内核。如果运行中的内核崩溃了，为了可靠地收集转储内容就要引导新内核（称为捕获内核）。常用的调用语法如下：

```
bash> kexec -p /path/to/capture-kernel-sources/vmlinux
       --args-linux --append="root=/dev/hdaX irqpoll"
       --initrd=/boot/myinitrd.img
```

-p选项要求kexec在内核故障发生时触发重启。vmlinux ELF内核映像用作捕获内核。因为vmlinux是通用的ELF引导映像，kexec在理论上并不知道要重新引导的操作系统类型，因此，需要通过--args-linux选项来指明后续参数按照Linux系统的语法解析。捕获内核在前一内核崩溃过程中异步引导，因此使用共享中断的设备驱动程序在引导期间可能会出现问题。为了使这些驱动程序顺利运行，用--append在命令行中指定将irqpoll传递给捕获内核。

为了与kdump一起使用kexec，你需要一些附加的内核配置。捕获内核需要访问崩溃的内核的内核空间内存，以产生全转储，因此不能像在无kdump的情况下kexec所做的那样，也就是说内核空间不能只是覆盖捕获空间。运行中的内核需要为捕获内核的运行保存一段内存区域。为了标记此区域，完成以下步骤：

- 使用命令行参数crashkernel=64M@16M（或者其他合适的size@start值）引导第一内核。在配置菜单中通过启用CONFIG_DEBUG_INFO（Kernel Hacking→Compile the Kernel with Debug Info）将调试符号放入内核映像中。
- 配置捕获内核时，将CONFIG_PHYSICAL_START设置为与前面的起始值相同的值（本例中为16M）。如果用kexec进入捕获内核并查看/proc/meminfo内部，将会发现前面设置的大小值（本例中为64M）是此内核可看到的所有物理内存。

现在你熟悉了kexec，从一个kdump用户的角度已经掌握了它。下面详细介绍转储，并使用它分析一些实际的内核崩溃。

21.3.3 kdump

在内核崩溃或宕机后被捕获的系统内存的映像称为崩溃转储。分析一个崩溃转储文件可得到一些有用的线索，以便对已经发生的内核问题进行事后分析。然而，在内核崩溃后获取的转储本质上不可靠的，因为负责将日志数据记录在转储设备上的存储驱动程序可能处于未定义的状态。

在kdump出现之前，LKCD（Linux Kernel Crash Dump，Linux内核崩溃转储）是常用的获取并分析转储的机制。LKCD使用一个临时的转储设备（如交换分区）去捕获转储内容。然后热启动至正常状态，将转储数据从临时设备复制到永久区域。用Lcrash工具分析dump。LKCD的缺点如下。

- 在一个崩溃的内核上，即使复制转储内容至临时设备上也可能是不可靠的。
- 转储设备的配置并不简单。
- 由于交换空间只有在转储数据已经被安全地保存至掉电不丢失数据的设备后才能被激活，因此重启较为缓慢。
- LKCD不是内核主线的一部分，因此针对你的内核版本安装正确的补丁包是一个难点。

kdump没有这些不足。它利用kexec，通过在引导装入正常的内核后收集转储内容，消除了不确定性。此外，由于在kexec重启后，内存状态是被保护的，因此可从捕获内核准确地访问内存映像。

让我们首先学会基本的kdump设置步骤。

（1）如果运行中的内核遇到故障，要求其kexec进入捕获内核。捕获内核中CONFIG_HIMEM和CONFIG_CRASH_DUMP应该已经打开。（这两个选项都在内核配置菜单中的Processor type and

Features 里。）

(2) 在捕获内核引导后，从/proc/vmcore（在内核配置菜单中启用CONFIG_PROC_VMCORE即可获得）复制收集的转储信息至硬盘上的文件：

```
bash> cp /proc/vmcore /dump/vmcore.dump
```

你也可以保存其他的信息，如通过/dev/oldmem保存崩溃内核的原始内存快照。

(3) 引导返回第一内核。可以准备开始转储分析了。

可以利用收集的转储文件以及破坏工具去分析一些内核崩溃的例子。将此bug引入RTC驱动程序（drivers/char/rtc.c）的中断处理例程：

```
irqreturn_t rtc_interrupt(int irq, void *dev_id)
{
+   volatile int *integerp = 0xFF;
+   int integerd = *integerp;   /* Bad memory reference! */

    spin_lock(&rtc_lock);
    /* ... */
```

利用hwclock命令，通过启用中断来触发其处理例程的执行：

```
bash> hwclock
...    → Kernel panic occurs when execution hits rtc_interrupt()
         causing kexec to boot into the capture kernel.
```

保存/proc/vmcore至/dump/vmcore.dump，重启返回第一个（崩溃的）内核，然后使用破坏工具开始分析。当然，在实际环境中，可能在客户现场捕获转储数据，在支持中心进行分析：

```
bash> crash /usr/src/linux/vmlinux /dump/vmcore.dump
crash 4.0-2.24
...
      KERNEL: /usr/src/linux/vmlinux
    DUMPFILE: /root/vmcore.dumpfile
        CPUS: 1
        DATE: Mon Nov 26 04:15:49 2007
      UPTIME: 00:17:22
LOAD AVERAGE: 0.82, 1.02, 0.87
       TASKS: 63
         ...
       PANIC: "Oops: 0000 [#1]" (check log for details)
crash>
```

进行栈回溯，弄清崩溃的原因：

```
crash> bt
PID: 0     TASK: c03a32e0  CPU: 0   COMMAND: "swapper"
 #0 [c0431eb8] crash_kexec at c013a8e7
 #1 [c0431f04] die at c0103a73
 #2 [c0431f44] do_page_fault at c0343381
 #3 [c0431f84] error_code (via page_fault) at c010312d
    EAX: 00000008  EBX: c59a5360  ECX: c03fbf90  EDX: 00000000
    EBP: 00000000
    DS:  007b      ESI: 00000000  ES:  007b      EDI: c03fbf90
```

```
       CS:  0060        EIP: f8a8c004   ERR: ffffffff   EFLAGS: 00010092
 #4 [c0431fb8] rtc_interrupt at f8a8c004
 #5 [c0431fc4] handle_IRQ_event at c013de51
 #6 [c0431fdc] __do_IRQ at c013df0f
```

栈回溯将疑点指向rtc_interrupt()。对rtc_interrupt()前后的指令反汇编：

```
crash> dis 0xf8a8c000 5
0xf8a8c000 <rtc_interrupt>:      push    %ebx
0xf8a8c001 <rtc_interrupt+1>:    sub     $0x4,%esp
0xf8a8c004 <rtc_interrupt+4>:    mov     0xff,%eax
0xf8a8c009 <rtc_interrupt+9>:    mov     $0xc03a6640,%eax
0xf8a8c00e <rtc_interrupt+14>:   call    0xc0342300 <_spin_lock>
```

地址0xf8a8c004处的指令试图将EAX寄存器的内容赋值给地址0xff，无疑，正是此无效的赋值引用引起了崩溃。修复此错误然后编译一新内核。

如果使用irq命令，就能够知道在崩溃时正在运行的中断的标识。在本例中，输出确认了RTC中断确实处于激活状态：

```
crash> irq
    IRQ: 8
 STATUS: 1 (IRQ_INPROGRESS)
 ...
 ...
handler: f8a8c000   <rtc_interrupt>
           flags: 20000000   (SA_INTERRUPT)
            mask: 0
            name: f8a8c29d   "rtc"

crash> quit
bash>
```

现在，让我们变换方式，看看另一个案例——内核宕机，而不是产生一个oops。考虑如下的有bug的驱动程序init()例程：

```
static int __init
mydrv_init(void)
{

  spin_lock(&mydrv_wq.lock);   /* Usage before initialization! */
  spin_lock_init(&mydrv_wq.lock);

  /* ... */
}
```

此代码错误地在初始化之前使用了自旋锁。CPU不停自旋试图获取锁，内核宕机。下面使用kdump调试此问题。在本例中，因为没有故障，故kexec没有自动触发，因此可通过按下SysRq"魔术组合键" Alt+Sysrq+c来强制产生一个崩溃转储。需要写一个1至/proc/sys/kernel/sysrq来启用Sysrq：

```
bash> echo 1 > /proc/sys/kernel/sysrq
bash> insmod mydrv.ko
```

这导致内核在mydrv_init()内宕机后，按下Alt+Sysrq+c组合键可触发一个崩溃转储：

```
Alt-Sysrq-c
...                    → Messages announcing that a crash dump
                         has been triggered
```

在kexec引导捕获内核后，保存转储数据至磁盘，引导回至初始的内核，对保存的转储内容运行崩溃：

```
bash> crash vmlinux vmcore.dump
       ...
       PANIC: "SysRq : Trigger a crashdump"
         PID: 2115
     COMMAND: "insmod"
        TASK: f7c57000  [THREAD_INFO: f6170000]
         CPU: 0
       STATE: TASK_RUNNING (SYSRQ)
crash>
```

通过检查崩溃时处于运行的进程的标识，找出问题所在。在本例中，显然是insmod（mydrv.ko）：

```
crash> ps
   ...
   2171   2137   0  f6bb7000  IN  0.5  11728  5352  emacs-x
   2214      1   0  f6b5b000  IN  0.1   2732  1192  login
   2230   2214   0  f6bb0550  IN  0.1   4580  1528  bash
>  2261   2230   0  c596f550  RU  0.0   1572   376  insmod
```

栈回溯除了告诉你按下Sysrq键引起转储之外，没有其他信息：

```
crash> bt
PID: 2115   TASK: f7c57000  CPU: 0   COMMAND: "insmod"
 #0 [c0431e68] crash_kexec at c013a8e7
 #1 [c0431eb4] __handle_sysrq at c0254664
 #2 [c0431edc] handle_sysrq at c0254713
```

下一步试着去查看崩溃的内核产生的日志信息。log命令从内核的printk环形缓冲区（已保存在转储文件中）中读取消息：

```
crash> log
...
BUG: soft lockup detected on CPU#0!

Pid: 2261, comm:              insmod
EIP: 0060:[<c010ec1b>] CPU: 0
EIP is at delay_pmtmr+0xb/0x20
EFLAGS: 00000246   Tainted: P     (2.6.16.16 #11)
EAX: 5caaa48c EBX: 00000001 ECX: 5caaa459 EDX: 00000012
ESI: 02e169c9 EDI: 00000000 EBP: 00000001 DS: 007b ES: 007b
CR0: 8005003b CR2: 08062017 CR3: 35e89000 CR4: 000006d0
 [<c01fede9>] __delay+0x9/0x10
 [<c0200089>] _raw_spin_lock+0xa9/0x150
 [<f893d00d>] mydrv_init+0xd/0xb2 [wqdrv]
 [<c0136565>] sys_init_module+0x175/0x17a2
 [<c015d834>] do_sync_read+0xc4/0x100
```

```
[<c013ce4d>] audit_syscall_entry+0x13d/0x170
[<c0105578>] do_syscall_trace+0x208/0x21a
[<c0102f05>] syscall_call+0x7/0xb
SysRq : Trigger a crashdump
crash>
```

log提供了两条有用的调试信息。首先，告知在崩溃的内核里检测到了一个软件锁定。正如5.7节所述，内核检测软件锁定过程如下：内核看门狗线程每秒钟运行一次，并访问单CPU时戳变量一次。如果CPU处于一个死循环中，看门狗线程就不能更新此时戳。在定时器中断时会使用`softlockup_tick()`（定义见kernel/softlockup.c）执行一次更新检查。如果看门狗时戳超过10秒钟未更新，就可推断出发生了软件锁定，释放出内核消息，其效果如例子所示。

其次，log在`mydrv_init()+0xd`（或0xf893d00）处出现异常，因此查看此代码附近的反汇编：

```
crash> dis f893d000 5
dis: WARNING: f893d000: no associated kernel symbol found
0xf893d000:     mov     $0xf89f1208,%eax
0xf893d005:     sub     $0x8,%esp
0xf893d008:     call    0xc0342300 <_spin_lock>
0xf893d00d:     movl    $0xffffffff,0xf89f1214
0xf893d017:     movl    $0xffffffff,0xf89f1210
```

栈中的返回地址是0xf893d00d，因此内核在前面指令里宕机，也就是对`spin_lock()`的调用。如果将此处和前面的源代码片段相互关联，并仔细观察，将会发现错误的顺序`spin_lock()`/`spin_lock_init()`。交换顺序即可解决问题。

你也可以使用crash命令查看感兴趣的数据结构，但需要知道的是在崩溃期间被交换出去的内存区域不在转储内容中。在前面的例子中，可以采用如下方式检查mydrv_wq：

```
crash> rd mydrv_wq 100
f892c200:   00000000 00000000 00000000 00000000    ................
...
f892c230:   2e636373 00000068 00000000 00000011    scc.h...........
```

gdb和crash命令集成在一起，因此可以从crash传递命令给gdb。例如，你可以使用gdb的p命令打印数据结构。

21.3.4 查看源代码

kexec与体系架构相关的部分位于arch/your-arch/kernel/machine_kexec.c和arch/your-arch/kernel/relocate_kernel.S。通用部分位于kernel/kexec.c（和include/linux/kexec.h）。浏览arch/your-arch/kernel/crash.c 和 arch/your-arch/kernel/crash_dump.c 可看到 kdump 的具体实现。Documentation/kdump/kdump.txt包含安装信息。

21.4 性能剖析

性能剖析（profiling）向你指出那些占用更多CPU周期的代码区域。性能剖析器（profiler）帮助发掘代码瓶颈，以便做相应修改。OProfile内核性能剖析器已包含在2.6内核中，它借用硬件的帮助去收集性能剖析数据。Gprof应用程序性能剖析器则依靠编译器的辅助去收集性能剖析信息。

21.4.1 利用OProfile剖析内核性能

OProfile利用很多处理器提供的硬件性能计数器周期性地采样数据。可以编程性能计数器，对某些事件进行计数，如高速缓存缺失的数目。在那些处理器不提供性能计数器的系统上，通过在定时器事件期间收集数据，OProfile获取的信息比较有限。

OProfile由如下部分组成。

- 一个收集性能剖析信息的内核层[①]。为了在内核中启用OProfile，需启用CONFIG_PROFILING、CONFIG_OPROFILE和CONFIG_APIC并重新编译内核。
- Oprofiled守护进程。
- 一套事后剖析工具，如opcontrol、opreport和op_help，用于对收集到的数据进行仔细分析。这些工具被几个Linux发行版所采纳，如果你所用的发行版中未包含，就需要下载预编译的二进制包。

为了介绍内核性能剖析的基本知识，让我们在文件系统层模拟一个瓶颈，并使用OProfile对其检测。我们感兴趣的代码区是读取目录的文件系统层的一部分（位于 fs/readdir.c 的 vfs_readdir() 函数）。

首先，使用opcontrol配置OProfile：

```
bash> opcontrol --setup --vmlinux=/path/to/kernelsources/vmlinux
              --event=GLOBAL_POWER_EVENTS:100000:1:1:1
```

指定的事件要求OProfile在GLOBAL_POWER_EVENTS（处理器未停止的时间）期间收集采样数据。和指定的事件相邻的数字分别表示样本计数（以时钟周期为单位）、硬件单元掩码过滤（用于进一步限制进行计数的事件）、是否对内核空间计数（0不计数，1计数）以及是否对用户空间计数（0不计数，1计数）。如果你希望每秒采样x次，同时你的处理器运行频率为cpu_speed，那么样本计数大约等于cpu_speed/x。更高的采样率会产生更精确的性能剖析，但也会导致CPU负担更重。

OProfile支持的事件取决于你的处理器：

```
bash> opcontrol -l    → List available events on a Pentium 4 CPU
GLOBAL_POWER_EVENTS: (counter: 0, 4)
        time during which processor is not stopped (min count: 3000)
BRANCH_RETIRED: (counter: 3, 7)
        retired branches (min count: 3000)
MISPRED_BRANCH_RETIRED: (counter: 3, 7)
        retired mispredicted branches (min count: 3000)
BSQ_CACHE_REFERENCE: (counter: 0, 4)
...
```

下一步，启动OProfile并运行一个针对要进行性能剖析的内核部分的基准测试工具。浏览http://lbs.sourceforge.net/可得到Linux上的基准测试项目的列表。在本例中，通过递归列出系统中

[①] 如果使用的是2.4内核，需要利用Oprofile的支持对内核打补丁。

的所有文件来测试VFS（Virtual File System，虚拟文件系统）层：

```
bash> opcontrol --start    → Start data collection
bash> ls -lR /             → Stress test
bash> opcontrol --dump     → Save profiled data
```

使用opreport查看性能剖析的结果。%列为函数在系统上所引起的负载的测量值：

```
bash> opreport -l /path/to/kernelsources/vmlinux

CPU: P4 / Xeon, speed 2992.9 MHz (estimated)
Counted GLOBAL_POWER_EVENTS events (time during which processor
is not stopped) with a unit mask of 0x01 (count cycles when processor is active)
count 100000
samples    %         symbol name
914506    24.2423    vgacon_scroll      → ls output printed to console
406619    10.7789    do_con_write
273023     7.2375    vgacon_cursor
206611     5.4770    __d_lookup
...
1380       0.0366    vfs_readdir        → Our routine of interest
...
1          2.7e-05   vma_prio_tree_next
```

现在通过在vfs_readdir()里引入一个1ms的延迟来在VFS代码上模拟一个瓶颈，详见代码清单21-6。

代码清单21-6 定义于fs/read_dir.c中的vfs_readdir()

```
  int vfs_readdir(struct file *file, filldir_t filler, void *buf)
  {
    struct inode *inode = file->f_ dentry->d_inode;
    int res = -ENOTDIR;

+ /* Introduce a millisecond bottleneck
+    (HZ is set to 1000 on this system) */
+ unsigned long timeout = jiffies+1;
+ while (time_before(jiffies, timeout));
+ /* End of bottleneck */

    /* ... */
  }
```

对修改的内核编译，重新收集性能剖析数据。新的数据如下所示：

```
bash> opreport -l /path/to/kernelsources/vmlinux

CPU: P4 / Xeon, speed 2993.08 MHz (estimated)
Counted GLOBAL_POWER_EVENTS events (time during which processor is not stopped)
with a unit mask of 0x01 (count cycles when processor is active)
count 100000
samples    %         symbol name
6178015   57.1640    vfs_readdir       → Our routine of interest
1065197    9.8561    vgacon_scroll     → ls output printed to console
479801     4.4395    do_con_write
...
```

可见，瓶颈清楚地反映在了性能剖析数据中。vfs_readdir()现在跳至列表的顶部。

可以使用OProfile去获取更多的信息。例如，可以收集数据高速缓存行缺失的百分比。高速缓存是速度接近于处理器的快速存储器。获取的高速缓存以处理器的高速缓存行为单位（奔腾4为32B）。如果需要访问的数据不在高速缓存中（一次高速缓存缺失），处理器必须从主存中获取，这将花费更多的CPU周期。对此内存接下来的访问（附近的数据被放入了高速缓存）将会快得多，直至高速缓存行失效。用BSQ_CACHE_REFERENCE事件（针对奔腾4）对内核做性能剖析，就可以配置OProfile来计算高速缓存的缺失数。然后可以修改代码，重新调整数据结构的成员变量的对齐，获得更好的高速缓存利用效果：

```
bash> opcontrol --setup
               --event=BSQ_CACHE_REFERENCE:50000:0x100:1:1
               --vmlinux=/path/to/kernelsources/vmlinux
                            → Unit mask 0x100 denotes an L2 cache miss
bash> opcontrol --start      → Start data collection
bash> ls -lR /               → Stress
bash> opcontrol --dump       → Save profile
bash> opreport -l /path/to/kernelsources/vmlinux
CPU: P4 / Xeon, speed 2993.68 MHz (estimated)
Counted BSQ_CACHE_REFERENCE events (cache references seen by the bus unit) with a
unit mask of 0x100 (read 2nd level cache miss) count 50000
samples    %          symbol name
73         29.6748    find_inode_fast
59         23.9837    __d_lookup
27         10.9756    inode_init_once
...
```

如果在不同的内核版本上运行OProfile并查看对应的代码修改日志，就能够找到在内核的不同部分修改代码的原因。

我们所介绍的只是使用OProfile可完成哪些功能的基础知识。更多的信息请访问http://oprofile.sourceforge.net/。

21.4.2 利用 gprof 剖析应用程序性能

如果仅需要对一个应用进程进行性能剖析，而不需要剖析内核代码，可以使用gprof而不是OProfile。gprof取决于编译器为了剖析C、Pascal或Fortran代码的性能而产生的附加的代码。使用gprof剖析下面的代码片段：

```
main(int argc, char *argv[])
{
  int i;

  for (i=0; i<10; i++) {
    if (!do_task()) {        /* Perform task */
      do_error_handling(); /* Handle errors */
    }
  }
}
```

使用-pg选项要求编译器包含额外的代码，以便在程序运行时产生一个调用剖析图。-g选项生成符号信息：

```
bash> gcc -pg -g -o myprog myprog.c
bash> ./myprog
```

这将生成gmon.out，它是myprog的调用图。运行gprof查看其性能：

```
bash> gprof -p -b myprog

Flat profile:

Each sample counts as 0.01 seconds.
  %   cumulative   self              self    total
 time   seconds   seconds    calls  s/call  s/call  name
 65.17    2.75     2.75        2     1.38    1.38   do_error_handling
 34.83    4.22     1.47       10     0.15    0.15   do_task
```

结果显示：在程序执行期间错误处理路径运行了两次。你可以修改代码以便更少地进入错误处理，然后再使用gprof生成更新后的性能剖析。

21.5 跟踪

跟踪（tracing）可以深入了解那些在不同代码模块交互期间显现出来的异常行为。常用的获取执行跟踪的方法是使用printk。虽然printk可能是内核调试时使用最多的方法（在2.6.23源码树中有超过62 000条printk()语句），但它对于大量高级的跟踪还是不够完善。LTT（Linux Trace Toolkit，Linux跟踪工具箱）是一个强大的工具，有了它，用最小的代价即可获得复杂的系统级的跟踪。

LTT

LTT获取执行跟踪，对于事后分析非常有用，在一些不可能使用调试器的环境下也非常有价值。与OProfile通过有规律间隔的采样事件来收集数据不同，LTT在事件发生时获得精确的事件跟踪。

LTT由如下4个组件组成。
- 一个核心模块，给其他的内核模块提供跟踪服务。收集的跟踪信息被复制到内核缓冲区中。
- 使用跟踪服务的代码。这些代码被插入至你想捕获跟踪转储的位置。
- 跟踪守护进程，将跟踪信息从内核缓冲区移至文件系统上的掉电不丢失数据区域。
- tracereader和tracevisualizer等工具解析原始的跟踪数据，并将其转换成人工可阅读的格式。如果你正在为无GUI支持的嵌入式设备开发程序，就可以在另一台机器上运行这些工具，得到一目了然的结果。

LTT不是主线内核的一部分[①]。你可以从www.opersys.com/LTT下载LTT内核补丁、跟踪守护

[①] 在2.6.11-rc1-mm1补丁中，LTT是一个候选工具，可从www.kernel.org下载。

进程和用户空间的跟踪工具。

让我们借助于一个简单的例子来了解LTT提供的功能。假设当应用程序从设备读取数据时，恰好发现数据被破坏。你首先想知道是设备正发送错误的数据还是内核层引起了数据破坏。为此，在设备驱动层转储数据包和数据结构。代码清单21-7初始化了计划产生的LTT事件。

代码清单21-7　创建LTT事件

```c
#include <linux/trace.h>

int data_packet, driver_data; /* Trace events */

/* Driver init */
static int __init mydriver_init(void)
{
  /* ... */

  /* Event to dump packets received from the device */
  data_packet = trace_create_event("data_pkt",
                                   NULL,
                                   CUSTOM_EVENT_FORMAT_TYPE_HEX,
                                   NULL);

  /* Event to dump a driver structure */
  driver_data = trace_create_event("dvr_data",
                                   NULL,
                                   CUSTOM_EVENT_FORMAT_TYPE_HEX,
                                   NULL);

  /* ... */

}
```

下一步，添加跟踪钩子，当驱动程序从设备读取数据时，转储接收到的包和数据结构。这些实现见代码清单21-8中的驱动程序read()方法。

代码清单21-8　获取跟踪转储

```c
struct mydriver_data driver_data; /* Private device structure */

/* Driver read() method */
ssize_t
mydriver_read(struct file *file, char *buf,
              size_t count, loff_t *ppos)
{
  char *buffer;
  /* Read numbytes bytes of data from the device into
     buffer */
  /* ... */

  /* Dump data Packet. If you see the problem only
```

```
    under certain conditions, say, when the packet length is
    greater than a value, use that as a filter */
 if (condition) {
   /* See Listing 21.7 for the definition of data_packet*/
   trace_raw_event(data_packet, numbytes, buffer);
 }

 /* Dump driver data structures */
 if (some_other_condition) {
   /* See Listing 21.7 for the definition of driver_data */
   trace_raw_event(driver_data, sizeof(driver_data), &driver_data);
 }

 /* ... */
}
```

将这些代码作为内核的一部分或一个模块进行编译并运行。配置内核时记得在内核中设置CONFIG_TRACE，这样就可以打开跟踪支持。下一步是开始跟踪守护进程：

```
bash> tracedaemon -ts60 /dev/tracer mylog.txt mylog.proc
```

/dev/tracer是跟踪守护进程用来访问跟踪缓冲区的接口，-ts60要求守护进程运行60s，mylog.txt是准备存储产生的原始跟踪信息的文件，mylog.proc用来存储从procfs获得的系统状态信息。LTT后期的版本使用一个称为relayfs的机制而不是/dev/tracer设备，这就可以高效地从内核跟踪缓冲区传送数据至用户空间。

运行从设备读取数据的应用程序：

```
bash> ./application   → Trigger invocation of mydriver_read()
```

mylog.txt现在应该包含期望的跟踪数据。产生的原始跟踪数据可用tracevisualizer工具进行分析。选择Custom Events选项，搜索data_pkt和dvr_data事件。其输出如下：

```
####################################################################
Event      Time SECS    MICROSEC       PID     Length  Description
####################################################################
data_pkt   1,110,563,008,742,457       0       27      12 43 AB AC 00 01 0D 56
data_pkt   1,110,563,008,743,151       0       27      01 D4 73 F1 0A CB DD 06
dvr_data   1,110,563,008,743,684       0       25      0D EF 97 1A 3D 4C
...
```

最后一列为跟踪数据。时戳显示跟踪信息被收集的时刻。如果数据看起来被破坏了，设备可能正发送错误的数据。否则问题一定出在更高的内核层。通过从数据流路径上的不同位置获取跟踪数据，可以进一步定位问题。

下一代LTT（称为LTTng）可从http://ltt.polymtl.ca/下载得到。此工程也包含一个跟踪后分析器——LTTV（Linux Trace Toolkit Viewer，Linux跟踪工具箱查看器）。

如果仅需要完成对用户应用程序进行有限的跟踪，可以使用strace而不是LTT。strace使用内核中的ptrace支持来中途截取系统调用。它打印出应用程序使用的系统调用列表，并附有相应的参数和返回值。

21.6　LTP

LTP（Linux Test Project，Linux测试项目）是由大约3 000个测试组成的一个套件，主页为http://ltp.sourceforge.net/。这些测试分别用来测试内核的不同部分。大部分测试运行时无需用户干预。网络和存储媒体等其他测试需要一些人工配置。

从LTP的主页上下载tar ball格式源文件，运行make，从源码树的根调用包装好的脚本runltp，启动测试。为了在results/目录下的logfile中捕获结果，需要做如下操作：

```
bash> runltp -p -l logfile
```

一些由LTP产生的错误是预料中的。LTP站点针对不同内核版本给出了预料中的错误的列表。另外，在站点上还有一个针对一些内核版本的、有趣的LTP代码覆盖（全覆盖、路径覆盖与条件覆盖）分析，分散在内核树的多个目录中。

21.7　UML

用UML（User Mode Linux，用户模式的Linux）调试内核不会令机器崩溃，其主页为http://user-mode-linux.sourceforge.net/。为了达到此目的，一个内核的实例（称为客户内核）以用户模式进程运行于正在运行的内核上（称为主内核）。

UML有多种功能。它可以作为测试内核与应用代码的环境，试验不稳定内核的手段，也可作为一个安全的伪计算机，用于在其上面承载各种服务（如Web服务器），或者作为一个学习Linux内幕的工具。相对于设备驱动程序调试，UML在调试内核的硬件无关的部分时作用更为显著。

21.8　诊断工具

sysfsutils包有助于操纵sysfs里的大量数据。sysfsutils以及其他的Linux诊断工具（如sysdiag和lsvpd）可从http://linux-diag.sourceforge.net/下载。

21.9　内核修改配置选项

内核配置菜单中内核修改（kernel hacking）里的几个选项能够给出一些有价值的调试信息。启用某个选项，构建内核时相应的调试代码会编译进去[①]。下面是一些例子。

(1) 在printk中显示定时信息（CONFIG_PRINTK_TIME）将会在printk()输出里添加定时指令，因此可使用printk作为检查点，用于测量执行时间，并找出费时的代码区。

(2) 使用被释放的内存结果导致内存侵染。调试slab内存分配功能（CONFIG_DEBUG_SLAB）可帮助检测此类问题。

(3) 自旋锁与读写锁调试: 基本的检查（CONFIG_DEBUG_SPINLOCK）可发现锁相关的问题（如对未初始化自旋锁的使用）并帮助找出非SMP安全的代码。

---

① 一些内核修改选项是与体系架构相关的。

(4) 在介绍kdump时已经用过SysRq "魔术组合键"了（CONFIG_MAGIC_SYSRQ）。如果打开此选项，在调试期间若内核崩溃的话就还有退路。例如，按下Alt+Sysrq+t会转储当前的任务，而Alt+Sysrq+p会打印处理器寄存器的内容。

(5) 检测软件锁定（CONFIG_DETECT_SOFTLOCKUP）利用看门狗服务检测内核代码中超过10s的死循环。使用kdump分析内核宕机时我们已经见过其用法。需要注意的是此方法不能检测硬件锁定。故此，如果你的平台支持NMI（Non-Maskable Interrupt，不可屏蔽中断）看门狗，可利用此服务。

(6) 在配置内核时，如果启用CONFIG_DEBUG_SLAB、CONFIG_DEBUG_HIMEM或CONFIG_DEBUG_PAGE_ALLOC，就会将附加的错误检查代码编译进内核，有助于调试与内存管理相关的问题。

(7) 栈溢出检查（CONFIG_DEBUG_STACKOVERFLOW）会加入代码，用于在可用的栈空间低于某个阈值后给出警告。栈使用指示（CONFIG_DEBUG_STACK_USAGE）会添加堆栈空间信息至SysRq "魔术组合键"的输出中。另一个相关的选项CONFIG_4KSTACKS可以设置内核栈大小为4KB而不是8KB。

(8) 详细的BUG()报告（CONFIG_DEBUG_BUGVERBOSE）会在内核代码调用BUG()时产生额外的调试信息（假设在内核配置期间已经打开了CONFIG_BUG）。

一些调试选项不在内核修改子菜单中。例如，在本章中我们启用CONFIG_KALLSYMS，使用gdb调试oops消息，或对某个内核模块使用kprobe方法。此选项位于配置菜单的General setup→Configure Standard Kernel Features（for small systems）下。

内核修改选项会增加开销，因此在产品级的内核中不要采用这些选项。

21.10 测试设备

毋庸置疑，做设备驱动程序调试需要补充一些相关的测试设备。例如，如果你正在一个纯数字实验室环境中测试调制解调器接口，最好配备一个电话模拟器。如果一个高速串行驱动程序显示校验错误，最好用示波器来帮助分析问题。如果正在编写的是I/O设备驱动程序，合适的总线分析仪会很有帮助。如果正在编写网络驱动程序，相应的协议嗅探器将会使调试工作轻松不少。

第 22 章 维护与发布

本章内容
- 代码风格
- 修改标记
- 版本控制
- 一致性检查
- 构建脚本
- 可移植代码

本书到这里就快结束了，但是实现一个驱动程序只是软件开发生命周期的一部分。因此在结束之前，我们来讨论一些有助于高效维护软件和发布软件的问题。

22.1 代码风格

许多 Liunx 设备的使用年限为 5~10 年，所以保持标准的代码风格能保证在开发人员离开这个项目团队后，产品不致于受到影响。

一款功能强大的编辑器外加有规划的编写风格，将使得理想的代码风格实现起来更加简单。因为属于一种个人喜好，因此对于好的风格可能没有最完美的指南；但对于多人共同开发的项目，统一的代码风格非常重要。

在开始一个项目前，请开发团队成员和客户协商达成共同的代码风格标准。内核开发者首选的代码风格在源码树的 Documentation/CodingStyle 中有详细描述。

22.2 修改标记

用一个标识符例如 CONFIG_MYPROJECT 来标识对已存在的内核源文件的增加或删除，有助于在源码树中突出强调项目的某一变化。读者可以从代码树的根部开始递归地按给定模式搜索这些标记字符串，以了解在内核中此项目所有改动的位置。下面的例子对 drivers/i2c/busses/i2c-i801.c 中的部分代码变化做出标记。这个变化主要是介绍在设置和删减一个配置字节访问时对一个新的 PCI 设备 ID 的检查。

```
/* ... */
```

```
switch(dev->device) {
  case PCI_DEVICE_ID_INTEL_82801DB_3:
#if defined (CONFIG_MYPROJECT)
   case PCI_DEVICE_ID_MYID :
#endif
  /* ... */
}
/* ... */
#if !defined (CONFIG_MYPROJECT)
   pci_write_config_byte(I801_dev, SMBHSTCFG, temp);
#endif
return 0;
/* ... */
```

CONFIG_MYPROJECT也可作为一个配置时的开关，启用或禁用项目的改变。

在项目中对于不同的子任务定义不同的子标记是一个非常好的方法。这样，作为项目的一部分，如果你为了快速引导而修改内核，就可在一个子标记如CONFIG_MYPROJECT_FASTBOOT内来封装这些变化。

22.3 版本控制

没有专门的版本控制工具，你不可能完成重大的项目。版本控制系统有助于管理源代码的多个版本，并能规范项目团队成员对文件的访问。CVS（www.nongun.org/cvs）是一个开源的修改控制软件，已经问世了很长一段时间，并且许多Linux发行版都是使用它进行管理的。另一个系统subversion（http://subversion.tigris.org）是为取代CVS而开发的。git（http://git.or.cz）对于内核开发者来说是一个不错的选择，它已被用于维护多个开源项目，包括Linux内核。这些系统的更多资料可以在互联网上查到。

22.4 一致性检查

由于发布内核中隐含的法律因素，一些公司经常以源码补丁的形式给用户提供移植后的内核。相应地，客户把补丁加载到原有的代码中，并本地编译这些软件。

对二进制映像产生MD5校验和并与发布时提供的校验和相比较可防止补丁错误。但这些值可能并不匹配，因为内核和模块映像经常包含一些基于特定编译环境的信息。为了强制MD5校验和唯一，在生成内核和模块映像时，必须剔除掉这些数据。下面是一些在目标映像中加入了环境数据的常见场景。

- 一些驱动程序方法抛出BUG()调用，通知出现了一些被认为根本不会出现的情况。在其他情况下，BUG()会输出错误所在的文件名和所在行号。文件的路径名取决于编译时所在的位置。在产生的映像中它会留下印记，并影响MD5结果。示例可见fs/nfs/pagelist.c中的nfs_unlock_request()：

```
void
nfs_unlock_request(struct nfs_page *req)
{
```

```
    if (!NFS_WBACK_BUSY(req)) {
      printk(KERN_ERR "NFS: Invalid unlock attempted\n");
      BUG();
    }
    /* ... */
}
```

BUG()定义于include/asm-your-arch/bug.h：

```
#define BUG() do {\
__asm__ __volatile__ ("ud2\n"\
                ...
                : : "I" (__LINE__), "I"(__FILE__))
```

在内核配置时将CONFIG_BUG设置为不可用的方式，就能保证不编译BUG()。或者，将CONFIG_DEBUG_BUGVERBOSE关掉，去掉由BUG()输出的行号和文件名信息。

- wd33c93驱动程序（drivers/scsi/wd33c93.c）在初始化期间输出编译的时间。如果查看初始化例程wd33c93_init()的末尾部分，将发现如下片段：

```
void
wd33c93_init(struct Scsi_Host *instance,
             const wd33c93_regs regs, dma_setup_t setup,
             dma_stop_t stop, int clock_freq)
{
  /* ... */
  printk("    Version %s - %s, Compiled %s at %s\n",
      WD33C93_VERSION, WD33C93_DATE, __DATE__, __TIME__);
}
```

编译时间戳嵌入到了映像里面，导致MD5校验和依赖于它。
- 如果使能CONFIG_IKCONFIG_PROC配置选项，将在内核映像中引入时间戳配置。这些信息作为/proc/config.gz的一部分，可在运行时中得到。
- 通过注入hostname、date、whoami、domainname等命令，并将这些命令的输出结果注入到内核头文件如include/linux/compile.h中，在内核树scripts/目录下的内容也会影响MD5变量。

以上罗列了直接和间接影响环境信息进而影响产生一致校验和的因素。当然，你不必为那些不相关的内核模块而烦恼。在CONFIG_MYPROJECT_SAME_MD5等修改标记内封装代码修改，创建一个内核配置开关来控制MD5是否产生。之后在变形后的vmlinux 映像上运行md5sum。

22.5 构建脚本

在开发周期内，客户通常要求周期性的软件构建。每次构建包括新功能特征或bug修复。例如，对于嵌入式的PC发布，可能包括的固件组件有基本内核、可加载的设备驱动程序模块、文件系统、引导程序、BIOS、卡上的微码等。为了自动编译，执行灵活的构建脚本是个不错的方法。灵活的构建脚本能从版本控制系统仓库中获取源码快照，并且产生一个发布包。

代码清单22-1显示了一个框架性的构建脚本，这个脚本假定用户使用的是CVS版本控制管理软件。这是一个简单的脚本，只是展示了内核编译。在实际应用中，你可能需要一套复杂的脚本，该脚本包括对多个软件组件的打包，并管理不同安装场景。

代码清单22-1 一个简单的编译脚本

```
# Check that compilation tools are installed
#...

# Assume that $user contains the user name, $cvsserver contains
# the CVS server name and /path/to/repository is the location
# of your project's repository on the CVS server
CVS="cvs -d :pserver:$user@$cvsserver:/path/to/repository"
$CVS login

# Check-out the kernel
$CVS checkout kernel

# Build the kernel
cd kernel
make mrproper
#Get the .config file for your platform
cp arch/your-arch/configs/your_platform_defconfig .config
make oldconfig
make -j5 bzImage # Accelerate by spawning 5 instances of 'make'
if [ $? != 0 ]
then
  echo "Error building Kernel. Bailing out.."
  exit 1
fi

# Copy the kernel image to a target directory
cp arch/x86/boot/bzImage /path/to/target_directory/productname.kernel

# Build modules and install them in an appropriate directory
make modules
if [ $? != 0 ]
then
  echo "Error building modules. Bailing.."
  exit 2
fi

export INSTALL_MOD_PATH="TARGET_DIRECTORY/modules"
make modules_install

# Rebuild after forcing generation of identical MD5 sums and
# package the resulting checksum information.
#...

# Generate a source patch from the base starting point, assuming
# that KERNELBASE is the CVS tag for the vanilla kernel
cvs rdiff -u -r KERNELBASE kernel > patch.kernel

# Generate a changelog using "cvs log"
#...
```

```
# Package everything nicely into a tar ball
#...
```

若对要提交的发布进行构建验证结果满意,就可生成一个后构建程序,用一个构建标识符来标记当前版本控制系统的状态。将源代码快照的名称引入这次构建中是非常必要的,这有助于追踪代码版本的问题。当以后在实验室中重现被报告的问题时,就可以基于相关联的构建标识符提取出正确的源代码版本。

22.6 可移植代码

可移植性其实就是代码的可重用性和易维护性。这在当前市场环境下是非常重要的,因为现在有多种处理器和无数的外围芯片组。如果你不得不针对每一款处理器的总线驱动程序分别编写代码,并对每一个主机适配器针对不同的客户端设备编写驱动程序,那将很快被市场淘汰出局。这里给出一些编写可移植驱动程序的提示。

- 当构建驱动构架时,应该做出全局的可移植性设计。
- 采用合适的内核API,自动引入一定程度的可移植性。例如,使用USB核心服务的USB驱动程序就不依赖于USB主机控制器。不管使用的是UHCI、OHCI或者其他平台,程序都可正常运行。
- 编写SMP安全的代码。
- 编写64位纯净的代码。例如,即使进行了正确的类型转换,也不要将指针赋值给整型变量。
- 编写驱动程序时要使它容易被其他相似设备借鉴或采用。
- 尽可能使用体系架构无关的API。例如,调用outb()或者inb()将与处理器是否使用I/O映射或内存映射地址无关。如果确实需要使用特定结构的代码(例如内联汇编),将它置于恰当的arch/your-arch目录中。
- 对策略放置到头文件和用户空间里。只要恰当,都要使用宏和定义。

第 23 章 结束语

本章内容
- 流程一览表
- 下一步该做什么

最后，简单总结一下Linux设备驱动程序开发全流程。

23.1 流程一览表

(1) 确定设备的功能与接口技术。根据这些回顾一下描述过相关设备驱动程序子系统的章节。正如本书所述，几乎Linux上的每一个驱动程序子系统都包括核心层（用于提供驱动程序服务）和抽象层（使应用程序独立于底层硬件之外）（见第18章中的图18-3）。你所编写的驱动程序需要合乎此框架，并与子系统中的其他组件进行接口。如果你的设备是一个调制解调器，就需要学习UART、tty与线路规程层是如何工作的。如果待驱动的芯片是RTC或看门狗，就需要学习如何遵守相应的内核API。如果你面对的是鼠标，就需要弄清楚如何将其和输入事件层联系在一起。如果是视频控制器，就要理解帧缓冲子系统。在开始驱动音频编解码器之前，研究一下ALSA框架。

(2) 获取设备的数据手册并理解其寄存器编程模式。例如，对于I^2C DVI发射机，需要弄明白设备的从地址以及初始化过程的编程顺序。对于SPI触摸控制器，理解如何实现其有限状态机。对于PCI以太网卡，研究其配置空间的操作。对于USB设备，需要弄清楚其支持的端点以及如何与其通信。

(3) 在强大的内核源码树中，搜寻可作参考的驱动程序。研究候选的驱动程序，并修改合适的驱动程序。某些子系统提供了驱动程序框架（例如sound/drivers/dummy.c、drivers/usb/usb-skeleton.c、drivers/net/pci-skeleton.c和drivers/video/skeletonfb.c），如果没有找到相近的参考驱动程序，可以用它作为模型。

(4) 如果找到了参考驱动程序，通过比较二者的数据手册与原理图，研究参考驱动程序对应设备与你的硬件之间的差别。譬如，假设你正基于一种支持参考硬件的Linux发行版为自己定制的电路板移植Linux，发行版中包括了已经在参考硬件上测试过的USB控制器驱动程序，但定制的电路板使用的USB收发器和其相同吗？已有LCD控制器的帧缓冲驱动程序，但你的电路板是否使用了不同的显示面板接口（如LVDS）？也许参考板上的EEPROM使用I^2C总线，而你的使用的是1-wire总线。以太网控制器连接的是一个不同的PHY芯片甚或是二层交换芯片？或者为了更大的传输范围和更高的稳定性，RS-232换成了RS-485？

(5) 如果未找到相近的参考驱动程序，或者你决定从头开始编写自己的驱动程序，多花点时间在驱动程序及其数据结构的设计与框架构建上。

(6) 既然已掌握所需的所有知识，配备一些软件工具（如ctags、cscope和调试器）和实验室装备（如示波器、万用表和分析仪），开始编写代码吧。

23.2　下一步该做什么

Linux就这样了，但只要有人想出了更巧妙的处理方式，内部的内核接口就过时了。没有一成不变的内核代码。即使是慎密构思的调度器，自2.4内核以来也已经重写两次了。每年在内核树中新增的代码有数百万行。随着内核的演进，为了获得更好的性能，新的特性和抽象不断增加，编程接口被重新设计，子系统被重新构建，可重用的部分经筛选后进入通用核心。

经过本书的学习，你已经打下了坚实的基础，能够跟上这些技术变化。为了让自己的技术水平一直处于最前沿，可以定期更新内核代码树，经常浏览内核邮件列表，只要有时间就编写代码。将来是Linux的天下，成为内核专家一定会有高回报的。努力吧！

附录 A   Linux汇编

设备驱动程序有时需要用汇编实现一些代码片段,因此让我们看看Linux上汇编编程的不同特性。

图A-1显示了Linux在PC兼容系统上的引导顺序,这是第2章中图2-1的缩减版。图中的固件组件是用不同的汇编语法实现的。

- BIOS通常全部用汇编编写。一些流行的PC BIOS使用像MASM(Microsoft Macro Assembler,微软宏汇编程序)这样的汇编程序来编码。
- Linux引导程序,像LILO和GRUB用C与汇编混合编写。SYSLINUX引导程序整个用NASM汇编程序编写。
- 实模式的Linux启动代码使用GAS编码。
- 保护模式的BIOS调用用内联汇编编写。内联汇编是GCC支持的结构,在C语句之间插入汇编。

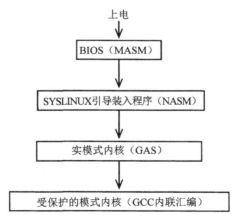

图A-1 固件组件与汇编语法

在图A-1中,上面的两个组件通常遵守基于Intel的汇编语法,而下面的两个用AR&T(或GAS)语法来编码。也有一些例外,GRUB的汇编部分就使用GAS。

为了演示这两种语法之间的差异,考虑如下输出一个字节到并行端口的代码。在BIOS或引导装入程序所使用的Intel格式中，编写如下代码：

```
mov dx, 03BCh    ;0x3BC is the I/O address of the parallel port
mov al, 0ABh     ;0xAB is the data to be output
out dx, al       ;Send data to the parallel port
```

然而，如果你想从Linux实模式启动代码开始执行同样的工作，就需要编写如下代码：

```
movw $0x3BC,  %dx
movb $0xAB,   %al
outb %al,     %dx
```

可见，与Intel格式不同，在AT&T语法中首先出现的是源操作数，目的操作数在其后。AT&T格式中的寄存器名字由%开始，立即数用$开始。AT&T的操作码为了指定内存操作数的宽度，都带有后缀，如b（针对字节）和w（针对字）。而Intel语法中通过查看操作数而不是操作码来实现此目的。在Intel语法中，为了移动指针引用，需要为操作数指定前缀，如byte ptr。

> 学习AT&T语法的好处是，它被GAS和内联GCC所支持，而GAS和GCC不仅运行于基于Intel的系统上，也运行于各种处理器架构上。

下面使用GCC内联汇编重写前面的代码片段，在从保护模式的内核开始时会用到：

```
unsigned short port = 0x3BC;
unsigned char data  = 0xAB;

asm("outb %%al,    %%dx\n\t"
    :
    : "a" (data), "d" (port)
    );
```

GCC支持的汇编格式通常如下：

```
asm(assembly
    : output operand constraints
    : input operand constraints
    : clobbered operand specifier
    );
```

操作数a、b、c、d、S和D分别代表EAX、EBX、ECX、EDX、ESI和EDI寄存器。输入操作数约束（constraint）用于在执行汇编指令之前将数据从提供的变量里复制到寄存器中，而输出操作数约束（被写作=a、=b等）用于在执行汇编指令之后将数据从提供的变量中复制到寄存器中。损坏操作数约束要求GCC将所列出的寄存器假设为不可用。关于GCC内联汇编语法的详情请查看GCC内联汇编指南（www.ibiblio.org/gferg/ldp/GCC-Inline-Assembly-HOWTO.html）。

在我们的例子中，唯一用到的约束是针对输入操作数的。此约束有效地将data的值复制到了AL寄存器中，将port的值复制到了DX寄存器中。在内联汇编中，寄存器名由%%开始，因为%被用于指定提供的操作数。%i代表第i个操作数，因此，在前面的内联汇编代码片段示例中，如果你想指定data和port，可以分别使用%0和%1。

为了对内联汇编转换有更清晰的了解，看看给GCC提供-s命令行参数后，由与前面的内联汇编片段对应的编译器产生的汇编代码。为了便于理解，请阅读每行代码的注释：

```
        movw $956, -2(%ebp)     # Value of data in stack set to 0x3BC
        movb $-85, -3(%ebp)     # Value of port in stack set to 0xAB
        movb -3(%ebp), %al      # movb 0xAB, %al
        movw -2(%ebp), %dx      # movw 0x3BC, %dx
#APP                            # Marker to note start of inline assembly
        outb %al, %dx           # Write to parallel port
#NO_APP                         # Marker to note end of inline assembly
```

你也可以在用户模式的程序中使用内联汇编。下面是用内联汇编编写的一个应用程序，它调用syslog()系统调用，从内核的printk()的环形缓冲区中读取最后的128B：

```
#define READ_COMMAND    3       /* First argument to
                                   syslog() system call */
#define MSG_LENGTH      128     /* Third argument to syslog() */

int
main(int argc, char *argv[])
{
  int syslog_command = READ_COMMAND;
  int bytes_to_read  = MSG_LENGTH;
  int retval;
  char buffer[MSG_LENGTH]; /* Second argument to syslog() */

  asm volatile(
            "movl %1, %%ebx\n"      /* READ_COMMAND */
            "movl %2, %%ecx\n"      /* buffer */
            "movl %3, %%edx\n"      /* bytes_to_read */
            "movl $103, %%eax\n"    /* __NR_syslog */
            "int $128\n"            /* Generate System Call */
            "movl %%eax, %0"        /* retval */
            :"=r" (retval)
            :"m"(syslog_command),"r"(buffer),"m"(bytes_to_read)
            :"%eax","%ebx","%ecx","%edx");

  if (retval > 0) printf("%s\n", buffer);
}
```

如第4章所述，int $128（或者int 0x80）指令产生一个软中断，捕获系统调用。由于系统调用导致从用户模式至内核模式的转换，故函数参数未传入用户或内核栈中，而是在CPU寄存器中。此系统调用号（在include/asm-your-arch/unistd.h中有完整列表）存储在EAX寄存器中。对于syslog()系统调用，调用号是103。如果查看syslog()的参考页，将会发现它需要3个参数：命令，存放返回数据的缓冲区的地址，缓冲区的长度。这些分别通过EBX、ECX和EAX来传递。返回值从EAX传递至retval。此内联汇编调用被转换为如下语句：

```
retval = syslog(syslog_command, buffer, bytes_to_read);
```

如果编译并运行此代码，将会看到如下从内核的环形缓冲区中获取的输出：
```
0:0:0:0: Attached scsi removable disk sda
<5>sd 0:0:0:0: Attached scsi generic sg0 type 0
<7>usb-storage: device scan complete
```

...

arch/x86/kernel/entry_32.S中的所有内核系统调用捕获会将所有的寄存器内容保存在栈中,因此真正的系统调用从栈取其参数,即使用户空间的代码使用CPU寄存器来传递参数。为了确保系统调用例程预期的参数在栈中,都用GCC属性asmlinkage进行标记。需要注意的是asmlinkage与asm(或__asm__)没有任何关系,后者用于声明内联汇编。

本节最后演示一个内联汇编的例子。此例子修改自基于PowerPC的电路板的Linux Bootloader。假设此电路板上的闪存不支持BGO(BackGround Operation,背景操作)。这意味此Bootloader代码从闪存执行时,不能写入闪存;但有时这是必需的,例如,Bootloader需要更新内核映像而此映像存放于闪存的另一部分这种情况。一个解决方案是修改引导程序,以便用于写入和擦除闪存的引导代码完全从指令高速缓存(I-cache)中执行,而数据段放入数据高速缓存(D-cache)中。示例用的GCC内联汇编编写的宏用于完成将必要的Bootloader指令搬入I-cache的工作。为了理解此代码片段,你需要有一定的PowerPC汇编知识:

```
/* instr_length is the number of instructions to touch
   into I-cache. _load_i$_copy and _end_i$_copy are
   program labels */
#define load_into_icache_copy(instr_length)           \
asm volatile("lis       %%r3, 0x1@h\n                 \
             ori        %%r3, %%r3, 0x1@l\n           \
             mticcr     %%r3\n                        \
             isync\n                                  \
             \n                                       \
             lis        %%r6, _end_i$_copy@h\n        \
             ori        %%r6, %%r6, _end_i$_copy@l\n  \
             icbt       %%r0, %%r6\n                  \
             lis        %%r4, %0@h\n                  \
             ori        %%r4, %%r4, %0@l\n            \
             mtctr      %%r4\n                        \
    _load_i$_copy:                                    \
             addis      %%r6, %%r6, 32@ha\n           \
             addi       %%r6, %%r6, 32@l\n            \
             icbt       %%r0, %%r6\n                  \
             bdnz       _load_i$_copy\n               \
    _end_i$_copy:                                     \
             nop\n                                    \
    :                                                 \
    : "i"(instr_length)                               \
    :"%r6","%r4","%r0","r8","r9");
```

调试

为了调试实模式内核,不能使用我们在第21章中所讨论并使用过的调试器,如kdb或kgdb。调试内核汇编片段的便捷方式是将代码转换为Intel类型的语法后使用DOS调试工具。但调试器是用在16位机上的,因此,不能调试32位的代码,例如不能调试初始化EAX寄存器的代码。从互联网上可以下载一些32位的免费调试器。第21章所讨论的JTAG调试器是万金油,因为这一工具可用于调试BIOS、Bootloader、Linux实模式代码以及内核与BIOS之间的交互。

附录 B Linux与BIOS

x86内核的某些部分视频帧缓冲驱动程序（vesafb）与APM（Advanced Power Management，高级电源管理）等部分x86内核明确使用了BIOS服务来完成特定的功能。串行驱动程序等内核其他的部分则隐式地取决于BIOS来初始化I/O基地址和中断级别。实模式的内核代码在引导期间大量使用BIOS调用，完成配置系统内存映射等任务[①]。因为一些设备驱动程序直接或间接依赖于BIOS，因此我们介绍一下如何与其交互。

B.1 实模式调用

内核的很多部分在实模式下从BIOS收集信息，而在保护模式下正常运行期间会利用收集的信息。

完成这些功能需要如下步骤。

(1) 实模式的内核代码调用BIOS服务，将返回的信息放置在物理内存的第一页（也被称为零页）。这些由arch/x86/boot/目录下的源代码完成。零页的完整布局见Documentation/i386/zero-page.txt。

(2) 在内核转向保护模式后，但清理零页之前，获取的数据存放于内核的数据结构之中。这些代码见arch/x86/kernel/setup_32.c。

(3) 保护模式的内核在正常操作过程中合理使用保存的信息。

作为一个例子，让我们看看内核如何从BIOS配置系统内存映射。代码清单B-1是从2.6.23.1版本源码树的arch/x86/boot/memory.c中摘取的片段，它调用BIOS的int 0x15号中断服务来获取系统内存映射。

代码清单B-1 获取系统内存映射（arch/x86/boot/memory.c）

```
static int detect_memory_e820(void)
{
    int count = 0;
    u32 next = 0;
```

---

① 在一些无BIOS的嵌入式体系架构上，类似的职责（例如，在ARM Linux上将内核从挂起唤醒）由Bootloader完成。

```
        u32 size, id;
        u8 err;
        /* The boot_params structure contains the zero page */
            struct e820entry *desc = boot_params.e820_map;

        do {
          size = sizeof(struct e820entry);
          asm("int $0x15; setc %0"
                : "=d" (err), "+b" (next), "=a" (id), "+c" (size), "=m" (*desc)
                : "D" (desc), "d" (SMAP), "a" (0xe820));

          /* ... */

          count++;
          desc++;
        } while (next && count < E820MAX);

        return boot_params.e820_entries = count;
    }
```

在该代码清单中，`0xe820`是调用`0x15`号中断获取内存映射之前，在AX寄存器中指定的功能号。如果查看BIOS调用中`0x15`号中断`0xe820`功能的定义，将会发现BIOS将当前内存映射的单元写入一个由DI寄存器指向的缓冲区。在代码清单B-1中，DI指向零页的偏移，内存映射存放于`boot_params.e820_map`中。程序循环直至内存映射中的所有单元收集完成。计算出单元数后，将其存储在零页的`boot_params.e820_entries`偏移处。当成功退出循环时，以e820map结构体形式组织的内存映射在零页中就可用了。e820map结构体定义于include/asm-x86/e820.h：

```
    struct e820entry {
      __u64 addr;   /* start of memory segment */
      __u64 size;   /* size of memory segment */
      __u32 type;   /* type of memory segment */
    } __attribute__((packed));

    struct e820map {
      __u32 nr_map;
      struct e820entry map[E820MAX];
    };
```

之后，内核在arch/x86/boot/pm.c里切换至保护模式。在保护模式里，内核通过`copy_e820_map()`保存收集的内存映射，`copy_e820_map()`定义于arch/x86/kernel/e820_32.c中。这些展示在代码清单B-2中。为简单起见，代码清单删掉了错误检查，并省略了`add_memory_region()`例程。

代码清单B-2 复制内存映射（arch/x86/kernel/e820_32.c）

```
    struct e820map e820;

    static int __init
    copy_e820_map(struct e820entry *biosmap, int nr_map)
    {
```

```c
  int x;
  /* ... */

  do {
    /* Copy memory map information collected from
       the BIOS into local variables */
    unsigned long long start = biosmap->addr;
    unsigned long long size = biosmap->size;
    unsigned long long end = start + size;
    unsigned long type = biosmap->type;

    /* Sanitize start and size */
    /* ... */

    /* Populate the kernel data structure, e820 */
    x = e820.nr_map;
    e820.map[x].addr = start;
    e820.map[x].size = size;
    e820.map[x].type = type;
    e820.nr_map++;
  } while (biosmap++,--nr_map); /*Do for all elements in map*/

  /* ... */
}
```

查看arch/x86/mm/init_32.c，理解在后面的引导过程中如何使用代码清单B-2中的e820结构体。

旧的i386引导代码

从2.6.23内核开始，i386引导汇编代码大部分用C重写了。2.6.23之前，代码清单B-1中的代码位于arch/i386/boot/setup.S而不是arch/x86/boot/memory.c中。切换至保护模式现在发生在arch/x86/boot/pm.c而不是setup.S中。

我们再看另一个例子，在实模式下内核利用BIOS的0x10号中断服务获取视频模式参数（arch/x86/boot/video*.c）。VESA帧缓冲驱动程序（drivers/video/vesafb.c）依赖于这些参数在引导时启动图形模式。

作为练习，采用类似的方法从实模式内核中获取BIOS POST（Power-On Self Test，上电自测）错误码（中断号0x15，功能号0x2100），并在正常操作下通过/proc文件系统显示出来。

在实模式下，Bootloader也利用BIOS服务。如果阅读LILO、GRUB或SYSLINUX的源程序，会发现为了从引导设备中读取内核映像要0x13号中断的频繁调用。

B.2 保护模式调用

为了理解内核如何进行保护模式的BIOS调用，让我们看看APM的实现。

APM是一个BIOS接口规范，现在已经过时了（参见4.5节）。电源管理策略定义于BIOS中，一个内核线程kapmd每秒轮询一次，以决定行动方案。轮询通过使用保护模式的BIOS调用来完成。

为此，kapmd需要知道保护模式入口段地址与偏移，可通过实模式内核在引导时利用0x15号中断、0x5303号BIOS服务得到。

实际的保护模式BIOS调用通过使用apm_bios_call_simple_asm()里的内联汇编来完成，定义见include/asm-x86/mach-default/apm.h：

```
__asm__ __volatile__(APM_DO_ZERO_SEGS
    "pushl %%edi\n\t"
    "pushl %%ebp\n\t"
    "lcall *%%cs:apm_bios_entry\n\t"
    "setc %%bl\n\t"
    "popl %%ebp\n\t"
    "popl %%edi\n\t"
    APM_DO_POP_SEGS
        : "=a" (*eax), "=b" (error), "=c" (cx), "=d" (dx), "=S" (si)
        : "a" (func), "b" (ebx_in), "c" (ecx_in)
        : "memory", "cc");
```

APM_DO_ZERO_SEGS将段寄存器清零。apm_bios_entry包含保护模式的入口地址。输入约束"a"(func)将预期的BIOS功能号在调用之前复制到EAX寄存器中。例如，功能号APM_FUNC_GET_EVENT(0x530b)从BIOS触发一个APM事件，功能号APM_FUNC_IDLE(0x5305)通知BIOS处理器处于空闲状态。结果由BIOS通过EAX、EBX、ECX和EDX返回。根据前面所讨论过的输出操作数约束，这些寄存器值分别被传递给调用者的变量*eax、error、cx和dx。在汇编代码片段内，寄存器在BIOS调用之前被保存至栈，然后再恢复回来，以避免BIOS对其破坏。

B.3　BIOS与老式驱动程序

BIOS对一些Linux驱动程序提供了一定程度的硬件抽象。让我们以PC串口驱动程序（第6章讨论过的）为例。BIOS探测超级I/O芯片组并给各个串行（和红外）端口分配I/O基址与IRQ。串行驱动程序需要由BIOS通过头文件（include/asm-x86/serial.h）中的硬编码值，或通过用户空间的命令来告知分配的资源。作为练习，查阅超级I/O芯片组的数据手册，然后在串行驱动程序中添加相关支持，探测由BIOS设置的资源值。

再看一个例子。即使在内核中禁用USB，仍然可以在BIOS的帮助下使用PC系统上的USB键盘与鼠标。BIOS在南桥上打开了模拟模式，将USB键盘和鼠标输入从USB控制器发送至键盘控制器。这会欺骗操作系统，使其认为你正在使用一个老式的键盘或鼠标。

内核过去依赖于BIOS来遍历PCI总线，并配置检测到的设备，现在这种做法已经过时了，但浏览arch/x86/pci/pcbios.c可以理解如何从内核访问PCI BIOS。第10章详细讨论了PCI驱动程序。

附录 C seq文件

在设备驱动程序出现问题而故障原因不明时,监控和跟踪procfs提供的数据点可帮助诊断故障。但在某些时候,特别是数据量较大时,相应的procfs的read()方法实现变得很复杂。seq文件接口就是用于简化此类实现的内核辅助机制。seq文件使procfs操作更为简单、明了。

对一个procfs read()例程逐步引入复杂性,然后观察seq文件接口如何简化此臃肿的例程。我们也将更新一个剩下的为数不多的仍未利用seq文件的2.6驱动程序。

C.1 seq 文件的优点

通过一个例子来说明使用seq文件有哪些好处。同常见设备驱动一样,假设有一个数据结构链表,链表中的每个结点包含一个字符串域(称为info)。代码清单C-1中的示例代码使用了一个名为/proc/readme 的procfs文件输出这些字符串至用户空间。当一个用户读取此文件时,procfs的read()函数readme_proc()被调用。此例程遍历链表,将每个结点的info域添加至作为参数传递下来的文件系统缓冲区中。

代码清单C-1 通过procfs读取

```
/* Private Data structure */
struct _mydrv_struct {
  /* ... */
  struct list_head list;   /* Link to the next node */
  char info[10];           /* Info to pass via the procfs file */
  /* ... */
};

static LIST_HEAD(mydrv_list);  /* List Head */

/* Initialization */
static int __init
mydrv_init(void)
{
  int i;
  static struct proc_dir_entry *entry = NULL ;
  struct _mydrv_struct *mydrv_new;
```

```c
/* ... */
/* Create /proc/readme */
entry = create_proc_entry("readme", S_IWUSR, NULL);

/* Attach it to readme_proc() */
if (entry) {
  entry->read_proc = readme_proc;
}

/* Handcraft mydrv_list for testing purpose.
   In the real world, device driver logic
   maintains the list and populates the 'info' field */
for (i=0;i<100;i++) {
  mydrv_new = kmalloc(sizeof(mydrv_struct), GFP_ATOMIC);
  sprintf(mydrv_new->info, "Node No: %d\n", i);
  list_add_tail(&mydrv_new->list, &mydrv_list);
}
return 0;
}

/* The procfs read entry point */
static int
readme_proc(char *page, char **start, off_t offset,
            int count, int *eof, void *data)
{
  int i = 0;
  off_t thischunk_len = 0;
  struct _mydrv_struct *p;

  /* Traverse the list and copy info into the supplied buffer */
  list_for_each_entry(p, &mydrv_list, list) {
      thischunk_len += sprintf(page+thischunk_len, p->info);
  }
  *eof = 1; /* Indicate completion */
  return thischunk_len;
}
```

修改后引导内核，并查看/proc/readme：

```
bash> cat /proc/readme
Node No: 0
Node No: 1
...
Node No: 99
```

当procfs的read()方法被调用时，会给它们提供一页用于传递信息至用户空间的内存。正如代码清单C-1所示，传递给readme_proc()的第一个参数是指向此缓冲区的指针。第二个参数start用于帮助实现超过一页的procfs文件。在我们看过代码清单C-2后，对此参数的使用将会更为清楚。后两个参数分别指明所请求的读操作处的偏移以及将被读取的字节数。eof参数用于通知调用者是否有更多的数据将被读取。如果*eof在返回前未被赋值，为了读取更多的数据将会再次调用procfs读入口点。在代码清单C-1中，如果将*eof赋值的行注释掉，会再次调用

readme_proc(),其偏移参数设为1190(1190是从Node No:0到Node No:99整串字符串的ASCII字节数)。readme_proc()返回已复制到缓冲区的字节数。

代码清单C-1中prcofs的读例程所产生的数据大小限于一页之内。然而,如果在mydrv_init()中将链表中的节点数从100增加至500,当读取/proc/readme时产生的数据量会超过一页,并会触发如下输出:

```
bash> cat /proc/readme
Node No: 0
Node No: 1
...
Node No: 322
proc_file_read: Apparent buffer overflow!
```

可见,在产生一页ASCII字符后(本例中是4096)发生了溢出。

为了处理此类的大procfs文件,需要使用早先提到过的start参数重写代码清单C-1中的代码。这将使函数稍微有些复杂,见代码清单C-2。其修改如下。

- readme_proc()被调用多次,每次调用获取从offset开始的最大数量为count的字节数。每次调用时所请求的字节数小于一页。
- 每次调用,内核将offset增加,增加的大小为上次调用返回的字节数。
- 仅当请求的字节数与当前偏移的和大于或等于实际的数据量时,readme_proc()才为eof赋值。若eof未被赋值,则此函数会被再次调用,调用时的offset会增加上次读取的字节数。
- 每次调用后,仅从*start处开始的字节被收集并返回至调用者。

打印*start、offset、count与page的值,观察其每次调用产生的输出可以更好地理解此操作序列。

经过修改后,procfs文件可以给用户空间提供大容量的数据,并且没有大小限制。

```
bash> cat /proc/readme
Node No: 0
Node No: 1
...
Node No: 499
```

代码清单C-2 大规模procfs读取

```
static int
readme_proc(char *page, char **start, off_t offset,
            int count, int *eof, void *data)

{
  int i = 0;
  off_t thischunk_start = 0;
  off_t thischunk_len = 0;
  struct _mydrv_struct *p;
  /* Loop thru the list collecting device info */
  list_for_each_entry(p, &mydrv_list, list) {
```

```
        thischunk_len += sprintf(page+thischunk_len, p->info);

      /* Advance thischunk_start only to the extent that the next
       * read will not result in total bytes more than (offset+count)
       */
      if (thischunk_start + thischunk_len < offset) {
        thischunk_start += thischunk_len;
        thischunk_len = 0;
      } else if (thischunk_start + thischunk_len > offset+count) {
        break;
      } else {
        continue;
      }
    }

    /* Actual start */
    *start = page + (offset - thischunk_start);

    /* Calculate number of written bytes */
    thischunk_len -= (offset - thischunk_start);
    if (thischunk_len > count) {
      thischunk_len = count;
    } else {
      *eof = 1;
    }

    return thischunk_len;
}
```

当遇到代码清单C-2中类似的情况，即实现大容量procfs文件显得很笨拙时，可以用seq文件接口解决此问题。正如其名称所示，seq文件接口将procfs文件看作对象序列，通过提供编程接口来遍历对象序列。为实现seq接口，必须提供如下的迭代（iterator）方法。

(1) `start()`。它首先被seq接口调用，用于初始化迭代序列的位置，并返回找到的第一个迭代对象。

(2) `next()`。它将迭代位置前移，并返回下一迭代对象的指针。此函数对于迭代对象的内部结构体是不可知的，并将其看作为透明对象。

(3) `show()`。用于解释传递给它的迭代对象，并在用户读取相应的procfs文件时，产生显示的输出字符串。此方法使用一些辅助程序，如`seq_printf()`、`seq_putc()`和`seq_puts()`，格式化输出。

(4) `stop()`。在结束时被调用，完成一些清理工作。

seq文件接口自动激活迭代函数，以响应用户的操作并在相关的procfs文件中输出信息。你不必再担心基于页面大小的缓冲区，也不必标识数据结尾。

我们用seq文件重写代码清单C-2，见代码清单C-3。它将被链接的链表视为一串结点。基本的迭代对象是结点，每次对`next()`的调用都返回链表中的下一个结点。

代码清单C-3 使用seq文件简化代码清单C-2

```c
#include <linux/seq_file.h>

/* start() method */
static void *
mydrv_seq_start(struct seq_file *seq, loff_t *pos)
{
  struct _mydrv_struct *p;
  loff_t off = 0;

  /* The iterator at the requested offset */
  list_for_each_entry(p, &mydrv_list, list) {
    if (*pos == off++) return p;
  }
  return NULL;
}

/* next() method */
static void *
mydrv_seq_next(struct seq_file *seq, void *v, loff_t *pos)
{
  /* 'v' is a pointer to the iterator returned by start() or
     by the previous invocation of next() */
  struct list_head *n = ((struct _mydrv_struct *)v)->list.next;

  ++*pos; /* Advance position */
  /* Return the next iterator, which is the next node in the list */
  return(n != &mydrv_list) ?
        list_entry(n, struct _mydrv_struct, list) : NULL;
}

/* show() method */
static int
mydrv_seq_show(struct seq_file *seq, void *v)
{
  const struct _mydrv_struct *p = v;

  /* Interpret the iterator, 'v' */
  seq_printf(seq, p->info);
  return 0;
}

/* stop() method */
static void
mydrv_seq_stop(struct seq_file *seq, void *v)
{
  /* No cleanup needed in this example */
}

/* Define iterator operations */
static struct seq_operations mydrv_seq_ops = {
  .start = mydrv_seq_start,
  .next  = mydrv_seq_next,
```

```
    .stop   = mydrv_seq_stop,
    .show   = mydrv_seq_show,
};

static int
mydrv_seq_open(struct inode *inode, struct file *file)
{
  /* Register the operators */
  return seq_open(file, &mydrv_seq_ops);
}

static struct file_operations mydrv_proc_fops = {
  .owner   = THIS_MODULE,
  .open    = mydrv_seq_open,  /* User supplied */
  .read    = seq_read,        /* Built-in helper function */
  .llseek  = seq_lseek,       /* Built-in helper function */
  .release = seq_release,     /* Built-in helper funciton */
};

static int __init
mydrv_init(void)
{
  /* ... */

  /* Replace the assignment to entry->read_proc in Listing C.1,
     with a more fundamental assignment to entry->proc_fops. So
     instead of doing "entry->read_proc = readme_proc;", do the
     following: */
  entry->proc_fops = &mydrv_proc_fops;

  /* ... */
}
```

C.2 更新 NVRAM 驱动程序

从2.4内核的后期版本开始，seq文件接口已经成熟，但在2.6内核中才开始被广泛使用。让我们来更新NVRAM驱动程序（drivers/char/nvram.c），这是少数还未使用seq文件的驱动程序。照例用+ 与 –显示与原始代码的差别。为此，你可以实现一个精简版本的seq文件，仅仅编写show()迭代函数即可。使用single_open()注册此函数。

代码清单C-4包含更新后的NVRAM驱动程序。由于seq接口在调用迭代函数时不会休眠，因此在此函数内可以持有锁。

代码清单C-4 使用seq文件更新NVRAM驱动程序

```
+static struct file_operations nvram_proc_fops = {
+   .owner   = THIS_MODULE,
+   .open    = nvram_seq_open,
+   .read    = seq_read,
+   .llseek  = seq_lseek,
+   .release = single_release,
+};
```

```
-static struct file_operations nvram_fops = {
-    .owner      = THIS_MODULE,
-    .llseek     = nvram_llseek,
-    .read       = nvram_read,
-    .write      = nvram_write,
-    .ioctl      = nvram_ioctl,
-    .open       = nvram_open,
-    .release    = nvram_release,
-};

+static int nvram_seq_open(struct inode *inode, struct file *file)
+{
+    return single_open(file, nvram_show, NULL);
+}

+static int nvram_show(struct seq_file *seq, void *v)
+{
+    unsigned char contents[NVRAM_BYTES];
+    int i;
+
+    spin_lock_irq(&rtc_lock);
+    for (i = 0; i < NVRAM_BYTES; ++i)
+        contents[i] = __nvram_read_byte(i);
+    spin_unlock_irq(&rtc_lock);
+
+    mach_proc_infos(seq, contents);
+    return 0;
+}

 static int __init
 nvram_init(void)
 {

+    ent = create_proc_entry("driver/nvram", 0, NULL);
+    if (!ent) {
+        printk(KERN_ERR "nvram: can't create /proc/driver/nvram\n");
+        ret = -ENOMEM;
+        goto outmisc;
+    }
+    ent->proc_fops = &nvram_proc_fops;
-    if (!create_proc_read_entry("driver/nvram", 0, NULL,
-                                nvram_read_proc, NULL)) {
-        printk(KERN_ERR "nvram: can't create /proc/driver/nvram\n");
-        ret = -ENOMEM;
-        goto outmisc;
-    }
     /* ... */
 }

-#define PRINT_PROC(fmt,args...)         \
-/* ... */

-static int
-nvram_read_proc(char *buffer, char **start, off_t offset,
```

```
-        int size, int *eof, void *data)
-{
-    /* ... */
-}
```

除了代码清单C-4中的修改，还将原始代码中所有对PRINT_PROC()的引用修改为seq_printf()。若从/proc/driver/nvram读取数据，原始的驱动程序与代码清单C-4产生同样的输出结果。

C.3 查看源代码

Documentation/filesystems/proc.txt中有更多关于procfs的信息。fs/proc/目录包含procfs核心的实现代码。seq文件接口见fs/seq_file.c。使用procfs与seq文件的程序遍布在整个内核源码中。